软件开发视频大讲堂

Python 从入门到精通

（第 3 版）

明日科技　编著

清华大学出版社

北　京

内 容 简 介

《Python 从入门到精通（第 3 版）》从初学者角度出发，通过通俗易懂的语言、丰富多彩的实例，详细介绍了使用 Python 进行程序开发应该掌握的各方面技术。全书共分 27 章，包括初识 Python、Python 语言基础、运算符与表达式、流程控制语句、列表和元组、字典和集合、字符串、Python 中使用正则表达式、函数、面向对象程序设计、模块、文件及目录操作、操作数据库、使用进程和线程、网络编程、异常处理及程序调试、Pygame 游戏编程、推箱子游戏、网络爬虫开发、火车票分析助手、数据可视化、京东电商销售数据分析与预测、Web 编程、Flask 框架、e 起去旅行网站、Python 自动化办公、AI 图像识别工具等内容。书中所有知识都结合具体实例进行介绍，涉及的程序代码都给出了详细的注释，读者可轻松领会 Python 程序开发的精髓，快速提升开发技能。

另外，本书除了纸质内容，还配备了 Python 在线开发资源库，主要内容如下：

☑ 同步教学微课：共 271 集，时长 41 小时   ☑ 技术资源库：1456 个技术要点

☑ 技巧资源库：583 个开发技巧   ☑ 实例资源库：227 个应用实例

☑ 项目资源库：44 个实战项目   ☑ 源码资源库：211 项源代码

☑ 视频资源库：598 集学习视频   ☑ PPT 电子教案

本书可作为软件开发入门者的学习用书，也可作为高等院校相关专业的教学参考用书，还可供开发人员查阅、参考使用。

图书在版编目（CIP）数据

Python 从入门到精通 / 明日科技编著. —3 版. —北京：清华大学出版社，2023.6（2023.9重印）

（软件开发视频大讲堂）

ISBN 978-7-302-63490-4

Ⅰ．①P… Ⅱ．①明… Ⅲ．①软件工具—程序设计 Ⅳ．①TP311.561

中国国家版本馆 CIP 数据核字（2023）第 084426 号

责任编辑：贾小红
封面设计：刘 超
版式设计：文森时代
责任校对：马军令
责任印制：沈 露

出版发行：清华大学出版社
    网 址：http://www.tup.com.cn，http://www.wqbook.com
    地 址：北京清华大学学研大厦 A 座   邮 编：100084
    社 总 机：010-83470000   邮 购：010-62786544
    投稿与读者服务：010-62776969，c-service@tup.tsinghua.edu.cn
    质量反馈：010-62772015，zhiliang@tup.tsinghua.edu.cn
印 装 者：北京同文印刷有限责任公司
经 销：全国新华书店
开 本：203mm×260mm   印 张：32.5   字 数：912 千字
版 次：2018 年 9 月第 1 版   2023 年 6 月第 3 版   印 次：2023 年 9 月第 2 次印刷
定 价：89.80 元

产品编号：101099-01

如何使用本书开发资源库

本书赠送价值 999 元的"Python 在线开发资源库"一年的免费使用权限，结合图书和开发资源库，读者可快速提升编程水平和解决实际问题的能力。

1. VIP 会员注册

Python
开发资源库

刮开并扫描图书封底的防盗码，按提示绑定手机微信，然后扫描右侧二维码，打开明日科技账号注册页面，填写注册信息后将自动获取一年（自注册之日起）的 Python 在线开发资源库的 VIP 使用权限。

读者在注册、使用开发资源库时有任何问题，均可咨询明日科技官网页面上的客服电话。

2. 纸质书和开发资源库的配合学习流程

Python 开发资源库中提供了技术资源库（1456 个技术要点）、技巧资源库（583 个开发技巧）、实例资源库（227 个应用实例）、项目资源库（44 个实战项目）、源码资源库（211 项源代码）、视频资源库（598 集学习视频），共计六大类、3119 项学习资源。学会、练熟、用好这些资源，读者可在最短的时间内快速提升自己，从一名新手晋升为一名软件工程师。

《Python 从入门到精通（第 3 版）》纸质书和"Python 在线开发资源库"的配合学习流程如下。

3. 开发资源库的使用方法

在学习到本书某一章节时，可利用实例资源库对应内容提供的大量热点实例和关键实例，巩固所学编程技能，提升编程兴趣和信心。

开发过程中，总有一些易混淆、易出错的地方，利用技巧资源库可快速扫除盲区，掌握更多实战技巧，精准避坑。需要查阅某个技术点时，可利用技术资源库锁定对应知识点，随时随地深入学习。

学习完本书后，读者可通过项目资源库中的 44 个经典项目，全面提升个人的综合编程技能和解决实际开发问题的能力，为成为 Python 软件开发工程师打下坚实的基础。

另外，利用页面上方的搜索栏，还可以对技术、技巧、实例、项目、源码、视频等资源进行快速查阅。

万事俱备后，读者该到软件开发的主战场上接受洗礼了。本书资源包中提供了 Python 的基础冲关 100 题以及企业面试真题，是求职面试的绝佳指南。读者可扫描图书封底的"文泉云盘"二维码获取。

Python面试资源库
⊞ 📄 第1部分 基础冲关100题
⊞ 📄 第2部分 企业面试真题汇编

前 言

Preface

丛书说明："软件开发视频大讲堂"丛书第 1 版于 2008 年 8 月出版，因其编写细腻、易学实用、配备海量学习资源和全程视频等，在软件开发类图书市场上产生了很大反响，绝大部分品种在全国软件开发零售图书排行榜中名列前茅，2009 年多个品种被评为"全国优秀畅销书"。

"软件开发视频大讲堂"丛书第 2 版于 2010 年 8 月出版，第 3 版于 2012 年 8 月出版，第 4 版于 2016 年 10 月出版，第 5 版于 2019 年 3 月出版，第 6 版于 2021 年 7 月出版。十五年间反复锤炼，打造经典。丛书迄今累计重印 680 多次，销售 400 多万册，不仅深受广大程序员的喜爱，还被百余所高校选为计算机、软件等相关专业的教学参考用书。

"软件开发视频大讲堂"丛书第 7 版在继承前 6 版所有优点的基础上，进行了大幅度的修订。第一，根据当前的技术趋势与热点需求调整品种，拓宽了程序员岗位就业技能用书；第二，对图书内容进行了深度更新、优化，如优化了内容布置，弥补了讲解疏漏，将开发环境和工具更新为新版本，增加了对新技术点的剖析，将项目替换为更能体现当今 IT 开发现状的热门项目等，使其更与时俱进，更适合读者学习；第三，改进了教学微课视频，为读者提供更好的学习体验；第四，升级了开发资源库，提供了程序员"入门学习→技巧掌握→实例训练→项目开发→求职面试"等各阶段的海量学习资源；第五，为了方便教学，制作了全新的教学课件 PPT。

Python 被称为"胶水"语言，能够把用其他语言制作的各种模块（尤其是 C/C++）很轻松地联结在一起。它是 1989 年由荷兰人 Guido van Rossum 发明的一种面向对象的解释型高级编程语言。由于 Python 语言简洁、易读，非常适合编程入门，现在很多学校都开设了这门课程，甚至有些小学也开设了 Python 课程。连小学生都能学会的语言，您还在等什么呢？快快加入 Python 开发者的阵营吧！

当前，关于 Python 的书籍有很多，但是真正适合初学者学习的书籍并不是很多。本书从初学者的角度出发，循序渐进地讲解使用 Python 开发项目时应该掌握的各项技术。

本书内容

本书提供了从 Python 入门到编程高手所必需的各类知识，共分 3 篇，大体结构如下图所示。

第 1 篇：基础知识。本篇包括 Python 简介、搭建 Python 开发环境、Python 开发工具、Python 语法特点、Python 中的变量、基本数据类型、基本输入和输出、运算符与表达式、流程控制语句、列表和元组、字典和集合、字符串等 Python 语言基础方面的知识。讲解过程结合了大量的图示、举例等，同时配有高清视频，可使读者快速掌握 Python 语言，并为以后编程奠定坚实的基础。

第 2 篇：进阶提高。本篇包括正则表达式、函数、面向对象程序设计、模块、文件及目录操作、操作数据库、进程和线程、网络编程、异常处理及程序调试等 Python 进阶知识。学习完本篇，读者将可以掌握更深一层的 Python 开发技术。

第 3 篇：项目应用。本篇详解 Python 六大热门应用方向，涉及游戏开发、网络爬虫、数据可视化、Web 开发、自动化办公、人工智能开发等领域，每个方向都在剖析技术储备之后进行设计并实现对应的热门项目。项目主要包括推箱子游戏（游戏开发）、火车票分析助手（网络爬虫）、京东电商数据分析与预测（数据可视化）、e 起去旅行网站（Web 开发）、Python 办公自动化（操作 Word、Excel、PPT、电子邮件）、AI 图像识别工具。通过本篇，可使读者将所学的 Python 基础知识与当前的 Python 开发热点无缝对接，快速掌握 Python 项目开发的精髓，为以后的开发积累经验，成就 Python 开发无限可能。

本书特点

- ☑ **由浅入深，循序渐进**。本书以零基础入门读者和初、中级程序员为对象，让读者先从 Python 语言基础学起，然后学习 Python 的进阶技术，最后学习 Python 六大热门应用方向及对应的实用项目。在讲解过程中，步骤详尽，版式新颖，读者在阅读中可以一目了然，从而快速掌握书中内容。

- ☑ **微课视频，讲解详尽**。为便于读者直观感受程序开发的全过程，书中重要章节配备了视频讲解（共 271 集，时长 41 小时），使用手机扫描章节标题一侧的二维码，即可观看学习。初学者可轻松入门，感受编程的快乐，获得成就感，进一步增强学习的信心。

- ☑ **基础示例+综合练习+项目案例，实战为王**。通过例子学习是最好的学习方式，本书核心知识讲解通过"一个知识点、一个示例、一个结果、一段评析、一个综合应用"的模式，详尽透彻地讲述了实际开发中所需的各类知识。全书共计有 127 个应用实例，32 个综合练习，5 个项目案例，为初学者打造"学习+训练"的强化实战学习环境。

☑ **精彩栏目，贴心提醒。** 本书根据需要在各章使用了很多"注意""说明""误区警示"等小栏目，有助于读者在学习过程中能够轻松地理解相关知识点及概念，进而快速掌握相应技术的应用技巧。

读者对象

☑ 初学编程的自学者 ☑ 编程爱好者

☑ 大中专院校的老师和学生 ☑ 相关培训机构的老师和学员

☑ 做毕业设计的学生 ☑ 初、中级程序开发人员

☑ 程序测试及维护人员 ☑ 参加实习的"菜鸟"程序员

本书学习资源

本书提供了大量的辅助学习资源，读者需刮开图书封底的防盗码，扫描并绑定微信后，获取学习权限。

☑ 同步教学微课

学习书中知识时，扫描章节名称处的二维码，可在线观看教学视频。

☑ 在线开发资源库

本书配备了强大的 Python 开发资源库，包括技术资源库、技巧资源库、实例资源库、项目资源库、源码资源库、视频资源库。扫描右侧二维码，可登录明日科技网站，获取 Python 开发资源库一年的免费使用权限。

Python
开发资源库

☑ 学习答疑

关注清大文森学堂公众号，可获取本书的源代码、PPT 课件、视频等资源，加入本书的学习交流群，参加图书直播答疑。

清大文森学堂

☑ Python 开发训练营

关注清大文森学堂公众号，可参加 Python 训练营，获取 Python 就业知识、Python 技术/行业热点动态、面试辅导等直播课。

读者扫描图书封底的"文泉云盘"二维码，或登录清华大学出版社网站（www.tup.com.cn），可在对应图书页面下查阅各类学习资源的获取方式。

致读者

本书由明日科技 Python 程序开发团队组织编写。明日科技是一家专业从事软件开发、教育培训以及软件开发教育资源整合的高科技公司，其编写的教材非常注重选取软件开发中的必需、常用内容，同时也很注重内容的易学性以及相关知识的拓展性，深受读者喜爱。其教材多次荣获"全行业优秀畅销品种""全国高校出版社优秀畅销书"等奖项，多个品种长期位居同类图书销售排行榜的前列。

在编写本书的过程中，我们始终本着科学、严谨的态度，力求精益求精，但书中难免有疏漏和不妥之处，敬请广大读者批评指正。

感谢您选择本书，希望本书能成为您编程路上的领航者。

"零门槛"编程，一切皆有可能。

祝读书快乐！

编　者

2023 年 5 月

目　录

Contents

第1篇　基础知识

第2篇 进阶提高

第 3 篇　项 目 应 用

XI

第 1 篇

基础知识

本篇对初识 Python、Python 语言基础、运算符与表达式、流程控制语句、列表和元组、字典和集合、字符串等基础知识进行讲解，同时还结合大量的图示、举例、视频等，可使读者快速掌握 Python 语言，为以后编程奠定坚实的基础。

基础知识

初识Python — 了解Python，搭建开发环境，熟悉开发工具，入门第一步

Python语言基础 — 了解Python语法特点，掌握变量、数据类型等基本知识，学会使用输入和输出函数

运算符与表达式 — 掌握多种运算符的使用，熟悉运算符的优先级，了解条件表达式

流程控制语句 — 了解程序结构，掌握如何控制程序的执行流程

列表和元组 — 理解Python中的序列，学会使用列表和元组两种序列类型，并了解二者的区别

字典和集合 — 掌握Python中的另外两种序列类型：字典和集合。其中，集合中的数据是唯一的，字典可看作是"键-值对"的集合

字符串 — 掌握字符串及其常用操作

第 1 章

初识 Python

  Python 是一种跨平台的、开源的、免费的、解释型的高级编程语言。近几年 Python 发展势头迅猛，在 2022 年 11 月的 TIOBE 编程语言排行榜中已经晋升到第 1 名，而在 IEEE Spectrum 发布的 2021 年度编程语言排行榜中，Python 连续 5 年夺冠。另外，Python 的应用领域非常广泛，如 Web 编程、图形处理、黑客编程、大数据处理、网络爬虫和科学计算等，Python 都可以实现。

  作为 Python 开发的起步，本章将先对学习 Python 需要了解的一些基础内容进行简要介绍，然后重点介绍如何搭建 Python 开发环境，最后介绍常见的几种 Python 的开发工具。

  本章知识架构及重难点如下。

1.1　Python 简介

1.1.1　什么是 Python

  Python（发音[ˈpaɪθən]）本义是指"蟒蛇"（这里需要说明的是，Python 并不是以蟒蛇命名，而是以电视节目 *Monty Python's Flying Circus* 来命名的），标志如图 1.1 所示。它的设计理念为优雅、明确、简单。实际上，Python 也是按照这个理念做的，以至于现在网络上流传着"人生

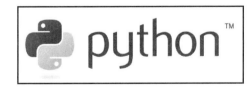

图 1.1　Python 标志

苦短，我用 Python"的说法。可见 Python 有着简单、开发速度快、节省时间和精力等特点。

Python 本身并非所有的特性和功能都集成到语言核心中，而是被设计为可扩充的。Python 具有丰富和强大的库，能够把用其他语言（尤其是 C/C++）制作的各种模块很轻松地联结在一起。为此，Python 常被称为"胶水"语言。

在 1991 年 Python 的第一个公开发行版问世之后，Python 的发展并不突出。自从 2004 年以后，Python 的使用率呈线性增长。2010 年，Python 赢得 TIOBE 2010 年度语言大奖。直到 2021 年，IEEE Spectrum 发布的年度编程语言排行榜中，Python 已经连续 5 年夺冠，如图 1.2 所示。

1.1.2　Python 的版本

Rank	Language	Type			Score
1	Python˅	🌐	💻	🌐	100.0
2	Java˅	🌐	📱 💻		95.4
3	C˅	📱	💻	🌐	94.7
4	C++˅	📱	💻	🌐	92.4
5	JavaScript˅	🌐			88.1
6	C#˅	🌐	📱 💻	🌐	82.4
7	R˅		💻		81.7
8	Go˅	🌐			77.7
9	HTML˅	🌐			75.4
10	Swift˅	📱	💻		70.4

图 1.2　2021 年度编程语言排行榜前 10 名

Python 自发布以来，主要经历了 3 个版本，分别是
1994 年发布的 Python 1.0 版本（已过时），2000 年发布的 Python 2.0 版本（已停止更新）和 2008 年发布的 Python 3.0 版本（现在已更新到 3.11.x）。

说明

Python 版本更新较快，几乎两个月就升级一次，这也导致很多扩展库的发行总是滞后于 Python 的发行版本。因此，在选择 Python 时，一定要先考虑清楚自己的学习目的。例如，打算做哪方面的开发，需要用到哪些扩展库，以及扩展库支持的最高 Python 版本等。明确这些问题后，再做出选择。

1.1.3　Python 能做什么

Python 是一种功能强大，并且简单易学的编程语言，因而广受好评，那么 Python 能做什么呢？概括起来有以下几个方面。

1. Web 开发

使用 Python 的一个基本应用就是进行 Web 开发。在国内，大一些的使用 Python 做基础设施的公司有豆瓣、知乎、美团、饿了么、搜狐等。在国外，Google 在其网络搜索系统中广泛应用了 Python，并且聘用了 Python 之父。另外，YouTube 视频分享服务大部分也是用 Python 编写的，如图 1.3 所示。

图 1.3　Web 开发应用 Python 的公司

2. 大数据处理

随着近几年大数据的兴起，Python 也得到了前所未有的爆发。Python 借助第三方的大数据处理框架可以很容易地开发出大数据处理平台。到目前为止，Python 是金融分析、量化交易领域里使用最多的语言之一。例如，美国银行就利用 Python 语言开发出了新产品和基础设施接口，用于处理金融数据。

3．人工智能

人工智能（artificial intelligence），英文缩写为 AI。Python 之所以这么火，主要是借助人工智能的发展。Python 是一种脚本语言，它更适合做人工智能领域，因为在人工智能领域使用 Python 比其他编程语言具有更大的优势。主要的优势在于，它简单、快速、可扩展（主要体现在可以应用多个优秀的人工智能框架）等。另外，Python 中的机器学习可以实现人工智能领域中的大多数需求。

4．自动化运维开发

掌握一种开发语言已经成为高级运维工程师的必备技能。Python 是一种简单、易学的脚本语言，它能满足绝大部分自动化运维的需求。对于通常不会开发的运维工程师来说，想学习一种开发语言，Python 则是首选。

5．云计算

Python 可以广泛地在科学计算领域发挥独特的作用。Python 通过强大的支持模块可以在计算大型数据、矢量分析、神经网络等方面高效率地完成工作，尤其是在教育科研方面，可以发挥出独特的优势。从 1997 年开始，NASA 就在大量使用 Python 进行各种复杂的科学运算。现在终于发明了一套云计算软件，取名为 OpenStack（开放协议栈），并且对外公开发布。

6．网络爬虫

网络爬虫（也称为 spider）始于也发展于百度、谷歌。但随着近几年大数据的兴起，爬虫应用被提升到前所未有的高度。多数分析挖掘公司都以爬虫的方式得到不同来源的数据集合，最后为其所用，进而构建属于自己的大数据综合平台。在爬虫领域，Python 几乎是霸主地位，通过它提供的标准支持库基本上可以做到随意获取想要的数据。

7．游戏开发

使用 Python 完全可以编写出非常棒的游戏程序，例如，知名的游戏《文明 6》就是用 Python 编写的。另外，Python 在网络游戏开发中也有很多应用。它作为游戏脚本被内嵌在游戏中，这样做的好处是既可以利用游戏引擎的高性能，又可以受益于脚本化开发等优点。

说明

Python 的应用领域远比上面提到的多得多。例如，使用 Python 对图形/图像进行处理、编程控制机器人、数据库编程、编写可移植的维护操作系统的工具，以及进行自然语言分析等。

1.2　搭建 Python 开发环境

1.2.1　开发环境概述

所谓"工欲善其事，必先利其器"。在正式学习 Python 开发前，需要先搭建 Python 开发环境。由于 Python 是跨平台的，它可以在多个操作系统上进行编程，并且编写好的程序可以在不同系统上运行。常用的操作系统及其说明如表 1.1 所示。

表 1.1　进行 Python 开发常用的操作系统及其说明

操 作 系 统	说 明
Windows	推荐使用 Windows 10。另外，Python 3.9 及以上版本不能在 Windows 7 系统上使用
Mac OS	从 Mac OS X 10.3（Panther）开始已经包含 Python
Linux	推荐 Ubuntu 版本

 说明

在个人开发学习阶段推荐使用 Windows 操作系统。本书采用的就是 Windows 操作系统。

1.2.2　安装 Python

要进行 Python 开发，需要先安装 Python 解释器。因为 Python 是解释型编程语言，所以需要一个解释器，这样才能运行我们写的代码。这里说的安装 Python 实际上就是安装 Python 解释器。下面将以 Windows 操作系统为例介绍如何安装 Python。

1．下载 Python 安装包

在 Python 的官方网站中，可以很方便地下载 Python 的开发环境，具体下载步骤如下。

（1）打开浏览器（如 Google Chrome 浏览器），进入 Python 官方网站，地址是 https://www.python.org/，如图 1.4 所示。

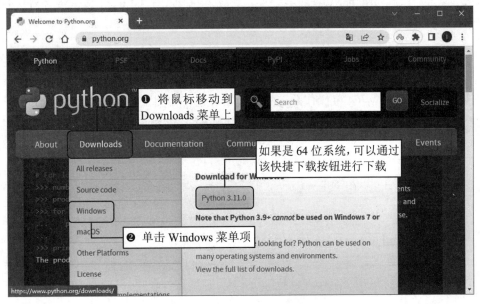

图 1.4　Python 官方网站首页

说明

如果在单击 Windows 菜单项时没有显示右侧的下载按钮，则应该是页面没有加载完全，在加载完成后就会显示，请耐心等待。

（2）将鼠标移动到 Downloads 菜单上，将显示与下载有关的菜单项。如果使用的是 64 位的 Windows 操作系统，那么直接单击 Python 3.11.x 按钮下载 64 位的安装包；否则，单击 Windows 菜单项，进入详细的下载列表中。在下载列表中，将列出 Python 不同版本的下载链接，读者可以根据需要进行下载。这里单击 Windows 菜单项，进入如图 1.5 所示的下载列表中。

图 1.5　适合 Windows 操作系统的 Python 下载列表

说明

在如图 1.5 所示的列表中：带(32-bit)的超链接，表示它在 Windows 32 位操作系统上使用；带(64-bit)的超链接，表示它在 Windows 64 位操作系统上使用。另外：标记为 embeddable package 的超链接，表示嵌入式安装；标记为 installer 的超链接，表示通过可执行文件（*.exe）方式进行离线安装；标记为 embeddable zip file 的超链接，表示可以集成到其他应用中的嵌入式版本。

（3）在 Python 下载列表页面中，将列出 Python 提供的各个版本的下载链接，读者可以根据需要进行下载。当前 Python 3.x 的最新稳定版本是 3.11.0。在图 1.5 中单击 Download Windows installer (64-bit) 超链接，下载适用于 Windows 64 位操作系统的离线安装包，如图 1.6 所示。

图 1.6　正在下载 Python

注意

Python 3.11.x 版本需要在 Windows 10 及以上操作系统上进行安装，如果您的操作系统是 Windows 10 以下版本，那么可以在下载列表页面中下载 Python 3.8.x 版本。

（4）下载完成后，浏览器会自动提示"此类型的文件可能会损害您的计算机。您仍然要保留 python-3.11.0-am….exe 吗？"，此时，单击"保留"按钮，保留该文件即可。

（5）下载完成后，将得到一个名称为 python-3.11.0-amd64.exe 的安装文件。

2. 在 Windows 64 位系统上安装 Python

在 Windows 系统上安装 Python 3.x 的步骤如下。

（1）双击安装文件 python-3.11.0-amd64.exe，将显示安装向导对话框，选中 Add python.exe to PATH 复选框，表示将自动配置环境变量，如图 1.7 所示。

图 1.7　Python 安装向导

误区警示

一定要选中 Add python.exe to PATH 复选框，否则在后面学习中会出现"XXX 不是内部或外部命令"的错误。

（2）单击 Customize installation 按钮，进行自定义安装（自定义安装可以修改安装路径），这里采用默认设置，如图 1.8 所示。

图 1.8　设置要安装的选项对话框

（3）单击 Next 按钮，在打开的高级选项对话框中，设置安装路径为 C:\Python\Python311，其他采用默认设置，如图 1.9 所示。

（4）单击 Install 按钮，将开始安装 Python，并且显示安装进度。在安装完成后，将显示如图 1.10 所示的对话框。

图 1.9　高级选项对话框　　　　　　　　　　图 1.10　安装完成对话框

误区警示

安装 Python 时，有时可能会出弹出如图 1.11 所示的错误提示对话框，并且不能再继续安装。

出现该错误的原因是权限设置的问题。解决方法是，在安装包文件上右击，在弹出的快捷菜单中单击"以管理员身份运行"菜单项，再继续安装即可。

图 1.11　出现 2503 错误提示对话框

3. 测试 Python 是否安装成功

Python 安装成功后，需要检测 Python 是否真的安装成功。例如，在 Windows 10 系统中检测 Python 是否真的安装成功，可以在"开始"菜单右侧的"在这里输入你要搜索的内容"文本框中输入 cmd 命令，然后按 Enter 键，启动"命令提示符"窗口，再在当前的命令提示符后面输入 python，并按 Enter 键，如果出现如图 1.12 所示的信息，则说明 Python 已安装成功，同时也进入交互式 Python 解释器中。

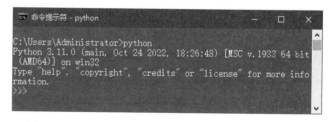

图 1.12　在"命令提示符"窗口中运行的 Python 解释器

图 1.12 中的信息是关于笔者计算机中安装的 Python 的信息，其中包括 Python 的版本、该版本发行的时间、安装包的类型等信息。因此，如果读者计算机中安装的关于 Python 的信息与此信息不完全相同也没关系，只要命令提示符变为>>>，就说明 Python 已经准备就绪，正在等待用户输入 Python 命令。这也表示 Python 已安装成功。

注意

如果输入 python 后，没有出现如图 1.12 所示的信息，而是显示" 'python' 不是内部或外部命令，也不是可运行的程序或批处理文件。"那么需要在环境变量中配置 Python。

1.2.3 编写第一个 Python 程序

作为程序开发人员，学习新语言的第一步就是输出 Hello World。学习 Python 开发也不例外，我们也是从 Hello World 开始的。在 Python 中，可以通过以下两种方法编写 Hello World 程序。

1. 在"命令提示符"窗口启动的 Python 解释器中实现

【例 1.1】在"命令提示符"窗口启动的 Python 解释器中实现第一个 Python 程序。（实例位置：资源包\TM\sl\01\01）

在"命令提示符"窗口启动的 Python 解释器中编写 Python 程序非常简单方便，下面是编写第一个程序 Hello World 的具体步骤。

（1）在"开始"菜单右侧的"在这里输入你要搜索的内容"文本框中输入 cmd 命令，并按 Enter 键，启动"命令提示符"窗口。然后在当前的 Python 提示符后面输入 python，并按 Enter 键，进入 Python 解释器中。

（2）在当前的 Python 提示符>>>的右侧输入以下代码，并按 Enter 键：

```
print("Hello World")
```

注意

在上述代码中，一对小括号()和双引号""都必须在英文（即半角）状态下输入，并且 print 全部为小写字母。因为 Python 的语法是区分字母大小写的。

运行结果如图 1.13 所示。

2. 在 Python 自带的 IDLE 中实现

通过例 1.1 可以看出，在"命令提示符"窗口的 Python 解释器中，编写 Python 代码时，代码颜色是纯色的，不方便阅读。实际上，在安装 Python 时，会自动安装一个开发工具 IDLE，通过它编写 Python 代码时，将会用不同的颜色显示代码。这样

图 1.13 在"命令提示符"窗口中输出 Hello World

代码将更容易阅读。下面将通过一个具体的例子演示如何打开 IDLE，并编写 Hello World 程序。

【例 1.2】在 IDLE 中实现第一个 Python 程序。（实例位置：资源包\TM\sl\01\02）

在 Python 自带的 IDLE 中编写 Python 程序同样非常简单方便，下面是编写第一个程序 Hello World 的具体步骤。

（1）单击 Windows 10 系统的"开始"菜单，然后依次单击"所有程序"→Python 3.11→IDLE

（Python 3.11 64-bit）菜单项，即可打开 IDLE 窗口，如图 1.14 所示。

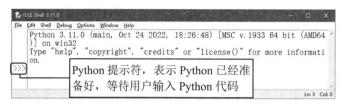

图 1.14　IDLE 窗口

（2）在当前的 Python 提示符>>>的右侧输入以下代码，并按 Enter 键：

```
print("Hello World")
```

运行结果如图 1.15 所示。

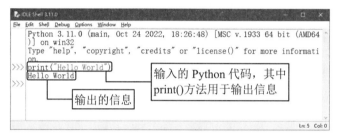

图 1.15　在 IDLE 中输出 Hello World

误区警示

如果在中文（即全角）状态下输入代码中的小括号()或者双引号""，那么将产生语法错误。例如，在 IDLE 开发环境中输入下列代码（其中，括号()和双引号""是在中文状态下输入的）：

```
print（"Hello World"）
```

按 Enter 键运行后，将会出现如图 1.16 所示的错误提示。

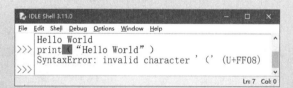

图 1.16　在中文状态下输入小括号和双引号时出现的错误

1.2.4　运行已经编写好的.py 文件

在 1.2.3 节中已经介绍了如何在 Python 交互模式中直接编写并运行 Python 代码。这里，如果已经编写好一个.py 的 Python 文件，那么应该如何运行它呢？

要运行一个已经编写好的.py 文件，可以在"开始"菜单右侧的"在这里输入你要搜索的内容"文本框中输入 cmd 命令，并按 Enter 键，启动"命令提示符"窗口，然后按照以下格式输入代码：

```
python 完整的文件名（包括路径）
```

例如，要运行 D:\demo.py 文件，可以使用以下代码：

```
python D:\demo.py
```

运行结果如图 1.17 所示。

图 1.17　在 Python 交互模式下运行.py 文件

说明

　　在运行.py 文件时，如果文件名或者路径比较长，可先在"命令提示符"窗口中输入 python 加一个空格，然后直接把文件拖曳到空格的位置上，这时文件的完整路径将显示在空格的右侧，再按 Enter 键运行。

1.3　Python 开发工具

通常情况下，为了提高开发效率，需要使用相应的开发工具。进行 Python 开发也可以使用开发工具。下面将详细介绍 Python 自带的 IDLE 和其他常用的第三方开发工具。

1.3.1　使用自带的 IDLE

在安装 Python 后，会自动安装一个 IDLE。IDLE 是一个 Python Shell（可以在打开的 IDLE 窗口的标题栏上看到），也就是一个通过输入文本与程序交互的途径，程序开发人员可以利用 Python Shell 与 Python 进行交互。下面将详细介绍如何使用 IDLE 开发 Python 程序。

1. 打开 IDLE 并编写代码

打开 IDLE 时，在"开始"菜单中单击"所有程序"→Python 3.11→IDLE（Python 3.11 64-bit）菜单项，即可打开 IDLE 主窗口，如图 1.18 所示。

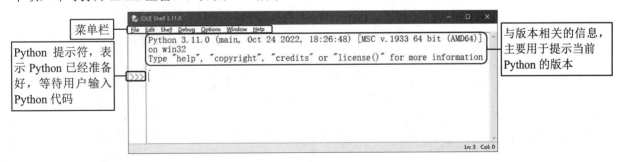

图 1.18　IDLE 主窗口

在 1.2.3 节中，我们已经应用 IDLE 输出了 Hello World，但是在实际开发时，通常不能只包含一行代码，如果需要编写多行代码，可以单独创建一个文件保存这些代码，然后在全部代码编写完毕后，可一起执行。具体方法如下。

（1）在 IDLE 主窗口的菜单栏上，单击 File→New File 菜单项，将打开一个新窗口，在该窗口中，可以直接编写 Python 代码，并且在输入一行代码后按 Enter 键，将自动换到下一行，等待继续输入，如图 1.19 所示。

（2）在代码编辑区中，编写多行代码。例如，输出古诗《长歌行》，代码如下：

```
01  print("        "+"长歌行")
02  print("青青园中葵，朝露待日晞。")
03  print("阳春布德泽，万物生光辉。")
04  print("常恐秋节至，焜黄华叶衰。")
05  print("百川东到海，何时复西归。")
06  print("少壮不努力，老大徒伤悲。")
```

编写代码后的 Python 文件窗口如图 1.20 所示。

图 1.19　新创建的 Python 文件窗口

图 1.20　编写代码后的 Python 文件窗口

（3）按 Ctrl+S 快捷键保存文件，这里将其保存为 demo.py。其中，.py 是 Python 文件的扩展名。

（4）运行程序。在菜单栏中单击 Run→Run Module 菜单项，如图 1.21 所示。

运行程序后，将在 Python Shell 窗口中显示执行结果，如图 1.22 所示。

图 1.21　运行程序

图 1.22　运行结果

说明

当需要运行程序时，也可以直接按 F5 键。

2. IDLE 常用的快捷键

在程序开发过程中，合理地使用快捷键不仅可以减少代码的错误率，还可以提高开发效率。因此，掌握一些常用的快捷键是必需的。在 IDLE 中，可通过单击 Options→Configure IDLE 菜单项，在打开的 Settings 对话框的 Keys 选项卡中查看常用的快捷键，但是该界面是英文的，不便于查看，因此笔者通过表 1.2 列出了一些常用的快捷键，可方便读者查看。

表 1.2 IDLE 提供的常用快捷键

快　捷　键	说　　　明	适　用　于
F1	打开 Python 帮助文档	Python 文件窗口和 Shell 窗口均可用
Alt+P	浏览历史命令（上一条）	仅 Python Shell 窗口可用
Alt+N	浏览历史命令（下一条）	仅 Python Shell 窗口可用
Alt+/	自动补全前面曾经出现过的单词。如果之前有多个单词具有相同的前缀，则可以连续按该快捷键，在多个单词中循环来选择单词	Python 文件窗口和 Shell 窗口均可用
Alt+3	注释代码块	仅 Python 文件窗口可用
Alt+4	取消代码块注释	仅 Python 文件窗口可用
Alt+g	转到某一行	仅 Python 文件窗口可用
Ctrl+Z	撤销一步操作	Python 文件窗口和 Shell 窗口均可用
Shift+Ctrl+Z	恢复上一次的撤销操作	Python 文件窗口和 Shell 窗口均可用
Ctrl+S	保存文件	Python 文件窗口和 Shell 窗口均可用
Ctrl+]	缩进代码块	仅 Python 文件窗口可用
Ctrl+[	取消代码块缩进	仅 Python 文件窗口可用
Ctrl+F6	重新启动 Python Shell	仅 Python Shell 窗口可用

说明

由于 IDLE 简单、方便，很适合练习，本书将以 IDLE 作为开发工具。

1.3.2 使用 Visual Studio Code

除 Python 自带的 IDLE 外，还有很多能够进行 Python 编程的开发工具。Visual Studio Code（简称 VS Code）是微软（Microsoft）在 2015 年 4 月 30 日正式宣布的一个可以在 Mac OS X、Windows 和 Linux 系统中运行的、免费开源的、跨平台的代码编辑器，该编辑器支持多种语言和文件格式的编写，截至 2019 年 9 月，已经支持了 37 种语言。Visual Studio Code 代码编辑器的启动和运行速度都很快。

1. 下载与安装 Visual Studio Code

打开 Visual Studio Code 官网下载地址（https://azure.microsoft.com/zh-cn/products/visual-studio-code/），在网页中单击"立即下载"按钮，如图 1.23 所示。

在下载页面中根据计算机系统版本下载对应的 Visual Studio Code，如图 1.24 所

图 1.23　下载 Visual Studio Code

示。因为笔者使用的是 Windows 64 位系统，所以将以该版本进行演示。

图 1.24　下载 Windows 版本的 Visual Studio Code

下载完成以后，打开 VSCodeUserSetup-x64-x.xx.x.exe 安装文件，接着在安装对话框中选中"我同意此协议"单选按钮，然后单击"下一步"按钮，如图 1.25 所示。

在"选择目标位置"对话框中，单击"浏览"按钮，选择 Visual Studio Code 的安装位置，单击"下一步"按钮，如图 1.26 所示。

图 1.25　选中"我同意此协议"单选按钮

图 1.26　选择 Visual Studio Code 的安装位置

在"选择开始菜单文件夹"对话框中，单击"下一步"按钮，如图 1.27 所示。

在"选择附加任务"对话框中，选中"创建桌面快捷方式"复选框，然后单击"下一步"按钮，如图 1.28 所示。

图 1.27　选择开始菜单文件夹

图 1.28　创建桌面快捷方式

在"准备安装"对话框中，单击"安装"按钮，如图 1.29 所示。

单击"安装"按钮后，将显示如图 1.30 所示的安装进度对话框。

图 1.29　准备安装

图 1.30　安装进度对话框

安装完成以后将显示如图 1.31 所示的"安装完成"对话框，在该对话框中单击"完成"按钮即可。

2. 配置 Visual Studio Code

Visual Studio Code 启动后，单击左侧的 Extensions 按钮，安装 Python 插件，具体操作步骤如图 1.32 所示。

Python 插件安装完成后，右侧将显示如图 1.33 所示的 Python 扩展界面。

图 1.31　安装完成

图 1.32　安装 Python 插件

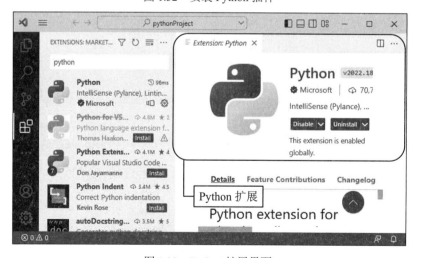

图 1.33　Python 扩展界面

在自定义的目录下创建一个文件夹，作为 Visual Studio Code 开发工具的项目结构目录。例如，在

D 盘下创建一个名称为 PythonProject 的文件夹。单击左上角 File→Open Folder 菜单项，然后选择已经创建的 PythonProject 文件夹，如图 1.34 所示。

图 1.34　打开文件夹

单击左侧 Explorer 选项，然后在项目文件夹 PYTHONPROJECT 中单击 New File 按钮，创建一个 demo.py 的 Python 文件，如图 1.35 所示。

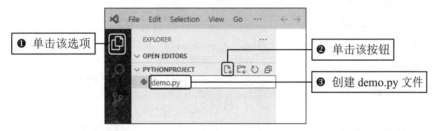

图 1.35　创建 demo.py 文件

单击刚刚创建的 demo.py 文件，然后在右侧的编辑区域编写测试代码，最后单击右上角的"运行"按钮，如图 1.36 所示。

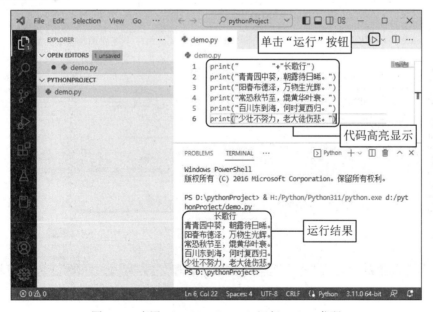

图 1.36　应用 Visual Studio Code 运行 Python 代码

> **说明**
>
> Visual Studio Code 的 Python 扩展支持 Python 语言的智能提示、Linting、调试、代码导航、代码格式化、重构，以及结合 Jupyter Notebook 一起开发等。

3. 汉化 Visual Studio Code

Visual Studio Code 插件功能也是非常丰富的，读者如果无法适应全英文状态下的开发工具，则可以在 Extensions（扩展）功能中搜索中文汉化插件，如图 1.37 所示。

图 1.37　搜索中文汉化插件 chinese

中文插件安装后，重新启动 Visual Studio Code 开发工具，将显示如图 1.38 所示的中文窗口。

图 1.38　汉化后的中文窗口

1.3.3　常用的第三方开发工具

1. PyCharm

PyCharm 是由 JetBrains 公司开发的一款 Python 开发工具。它在 Windows、Mac OS 和 Linux 操作系统中都可以使用。它具有语法高亮显示、Project（项目）管理代码跳转、智能提示、自动完成、调试、单元测试和版本控制等一般开发工具都具有的功能。另外，PyCharm 还支持在 Django（Python 的 Web 开发框架）框架中进行 Web 开发。PyCharm 的主窗口如图 1.39 所示。

图 1.39　PyCharm 的主窗口

　说明

PyCharm 的官方网站为 http://www.jetbrains.com/pycharm/，该网站提供了两个版本的 PyCharm：一个是社区版（免费并且提供源程序）；另一个是专业版（免费试用）。读者可以根据需要选择下载版本。

2. Sublime Text

Sublime Text 是一款跨平台代码编辑器（code editor）软件。Sublime Text 既可以编写代码，又可以编辑文本，是程序员必不可少的工具。另外，Sublime Text 支持代码高度显示、代码补全、多窗口、即时项目切换、自定义皮肤等功能，同时也支持多种编程语言和多种操作系统。应用 Sublime Text 3 开发的 Python 界面如图 1.40 所示。

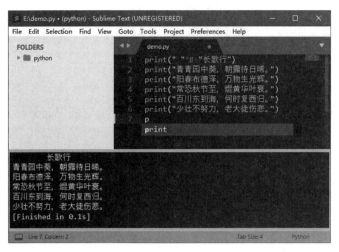

图 1.40　应用 Sublime Text 3 开发的 Python 界面

1.4　实践与练习

（答案位置：资源包\TM\sl\01\实践与练习）

综合练习 1：输出金一南教授的话　　国防大学教授金一南在"我们的时代，我们的奋斗"演讲中说："数十年走来，我今天跟大家分享三点体会：做有心人，干困难事，立大格局。"那么现在我们就在 PyCharm 中输出金一南教授的这三点体会。

综合练习 2：输出程序员节"1024"的含义　　10 月 24 日，是中国程序员共同的节日——程序员节。1024 是一个很特殊的数字，在计算机操作系统里，1024 Byte（字节）＝1 KB，1024 KB＝1 MB，1024 MB＝ 1 GB 等。程序员就像是一个个 1024，以最低调、踏实、核心的功能模块搭建起这个科技世界。请大家开动脑筋，输出 1024 也就是程序员节的核心含义。参考以下形式，也可以自创其他形式。

```
1024（程序员之日）寓意：
    低调、踏实、核心
1024 MB=1 GB，谐音一级棒
```

第 2 章

Python 语言基础

熟练掌握一种编程语言，最好的方法就是充分了解它，并掌握其基础知识，另外，还需要亲自体验，多编写代码，方可熟能生巧。

从本章开始，我们将正式踏上 Python 开发之旅，体验 Python 带给我们的简单、快乐。本章将先对 Python 的语法特点进行详细介绍，然后介绍 Python 中的保留字、标识符、变量、基本数据类型，以及数据类型间的转换，最后介绍如何通过输入和输出函数进行交互。

本章知识架构及重难点如下。

2.1 Python 语法特点

学习 Python 需要了解它的语法特点，如注释规则、代码缩进、编码规范等。下面将对学习 Python 时首先需要了解的这些语法特点进行详细介绍。

2.1.1 注释规则

注释类似于语文课本中古诗文的注释，如图 2.1 所示。据此，所谓注释，就是在代码中添加标注性的文字，进而帮助程序员更好地阅读代码。注释的内容将被 Python 解释器忽略，并不会在执行结果中体现出来。

在 Python 中，通常包括 3 种类型的注释，分别是单行注释、多行注释和文件编码声明注释。这些注释在 IDLE 中的效果如图 2.2 所示。

1. 单行注释

在 Python 中，使用#作为单行注释的符号。从符号#开始直到换行，其后面所有的内容都作为注释的内容而被 Python 编译器忽略。

图 2.1　古诗文的注释

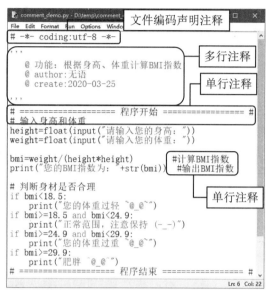

图 2.2　Python 中的注释

语法如下：

```
# 注释内容
```

单行注释可以放在要注释的代码的前一行，也可以放在要注释的代码的右侧。例如，下面的两种注释形式都是正确的。

第一种形式：

```
01  # 要求输入身高，单位为 m，如 1.70
02  height=float(input("请输入您的身高："))
```

第二种形式：

```
height=float(input("请输入您的身高："))        # 要求输入身高，单位为 m，如 1.70
```

上述两种形式的代码，其运行结果都将如图 2.3 所示。

```
请输入您的身高：1.70
>>>
```

图 2.3　运行结果

💾 **说明**

在添加注释时，一定要有意义，即注释能充分体现代码的作用。例如，图 2.4 中的注释就是冗余的注释。如果将其注释修改为如图 2.5 所示的注释，则可很清楚地知道代码的作用。

```
bmi=weight/(height*height)        #Magic，请勿改动
```

图 2.4　冗余的注释

```
bmi=weight/(height*height)        # 用于计算BMI指数，公式为"体重/(身高×身高)"
```

图 2.5　推荐的注释

单行注释可以出现在代码的任意位置，但是不能分隔关键字和标识符。例如，下列代码注释是错误的：

```
height=float(#要求输入身高  input("请输入您的身高："))
```

说明

在 IDLE 开发环境中：可以通过选择主菜单中的 Format→Comment Out Region 菜单项（也可直接使用快捷键 Alt+3），将选中的代码注释掉；也可以通过选择主菜单中的 Format→UnComment Region 菜单项（也可直接使用快捷键 Alt+4），取消添加的单行注释。

2. 多行注释

在 Python 中并没有一个单独的多行注释标记，而是将包含在一对三引号（即"""……"""或者"""……"""）中，并且不属于任何语句的内容则认为是注释。对于这样的代码，将被解释器忽略。这样的代码可以分为多行编写，因此也作为多行注释。

语法格式如下：

```
'''
    注释内容 1
    注释内容 2
    ……
'''
```

或者

```
"""
    注释内容 1
    注释内容 2
    ……
"""
```

误区警示

在使用三引号作为注释时，需要注意，三引号必须成对出现，如果只写一半三引号，那么当程序运行时，将会提示 EOF while scanning triple-quoted string literal 错误。

多行注释通常用来为 Python 文件、模块、类或者函数等添加版权、功能等信息。例如，下列代码将使用多行注释为 demo.py 文件添加版权、功能及修改日志等信息：

```
01  '''
02  @ 版权所有：吉林省明日科技有限公司©版权所有
03  @ 文件名：demo.py
04  @ 文件功能描述：根据身高、体重计算 BMI 指数
05  @ 创建日期：2021 年 1 月 31 日
06  @ 创建人：无语
07  @ 修改标识：2021 年 2 月 2 日
08  @ 修改描述：增加根据 BMI 指数判断体重是否合理的功能代码
09  @ 修改日期：2021 年 2 月 2 日
10  '''
```

注意

三引号'''……'''或者"""……"""如果出现在语句中，那么就不是注释，而是字符串，这一点要注意区分。例如，图 2.6 中的代码即为多行注释，而图 2.7 中的代码即为字符串。

```
'''
@ 功能：根据身高、体重计算BMI指数
@ author:无语
@ create:2021-03-25
'''
```

图 2.6　三引号为多行注释

```
print('''根据身高、体重计算BMI指数''')
```

图 2.7　三引号为字符串

3．文件编码声明注释

在 Python 3 中，默认采用的文件编码是 UTF-8。这种编码支持世界上大多数语言的字符，也包括中文。如果不想使用默认编码，就需要在文件的第一行声明文件的编码，也就是需要使用文件编码声明注释。

语法格式如下：

```
# -*- coding:编码 -*-
```

或者

```
#coding=编码
```

在上述语法中，编码为文件所使用的字符编码类型，如果采用 GBK，则设置为 gbk 或 cp936。例如，指定编码为 GBK，可以使用以下中文注释：

```
# -*- coding:gbk -*-
```

说明

在上述代码中，"-*-"没有特殊的作用，只是为了美观才加上的。所以上述代码也可以使用"# coding:gbk"代替。

另外，以下代码也是正确的中文注释：

```
#coding=gbk
```

2.1.2　代码缩进

Python 不像其他程序设计语言（如 Java 或者 C 语言）那样采用大括号"{}"分隔代码块，而是采用代码缩进和冒号"："区分代码之间的层次。

说明

缩进可以使用空格或者 Tab 键实现。其中，如果使用空格进行缩进，则通常情况下采用 4 个空格作为一个缩进量；而如果使用 Tab 键进行缩进，则采用一个 Tab 键作为一个缩进量。通常情况下建议采用空格进行缩进。

在 Python 中，对于类定义、函数定义、流程控制语句，以及异常处理语句等：行尾的冒号和下一行的缩进表示一个代码块的开始；而缩进结束，则表示一个代码块的结束。

例如，以下代码中的缩进即为正确的缩进。

```
01    height=float(input("请输入您的身高："))        # 输入身高
02    weight=float(input("请输入您的体重："))        # 输入体重
03    bmi=weight/(height*height)                    # 计算 BMI 指数
04
05    # 判断体重是否合理
06    if bmi<18.5:
07        print("您的 BMI 指数为："+str(bmi))        # 输出 BMI 指数
08        print("体重过轻 ~@_@~")
09    if bmi>=18.5 and bmi<24.9:
10        print("您的 BMI 指数为："+str(bmi))        # 输出 BMI 指数
11        print("正常范围，注意保持 (-_-)")
12    if bmi>=24.9 and bmi<29.9:
13        print("您的 BMI 指数为："+str(bmi))        # 输出 BMI 指数
14        print("体重过重 ~@_@~")
15    if bmi>=29.9:
16        print("您的 BMI 指数为："+str(bmi))        # 输出 BMI 指数
17        print("肥胖 ^@_@^")
```

Python 对代码的缩进要求非常严格，同一个级别的代码块的缩进量必须相同。如果不采用合理的代码缩进，将抛出 SyntaxError 异常。例如，代码中有的缩进量是 4 个空格，还有的是 2 个空格，这样就会导致出现 SyntaxError 错误，如图 2.8 所示。

在 IDLE 开发环境中，一般以 4 个空格作为代码的基本缩进单位。不过也可以单击 Options→Configure IDLE 菜单项，在打开的 Settings 对话框的 Windows 选项卡中修改代码的基本缩进量，如图 2.9 所示。

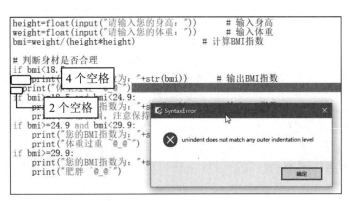

图 2.8　缩进量不同导致的 SyntaxError 错误

图 2.9　修改基本缩进量

2.1.3 编码规范

下面给出两段实现同样功能的代码，如图 2.10 所示。

```
'''@ 功能：根据身高、体重计算BMI指数
   @ author:无语
   @ create:2021-03-25'''
# 输入身高和体重
height=float(input("请输入您的身高："))
weight=float(input("请输入您的体重："))
bmi=weight/(height*height)# 计算BMI指数
print("您的BMI指数为："+str(bmi))# 输出BMI指数
# 判断体重是否合理
if bmi<18.5:
    print("您的体重过轻 ~@_@~")
if bmi>=18.5 and bmi<24.9:
    print("正常范围，注意保持 (-_-)")
if bmi>=24.9 and bmi<29.9:
    print("您的体重过重 ~@_@~")
if bmi>=29.9:
    print("肥胖 ~@_@~")
```

```
'''
   @ 功能：根据身高、体重计算BMI指数
   @ author:无语
   @ create:2021-03-25
'''
# 输入身高和体重
height=float(input("请输入您的身高："))
weight=float(input("请输入您的体重："))
bmi=weight/(height*height)        # 计算BMI指数
print("您的BMI指数为："+str(bmi))  # 输出BMI指数
# 判断体重是否合理
if bmi<18.5:
    print("您的体重过轻 ~@_@~")
if bmi>=18.5 and bmi<24.9:
    print("正常范围，注意保持 (-_-)")
if bmi>=24.9 and bmi<29.9:
    print("您的体重过重 ~@_@~")
if bmi>=29.9:
    print("肥胖 ~@_@~")
```

图 2.10 两段功能相同的 Python 代码

大家在学习时，愿意看到图 2.10 中的左侧代码还是右侧代码？答案应该是一致的，大家肯定都喜欢阅读图 2.10 中右侧的代码，因为它看上去更加规整，这是一种最基本的代码编写规范。遵循一定的代码编写规则和命名规范可以使代码更加规范化，对代码的理解与维护起到至关重要的作用。

本节将对 Python 代码的编写规则以及命名规范进行介绍。

1. 编写规则

Python 中采用 PEP 8 作为编码规范，其中 PEP 是 Python enhancement proposal 的缩写，其中文译名为 Python 增强建议书，而 PEP 8 表示版本，它是 Python 代码的样式指南。下面给出 PEP 8 编码规范中的一些应该严格遵守的条目。

☑ 每条 import 语句只导入一个模块，尽量避免一次导入多个模块。图 2.11 为推荐的写法，而图 2.12 为不推荐的写法。

☑ 不要在行尾添加分号 ";"，也不要用分号将两条命令放在同一行。例如，图 2.13 中的代码为不规范的写法。

```
import os
import sys
```

```
import os,sys
```

```
height = float(input("请输入您的身高："));
weight = float(input("请输入您的体重："));
```

图 2.11 推荐的写法　　图 2.12 不推荐的写法　　　　　　图 2.13 不规范的写法

☑ 建议每行不超过 80 个字符，如果超过，建议使用小括号 "()" 将多行内容隐式地连接起来，而不推荐使用反斜杠 "\" 进行连接。例如，如果一个字符串文本在一行上显示不下，那么可以使用小括号 "()" 将其进行分行显示，代码如下：

```
01  print("我一直认为我是一只蜗牛。我一直在爬，也许还没有爬到金字塔的顶端。"
02        "但是只要你在爬，就足以给自己留下令生命感动的日子。")
```

例如，以下通过反斜杠 "\" 进行连接的做法是不推荐使用的。

```
01  print("我一直认为我是一只蜗牛。我一直在爬，也许还没有爬到金字塔的顶端。\
02  但是只要你在爬，就足以给自己留下令生命感动的日子。")
```

不过以下两种情况除外：导入模块的语句过长；注释里的 URL。

☑ 使用必要的空行可以增加代码的可读性。一般在顶级定义（如函数或者类的定义）之间空两行，而方法定义之间空一行。另外，在用于分隔某些功能的位置处也可以空一行。

☑ 通常情况，运算符两侧、函数参数之间、逗号"，"两侧建议使用空格进行分隔。

☑ 应该避免在循环中使用+和+=操作符累加字符串。这是因为字符串是不可变的，这样做会创建不必要的临时对象。推荐的做法是将每个子字符串加入列表中，然后在循环结束后使用 join() 方法连接列表。

☑ 适当地使用异常处理结构来提高程序的容错性，但不能过于依赖异常处理结构，适当的显式判断还是必要的。

说明

在编写 Python 程序时，建议严格遵循 PEP 8 编码规范。完整的 Python 编码规范请参考 PEP 8。

2. 命名规范

命名规范在编写代码中起到很重要的作用，虽然不遵循命名规范，程序也可以运行，但是使用命名规范可以更加直观地了解代码所代表的含义。下面将介绍 Python 中常用的一些命名规范。

☑ 模块名尽量短小，并且全部使用小写字母，可以使用下画线分隔多个字母。例如，game_main、game_register、bmiexponent 都是推荐使用的模块名称。

☑ 包名尽量短小，并且全部使用小写字母，不推荐使用下画线。例如，com.mingrisoft、com.mr、com.mr.book 都是被推荐使用的包名称，而 com_mingrisoft 则是不被推荐使用的。

☑ 类名采用单词首字母大写形式（即 Pascal 风格）。例如，定义一个借书类，可以命名为 BorrowBook。

说明

Pascal 是以纪念法国数学家 Blaise Pascal 而命名的一种编程语言，Python 中的 Pascal 命名法就是根据该语言的特点总结出来的一种命名方法。

☑ 模块内部的类名采用下画线"_"+Pascal 风格的类名组成。例如，在 BorrowBook 类中的内部类，可以使用_BorrowBook 进行命名。

☑ 函数、类的属性和方法的命名规则同模块类似，也是全部采用小写字母，多个字母间用下画线"_"进行分隔。

☑ 常量全部采用大写字母命名，多个单词间可以使用下画线"_"进行分隔。

☑ 使用双下画线"__"开头的实例变量或方法是类私有的。

2.2　Python 中的变量

2.2.1　保留字与标识符

在学习变量之前，先了解什么是保留字和标识符。

1．保留字

保留字是 Python 中已经被赋予特定意义的一些单词，开发程序时，不可以把这些保留字作为变量、函数、类、模块和其他对象的名称来使用。Python 中的保留字如表 2.1 所示。

表 2.1　Python 中的保留字

and	as	assert	break	class	continue
def	del	elif	else	except	finally
for	from	False	global	if	import
in	is	lambda	nonlocal	not	None
or	pass	raise	return	try	True
while	with	yield			

注意

Python 中所有保留字是区分字母大小写的。例如，if 是保留字，但是 IF 就不属于保留字，如图 2.14 所示。

```
>>> true="真"
>>> True="真"
SyntaxError: cannot assign to True
>>>
```

```
>>> if ="守得云开见月明"
SyntaxError: invalid syntax
>>> IF = "守得云开见月明"
>>>
```

图 2.14　Python 中的保留字区分字母大小写

Python 中的保留字可以通过在 IDLE 中输入以下两行代码进行查看：

```
01    import keyword
02    keyword.kwlist
```

执行结果如图 2.15 所示。

```
>>> import keyword
>>> keyword.kwlist
['False', 'None', 'True', 'and', 'as', 'assert', 'async', 'await', 'break',
'class', 'continue', 'def', 'del', 'elif', 'else', 'except', 'finally', 'for
', 'from', 'global', 'if', 'import', 'in', 'is', 'lambda', 'nonlocal', 'not'
, 'or', 'pass', 'raise', 'return', 'try', 'while', 'with', 'yield']
>>>
```

图 2.15　查看 Python 中的保留字

误区警示

如果在开发程序时，使用 Python 中的保留字作为模块、类、函数或者变量等的名称，如下面代码是使用 Python 中的保留字 if 作为变量的名称的：

```
01    if = "坚持下去不是因为我很坚强，而是因为我别无选择"
02    print(if)
```

运行时则会出现如图 2.16 所示的错误提示信息。

图 2.16　使用 Python 保留字作为变量名时的错误信息

2．标识符

标识符可以简单地被理解为一个名字，比如每个人都有自己的名字，它主要用来标识变量、函数、类、模块和其他对象的名称。

Python 语言标识符命名规则如下。

（1）由字母、下画线"_"和数字组成，并且第一个字符不能是数字。当前 Python 中只允许使用 ISO-Latin 字符集中的字符 A～Z 和 a～z。

（2）不能使用 Python 中的保留字。

例如，下面是合法的标识符：

```
USERID
name
model2
user_age
```

下面是非法的标识符：

```
4word          # 以数字开头
try            # Python 中的保留字
$money         # 不能使用特殊字符$
```

注意

Python 的标识符中不能包含空格、@、%和$等特殊字符。

（3）区分字母大小写。在 Python 中，标识符中的字母是严格区分大小写的，两个同样的单词，如果大小写格式不一样，那么所代表的意义是完全不同的。例如，下面 3 个变量是完全独立、毫无关系的，就像 3 个长得比较像的人，彼此之间都是独立的个体。

```
01   number = 0      # 全部小写
02   Number = 1      # 部分大写
03   NUMBER = 2      # 全部大写
```

（4）Python 中以下画线开头的标识符有特殊意义，一般应避免使用相似的标识符。

☑　以单下画线开头的标识符（如_width）表示不能被直接访问的类属性。另外，也不能通过 from xxx import *进行导入。

☑　以双下画线开头的标识符（如__add）表示类的私有成员。

☑　以双下画线开头和结尾的是 Python 中专用的标识。例如，__init__()表示构造函数。

说明

在 Python 中允许使用汉字作为标识符，如"我的名字="明日科技""，在程序运行时并不会出现错误，如图 2.17 所示。但建议读者尽量不要使用汉字作为标识符。

```
>>> 我的名字="明日科技"
>>> print(我的名字)
明日科技
>>>
```

图 2.17　使用汉字作为标识符

2.2.2　理解 Python 中的变量

在 Python 中，严格意义上变量应该被称为"名字"，也可以理解为标签。当把一个值赋给一个名字（如把值"学会 Python 还可以飞"赋给 python）时，python 就被称为变量。在大多数编程语言中，都将其称为"把值存储在变量中"。意思是在计算机内存中的某个位置，字符串序列"学会 Python 还可以飞"已经存在。你不需要准确地知道它们到底在哪里，只需要告诉 Python 这个字符串序列的名字是 python，然后就可以通过这个名字来引用这个字符串序列。这个过程就像上门取快递一样，内存就像一个巨大的货物架，在 Python 中使用变量就像是给快递盒子加标签，如图 2.18 所示。

你的快递存放在货物架上，上面附着写有你名字的标签。当你来取快递时，并不需要知道它们存放在这个大型货架的具体哪个位置，只需要提供你的名字，快递员就会把你的快递交还给你。实际上，你的快递可能并不在原先所放的位置。不过快递员会为你记录快递的位置。要取回你的快递，只需要提供你的名字。变量也一样，你不需要准确地知道信息存储在内存中的哪个位置，只需要记住存储变量时所用的名字，再使用这个名字即可。

图 2.18　货物架中贴着标签的快递

2.2.3　定义变量

在 Python 中，不需要先声明变量名及其类型，直接赋值即可创建各种类型的变量。需要注意的是，对于变量的命名并不是任意的，应遵循以下几条规则。

- ☑ 变量名必须是一个有效的标识符。
- ☑ 变量名不能使用 Python 中的保留字。
- ☑ 慎用小写字母 l 和大写字母 O。
- ☑ 应选择有意义的单词作为变量名。

为变量赋值可以通过等号"="来实现。语法格式如下：

```
变量名 = value;
```

例如，创建一个整型变量，并为其赋值为 1024，可以使用下列语句：

```
number = 1024                          # 创建变量 number 并为其赋值为 1024，该变量为数值型变量
```

这样创建的变量就是数值型的变量。如果直接为变量赋值一个字符串值，那么该变量即为字符串类型，如下列语句：

```
nickname = "碧海苍梧"                    # 字符串类型的变量
```

误区警示

在 Python 中，输入代码时，除非在字符串中有全角空格，否则一定不要用全角空格。这个错误比较隐蔽，不容易被发现，所以我们要养成好的编码习惯。

另外，Python 是一种动态类型的语言，也就是说，变量的类型可以随时变化。例如，在 IDLE 中，创建变量 nickname，并为其赋值为字符串"碧海苍梧"，然后输出该变量的类型，可以看到该变量为字符串类型，再为变量赋值为数值 1024，并输出该变量的类型，可以看到该变量为整型。执行过程如下：

```
01    >>> nickname = "碧海苍梧"              # 字符串类型的变量
02    >>> print(type(nickname))
03    <class 'str'>
04    >>> nickname = 1024                    # 整型的变量
05    >>> print(type(nickname))
06    <class 'int'>
```

说明

在 Python 语言中，使用内置函数 type() 可以返回变量类型。

在 Python 中，允许多个变量指向同一个值。给两个变量都赋值为数字 2048，再分别应用内置函数 id() 获取变量的内存地址，将得到相同的结果。执行过程如下：

```
01    >>> no = number = 2048
02    >>> id(no)
03    50766992
04    >>> id(number)
05    50766992
```

在上述代码中，id() 为 Python 的内置函数，使用它可以返回变量所指的内存地址。

注意

常量就是在程序运行过程中，值不能改变的量，诸如现实生活中的居民身份证号码、数学运算中的 π 值等，这些都是不会发生改变的，它们都可以定义为常量。在 Python 中，并没有提供定义常量的保留字。不过在 PEP 8 规范中定义了常量的命名规范由大写字母和下画线组成，但是在实际项目中，常量首次被赋值后，仍然可以被其他代码修改。

2.3　基本数据类型

在内存中可以使用多种类型存储数据。例如，一个人的姓名可以用字符型存储，年龄可以使用数值型存储，而婚否可以使用布尔类型存储。这些都是 Python 中提供的基本数据类型。下面将对这些基本数据类型进行详细介绍。

2.3.1　数字

在程序开发时，经常使用数字记录游戏的得分、网站的销售数据和网站的访问量等信息。在 Python 中，提供了数字类型用于保存这些数值，并且它们是不可改变的数据类型。如果修改数字类型变量的值，那么会先把该值存储到内容中，然后修改变量让其指向新的内存地址。

在 Python 中，数字类型主要包括整数、浮点数和复数。下面分别对其进行介绍。

1. 整数

整数用来表示整数数值，即没有小数部分的数值。在 Python 中，整数包括正整数、负整数和 0，并且它的位数是任意的（当超过计算机自身的计算功能时，会自动转用高精度计算），如果要指定一个非常大的整数，只需要写出其所有位数即可。

整数类型包括十进制整数、八进制整数、十六进制整数和二进制整数。下面分别对其进行介绍。

（1）十进制整数。十进制整数的表现形式大家都很熟悉。例如，以下数值都是有效的十进制整数：

```
3.14159265358979932384626
6666666666666666666666666666666666666666666666666666666666666666666666666666666666
666666666666666666666666666666666666
-2048
0
```

在 IDLE 中，执行的结果如图 2.19
所示。

注意

不能以 0 作为十进制数的开头
（0 除外）。

图 2.19　有效的整数

（2）八进制整数。由 0～7 组成，
进位规则是"逢八进一"，并且以 0o/0O 开头的数，如 0o123（转换成十进制数为 83）、−0o123（转换成十进制数为-83）。

（3）十六进制整数。由 0～9、A～F 组成，进位规则是"逢十六进一"，并且以 0x/0X 开头的数，如 0x25（转换成十进制数为 37）、0Xb01e（转换成十进制数为 45086）。

（4）二进制整数。只有 0 和 1 两个基数，进位规则是"逢二进一"，如 101（转换为十制数为 5）、1010（转换为十进制为 10）。

2. 浮点数

浮点数由整数部分和小数部分组成，主要用于处理包括小数的数，如 1.414、0.5、−1.732、3.14159265358979932384626 等。浮点数也可以使用科学记数法表示，如 2.7e2、−3.14e5 和 6.16e−2 等。

注意

在使用浮点数进行计算时，可能会出现小数位数不确定的情况。例如，计算 0.1+0.1 时，将得到想要的 0.2，而计算 0.1+0.2 时，将得到 0.30000000000000004（想要的结果为 0.3），执行过程如下：

```
01    >>> 0.1+0.1
02    0.2
03    >>> 0.1+0.2
04    0.30000000000000004
```

对于这种情况，所有语言都存在这个问题，暂时忽略多余的小数位数即可。

【例 2.1】 根据身高、体重计算 BMI 指数。（**实例位置：资源包\TM\sl\02\01**）

在 IDLE 中创建一个名称为 bmiexponent.py 的文件，然后在该文件中定义两个变量：一个用于记录身高，单位为 m；另一个用于记录体重，单位为 kg。根据公式"BMI=体重/（身高×身高）"计算 BMI 指数，代码如下：

```
01    height = 1.70                              # 保存身高的变量，单位为 m
02    print("您的身高：" + str(height))
03    weight = 48.5                              # 保存体重的变量，单位为 kg
```

```
04    print("您的体重: " + str(weight))
05    bmi=weight/(height*height)                          # 用于计算 BMI 指数,公式为"体重/(身高×身高)"
06    print("您的 BMI 指数为: "+str(bmi))                   # 输出 BMI 指数
07    # 判断体重是否合理
08    if bmi<18.5:
09        print("您的体重过轻 ~@_@~")
10    if bmi>=18.5 and bmi<24.9:
11        print("正常范围,注意保持 (-_-)")
12    if bmi>=24.9 and bmi<29.9:
13        print("您的体重过重 ~@_@~")
14    if bmi>=29.9:
15        print("肥胖 ^@_@^")
```

说明

在上述代码中: str()函数用于将数值转换为字符串; if 语句用于进行条件判断,将在 4.2 节中进行详细介绍。

运行结果如图 2.20 所示。

3. 复数

Python 中的复数与数学中的复数的形式完全一致,它们都是由实部和虚部组成的,并且使用 j 或 J 表示虚部。当表示一个复数时,可以将其实部和虚部相加。例如,一个复数实部为 3.14,虚部为 12.5j,那么这个复数为 3.14+12.5j。

```
您的身高: 1.7
您的体重: 48.5
您的BMI指数为: 16.782006920415228
您的体重过轻 ~@_@~
>>>
```

图 2.20　根据身高、体重计算 BMI 指数

2.3.2　字符串

字符串就是连续的字符序列,可以是计算机所能表示的一切字符的集合。在 Python 中,字符串属于不可变序列,通常使用单引号（''）、双引号（" "）或者三引号（''' '''或""" """）括起来。这 3 种引号形式在语义上没有差别,只是在形式上有些差别。其中,单引号和双引号中的字符序列必须在一行上,而三引号中的字符序列可以分布在连续的多行上。例如,定义 3 个字符串类型变量,并且应用 print()函数进行输出,代码如下:

```
01    title = '我喜欢的名言警句'                              # 使用单引号,其中的字符序列必须在一行上
02    mot_cn = "命运给予我们的不是失望之酒,而是机会之杯。"       # 使用双引号,其中的字符序列必须在一行上
03    # 使用三引号,其中的字符序列可以分布在多行上
04    mot_en = '''Our destiny offers not the cup of despair,
05    but the chance of opportunity.'''
06    print(title)
07    print(mot_cn)
08    print(mot_en)
```

执行结果如图 2.21 所示。

误区警示

字符串开始和结尾使用的引号形式必须一致。另外,当需要表示复杂的字符串时,还可以进行引号的嵌套。例如,下面的字符串也都是合法的。

```
'在 Python 中也可以使用双引号（" "）定义字符串'
'"(··)nnn'也是字符串"
"""--'-' "*****""
```

33

【例 2.2】输出字符画——坦克。（**实例位置：资源包\TM\sl\02\02**）

在 IDLE 中创建一个名称为 ascii_art.py 的文件，然后在该文件中输出一个表示字符画的字符串，由于该字符画有多行，需要使用三引号作为字符串的定界符。关键代码如下：

```
01  print('''
02                       ▶ 学编程，你不是一个人在战斗~~
03                       |
04            _  __/l--_l
05  II=======OOOOO[/ ★007___|
06            |_  _|/-----.
07         /___mingrisoft.com__|
08          \O\\\\\\\\\\\\\\\\\\⊙/
09          ~~~~~~~~~~~~~~~~~~~~~
10  ''')
```

运行结果如图 2.22 所示。

我喜欢的名言警句
命运给予我们的不是失望之酒，而是机会之杯。
Our destiny offers not the cup of despair,
but the chance of opportunity.

图 2.21　使用 3 种形式定义字符串　　　　　　图 2.22　输出字符画

Python 中的字符串还支持转义字符。所谓转义字符，是指使用反斜杠"\"对一些特殊字符进行转义。常用的转义字符及其说明如表 2.2 所示。

表 2.2　常用的转义字符及其说明

转 义 字 符	说　　　明	转 义 字 符	说　　　明
\	续行符	\'	单引号
\n	换行符	\\	一个反斜杠
\0	空	\f	换页
\t	水平制表符，用于横向跳到下一制表位	\0dd	八进制数，dd 代表字符，如\012 代表换行
\"	双引号	\xhh	十六进制数，hh 代表字符，如\x0a 代表换行

⚡注意

在字符串定界符引号的前面加上字母 r（或 R），那么该字符串将原样输出，其中的转义字符将不进行转义输出。例如：当输出字符串""失望之酒\x0a 机会之杯""时，转义字符进行转义，换行输出字符串；而当输出字符串"r"失望之酒\x0a 机会之杯""时，转义字符未进行转义，原样输出字符串。执行结果如图 2.23 所示。

```
>>> print("失望之酒\x0a机会之杯")
失望之酒
机会之杯
>>> print(r"失望之酒\x0a机会之杯")
...
失望之酒\x0a机会之杯
>>>
```

图 2.23　转义输出和原样输出的对比

2.3.3　布尔类型

布尔类型主要用来表示真或假的值。在 Python 中，标识符 True 和 False 被解释为布尔值。另外，Python 中的布尔值可以转换为数值，其中 True 表示 1，而 False 则表示 0。

说明

在 Python 中，可以对布尔类型的值进行数值运算，例如，"False + 1"的结果为 1。但是不建议对布尔类型的值进行数值运算。

在 Python 中，对所有的对象都可以进行真值测试。其中，只有下面列出的 4 种情况得到的值为假，其他对象在 if 或者 while 语句中都表现为真。

- ☑ False 或 None。
- ☑ 数值中的零，包括 0、0.0、虚数 0。
- ☑ 空序列，包括字符串、空元组、空列表、空字典。
- ☑ 自定义对象的实例，该对象的__bool__方法返回 False，或者__len__方法返回 0。

2.3.4　数据类型转换

Python 是动态类型的语言（也称为弱类型语言），不需要像 Java 或者 C 语言一样在使用变量前必须先声明变量的类型。虽然 Python 不需要先声明变量的类型，但有时仍然需要用到类型转换。例如，在例 2.1 中，要想通过一个 print()函数输出提示文字"您的身高："和浮点型变量 height 的值，就需要将浮点型变量 height 转换为字符串，否则将显示如图 2.24 所示的错误。

```
Traceback (most recent call last):
  File "D:\demo.py", line 11, in <module>
    print("您的身高: " + height)
TypeError: can only concatenate str (not "float") to str
```

图 2.24　字符串和浮点型变量连接时出错

在 Python 中，提供了如表 2.3 所示的函数进行各数据类型间的转换。

表 2.3　常用的数据类型转换函数及其作用

函　　数	作　　用
int(x)	将 x 转换成整数类型
float(x)	将 x 转换成浮点数类型
complex(real [,imag])	创建一个复数
str(x)	将 x 转换为字符串
repr(x)	将 x 转换为表达式字符串
eval(str)	计算在字符串中的有效 Python 表达式，并返回一个对象
chr(x)	将整数 x 转换为一个字符
ord(x)	将一个字符 x 转换为它对应的整数值
hex(x)	将一个整数 x 转换为一个十六进制的字符串
oct(x)	将一个整数 x 转换为一个八进制的字符串
bin(x)	将一个整数 x 转换为一个二进制字符串

【例 2.3】模拟超市的抹零结账。（实例位置：资源包\TM\sl\02\03）

假设某超市因为找零麻烦，特设抹零行为。现编写一段 Python 代码，实现模拟超市的这种带抹零的结账行为。

在 IDLE 中创建一个名称为 erase_zero.py 的文件，在该文件中，首先将各个商品金额累加起来，计算出商品总金额，并将其转换为字符串进行输出；然后应用 int()函数将浮点型的变量转换为整型，以实现抹零处理，并将其转换为字符串输出。关键代码如下：

```
01    money_all = 56.7 + 72.9 + 88.5 + 26.6 + 68.8         # 累加总计金额
02    money_all_str = str(money_all)                        # 转换为字符串
03    print("商品总金额为： " + money_all_str)
04    money_real = int(money_all)                           # 进行抹零处理
05    money_real_str = str(money_real)                      # 转换为字符串
06    print("实收金额为： " + money_real_str)
```

运行结果如图 2.25 所示。

```
商品总金额为：313.5
实收金额为：313
```

图 2.25　模拟超市抹零结账行为

误区警示

在进行数据类型转换时，如果把一个非数字字符串转换为整型，则将产生如图 2.26 所示的错误。

```
>>> int("17天")
Traceback (most recent call last):
  File "<pyshell#0>", line 1, in <module>
    int("17天")
ValueError: invalid literal for int() with base 10: '17天'
```

图 2.26　将非数字字符串转换为整型时产生的错误

2.4　基本输入和输出

从第 1 章的 Hello World 程序开始，我们一直在使用 print() 函数向屏幕上输出一些字符，这就是 Python 的基本输出函数。除了 print() 函数，Python 还提供了一个用于进行标准输入的函数，即 input()。input() 函数用于接收用户通过键盘输入的内容。下面将对这两个函数进行详细介绍。

2.4.1　使用 input() 函数输入

在 Python 中，使用内置的函数 input() 可以接收用户通过键盘输入的内容。input() 函数的基本用法如下：

```
variable = input("提示文字")
```

其中，variable 是保存输入结果的变量，双引号内的文字用于提示用户要输入的内容。例如，想要接收用户输入的内容，并保存到变量 tip 中，可以使用以下代码：

```
tip = input("请输入文字： ")
```

在 Python 3.x 中，无论输入的是数字还是字符都将被作为字符串进行读取。如果想要接收数值，需要把接收到的字符串进行类型转换。例如，想要接收整型的数字并将其保存到变量 age 中，可以使用以下代码：

```
age = int(input("请输入数字： "))
```

【例 2.4】根据身高、体重计算 BMI 指数（改进版）。（**实例位置：资源包\TM\sl\02\04**）

在 2.3.1 节的例 2.1 中，实现根据身高、体重计算 BMI 指数时，身高和体重是固定的，下面将其修改为使用 input() 函数进行输入，修改后的代码如下：

```
01    height = float(input("请输入您的身高（单位为 m）: "))        # 输入身高, 单位为 m
02    weight = float(input("请输入您的体重（单位为 kg）: "))        # 输入体重, 单位为 kg
03    bmi = weight/(height*height)                            # 计算 BMI, 公式为 "体重/（身高×身高）"
04    print("您的 BMI 指数为: "+str(bmi))                       # 输出 BMI 指数
05    # 判断体重是否合理
06    if bmi<18.5:
07        print("您的体重过轻 ~@_@~")
08    if bmi>=18.5 and bmi<24.9:
09        print("正常范围, 注意保持 (-_-)")
10    if bmi>=24.9 and bmi<29.9:
11        print("您的体重过重 ~@_@~")
12    if bmi>=29.9:
13        print("肥胖 ^@_@^")
```

运行结果如图 2.27 所示。

```
请输入您的身高（单位为m）: 1.70
请输入您的体重（单位为kg): 49
您的BMI指数为: 16.955017301038065
您的体重过轻 ~@_@
```

图 2.27　根据身高和体重计算 BMI 指数

2.4.2　使用 print()函数输出

在 Python 中，默认情况下，使用内置的函数 print()可以将结果输出到 IDLE 中或者标准控制台上。其基本语法格式如下：

```
print(输出内容)
```

其中：输出内容可以是数字和字符串（使用引号括起来），此类内容将直接输出；也可以是包含运算符的表达式，此类内容将计算结果输出。例如：

```
01    a = 10                         # 变量a, 值为 10
02    b = 6                          # 变量b, 值为 6
03    print(6)                       # 输出数字 6
04    print(a*b)                     # 输出变量 a*b 的结果 60
05    print(a if a>b else b)         # 输出条件表达式的结果 10
06    print("做对的事情比把事情做对重要")    # 输出字符串 "做对的事情比把事情做对重要"
```

说明

在 Python 中，默认情况下，一条 print()语句输出后会自动进行换行，如果想要一次输出多个内容，而且不换行，可以将要输出的内容使用英文的逗号进行分隔。例如，以下代码将在一行中输出变量 a 和 b 的值。

```
print(a,b)                         # 输出变量 a 和 b, 结果为 10 6
```

在输出时，可以把结果输出到指定文件中。例如，将一个字符串 "命运给予我们的不是失望之酒，而是机会之杯。" 输出到 D:\mot.txt 中，代码如下：

```
01    fp = open(r'D:\mot.txt','a+')                          # 打开文件
02    print("命运给予我们的不是失望之酒，而是机会之杯。",file=fp)      # 输出到文件中
03    fp.close()                                             # 关闭文件
```

说明

在上述代码中应用了打开和关闭文件等文件操作的内容，关于这部分内容的详细介绍请参见第 13 章，这里了解即可。

执行上述代码后，将在 D:\目录下生成一个名称为 mot.txt 的文件，该文件的内容为文字，即"命运给予我们的不是失望之酒，而是机会之杯。"，如图 2.28 所示。

图 2.28　文件 mot.txt 中的内容

2.4.3　使用 pprint()函数输出

pprint 模块提供 pprint()函数，该函数的英文全称为 data pretty printer，顾名思义就是可以将输出的结果变得更加美观。pprint()函数与 print()函数都可以实现输出功能，唯一的区别就是 pprint()函数输出的数据结构更加完整。pprint()函数的基本用法如下：

```
pprint.pprint(输出内容)
```

由于 pprint()函数与 print()函数的功能相似，这里将以对比的方式进行实例演示。以嵌套字典的数据为例，具体代码如下：

```
# 嵌套字典数据
book = {'Python 从入门到精通': {'price': 79.80, 'press': '清华大学出版社'},
        'C 语言从入门到精通': {'price': 79.80, 'press': '清华大学出版社'},
        'Java 从入门到精通': {'price': 79.80, 'press': '清华大学出版社'}}
print(book)                                          # 使用 print()输出嵌套字典数据
```

程序运行结果如图 2.29 所示。

图 2.29　使用 print()函数输出嵌套字典数据

从图 2.29 的运行结果中可以看出，使用 print()函数输出的嵌套字典数据将会根据窗口的大小进行换行，说明输出的数据是在一行上显示的，这样会显得很乱，缺少可读性。

使用 pprint()函数输出数据时，需要先导入 pprint 模块中的 pprint()函数，然后通过 pprint()函数来输出数据，具体代码如下：

```
from pprint import pprint                            # 导入 pprint 模块中的 pprint()函数
# 嵌套字典数据
book = {'Python 从入门到精通': {'price': 79.80, 'press': '清华大学出版社'},
        'C 语言从入门到精通': {'price': 79.80, 'press': '清华大学出版社'},
        'Java 从入门到精通': {'price': 79.80, 'press': '清华大学出版社'}}
pprint(book)                                         # 使用 pprint()函数输出嵌套字典数据
```

说明

　　pprint()函数是 Python 的新特性，其在使用时，涉及导入模块和字典相关的内容，关于这两部分内容将分别在第 11 章和第 6 章进行详细讲解，这里了解即可。

程序运行结果如图 2.30 所示。

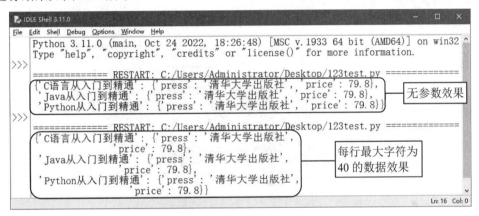

图 2.30　使用 pprint() 函数输出嵌套字典数据

从图 2.30 的运行结果中可以看出，使用 pprint() 函数输出嵌套字典数据时，数据将被自动格式化，使数据更具可读性和查看方便性。

pprint() 函数提供了 width 参数，用于设置输出数据时每行的最大字符数。例如，将每行数据的字符数设置为 40，可以参考下面的示例代码：

```python
pprint(book,width=40)                                    # 每行最大字符数为 40
```

程序运行结果如图 2.31 所示。

图 2.31　输出每行最大字符数为 40 的数据效果

2.5　实践与练习

（答案位置：资源包\TM\sl\02\实践与练习）

综合练习 1：程序员计算器　作为程序员，经常与二进制数、十进制数、八进制数和十六进制数打交道，例如将十进制数分别转换为对应的二进制数、八进制数和十六进制数。本任务要求编写 Python 代码，实现将输入的十进制数分别转换为对应的二进制数、八进制数和十六进制数。（提示：可以使用 bin()、oct() 和 hex() 函数来实现）

综合练习 2：给电影打分　《肖申克的救赎》是一部经典的影片，在国内外评价均很高。编写一个程序，对该部电影进行评价。评分只能输入数字 1~9，输出根据用户打分形成的星级（★）评价，打几分就输出几个星（★）。（提示：输出多个相同字符时，可以使用 * 号，如想要输出 3 个 A，可以使用 print('A'*3)）参考输出结果如下：

```
请您为一部名为《肖申克的救赎》的电影打分（只能输入数字 1~9）：5
您为《肖申克的救赎》电影的评价是 ★★★★★
```

第 3 章

运算符与表达式

在进行数学运算或逻辑判断时，需要应用算术运算符、比较运算符，以及逻辑运算符等。因此，在 Python 中也提供了这些运算符。另外，Python 还提供了一个可以根据条件确定返回值的条件表达式。这些内容都是 Python 开发必备的基础知识，需要读者掌握。

本章将先对 Python 中的运算符进行详细讲解，然后介绍运算符的优先级，最后介绍 Python 中的条件表达式。

本章知识架构及重难点如下。

3.1 运 算 符

运算符是一些特殊的符号，主要用于数学计算、比较大小和逻辑运算等。Python 的运算符主要包括算术运算符、赋值运算符、比较（关系）运算符、逻辑运算符和位运算符。使用运算符将不同类型的数据按照一定的规则连接起来的式子，称为表达式。例如：使用算术运算符连接起来的式子，称为算术表达式；使用逻辑运算符连接起来的式子，称为逻辑表达式。下面将对一些常用的运算符进行介绍。

3.1.1 算术运算符

算术运算符是处理四则运算的符号，它们在数字的处理中被应用得最多。常用的算术操作符如表 3.1 所示。

表 3.1　常用的算术运算符

运　算　符	说　　　明	实　　　例	结　　　果
+	加	12.45+15	27.45
−	减	4.56−0.26	4.3
*	乘	5*3.6	18.0
/	除	7/2	3.5
%	求余，即返回除法的余数	7%2	1
//	取整除，即返回商的整数部分	7//2	3
**	幂，即返回 x 的 y 次方	2**4	16，即 2^4

使用除法（/或//）运算符和求余运算符时，除数不能为 0；否则，程序将会出现异常，如图 3.1 所示。

说明

在算术操作符中使用%求余，如果除数（第二个操作数）是负数，那么取得的结果也是一个负值。

【例 3.1】计算学生成绩的分数之差及平均分。（实例位置：资源包\TM\sl\03\01）

某学员 3 门课程的成绩如图 3.2 所示，编程实现以下计算。

☑　Python 课程和 C 语言课程的分数之差。

☑　3 门课程的平均分。

在 IDLE 中创建一个名称为 score_handle.py 的文件，然后在该文件中定义 3 个变量，分别用于存储 3 门课程的分数，接着应用减法运算符计算分数差，再应用加法运算符和除法运算符计算平均成绩，最后输出计算结果。代码如下：

```
01  python = 95                                          # 定义变量，存储 Python 的分数
02  english = 92                                         # 定义变量，存储 English 的分数
03  c = 89                                               # 定义变量，存储 C 语言的分数
04  sub = python − c                                     # 计算 Python 和 C 语言的分数差
05  avg = (python + english + c) / 3                     # 计算平均成绩
06  print("Python 课程和 C 语言课程的分数之差：  " + str(sub) + " 分\n")
07  print("3 门课的平均分：  " + str(avg) + " 分")
```

运行结果如图 3.3 所示。

```
>>> 5//0
Traceback (most recent call last):
  File "<pyshell#0>", line 1, in <module>
    5//0
ZeroDivisionError: integer division or modulo by zero
>>> 5/0
Traceback (most recent call last):
  File "<pyshell#1>", line 1, in <module>
    5/0
ZeroDivisionError: division by zero
>>> 5%0
Traceback (most recent call last):
  File "<pyshell#2>", line 1, in <module>
    5%0
ZeroDivisionError: integer modulo by zero
```

图 3.1　除数为 0 时出现的错误提示

课程	分数
Python	95
English	92
C语言	89

图 3.2　某学员的成绩表

```
Python课程和C语言课程的分数之差：  6 分
3门课的平均分：  92.0 分
>>>
```

图 3.3　计算学生成绩的分数之差及平均分

3.1.2 赋值运算符

赋值运算符主要用来为变量等赋值。当使用时，可以直接把基本赋值运算符 "=" 右边的值赋给左边的变量，也可以进行某些运算后再赋值给左边的变量。在 Python 中常用的赋值运算符如表 3.2 所示。

表 3.2 常用的赋值运算符

运 算 符	说 明	举 例	展 开 形 式
=	简单的赋值运算	$x=y$	$x=y$
+=	加法赋值	$x+=y$	$x=x+y$
-=	减法赋值	$x-=y$	$x=x-y$
*=	乘法赋值	$x*=y$	$x=x*y$
/=	除法赋值	$x/=y$	$x=x/y$
%=	取模赋值	$x\%=y$	$x=x\%y$
**=	幂赋值	$x**=y$	$x=x**y$
//=	取整除赋值	$x//=y$	$x=x//y$

误区警示

混淆 "=" 和 "==" 是编程中最常见的错误之一。很多语言（而不只是 Python）都使用了这两个符号，另外每天都有很多程序员用错这两个符号。

3.1.3 比较（关系）运算符

比较运算符，也称为关系运算符，用于对变量或表达式的结果进行大小、真假等比较。如果比较结果为真，则返回 True；如果结果为假，则返回 False。比较运算符通常用在条件语句中以作为判断的依据。Python 中的比较运算符如表 3.3 所示。

表 3.3 Python 中的比较运算符

运 算 符	作 用	举 例	结 果
>	大于	'a' > 'b'	False
<	小于	156 < 456	True
==	等于	'c' == 'c'	True
!=	不等于	'y' != 't'	True
>=	大于或等于	479 >= 426	True
<=	小于或等于	62.45 <= 45.5	False

【例 3.2】 使用比较运算符比较大小关系。（实例位置：资源包\TM\sl\03\02）

在 IDLE 中创建一个名称为 comparison_operator.py 的文件，然后在该文件中定义 3 个变量，并分别使用 Python 中的各种比较运算符对它们的大小关系进行比较，代码如下：

```
01    python = 95                                # 定义变量，存储 Python 的分数
02    english = 92                               # 定义变量，存储 English 的分数
03    c = 89                                     # 定义变量，存储 C 语言的分数
```

```
04    # 输出 3 个变量的值
05    print("python = " + str(python) + "english = " +str(english) + "c = " +str(c) + "\n")
06    print("python < english 的结果: " + str(python < english))          # 小于操作
07    print("python > english 的结果: " + str(python > english))          # 大于操作
08    print("python == english 的结果: " + str(python == english))         # 等于操作
09    print("python != english 的结果: " + str(python != english))         # 不等于操作
10    print("python <= english 的结果: " + str(python <= english))         # 小于或等于操作
11    print("english >= c 的结果: " + str(python >= c))                    # 大于或等于操作
```

运行结果如图 3.4 所示。

```
python = 95english = 92c = 89

python < english的结果: False
python > english的结果: True
python == english的结果: False
python != english的结果: True
python <= english的结果: False
english >= c的结果: True
```

图 3.4 使用关系运算符比较大小关系

3.1.4 逻辑运算符

假定某面包店，在每周二的下午 7:00～8:00 和每周六的下午 5:00～6:00 时，对生日蛋糕商品进行折让利活动，那么想参加折扣活动的顾客，就要在时间上满足"周二并且 7:00 PM～8:00 PM"或者"周六并且 5:00 PM～6:00 PM"，这里就用到了逻辑关系，Python 中也提供了这样的逻辑运算符来进行逻辑运算。

逻辑运算符是对真和假两种布尔值进行运算，运算后的结果仍是一个布尔值，Python 中的逻辑运算符主要包括 and（逻辑与）、or（逻辑或）、not（逻辑非）。表 3.4 列出了逻辑运算符的用法和说明。

表 3.4 逻辑运算符

运 算 符	含 义	用 法	结 合 方 向
and	逻辑与	op1 and op2	左到右
or	逻辑或	op1 or op2	左到右
not	逻辑非	not op	右到左

使用逻辑运算符进行逻辑运算时，其运算结果如表 3.5 所示。

表 3.5 使用逻辑运算符进行逻辑运算的结果

表达式 1	表达式 2	表达式 1 and 表达式 2	表达式 1 or 表达式 2	not 表达式 1
True	True	True	True	False
True	False	False	True	False
False	False	False	False	True
False	True	False	True	True

【例 3.3】参加面包店的打折活动。（**实例位置：资源包\TM\sl\03\03**）

在 IDLE 中创建一个名称为 sale.py 的文件，然后在该文件中使用代码实现本节开始描述的场景，代码如下：

```
01    print("面包店正在打折，活动进行中……")                                              # 输出提示信息
02    strWeek = input("请输入中文星期（如星期一）: ")                                      # 输入星期，如星期一
03    intTime = int(input("请输入时间中的小时（范围：0~23）: "))                          # 输入时间
04    # 判断是否满足活动参与条件（使用了 if 条件语句）
05    if (strWeek == "星期二" and  (intTime >= 19 and intTime <= 20)) or (strWeek == "星期六" and (intTime >= 17 and
intTime <= 18)):
06         print("恭喜您，获得了折扣活动参与资格，尽情选购吧！")                           # 输出提示信息
07    else:
08         print("对不起，您来晚一步，期待下次活动……")                                    # 输出提示信息
```

说明

（1）在第 2 行代码中，input()方法用于接收用户输入的字符序列。

（2）在第 3 行代码中，由于 input()方法返回的结果为字符串类型，因此需要进行类型转换。

（3）第 5 行和第 7 行代码使用了 if...else 条件判断语句，该语句主要用来判断是否满足某种条件，该语句将在第 4 章进行详细讲解，这里只需要了解即可。

（4）在第 5 行代码中，在对条件进行判断时，使用了逻辑运算符 and、or 和关系运算符==、>=、<=。

按 F5 键运行上述代码，首先输入星期为"星期一"，然后输入时间为 8，将显示如图 3.5 所示的结果；再次运行程序，输入星期为"星期六"，时间为 18，将显示如图 3.6 所示的结果。

```
面包店正在打折，活动进行中……
请输入中文星期（如星期一）：星期一
请输入时间中的小时（范围：0~23）：8
对不起，您来晚一步，期待下次活动……
```

```
面包店正在打折，活动进行中……
请输入中文星期（如星期一）：星期六
请输入时间中的小时（范围：0~23）：18
恭喜您，获得了折扣活动参与资格，尽情选购吧！
```

图 3.5　不符合条件的运行效果　　　　　　图 3.6　符合条件的运行效果

说明

例 3.3 未对输入错误信息进行校验，为保证程序的正确性，请输入合法的星期和时间。另外，有兴趣的读者可以自己试着添加校验功能。

3.1.5　位运算符

位运算符是把数字看作二进制数来进行计算的，因此需要先将要执行运算的数据转换为二进制，然后才能执行运算。Python 中的位运算符有按位与（&）、按位或（|）、按位异或（^）、按位取反（~）、左移位（<<）和右移位（>>）运算符。

说明

整型数据在内存中以二进制的形式表示，如整型变量 7 的 32 位二进制表示 00000000 00000000 00000000 00000111，其中，左边最高位是符号位，最高位为 0 表示正数，若为 1 则表示负数。负数采用补码表示，如-7 的 32 位二进制表示为 11111111 11111111 11111111 11111001。

1．"按位与"运算

"按位与"运算的运算符为"&"，它的运算法则是，两个操作数的二进制表示，只有对应位都为 1，结果位才为 1，否则为 0。如果两个操作数的精度不同，则结果的精度与精度高的操作数相同，如图 3.7 所示。

```
  0000  0000  0000  1100
& 0000  0000  0000  1000
  0000  0000  0000  1000
```

图 3.7　12&8 的运算过程

2．"按位或"运算

"按位或"运算的运算符为"|"，它的运算法则是，两个操作数的二进制表示，只有对应位都为 0，结果位才为 0，否则为 1。如果两个操作数的精度不同，则结果的精度与精度高的操作数相同，如图 3.8 所示。

3."按位异或"运算

"按位异或"运算的运算符是"^",它的运算法则是,当两个操作数的二进制表示相同(同时为 0 或同时为 1)时,结果为 0,否则为 1。如果两个操作数的精度不同,则结果数的精度与精度高的操作数相同,如图 3.9 所示。

4."按位取反"运算

"按位取反"运算也称"按位非"运算,运算符为"~"。"按位取反"运算就是将操作数对应二进制中的 1 修改为 0,0 修改为 1,如图 3.10 所示。

```
   0000  0000  0000  0100
|  0000  0000  0000  1000
   0000  0000  0000  1100
```

图 3.8　4|8 的运算过程

```
   0000  0000  0001  1111
^  0000  0000  0001  0110
   0000  0000  0000  1001
```

图 3.9　31^22 的运算过程

```
~  0000  0000  0111  1011
   1111  1111  1000  0100
```

图 3.10　~123 的运算过程

在 Python 中使用 print()函数输出图 3.7～图 3.10 的运算结果,代码如下:

```
01    print("12&8 = "+str(12&8))          # 按位与计算整数的结果
02    print("4|8 = "+str(4|8))            # 按位或计算整数的结果
03    print("31^22 = "+str(31^22))        # 按位异或计算整数的结果
04    print("~123 = "+str(~123))          # 按位取反计算整数的结果
```

运算结果如图 3.11 所示。

```
12&8 = 8
4|8 = 12
31^22 = 9
~123 = -124
```

图 3.11　图 3.7～图 3.10 的运算结果

5."左移位"运算

"左移位"运算符为"<<",它的运算法则是将一个二进制操作数向左移动指定的位数,左边(高位端)溢出的位被丢弃,右边(低位端)的空位用 0 补充。左移位运算相当于乘以 2^n。

例如,int 类型数据 48 对应的二进制数为 00110000;将其左移 1 位,根据左移位运算符的运算规则可以得出(00110000<<1)=01100000,所以转换为十进制数就是 96(48×2);将其左移 2 位,根据左移位运算符的运算规则可以得出(00110000<<2)=11000000,所以转换为十进制数就是 192(48×2^2)。其执行过程如图 3.12 所示。

6."右移位"运算

"右移位"的运算符为">>",它的运算法则是将一个二进制操作数向右移动指定的位数,右边(低位端)溢出的位被丢弃,而当填充左边(高位端)的空位时:如果最高位是 0(正数),则左侧空位填入 0;如果最高位是 1(负数),则左侧空位填入 1。右移位运算相当于除以 2^n。

正数 48 右移 1 位的运算过程如图 3.13 所示。

图 3.12　左移位运算

图 3.13　正数的右移位运算过程

负数-80 右移 2 位的运算过程如图 3.14 所示。

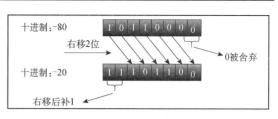

图 3.14　负数的右移位运算过程

说明

> 由于移位运算的速度很快，当程序中遇到表达式乘以或除以 2^n 的情况时，一般采用移位运算来代替。

【例 3.4】使用位移运算符对密码进行加密。（实例位置：资源包\TM\sl\03\04）

在 IDLE 中创建一个名称为 encryption.py 的文件，然后在该文件中定义两个变量：一个用于保存密码，另一个用于保存加密参数。接着应用左移位运算符实现加密，并输出结果。最后应用右移位运算符实现解密，并输出结果，代码如下：

```
01    password = 87654321              # 密码
02    key = 7                          # 加密参数
03    print("\n 原密码: ",password)     # 输出原密码
04    password = password << key       # 将原密码左移，生成新的数字
05    print("\n 加密后: ",password)     # 输出加密后的密码
06    password = password >> key       # 将新密码右移，还原密码
07    print("\n 解密后: ",password)     # 输出解密后的密码
```

原密码：	87654321
加密后：	11219753088
解密后：	87654321

图 3.15　对密码进行加密和解密的结果

运行上述代码，将显示如图 3.15 所示的运行结果。

3.2　运算符的优先级

所谓运算符的优先级，是指在应用中哪一个运算符先计算，哪一个后计算，与数学的四则运算应遵循的"先乘除，后加减"是一个道理。

Python 的运算符的运算规则是：优先级高的运算先执行，优先级低的运算后执行，同一优先级的操作按照从左到右的顺序进行。我们也可以像四则运算那样使用小括号，首先执行括号内的运算。表 3.6 按从高到低的顺序列出了运算符的优先级。同一行中的运算符具有相同优先级，此时它们的结合方向决定求值顺序。

表 3.6　运算符的优先级

类　　型	说　　明	优　先　级
**	幂	高
~、+、-	取反、正号和负号	
*、/、%、//	算术运算符	
+、-	算术运算符	
<<、>>	位运算符中的左移和右移	
&	位运算符中的按位与	
^	位运算符中的按位异或	
|	位运算符中的按位或	
<、<=、>、>=、!=、==	比较运算符	低

说明

> 在编写程序时尽量使用括号 "()" 来限定运算次序，以免运算次序发生错误。

3.3 条件表达式

在开发程序时，经常会根据表达式的结果有条件地进行赋值。例如，要返回两个数中较大的数，可以使用下面的 if 语句：

```
01  a = 10
02  b = 6
03  if a>b:
04      r = a
05  else:
06      r = b
```

上述代码可以使用条件表达式进行简化，代码如下：

```
01  a = 10
02  b = 6
03  r = a if a > b else b
```

使用条件表达式时，先计算中间的条件（a>b），如果结果为 True，则返回 if 语句左边的值，否则返回 else 右边的值。例如，上述表达式的结果，即 r 的值为 10。

【例 3.5】使用条件表达式判断是否为闰年。（实例位置：资源包\TM\sl\03\05）

在 IDLE 中创建一个名称为 leapyear.py 的文件，然后在该文件中定义一个保存要判断的年份的变量，接着应用条件表达式判断该年份是否为闰年，最后输出判断结果，代码如下：

```
01  year = 2024                                      # 年份
02  result = "是闰年" if (year%4==0 and year % 100 !=0) or (year%400 == 0) else "不是闰年"
03  print("\n"+str(year) + "年" + result + "!")      # 输出结果
```

运行上述代码，将显示如图 3.16 所示的运行结果。

> 2024年是闰年！

图 3.16　判断是否为闰年的结果

📝 **说明**

判断一个年份是否为闰年的条件是，能被 4 整除，但不能被 100 整除，或者能被 400 整除。

3.4 实践与练习

（答案位置：资源包\TM\sl\03\实践与练习）

综合练习 1：计算汽车平均油耗　晓可最近的轿车里程表显示百公里的油耗比平常低很多，他怀疑数据不准，请帮他编写一个程序，输入加油的总金额以及加油后运行的公里数，算出车辆的油耗（假设使用 95#汽油，平均价格为 6.27 元）

综合练习 2：华氏温度转换为摄氏温度　我们国家温度采用摄氏温度表示，而西欧、英国、美国等其他英语国家普遍使用华氏度表示。将华氏温度换算为摄氏温度的公式为 $C=(F-32)*5/9$，而将摄氏温度换算为华氏温度的公式则为 $F=(C*9/5)+32$。请编写一个程序，将用户输入的华氏温度转换成摄氏温度（保留整数）。

第 4 章

流程控制语句

做任何事情都要遵循一定的原则。例如,到图书馆借书,就必须要有借书证,并且借书证不能过期,这两个条件缺一不可。程序设计也是如此,需要利用流程控制实现与用户的交流,并根据用户的需求决定程序"做什么""怎么做"。流程控制对于任何一种编程语言来说都是至关重要的,它提供了控制程序如何执行的方法。如果没有流程控制语句,整个程序将按照线性顺序来执行,而不能根据用户的需求决定程序执行的顺序。本章将对 Python 中的流程控制语句进行详细讲解。

本章知识架构及重难点如下。

4.1 程序结构

计算机在解决某个具体问题时,主要有 3 种情形,分别是顺序执行所有的语句、选择执行部分语句和循环执行部分语句。这 3 种情形分别对应程序设计中的 3 种基本结构:顺序结构、选择结构和循环结构。这 3 种基本结构的执行流程如图 4.1 所示。

其中:第一幅图是顺序结构的流程,编写完毕的语句按照编写顺序依次被执行;第二幅图是选择结构的流程,它主要根据条件语句的结果选择执行不同的语句;第三幅图是循环结构的流程,它是在一定条件下反复执行某段程序的流程结构,其中,被反

图 4.1 结构化程序设计的 3 种基本结构的执行流程

复执行的语句称为循环体，而决定循环是否终止的判断条件称为循环条件。

本章之前编写的多数例子采用的都是顺序结构。例如，定义一个字符串类型的变量，然后输出该变量，代码如下：

```
01    mot_cn = "命运给予我们的不是失望之酒，而是机会之杯。"        # 使用双引号，字符串内容必须在一行上
02    print(mot_cn)
```

选择结构和循环结构的应用场景，例如，看过《射雕英雄传》的人可能会记得，黄蓉与瑛姑见面时曾出过这样一道数学题：今有物不知其数，三三数之剩二，五五数之剩三，七七数之剩二，问几何？

解决这道题，有以下两个要素。

☑　需要满足的条件是一个数，除以三余二，除以五余三，除以七余二。这就涉及条件判断，需要通过选择语句实现。

☑　依次尝试符合条件的数。这就需要循环执行，可通过循环语句实现。

4.2　选 择 语 句

在生活中，我们总是要做出许多选择，程序也是一样。下面给出几个常见的例子。

☑　如果购买成功，则用户余额减少，用户积分增多。

☑　如果输入的用户名和密码正确，则提示登录成功，进入网站；否则，提示登录失败。

☑　用户如果使用微信登录，则使用微信扫一扫；如果使用 QQ 登录，则输入 QQ 号和密码；如果使用微博登录，则输入微博账号和密码；如果使用手机号登录，则输入手机号和密码。

以上例子中的判断就是程序中的选择语句，也称为条件语句，即按照条件选择执行不同的代码片段。Python 中选择语句主要有 3 种形式，分别为 if 语句、if…else 语句和 if…elif…else 多分支语句，下面将分别对它们进行详细讲解。

说明

在其他语言（如 C、C++、Java 等）中，选择语句还包括 switch 语句，也可以实现多重选择。然而，在 Python 中没有 switch 语句，所以在实现多重选择的功能时，只能使用 if…elif…else 多分支语句或者 if 语句的嵌套。

4.2.1　最简单的 if 语句

Python 中使用 if 保留字来组成选择语句，其最简单的语法形式如下：

```
if 表达式:
    语句块
```

其中，表达式可以是一个单纯的布尔值或变量，也可以是比较表达式或逻辑表达式（例如，a > b and a != c）。如果表达式的值为真，就执行"语句块"；如果表达式的值为假，就跳过"语句块"，继续执行后面的语句。这种形式的 if 语句相当于汉语里的"如果……就……"。其流程如图 4.2 所示。

说明

在 Python 中，当表达式的值为非零的数或者非空的字符串时，if 语句也认为是条件成立的（即为真值）。具体都有哪些值才是假，可以参见 2.3.3 节。

下面通过一个具体的例子来解决 4.1 节给出的应用场景中的第一个要素：判断一个数，除以三余二，除以五余三，除以七余二。

【例 4.1】判断输入的是不是黄蓉说的数。（实例位置：资源包\TM\sl\04\01）

使用 if 语句判断用户输入的数字是不是黄蓉说的除以三余二，除以五余三，除以七余二的数，代码如下：

```
01  print("今有物不知其数，三三数之剩二，五五数之剩三，七七数之剩二，问几何？\n")
02  number = int(input("请输入您认为符合条件的数："))          # 输入一个数
03  if number%3 ==2 and number%5 ==3 and number%7 ==2:        # 判断是否符合条件
04      print(number,"符合条件：三三数之剩二，五五数之剩三，七七数之剩二")
```

运行程序：当输入 23 时，效果如图 4.3 所示；当输入 45 时，效果如图 4.4 所示。

今有物不知其数，三三数之剩二，五五数之剩三，七七数之剩二，问几何？
请输入您认为符合条件的数：23
23 符合条件：三三数之剩二，五五数之剩三，七七数之剩二
>>>

图 4.3　输入的是符合条件的数

今有物不知其数，三三数之剩二，五五数之剩三，七七数之剩二，问几何？
请输入您认为符合条件的数：45
>>>

图 4.2　最简单 if 语句的执行流程　　　　　图 4.4　输入的是不符合条件的数

使用 if 语句时，如果只有一条语句，则可以将语句块直接写到冒号 ":" 的右侧。例如，下列代码：

```
if a > b:max = a
```

但是，为了程序代码的可读性，建议不要这么做。

误区警示

使用 if 语句时，初学者特别容易犯下面两个错误。

（1）if 语句后面未加冒号。例如：

```
01  number = 5
02  if number == 5
03      print("number 的值为5")
```

运行后，将产生如图 4.5 所示的语法错误。解决的方法是在第 2 行代码的结尾处添加英文的冒号。正确代码如下：

```
01  number = 5
```

图 4.5　语法错误

```
02    if number == 5:
03        print("number 的值为 5")
```

（2）本意是在符合条件时执行多条语句，但未做合理缩进。例如，程序的真正意图如下：

```
01    if bmi<18.5:
02        print("您的 BMI 指数为："+str(bmi))              # 输出 BMI 指数
03        print("您的体重过轻 ~@_@~")
```

但在第二个输出语句位置未做缩进，代码如下：

```
01    if bmi<18.5:
02        print("您的 BMI 指数为："+str(bmi))              # 输出 BMI 指数
03    print("您的体重过轻 ~@_@~")
```

执行程序时，无论 BMI 的值是否小于 18.5，都会输出"您的体重过轻 ~@_@~"。这显然与程序的本意是不符的，但程序并不会报告异常，因此这种 bug 很难被发现。

4.2.2　if…else 语句

如果遇到只能二选一的条件，例如，某家公司在发展过程中遇到了"扩张"和"求稳"的抉择，示意图如图 4.6 所示。

Python 提供了 if…else 语句解决类似问题，其语法格式如下：

图 4.6　公司发展面临的抉择

```
if 表达式:
    语句块 1
else:
    语句块 2
```

使用 if…else 语句时，表达式可以是一个单纯的布尔值或变量，也可以是比较表达式或逻辑表达式，如果满足条件，则执行 if 后面的语句块；否则，执行 else 后面的语句块。这种形式的选择语句相当于汉语里的"如果……否则……"。其流程如图 4.7 所示。

图 4.7　if…else 语句流程

 技巧

if…else 语句可以使用条件表达式进行简化，例如下面的代码：

```
01    a = -9
02    if a > 0:
03        b = a
04    else:
05        b = -a
06    print(b)
```

可以简写成如下形式：

```
01    a = -9
02    b = a if a>0 else -a
03    print(b)
```

51

上述代码段主要实现求绝对值的功能，如果 a > 0，则把 a 的值赋值给变量 b，否则将-a 赋值给变量 b。使用条件表达式的好处是可以使代码简洁，并且有一个返回值。

下面对例 4.1 进行改进，加入如果输入的数不符合条件，则给出提示的功能。

【例 4.2】判断输入的是不是黄蓉说的数（续）。（实例位置：资源包\TM\sl\04\02）

使用 if...else 语句判断用户输入的数字是不是黄蓉说的除以三余二，除以五余三，除以七余二的数，并给予相应的提示，代码如下：

```
01    print("今有物不知其数，三三数之剩二，五五数之剩三，七七数之剩二，问几何？\n")
02    number = int(input("请输入您认为符合条件的数："))        # 输入一个数
03    if number%3 ==2 and number%5 ==3 and number%7 ==2:      # 判断是否符合条件
04        print(number,"符合条件")
05    else:                                                   # 不符合条件
06        print(number,"不符合条件")
```

运行程序：当输入 23 时，效果如图 4.8 所示；当输入 32 时，效果如图 4.9 所示。

```
今有物不知其数，三三数之剩二，五五数之剩三，七七数之剩二，问几何？

请输入您认为符合条件的数：23
23 符合条件
>>>
```

```
今有物不知其数，三三数之剩二，五五数之剩三，七七数之剩二，问几何？

请输入您认为符合条件的数：32
32 不符合条件
>>>
```

图 4.8　输入的是符合条件的数　　　　　　　图 4.9　输入的是不符合条件的数

注意

else 不可以单独使用，它必须和保留字 if 一起使用。例如，下面的代码是错误的：

```
01    else:
02        print(number,"不符合条件")
```

在程序中使用 if...else 语句时，如果出现 if 语句多于 else 语句的情况，那么该 else 语句将会根据缩进确定该 else 语句是属于哪个 if 语句的。例如下面的代码：

```
01    a = -1
02    if a >= 0:
03        if a > 0:
04            print("a 大于零")
05        else:
06            print("a 等于零")
```

上述代码将不输出任何提示信息，这是因为 else 语句属于第 3 行的 if 语句，所以当 a 小于零时，else 语句将不执行。而如果将上面的代码修改为以下内容：

```
01    a = -1
02    if a >= 0:
03        if a > 0:
04            print("a 大于零")
05    else:
06        print("a 小于零")
```

将输出提示信息"a 小于零"。此时，else 语句属于第 2 行的 if 语句。

4.2.3 if…elif…else 语句

在网上购物时，网上通常都有多种付款方式以供用户选择。图 4.10 提供了 3 种付款方式，这时用户就需要从多个选项中选择一个。

图 4.10 购物时的付款页面

开发程序时，如果遇到多选一的情况，可以使用 if…elif…else 语句，该语句是一个多分支选择语句，通常表现为："如果满足某种条件，则进行某种处理；否则，如果满足另一种条件，则执行另一种处理……"。if…elif…else 语句的语法格式如下：

```
if 表达式 1:
    语句块 1
elif 表达式 2:
    语句块 2
elif 表达式 3:
    语句块 3
…
else:
    语句块 n
```

使用 if…elif…else 语句时，表达式可以是一个单纯的布尔值或变量，也可以是比较表达式或逻辑表达式。如果表达式为真，则执行语句；如果表达式为假，则跳过该语句，进行下一个 elif 判断；只有在所有表达式都为假的情况下，才会执行 else 中的语句。if…elif…else 语句流程如图 4.11 所示。

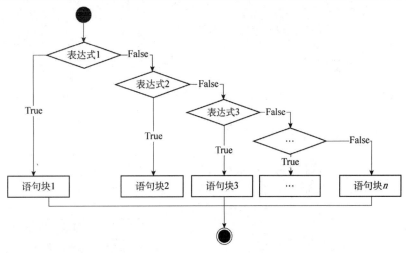

图 4.11 if…elif…else 语句的流程

> 📢 **注意**
>
> if 和 elif 都需要判断表达式的真假，而 else 则不需要判断；另外，elif 和 else 都必须跟 if 一起使用，不能单独使用。

【例 4.3】根据年龄输出不同的提示。(**实例位置：资源包\TM\sl\04\03**)

使用 if…elif…else 多分支语句实现根据用户输入的年龄输出相应的提示信息的功能，代码如下：

```
01    your_age = int(input("请输入您的年龄: "))                    # 获取用户输入的年龄, 并转换为整型
02    if your_age <= 18:                                          # 调用 if 语句判断输入的数据是否小于或等于 18
03        # 如果小于或等于 18, 则输出提示信息
04        print("您的年龄还小, 要努力学习哦! ")
05    elif 18 < your_age <= 30:                                   # 判断是否大于 18 岁, 并且小于或等于 30 岁
06        # 如果输入的年龄大于 18 岁而小于或等于 30 岁, 则输出提示信息
07        print("您现在的阶段正是努力奋斗的黄金阶段! ")
08    elif 30 < your_age <= 50:                                   # 判断是否大于 30 岁, 并且小于或等于 50 岁
09        # 如果输入的年龄大于 30 岁而小于或等于 50 岁, 则输出提示信息
10        print("您现在的阶段正是人生的黄金阶段! ")
11    else:
12        print("最美不过夕阳红! ")
```

说明

第 1 行代码中的 int() 函数用于将用户的输入强制转换成整型。

运行程序，输入一个年龄值，并按 Enter 键，即可显示相应
的提示信息，效果如图 4.12 所示。

> 请输入您的年龄: 27
> 您现在的阶段正是努力奋斗的黄金阶段!
> >>>

图 4.12　if...elif...else 多分支语句的使用

说明

使用 if 选择语句时，尽量遵循以下原则。

（1）当使用布尔型变量作为判断条件时，假设布尔型变量为 flag，以下为较为规范的书写：

```
if flag:                                                   # 表示为真
if not flag:                                               # 表示为假
```

以下为不符合规范的书写：

```
if flag == True:
if flag == False:
```

（2）使用 "if 1 == a:" 这样的书写格式可以防止错写成 "if a = 1:"，因而不会出现逻辑上的错误。

4.2.4　选择语句的嵌套

前面介绍了 3 种形式的选择语句，这 3 种形式的选择语句之间都可以互相嵌套。

例如，在最简单的 if 语句中嵌套 if...else 语句，形式如下：

```
if 表达式 1:
    if 表达式 2:
        语句块 1
    else:
        语句块 2
```

例如，在 if...else 语句中嵌套 if...else 语句，形式如下：

```
if 表达式 1:
    if 表达式 2:
        语句块 1
    else:
        语句块 2
else:
    if 表达式 3:
```

```
        语句块 3
    else:
        语句块 4
```

说明

选择语句可以有多种嵌套方式，当开发程序时，可以根据自身需要选择合适的嵌套方式，但一定要严格控制好不同级别代码块的缩进量。

【例 4.4】判断输入的年份是不是闰年。（实例位置：资源包\TM\sl\04\04）

通过使用嵌套的 if...else 语句实现判断用户输入的年份是不是闰年的功能，代码如下：

```
01    year = int(input("请输入一个年份："))          # 获取用户输入的年份，并转换为整型
02    if year % 4 == 0:                            # 四年一闰
03        if year % 100 == 0:
04            if year % 400 == 0:                  # 四百年再闰
05                print(year,"年是闰年")
06            else:                                # 百年不闰
07                print(year,"年不是闰年")
08        else:
09            print(year,"年是闰年")
10    else:
11        print(year,"年不是闰年")
```

说明

判断闰年的方法是"四年一闰，百年不闰，四百年再闰"。程序使用嵌套的 if...else 语句对这 3 个条件逐一判断。第 2 行代码首先判断年份能否被 4 整除，如果不能整除，则输出字符串"yyyy 年不是闰年"；如果能整除，则第 3 行代码将继续判断能否被 100 整除，如果不能整除，则输出字符串"yyyy 年是闰年"；如果能整除，则第 4 行代码将继续判断能否被 400 整除，如果能整除，则输出字符串"yyyy 年是闰年"，如果不能整除，则输出字符串"yyyy 年不是闰年"。

运行程序：当输入一个闰年年份（如 2024）时，效果如图 4.13 所示；当输入一个非闰年年份（如 2042）时，效果如图 4.14 所示。

```
请输入一个年份：2024
2024 年是闰年
```

图 4.13　输入闰年年份的结果

4.2.5　match...case 语句

```
请输入一个年份：2042
2042 年不是闰年
```

图 4.14　输入非闰年年份的结果

在 Python 3.10 的版本中添加了 match...case 语句（结构化模式匹配语句），该语句可以实现与 if...elif...else 语句相似的多分支选择的功能。但是该语句功能要比 if...elif...else 语句强大得多，可以轻松匹配列表、元组、字典、类以及其他更复杂的结构。其通用语法格式如下：

```
match subject:
    case <pattern_1>:
        <action_1>
    case <pattern_2>:
        <action_2>
    case <pattern_3>:
        <action_3>
    case _:
        <action_wildcard>
```

参数说明如下。

- ☑ subject：必选参数，用于指定具有特定类型的数据，如数字、字符串、列表、元组等。
- ☑ \<pattern_1>、\<pattern_2>、\<pattern_3>：subject 参数中的一个值，用于进行模式匹配。在程序执行过程中，将从上到下依次进行比较，直到匹配到一个模式后结束匹配。
- ☑ \<action_1>、\<action_2>、\<action_3>：指定要执行的与被匹配的模式相关联的动作。
- ☑ _ 和\<action_wildcard>：可选参数，用于指定当前面的 case 语句不能完全匹配时所使用的通配符，该 case 语句将被作为已匹配模式，从而执行\<action_wildcard>所指定的动作。如果不存在该参数，则当前面的 case 语句不能完全匹配时，该 match 语句将不执行任何操作。

1. 匹配字面值

例如，通过结构化模式匹配语句实现一个判断今天星期几的例子，代码如下：

```
01  from datetime import datetime              # 导入日期时间模块
02  day = datetime.today().weekday()           # 获取星期对应的数字
03  match day:
04      case 0:                                # 当星期对应的数字为 0 时，表示星期一
05          print('今天，星期一，新的一周开始了！')
06      case 4:                                # 当星期对应的数字为 4 时，表示星期五
07          print('今天，星期五，工作一天周末了！')
08      case 5 | 6:                            # 当星期对应的数字为 5 或 6 时，表示星期六或星期日
09          print('今天，是周末！')
10      case _:                                # _表示当通配符前面没有匹配成功时，执行此处
11          print('今天，普通的工作日！加油~')
```

运行结果如图 4.15 所示。

> 今天，普通的工作日！加油~

图 4.15 输出匹配星期的结果

2. 绑定变量

当 match...case 语句中出现变量时，这个变量就会尽可能地匹配 match 的内容，并且还会为这个变量进行赋值。示例代码如下：

```
01  a = input('请输入一个需要匹配的数字！')
02  match a:                                   # 匹配目标变量 a
03      case b:                                # 使用不存在的变量 b 匹配变量 a
04          print('变量 b 被赋值为',b)
```

运行结果如图 4.16 所示。

除了匹配单个变量，match...case 语句还可以匹配列表或者元组中的变量。在 match 语句的匹配中，并不会区分列表和元组，因此它们的匹配结果是相同的。示例代码如下：

> 请输入一个需要匹配的数字！1314
> 变量b被赋值为 1314

图 4.16 赋值未定义的变量

```
01  # 输入的坐标数据，其中 eval()函数用于将传入的字符串作为表达式执行
02  point = eval(input("请输入坐标:"))
03  match point:                               # 匹配目标
04      case (0, 0):                           # 元组坐标 0,0
05          print(f"{point}是原点")
06      case (0, y):                           # 元组坐标 0,y
07          print(f"Y 轴坐标为：{y}")
08      case (x, 0):                           # 元组坐标 x,0
09          print(f"X 轴坐标为：{x}")
10      case (x, y):                           # 元组坐标 x,y
11          print(f"X 轴坐标为{x},Y 轴坐标为{y}")
```

运行结果如图 4.17 所示。

3. 约束项（if 语句）

在实现 case 匹配项时，可以添加一个 if 语句来作为该 case 的约束项。如果 if 语句判断成功，则将执行该 case 的匹配；相反，如果 if 语句判断失败，那么该 case 将不会被匹配，并继续寻找下一个 case 匹配项。示例代码如下：

图 4.17　匹配列表与元组中的变量

```
01    # 输入的坐标数据，其中 eval()函数用于将传入的字符串作为表达式执行
02    point = eval(input("请输入坐标:"))
03    match point:                              # 匹配目标
04        case (x,y) if x > y:                  # 只有当 x 大于 y 时才会匹配该 case
05            print(x,y,'x 大于 y')
06        case (x,y) if x < y:                  # 只有当 x 小于 y 时才会匹配该 case
07            print(x,y,'x 小于 y')
08        case (x,y):
09            print(x,y,'x 等于 y')
```

运行结果如图 4.18 所示。

4. 匹配字典

在 match…case 语句中还可以实现字典的匹配，当匹配字典时，只匹配 case 中提到的结构，而不用管字典中的其他键。示例代码如下：

```
请输入坐标:(1,1)
1 1 x等于y
请输入坐标:(1,2)
1 2 x小于y
请输入坐标:(2,1)
2 1 x大于y
```

图 4.18　约束项（if 语句）

```
01    d = {1:'alan', 2:'andy'}                  # 字典数据
02    match d:
03        case {1:'alan'}:                      # 匹配字典中部分键值对
04            print('匹配成功！')
```

运行结果如图 4.19 所示。

如果想要获取原字典中没有匹配到的键值对，可以使用通配符**进行获取。示例代码如下：

```
匹配成功！
```

图 4.19　匹配字典

```
01    d = {1:'alan', 2:'andy'}                  # 字典数据
02    match d:
03        case {1:'alan',**remainder}:          # 匹配字典中剩余部分
04            print(remainder)                  # 输出字典中剩余的键值对
```

运行结果如图 4.20 所示。

如果想要匹配字典中键值对的值，可以使用变量进行匹配。例如，匹配字典中的 alan 和 andy，代码如下：

```
{2: 'andy'}
```

图 4.20　匹配字典中剩余的键值对

```
01    d = {1:'alan', 2:'andy'}                  # 字典数据
02    match d:
03        case {1:a,2:b}:                       # 匹配字典中的值
04            print(a,b)                        # 输出字典中键值对中的值
```

运行结果如图 4.21 所示。

5. 类模式匹配

```
alan andy
```

图 4.21　匹配字典中键值对的值

通过类对象可以构造我们需要的数据，然后使用类名字后面跟一个类似构造函数的参数列表，作

为一种模式。这种模式可以将类的属性捕获到变量中，示例代码如下：

```
01  class Point:                          # 创建 Point 类
02      def __init__(self,x,y):           # 初始化属性
03          self.x = x
04          self.y = y
05
06  def location(point):                  # 创建执行匹配的函数
07      match point:                      # 匹配目标
08          case Point(x=0, y=0):
09              print("坐标原点")
10          case Point(x=0, y=y):
11              print("Y 坐标=",y)
12          case Point(x=x, y=0):
13              print("X 坐标=",x)
14          case Point(x=x, y=y):
15              print("X 坐标=",x,"Y 坐标=",y)
16
17  location(Point(0,0))                  # 调用匹配函数，匹配坐标原点
18  location(Point(0,1))                  # 调用匹配函数，匹配 y 坐标
19  location(Point(2,0))                  # 调用匹配函数，匹配 x 坐标
20  location(Point(3,3))                  # 调用匹配函数，匹配 x、y 坐标
```

```
坐标原点
Y坐标= 1
X坐标= 2
X坐标= 3 Y坐标= 3
```

运行结果如图 4.22 所示。

图 4.22　类模式匹配

4.3　循 环 语 句

日常生活中有很多问题都无法一次解决，如盖楼，所有高楼都是一层一层地建起来的。此外，还有些事物必须周而复始地运转才能保证其存在的意义，例如公交车、地铁等交通工具必须每天在同样的时间往返于始发站和终点站之间。类似这样反复做同一件事的情况，称为循环。循环主要有以下两种类型。

- ☑　重复一定次数的循环，称为计次循环，如 for 循环。
- ☑　一直重复，直到条件不满足时才结束的循环，称为条件循环。只要条件为真，这种循环就会一直持续下去，如 while 循环。

下面将对这两种类型的循环分别进行介绍。

说明

在其他语言（如 C、C++、Java 等）中，条件循环还包括 do…while 循环。但是，Python 中没有 do…while 循环。

4.3.1　while 循环

while 循环是通过一个条件来控制是否要继续反复执行循环体中的语句。其语法格式如下：

```
while 条件表达式:
    循环体
```

说明

　　循环体是指一组被重复执行的语句。

　　当条件表达式的返回值为真时，将执行循环体中的语句，执行完毕后，重新判断条件表达式的返回值，直到表达式返回的结果为假时，退出循环。while 循环语句的执行流程如图 4.23 所示。

　　我们以现实生活中的例子来理解 while 循环的执行流程。在体育课上，体育老师要求同学们沿着环形操场跑圈。要求当听到老师吹哨子声时就停下来。同学们每跑一圈，可能会请求一次老师吹哨子。如果老师吹哨子，则停下来，即循环结束；否则继续跑步，即执行循环。

　　下面通过一个具体的例子来解决 4.1 节给出的应用场景中的第二个要素，即依次尝试符合条件的数。此时，需要用到第一个要素确定是否符合条件。

图 4.23　while 循环语句的执行流程

　　【例 4.5】解决黄蓉难倒瑛姑的数学题（while 循环版）。（实例位置：资源包\TM\sl\04\05）

　　使用 while 循环语句实现从 1 开始依次尝试符合条件的数，直到找到符合条件的数时，才退出循环。具体的实现方法是：首先定义一个用于计数的变量 number 和一个作为循环条件的变量 none（默认值为真），然后编写 while 循环语句，在循环体中，将变量 number 的值加 1，并且判断 number 的值是否符合条件，当符合条件时，将变量 none 设置为假，从而退出循环。具体代码如下：

```
01    print("今有物不知其数，三三数之剩二，五五数之剩三，七七数之剩二，问几何？\n")
02    none = True                                          # 作为循环条件的变量
03    number = 0                                           # 计数的变量
04    while none:
05        number += 1                                      # 计数加 1
06        if number%3 ==2 and number%5 ==3 and number%7 ==2:   # 判断是否符合条件
07            print("答曰：这个数是",number)                    # 输出符合条件的数
08            none = False                                 # 将循环条件的变量赋值为否
```

　　运行程序，将显示如图 4.24 所示的效果。

　　从图 4.24 中可以看出第一个符合条件的数是 23，这就是黄蓉想要的答案。

> 今有物不知其数，三三数之剩二，五五数之剩三，七七数之剩二，问几何？
> 答曰：这个数是 23

图 4.24　解决黄蓉难倒瑛姑的数学题（while 循环版）

误区警示

　　在使用 while 循环语句时，一定不要忘记添加将循环条件改变为 False 的代码（例如，例 4.5 中的第 8 行代码一定不能少）；否则，将产生死循环。

4.3.2　for 循环

　　for 循环是一个计次循环，一般应用在循环次数已知的情况下。通常适用于枚举或遍历序列，以及迭代对象中的元素。其语法格式如下：

```
for 迭代变量 in 对象:
    循环体
```

其中：迭代变量用于保存读取出的值；对象为要遍历或迭代的对象，该对象可以是任何有序的序列对象，如字符串、列表和元组等；循环体为一组被重复执行的语句。

for 循环语句的执行流程如图 4.25 所示。

我们通过现实生活中的例子来理解 for 循环的执行流程。在体育课上，体育老师要求同学们排队进行踢毽球测试，每名同学有一次机会，如果毽球落地，则换另一名同学，直到全部同学都踢毽球测试完毕，即循环结束。

1．进行数值循环

在使用 for 循环时，最基本的应用就是进行数值循环。例如，想要实现 1～100 的累加，可以通过下列代码实现：

图 4.25　for 循环语句的执行流程

```
01    print("计算 1+2+3+…+100 的结果为：")
02    result = 0                    # 保存累加结果的变量
03    for i in range(101):
04        result += i              # 实现累加功能
05    print(result)               # 在循环结束时输出结果
```

在上述代码中使用了 range()函数，该函数是 Python 中的内置函数，用于生成一系列连续的整数，多用于 for 循环语句中。其语法格式如下：

```
range(start,end,step)
```

各参数说明如下。

- ☑　start：用于指定计数的起始值，可以省略，如果省略则从 0 开始。
- ☑　end：用于指定计数的结束值（但不包括该值，如 range(7)，则得到的值为 0～6，不包括 7），不能省略。当 range()函数中只有一个参数时，即表示指定计数的结束值。
- ☑　step：用于指定步长，即两个数之间的间隔，可以省略，如果省略则表示步长为 1。例如，range(1,7)将得到 1、2、3、4、5、6。

注意

在使用 range()函数时：如果只有一个参数，则表示指定的是 end；如果有两个参数，则表示指定的是 start 和 end；只有当 3 个参数都存在时，最后一个参数 step 才表示步长。

例如，使用下列 for 循环语句输出 10 以内的所有奇数：

```
01    for i in range(1,10,2):
02        print(i,end = ' ')
```

得到的结果如下：

```
1 3 5 7 9
```

说明

在 Python 3.x 中，使用 print()函数时，如果想要实现输出的内容在一行上显示，就需要加上 ",end = ' 分隔符'"，在上述代码中使用的分隔符为一个空格。

下面通过一个具体的例子来演示使用 for 循环语句进行数值循环的具体应用。

【例 4.6】解决黄蓉难倒瑛姑的数学题（for 循环版）。（**实例位置：资源包\TM\sl\04\06**）

使用 for 循环语句实现从 1 循环到 100（不包含 100），并且记录符合黄蓉要求的数。具体的实现方法是：应用 for 循环语句从 1 迭代到 100，在循环体中，判断迭代变量 number 是否符合"三三数之剩二，五五数之剩三，七七数之剩二"的要求，如果符合要求，则应用 print()函数输出，否则继续循环。具体代码如下：

```
01    print("今有物不知其数，三三数之剩二，五五数之剩三，七七数之剩二，问几何？\n")
02    for number in range(100):
03        if number%3 ==2 and number%5 ==3 and number%7 ==2:    # 判断是否符合条件
04            print("答曰：这个数是",number)                      # 输出符合条件的数
```

运行程序，将显示和例 4.5 一样的效果，也是如图 4.24 所示的效果。

 误区警示

for 循环语句后面未加冒号。例如下列代码：

```
01    for number in range(100)
02        print(number)
```

运行后，将产生如图 4.26 所示的语法错误。解决的方法是在第 1 行代码的结尾处添加一个冒号。

图 4.26　for 循环语句的常见错误

2．遍历字符串

使用 for 循环语句除了可以循环数值，还可以逐个遍历字符串，例如，下列代码可以将横向显示的字符串转换为纵向显示。

```
01    string = '不要再说我不能'
02    print(string)                    # 横向显示
03    for ch in string:
04        print(ch)                    # 纵向显示
```

上述代码的运行结果如图 4.27 所示。

图 4.27　将字符串转换为纵向显示

 说明

for 循环语句还可以用于迭代（遍历）列表、元组等，具体方法将在第 5 章中进行详细介绍。

4.3.3　循环嵌套

Python 允许在一个循环体中嵌入另一个循环，这称为循环嵌套。在 Python 中，for 循环和 while 循环都可以进行循环嵌套。

例如，在 while 循环中套用 while 循环的格式如下：

```
while 条件表达式 1:
    while 条件表达式 2:
```

```
        循环体 2
        循环体 1
```

在 for 循环中套用 for 循环的格式如下：

```
for 迭代变量 1 in 对象 1:
    for 迭代变量 2 in 对象 2:
        循环体 2
    循环体 1
```

在 while 循环中套用 for 循环的格式如下：

```
while 条件表达式:
    for 迭代变量 in 对象:
        循环体 2
    循环体 1
```

在 for 循环中套用 while 循环的格式如下：

```
for 迭代变量 in 对象:
    while 条件表达式:
        循环体 2
    循环体 1
```

除了上面介绍的 4 种嵌套格式，还可以实现更多层的嵌套，方法类似，这里不再一一给出。

【例 4.7】输出九九乘法表。（实例位置：资源包\TM\sl\04\07）

使用嵌套的 for 循环输出九九乘法表，代码如下：

```
01    for i in range(1, 10):                                      # 输出 9 行
02        for j in range(1, i + 1):                               # 输出与行数相等的列
03            print(str(j) + "×" + str(i) + "=" + str(i * j) + "\t", end="")
04        print('')                                               # 换行
```

上述代码使用了双层 for 循环：第一个 for 循环可以看成是对乘法表的行数的控制，同时也是每个乘法公式的第二个因子；第二个 for 循环控制乘法表的列数，列数的最大值应该等于行数。因此第二个 for 循环的条件应该是在第一个 for 循环的基础上建立的。

```
1×1=1
1×2=2   2×2=4
1×3=3   2×3=6   3×3=9
1×4=4   2×4=8   3×4=12  4×4=16
1×5=5   2×5=10  3×5=15  4×5=20  5×5=25
1×6=6   2×6=12  3×6=18  4×6=24  5×6=30  6×6=36
1×7=7   2×7=14  3×7=21  4×7=28  5×7=35  6×7=42  7×7=49
1×8=8   2×8=16  3×8=24  4×8=32  5×8=40  6×8=48  7×8=56  8×8=64
1×9=9   2×9=18  3×9=27  4×9=36  5×9=45  6×9=54  7×9=63  8×9=72  9×9=81
```

程序运行结果如图 4.28 所示。

图 4.28　使用嵌套的 for 循环输出九九乘法表

4.4　break、continue 和 pass 语句

当循环条件一直满足时，程序将会一直执行下去，就像一辆迷路的车，在某个地方不停地转圆圈。如果希望在中间离开循环，也就是 for 循环结束计数之前，或者 while 循环找到结束条件之前，则有以下两种方法可以做到。

☑　使用 continue 语句直接跳到循环的下一次迭代。

☑　使用 break 语句完全中止循环。

另外，在 Python 中还有一个用于保持程序结构完整性的 pass 语句。下面将对 break、continue 和 pass 语句分别进行详细介绍。

4.4.1　break 语句

break 语句可以终止当前的循环，包括 while 和 for 在内的所有控制语句。以独自一人沿着操场跑步为例，原计划跑 10 圈，然而当跑到第 2 圈时，遇到自己的女神或者男神，于是果断停下来，中止跑步，这就相当于使用了 break 语句提前中止了循环。break 语句的语法比较简单，只需要将它加入相应的 while 或 for 语句中即可。

说明

　　break 语句一般会结合 if 语句进行搭配使用，表示在某种条件下跳出循环。如果使用嵌套循环，则 break 语句将跳出最内层的循环。

在 while 语句中使用 break 语句的形式如下：

```
while 条件表达式 1:
    执行代码
    if 条件表达式 2:
        break
```

其中，条件表达式 2 用于判断何时调用 break 语句跳出循环。在 while 语句中使用 break 语句的流程如图 4.29 所示。

在 for 语句中使用 break 语句的形式如下：

```
for 迭代变量 in 对象:
    if 条件表达式:
        break
```

其中，条件表达式用于判断何时调用 break 语句跳出循环。在 for 语句中使用 break 语句的流程如图 4.30 所示。

在例 4.6 中，使用 for 循环语句解决了黄蓉难倒瑛姑的数学题。但是，在该例子中，for 循环语句要从 0 一直循环到 99，尽管在循环到 23 时，已经找到了符合要求的数。下面对例 4.6 进行改进，实现当找到第一个符合条件的数后，就跳出循环。这样可以提高程序的执行效率。

【例 4.8】解决黄蓉难倒瑛姑的数学题（for 循环改进版）。（**实例位置：资源包\TM\sl\04\08**）

在例 4.6 的最后一行代码下方再添加一个 break 语句，即可以实现找到符合要求的数后直接退出 for 循环。修改后的代码如下：

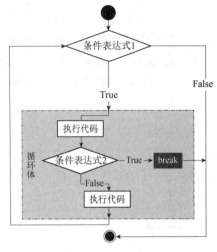

图 4.29　在 while 语句中使用 break 语句的流程

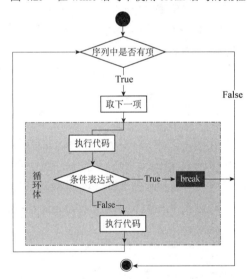

图 4.30　在 for 语句中使用 break 语句的流程

```
01    print("今有物不知其数，三三数之剩二，五五数之剩三，七七数之剩二，问几何？\n")
02    for number in range(100):
03        if number%3 ==2 and number%5 ==3 and number%7 ==2:      # 判断是否符合条件
04            print("答曰：这个数是",number)                        # 输出符合条件的数
05            break                                               # 跳出 for 循环
```

运行程序，将显示和例 4.5 一样的效果，也是如图 4.24 所示的效果。如果想要看出例 4.8 和例 4.6 的区别，可以分别在例 4.6 和例 4.8 的第 2 行和第 3 行代码之间添加 "print(number)" 语句来输出 number 的值。这时，例 4.8 的执行效果如图 4.31 所示，例 4.6 的执行效果如图 4.32 所示。

```
......
21
22
23
答曰：这个数是 23
```
图 4.31　例 4.8 的执行效果

```
......
21
22
23
答曰：这个数是 23
24
25
26
......
99
```
图 4.32　例 4.6 的执行效果

4.4.2　continue 语句

continue 语句的作用没有 break 语句强大，它只能中止本次循环而提前进入下一次循环中。仍然以独自一人沿着操场跑步为例，原计划跑步 10 圈。当跑到第 2 圈时，遇到自己的女神或者男神也在跑步，于是果断停下来，跑回起点等待，制造一次完美邂逅，然后从第 3 圈开始继续。

continue 语句的语法比较简单，只需要将它加入相应的 while 或 for 语句中即可。

说明

continue 语句一般会结合 if 语句进行搭配使用，表示在某种条件下，跳过当前循环的剩余语句，然后继续进行下一轮循环。如果使用嵌套循环，则 continue 语句将只跳过最内层循环中的剩余语句。

在 while 语句中使用 continue 语句的形式如下：

```
while 条件表达式 1:
    执行代码
    if 条件表达式 2:
        continue
```

其中，条件表达式 2 用于判断何时调用 continue 语句跳出循环。在 while 语句中使用 continue 语句的流程如图 4.33 所示。

在 for 语句中使用 continue 语句的形式如下：

```
for 迭代变量 in 对象:
    if 条件表达式:
        continue
```

其中，条件表达式用于判断何时调用 continue 语句跳出循环。在 for 语句中使用 continue 语句的流程如图 4.34 所示。

【例 4.9】 计算 100 以内所有偶数的和。（**实例位置：资源包\TM\sl\04\09**）

通过在 for 循环中使用 continue 语句实现 1～100（不包括 100）的偶数和，代码如下：

```
01    total = 0                                    # 用于保存累加和的变量
02    for number in range(1,100):
03        if number%2 == 1:                        # 判断是否符合条件
04            continue                             # 继续下一次循环
05        total += number                          # 累加偶数的和
06    print("1 ~ 100（不包括 100）的偶数和为",total)   # 输出累加结果
```

说明

第 3 行代码实现的是，当判断的数字是奇数时，将执行第 4 行的 continue 语句，跳过后面的累加操作，直接进入下一次循环。

图 4.33　在 while 语句中使用 continue 语句的流程　　　图 4.34　在 for 语句中使用 continue 语句的流程

程序运行结果如下：

1～100（不包括 100）的偶数和为 2450

4.4.3　pass 语句

在 Python 中还有一个 pass 语句，表示空语句。pass 语句不做任何事情，一般起到占位作用。例如，当应用 for 循环输出 1～10（不包括 10）的偶数时，如果输出的不是偶数，则应用 pass 语句占个位置，以方便以后对不是偶数的数进行处理。代码如下：

```
01    for i in range(1,10):
02        if i%2 == 0:                                  # 判断是否为偶数
03            print(i,end = ' ')
04        else:                                         # 不是偶数
05            pass                                      # 占位符，不做任何事情
```

程序运行结果如下：

2 4 6 8

4.5　实践与练习

（答案位置：资源包\TM\sl\04\实践与练习）

综合练习 1：猜商品价格　某商场搞促销，让顾客猜商品价格。每位幸运顾客有 5 次机会。当顾客输入一个价格时，系统会提示高了还是低了。顾客如果 5 次都没有猜对，则将不能获得该商品；顾客如果猜中一次，则可以把奖品带回家。本练习要求使用 Python 实现这个竞猜程序。

综合练习 2：输出星号（*）阵列　采用两种方法输出 10 行递阶星号（*），第 1 行为一个星号，第 2 行为两个星号，以此类推，直到第 10 行为 10 个星号。

第 5 章

列表和元组

在数学里，序列也称为数列，是指按照一定顺序排列的一列数；而在程序设计中，序列是一种常用的数据存储方式，几乎每种程序设计语言都提供了类似的数据结构，如 C 语言或 Java 语言中的数组等。

在 Python 中，序列是最基本的数据结构。Python 中内置了 5 种常用的序列结构，分别是列表、元组、集合、字典和字符串。本章将对列表和元组进行详细介绍，集合和字典将在第 6 章中进行介绍，而字符串将在第 7 章中进行详细介绍。

本章知识架构及重难点如下。

5.1 序列概述

序列是一块用于存储多个值的连续内存空间，并且按一定顺序排列，每个值（称为元素）都被分配一个数字，称为索引或位置。通过该索引可以取出相应的值。例如，我们可以把一家酒店看作一个序列，那么酒店里的每个房间都可以看作是这个序列的元素，而房间号就相当于索引，可以通过房间号找到对应的房间。

在 Python 中，序列结构主要有列表、元组、集合、字典和字符串。对于这些序列结构有以下几个通用的操作。其中，集合和字典不支持索引、切片、相加和相乘操作。

5.1.1　索引

序列中的每个元素都有一个编号，也称为索引（index）。这个索引是从 0 开始编号的，即下标为 0 表示第一个元素，而下标为 1 则表示第二个元素，以此类推，如图 5.1 所示。

图 5.1　序列的正数索引

Python 比较神奇，它的索引可以是负数。这个索引从右向左计数，也就是从最后一个元素开始计数，即最后一个元素的索引为-1，而倒数第二个元素的索引则为-2，以此类推，如图 5.2 所示。

图 5.2　序列的负数索引

> **注意**
>
> 在采用负数作为索引时，是从-1 开始编号的，而不是从 0 开始的，即最后一个元素的下标为-1，这是为了防止与第一个元素重合。

通过索引可以访问序列中的任何元素。例如，定义一个包括 4 个元素的列表，要访问它的第三个元素和最后一个元素，可以使用下列代码：

```
01    verse = ["自古逢秋悲寂寥","我言秋日胜春朝","晴空一鹤排云上","便引诗情到碧霄"]
02    print(verse[2])          # 输出第三个元素
03    print(verse[-1])         # 输出最后一个元素
```

输出的结果为显示下列文字：

```
晴空一鹤排云上
便引诗情到碧霄
```

> **说明**
>
> 关于列表的详细介绍请参见 5.2 节。

5.1.2　切片

切片（slice）操作是访问序列中元素的另一种方法，它可以访问一定范围内的元素。通过切片操作，可以生成一个新的序列。实现切片操作的语法格式如下：

```
sname[start : end : step]
```

参数说明如下。

- ☑ sname：表示序列的名称。
- ☑ start：表示切片的开始位置（包括该位置），如果不指定，则默认为 0。
- ☑ end：表示切片的截止位置（不包括该位置），如果不指定，则默认为序列的长度。
- ☑ step：表示切片的步长，如果省略，则默认为 1，当省略该步长时，最后一个冒号也可以省略。

说明

在进行切片操作时，如果指定了步长，那么将按照该步长遍历序列的元素，否则将一个一个遍历序列。

例如，通过切片获取列表中的第 2~6 个元素，以及获取第 2 个、第 4 个和第 6 个元素，可以使用下列代码：

```
01   verse = ["青青园中葵","朝露待日晞","阳春布德泽","万物生光辉","常恐秋节至","焜黄华叶衰",
02        "百川东到海","何时复西归","少壮不努力","老大徒伤悲"]
03   print(verse[1:6])        # 获取第 2~6 个元素
04   print(verse[1:6:2])      # 获取第 2 个、第 4 个和第 6 个元素
```

运行上述代码，将输出以下内容：

```
['朝露待日晞', '阳春布德泽', '万物生光辉', '常恐秋节至', '焜黄华叶衰']
['朝露待日晞', '万物生光辉', '焜黄华叶衰']
```

说明

如果想要复制整个序列，可以将 start 和 end 参数都省略，但是中间的冒号需要保留。例如，verse[:] 就表示复制整个名称为 verse 的序列。

5.1.3 序列相加

Python 支持对两个或多个相同类型的序列进行加法（addition）运算。也就是说，Python 可以使用加（+）运算符将各个相同类型的序列进行连接，而不会去除重复的元素。例如，将两个列表相加，可以使用下列代码：

```
01   verse1 = ["自古逢秋悲寂寥","我言秋日胜春朝","晴空一鹤排云上","便引诗情到碧霄"]
02   verse2 = ["青青园中葵","朝露待日晞","阳春布德泽","万物生光辉","常恐秋节至","焜黄华叶衰",
03        "百川东到海","何时复西归","少壮不努力","老大徒伤悲"]
04   print(verse1+verse2)
```

运行上述代码，将输出以下内容：

```
['自古逢秋悲寂寥', '我言秋日胜春朝', '晴空一鹤排云上', '便引诗情到碧霄', '青青园中葵', '朝露待日晞', '阳春布德泽',
'万物生光辉', '常恐秋节至', '焜黄华叶衰', '百川东到海', '何时复西归', '少壮不努力', '老大徒伤悲']
```

从上述输出结果中可以看出，两个列表已被合为一个列表。

误区警示

在进行序列相加时，相同类型的序列是指，同为列表、元组、字符串等，序列中的元素类型可以不同。例如，下列代码也是正确的：

```
01    num = [7,14,21,28,35,42,49,56,63]
02    verse = ["自古逢秋悲寂寥","我言秋日胜春朝","晴空一鹤排云上","便引诗情到碧霄"]
03    print(num + verse)
```

但是，不能是列表和元组的相加，也不能是列表和字符串的相加。例如，下列代码就是错误的：

```
01    num = [7,14,21,28,35,42,49,56,63]
02    print(num + "输出是 7 的倍数的数")
```

运行上述代码，将产生如图 5.3 所示的异常信息。

```
Traceback (most recent call last):
  File "E:\program\Python\Code\datatype_test.py", line 2, in <module>
    print(num + "输出是7的倍数的数")
TypeError: can only concatenate list (not "str") to list
```

图 5.3　通过添加列表和字符串产生的异常信息

5.1.4　乘法

在 Python 中，使用数字 *n* 乘以一个序列会生成新的序列。新序列的内容为原来序列被重复 *n* 次的结果。例如，下列代码将实现把一个序列乘以 3 后生成一个新的序列并输出，从而达到重要事情说 3 遍的效果：

```
01    verse = ["自古逢秋悲寂寥","我言秋日胜春朝"]
02    print( verse * 3)
```

运行上述代码，将显示以下内容：

```
['自古逢秋悲寂寥', '我言秋日胜春朝', '自古逢秋悲寂寥', '我言秋日胜春朝', '自古逢秋悲寂寥', '我言秋日胜春朝']
```

在进行序列的乘法（multipliction）运算时，还可以实现初始化指定长度列表的功能。例如，下列代码将创建一个长度为 5 的列表，列表的每个元素都是 None，表示什么都没有：

```
01    emptylist = [None]*5
02    print(emptylist)
```

运行上述代码，将显示以下内容：

```
[None, None, None, None, None]
```

5.1.5　检查某个元素是否是序列的成员（元素）

在 Python 中，可以使用 in 关键字检查某个元素是否是序列的成员，即检查某个元素是否被包含在该序列中。语法格式如下：

```
value in sequence
```

其中：value 表示要检查的元素；sequence 表示指定的序列。

例如，要检查名称为 verse 的序列中，是否包含元素"晴空一鹤排云上"，可以使用下列代码：

```
01    verse = ["自古逢秋悲寂寥","我言秋日胜春朝","晴空一鹤排云上","便引诗情到碧霄"]
02    print("晴空一鹤排云上" in verse)
```

运行上述代码，将显示 True，表示在序列中存在指定的元素。

另外，在 Python 中，也可以使用 not in 关键字实现检查某个元素是否未被包含在指定的序列中。

例如，要检查名称为 verse 的序列中，是否未包含元素"晴空一鹤排云上"，可以使用以下代码：

```
01    verse = ["自古逢秋悲寂寥","我言秋日胜春朝","晴空一鹤排云上","便引诗情到碧霄"]
02    print("晴空一鹤排云上"  not in verse)
```

运行上述代码，将显示 False。

5.1.6 计算序列的长度、最大值和最小值

Python 提供了内置函数计算序列的长度、最大值和最小值。分别是：使用 len() 函数计算序列的长度，即返回序列包含多少个元素；使用 max() 函数返回序列中的最大元素；使用 min() 函数返回序列中的最小元素。

例如，定义一个包括 9 个元素的列表，并通过 len() 函数计算列表的长度，可以使用下列代码：

```
01    num = [7,14,21,28,35,42,49,56,63]
02    print("序列 num 的长度为",len(num))
```

运行上述代码，将显示以下结果：

```
序列 verse 的长度为 9
```

例如，定义一个包括 9 个元素的列表，并通过 max() 函数计算列表中的最大元素，可以使用下列代码：

```
01    num = [7,14,21,28,35,42,49,56,63]
02    print("序列",num,"中最大值为",max(num))
```

运行上述代码，将显示以下结果：

```
序列 [7, 14, 21, 28, 35, 42, 49, 56, 63] 中最大值为 63
```

例如，定义一个包括 9 个元素的列表，并通过 min() 函数计算列表中的最小元素，可以使用下列代码：

```
01    num = [7,14,21,28,35,42,49,56,63]
02    print("序列",num,"中最小值为",min(num))
```

运行上述代码，将显示以下结果：

```
序列 [7, 14, 21, 28, 35, 42, 49, 56, 63] 中最小值为 7
```

除了上面介绍的 3 个内置函数，Python 还提供了如表 5.1 所示的内置函数。

表 5.1 Python 提供的内置函数及其说明

函　　数	说　　明	函　　数	说　　明
list()	将序列转换为列表	sorted()	对元素进行排序
str()	将序列转换为字符串	reversed()	反向序列中的元素
sum()	计算元素和	enumerate()	将序列组合为一个索引序列，多用在 for 循环中

5.2　列　　表

大家一定很熟悉歌曲列表（list），它记录了要播放的歌曲的名称，如图 5.4 所示。这是手机 App 的歌曲列表页面。

Python 中的列表和歌曲列表类似，也是由一系列按特定顺序排列的元素组成的。它是 Python 中内置的可变序列。在形式上，列表的所有元素都放在一对中括号"[]"中，两个相邻元素间使用逗号","分隔。在内容上，可以将整数、实数、字符串、列表、元组等任何类型的内容放入列表中，并且同一个列表中，元素的类型可以不同，因为它们之间没有任何关系。由此可见，Python 中的列表是非常灵活的，这一点与其他语言是不同的。

图 5.4　歌曲列表

5.2.1　列表的创建和删除

Python 提供了多种创建列表的方法，下面分别进行介绍。

1. 使用赋值运算符直接创建列表

同其他类型的 Python 变量一样，创建列表时，也可以使用赋值运算符"="直接将一个列表赋值给变量。具体的语法格式如下：

```
listname = [element 1,element 2,element 3,...,element n]
```

其中：listname 表示列表的名称，可以是任何符合 Python 命名规则的标识符；element 1, element 2, element 3, …, element n 表示列表中的元素，个数没有限制，并且只要是 Python 支持的数据类型就可以。

例如，下列创建的都是合法的列表：

```
01    num = [7,14,21,28,35,42,49,56,63]
02    verse = ["自古逢秋悲寂寥","我言秋日胜春朝","晴空一鹤排云上","便引诗情到碧霄"]
03    untitle = ['Python',28,"人生苦短，我用 Python",["爬虫","自动化运维","云计算","Web 开发"]]
04    python = ['优雅',"明确","简单"]
```

💡**说明**

在使用列表时，虽然可以将不同类型的数据放入同一个列表中，但是通常情况下，我们不这样做，而是在一个列表中只放入一种类型的数据。这样可以提高程序的可读性。

2. 创建空列表

在 Python 中，也可以创建空列表。例如，要创建一个名称为 emptylist 的空列表，可以使用下列代码：

```
emptylist = []
```

3．创建数值列表

在 Python 中，数值列表很常用。例如，在考试系统中记录学生的成绩，或者在游戏中记录每个角色的位置，各个玩家的得分情况等。在 Python 中，可以使用 list()函数直接将 range()函数循环出来的结果转换为列表。

说明

关于 range()函数的详细介绍请参见 4.3.2 节。

list()函数的基本语法如下：

```
list(data)
```

其中，data 表示可以转换为列表的数据，其类型可以是 range 对象、字符串、元组或者其他可迭代类型的数据。

例如，创建一个 10～20（不包括 20）的所有偶数的列表，可以使用下列代码：

```
list(range(10, 20, 2))
```

运行上述代码，将得到下面的列表：

```
[10, 12, 14, 16, 18]
```

说明

使用 list()函数不仅能通过 range 对象创建列表，还可以通过其他对象创建列表。

4．删除列表

对于已经创建的列表，当不再使用它时，可以使用 del 语句删除它。语法格式如下：

```
del listname
```

其中，listname 是要删除列表的名称。

说明

del 语句在实际开发中并不常用。因为 Python 自带的垃圾回收机制会自动销毁不用的列表，所以即使我们不手动删除它们，Python 也会自动回收它们。

例如，定义一个名称为 verse 的列表，然后应用 del 语句删除它，代码如下：

```
01    verse = ["自古逢秋悲寂寥","我言秋日胜春朝","晴空一鹤排云上","便引诗情到碧霄"]
02    del verse
```

误区警示

在删除列表前，一定要保证输入的列表名称是已经存在的，否则将出现如图 5.5 所示的异常信息。

```
>>> del verse
Traceback (most recent call last):
  File "<pyshell#0>", line 1, in <module>
    del verse
NameError: name 'verse' is not defined. Did you mean: 'vars'?
```

图 5.5　删除的列表不存在时产生的异常信息

5.2.2　访问列表元素

在 Python 中，如果想输出列表的内容，可以直接使用 print()函数。例如，如果想输出 5.2.1 节中创建的 untitle 列表，可以使用下列代码：

```
print(untitle)
```

执行结果如下：

```
['Python', 28, '人生苦短，我用 Python', ['爬虫', '自动化运维', '云计算', 'Web 开发', '游戏']]
```

从上述执行结果中可以看出，在输出列表时，结果中包括了左右两侧的中括号。如果不想输出全部的元素，也可以通过列表的索引获取指定的元素。例如，要获取列表 untitle 中索引为 2 的元素，可以使用下列代码：

```
print(untitle[2])
```

执行结果如下：

```
人生苦短，我用 Python
```

从上述执行结果中可以看出，在输出单个列表元素时，不包括中括号，如果是字符串，还不包括左右的引号。

【例 5.1】输出每日一帖。（实例位置：资源包\TM\sl\05\01）

在 IDLE 中创建一个名称为 tips.py 的文件，然后在该文件中导入日期时间模块，接着定义一个列表（保存 7 条励志文字作为每日一帖的内容），再获取当前的星期，最后将当前的星期作为列表的索引，输出元素内容，代码如下：

```
01    import datetime                                      # 导入 datetime 模块
02    # 定义一个列表
03    mot = ["坚持下去不是因为我很坚强，而是因为我别无选择",
04          "含泪播种的人一定能笑着收获",
05          "做对的事情比把事情做对重要",
06          "命运给予我们的不是失望之酒，而是机会之杯",
07          "明日永远新鲜如初，纤尘不染",
08          "求知若饥，虚心若愚",
09          "成功将属于那些从不说"不可能"的人"]
10    day=datetime.datetime.now().weekday()                # 获取当前星期
11    print(mot[day])                                      # 输出每日一帖
```

> **说明**
>
> 　　在上述代码中：datetime.datetime.now()方法用于获取当前日期；而 weekday()方法则用于从日期时间对象中获取星期，其值为 0～6，值为 0 时，代表星期一，值为 1 时，代表星期二，以此类推，值为 6 时，代表星期日。

运行结果如图 5.6 所示。

```
坚持下去不是因为我很坚强，而是因为我别无选择
```

图 5.6　根据星期输出每日一帖

说明

上面介绍的是访问列表中的单个元素。实际上，列表还可以通过切片操作实现处理列表中的部分元素。关于切片的详细介绍请参见 5.1.2 节。

5.2.3 遍历列表

遍历列表中的所有元素是常用的一种操作，在遍历的过程中可以完成查询、处理等操作。在生活中，如果想要去商场买一件衣服，就需要在商场中逛一遍，看是否有想要的衣服，逛商场的过程就相当于列表的遍历操作。在 Python 中，遍历列表的方法有多种，下面介绍两种常用的方法。

1. 直接使用 for 循环实现

直接使用 for 循环遍历列表，只能输出元素的值。其语法格式如下：

```
for item in listname:
    # 输出 item
```

其中：item 用于保存获取到的元素值，要输出元素内容时，直接输出该变量即可；listname 是列表名称。

例如，定义一个保存一首古诗的列表，然后通过 for 循环遍历该列表，并输出各个诗句，代码如下：

```
01    print(" "*2,"秋词")
02    verse = ["自古逢秋悲寂寥","我言秋日胜春朝","晴空一鹤排云上","便引诗情到碧霄"]
03    for item in verse:
04        print(item)
```

执行上述代码，将显示如图 5.7 所示的结果。

2. 使用 for 循环和 enumerate()函数实现

使用 for 循环和 enumerate()函数可以实现同时输出索引值和元素内容。其语法格式如下：

图 5.7 通过 for 循环遍历列表

```
for index,item in enumerate(listname):
    # 输出 index 和 item
```

参数说明如下。

☑ index：用于保存元素的索引。

☑ item：用于保存获取到的元素值，要输出元素内容时，直接输出该变量即可。

☑ listname：列表名称。

例如，定义一个保存一首古诗的列表，然后通过 for 循环和 enumerate()函数遍历该列表，并输出索引和诗句，代码如下：

```
01    print(" "*3,"秋词")
02    verse = ["自古逢秋悲寂寥","我言秋日胜春朝","晴空一鹤排云上","便引诗情到碧霄"]
03    for index,item in enumerate(verse):
04        print(index,item)
```

执行上述代码，将显示下列结果：

```
      秋词
0  自古逢秋悲寂寥
1  我言秋日胜春朝
2  晴空一鹤排云上
3  便引诗情到碧霄
```

如果想实现两句一行输出各个诗句，请看下面的例子。

【例 5.2】 每两句一行输出古诗《长歌行》。（**实例位置：资源包\TM\sl\05\02**）

在 IDLE 中创建一个名称为 printverse.py 的文件，在该文件中首先输出古诗标题，然后定义一个列表（保存古诗内容），再应用 for 循环和 enumerate()函数遍历该列表，在循环体中通过 if…else 语句判断索引是否为偶数，如果索引为偶数，则 print()函数对诗句进行不换行输出，否则对诗句进行换行输出。代码如下：

```
01    print(" "*7,"长歌行")
02    verse = ["青青园中葵","朝露待日晞","阳春布德泽","万物生光辉","常恐秋节至","焜黄华叶衰",
03          "百川东到海","何时复西归","少壮不努力","老大徒伤悲"]
04    for index,item in enumerate(verse):
05        if index%2 == 0:                    # 判断索引是否为偶数，如果索引是偶数，则对诗句进行不换行输出
06            print(item+"，", end="")
07        else:
08            print(item+"。")                   # 换行输出
```

说明

在上述代码中，在 print()函数中使用"，end=''"表示对内容进行不换行输出，即下一个 print()函数输出的内容会和这个函数输出的内容在同一行上。注意，等号后面是两个单引号，不是一半双引号。

运行结果如图 5.8 所示。

```
        长歌行
青青园中葵，朝露待日晞。
阳春布德泽，万物生光辉。
常恐秋节至，焜黄华叶衰。
百川东到海，何时复西归。
少壮不努力，老大徒伤悲。
```

图 5.8　每两行一句输出古诗《长歌行》

5.2.4　添加、修改和删除列表元素

添加、修改和删除列表元素也称为更新列表。在实际开发中，经常需要对列表进行更新。下面分别介绍如何实现添加、修改和删除列表元素。

1．添加元素

5.1 节"序列概述"介绍了可以通过"+"号将两个序列进行连接，该方法也可以用于向列表中添加元素。但是，这种方法的执行速度要比直接使用列表对象的 append()方法慢，因此建议读者在向列表中添加元素时，使用列表对象的 append()方法来实现。列表对象的 append()方法用于在列表的末尾追加元素，其语法格式如下：

```
listname.append(obj)
```

其中，listname 是要添加元素的列表名称，obj 是要添加到列表末尾的对象。

例如，定义一个包括 4 个元素的列表，然后应用 append()方法在该列表的末尾添加一个元素，代码如下：

```
01    verse = ["自古逢秋悲寂寥","我言秋日胜春朝","晴空一鹤排云上","便引诗情到碧霄"]
02    len(verse)                                  # 获取列表的长度
03    verse.append("此诗句为刘禹锡的《秋词》")
04    len(verse)                                  # 获取列表的长度
05    print(verse)
```

上述代码在 IDEL 中的执行过程如图 5.9 所示。

```
>>> verse = ["自古逢秋悲寂寥","我言秋日胜春朝","晴空一鹤排云上","便引诗情到碧霄"]
>>> len(verse)                    # 获取列表的长度
4
>>> verse. append("此诗句为刘禹锡的《秋词》")
>>> len(verse)                    # 获取列表的长度
5
>>> print(verse)
['自古逢秋悲寂寥', '我言秋日胜春朝', '晴空一鹤排云上', '便引诗情到碧霄', '此诗句为刘禹锡的《秋词》']
```

图 5.9　向列表中添加元素

下面通过一个具体的例子演示向列表中添加元素的应用。

场景模拟：在 20 世纪 50 年代早期，Bryan Thwaites（史威兹）担任教师时，要求学生计算一组数列，其规则是：如果某数是偶数，则将其除以 2；如果是奇数，则先乘以 3 再加 1。根据当时学生的探讨及史威兹本人的研究，这个序列最后必定会是数字 1，并且出现 1 以后，又会按照"4→2→1"进行循环，所以将 1 视为这个序列的终点。本例将创建一个列表，用于存储符合这个条件的序列。

【例 5.3】 创建符合史威兹要求的列表。（**实例位置：资源包\TM\sl\05\03**）

在 IDLE 中创建一个名称为 numberlist.py 的文件，首先在该文件中定义一个空列表和一个表示初始值的变量 a，并让该变量等于 6。然后创建一个无限循环，在该循环中，判断 a 是否为偶数，如果是偶数，则将其除以 2，将结果赋值给 a，否则将其乘以 3 再加 1，将结果也赋值给 a，直到 a 等于 1 时，使用 break 语句跳出循环，另外在每次循环时，还需要把 a 的值添加到列表中。最后输出列表。具体代码如下：

```
01    numberlist=[]                              # 定义一个空列表
02    a=6                                        # 设置初始值
03    while True:
04        if a%2==0:                             # 如果是偶数
05            a=a//2
06        else:                                  # 如果是奇数
07            a=a*3+1
08        numberlist.append(a)                   # 将生成的数添加到列表中
09        if a==1:
10            break;                             # 跳出循环
11    print("这个列表是",numberlist)              # 输出列表
```

说明

在上述代码中，之所以使用 a//2，是因为这样代表整除，可以得到整数。

运行结果如图 5.10 所示。

这个列表是 [3, 10, 5, 16, 8, 4, 2, 1]

图 5.10　创建符合史威兹要求的列表

在例 5.3 中，设置的初始值是 6，有兴趣的读者可以换为其他的数字试试。

说明

列表对象除了提供 append()方法向列表中添加元素，还提供了 insert()方法向列表中添加元素。insert()方法用于向列表的指定位置插入元素。但是，由于该方法的执行效率没有 append()方法高，不推荐使用这种方法。

上面介绍了向列表中添加一个元素，如果想要将一个列表中的全部元素添加到另一个列表中，则需使用列表对象的 extend()方法实进行此操作。extend()方法的具体语法格式如下：

```
listname.extend(seq)
```

其中，listname 是原列表，seq 是要添加的列表。语句执行后，seq 的内容将被追加到 listname 的后面。例如，创建两个列表，然后应用 extend()方法将第一个列表添加到第二个列表中，具体代码如下：

```
01    verse1 = ["常记溪亭日暮","沉醉不知归路","兴尽晚回舟","误入藕花深处","争渡","争渡","惊起一滩鸥鹭"]
02    verse2 = ["李清照","如梦令"]
03    verse2.extend(verse1)
04    print(verse2)
```

运行上述代码，将显示下列内容：

```
['李清照', '如梦令', '常记溪亭日暮', '沉醉不知归路', '兴尽晚回舟', '误入藕花深处', '争渡', '争渡', '惊起一滩鸥鹭']
```

2. 修改元素

修改列表中的元素只需要通过索引获取该元素，然后为其重新赋值即可。例如，定义一个保存 3 个元素的列表，然后修改索引值为 2 的元素，代码如下：

```
01    verse = ["长亭外","古道边","芳草碧连天"]
02    print(verse)
03    verse[2] = "一行白鹭上青天"        # 修改列表中的第 3 个元素
04    print(verse)
```

上述代码在 IDEL 中的执行过程如图 5.11 所示。

```
>>> verse = ["长亭外","古道边","芳草碧连天"]
>>> print(verse)
['长亭外', '古道边', '芳草碧连天']
>>> verse[2] = "一行白鹭上青天"
>>> print(verse)
['长亭外', '古道边', '一行白鹭上青天']
```

图 5.11　修改列表的指定元素

3. 删除元素

删除元素主要有两种情况：一种是根据索引进行删除；另一种是根据元素值进行删除。下面分别进行介绍。

（1）根据索引进行删除。

删除列表中的指定元素和删除列表类似，也可以使用 del 语句实现。不同之处在于，在指定列表名称时，需要将列表名称替换为列表元素。例如，定义一个保存 3 个元素的列表，删除最后一个元素，可以使用下列代码：

```
01    verse = ["长亭外","古道边","芳草碧连天"]
02    del verse[-1]
03    print(verse)
```

上述代码在 IDLE 中的执行过程如图 5.12 所示。

（2）根据元素值进行删除。

如果想要删除一个不确定其位置的元素（即根据元素值

```
>>> verse = ["长亭外","古道边","芳草碧连天"]
>>> del verse[-1]
>>> print(verse)
['长亭外', '古道边']
```

图 5.12　删除列表的指定元素

进行删除），则需要使用列表对象的 remove()方法来实现这一操作。例如，要删除列表中内容为"古道边"的元素，可以使用下列代码：

```
01    verse = ["长亭外","古道边","芳草碧连天"]
02    verse.remove("古道边")
```

使用列表对象的 remove()方法删除元素时，如果指定的元素不存在，则会抛出 ValueError 异常。例如，下列代码：

```
01    verse = ["常记溪亭日暮","沉醉不知归路","兴尽晚回舟","误入藕花深处","争渡","争渡","惊起一滩鸥鹭"]
02    value = "争渡 1"              # 指定要移除的元素
03    verse.remove(value)
```

运行上述代码，将出现如图 5.13 所示的异常信息。

因此，在使用 remove()方法删除元素前，最好先判断该
元素是否存在，改进后的代码如下：

```
Traceback (most recent call last):
  File "<pyshell#5>", line 1, in <module>
    verse.remove(value)
ValueError: list.remove(x): x not in list
```

图 5.13　删除不存的元素时出现的异常信息

```
01    verse = ["常记溪亭日暮","沉醉不知归路","兴尽晚回舟","误入藕花深处","争渡","争渡","惊起一滩鸥鹭"]
02    value = "争渡 1"              # 指定要移除的元素
03    if verse.count(value)>0:      # 判断要删除的元素是否存在
04        verse.remove(value)       # 移除指定的元素
05    print(verse)
```

说明

列表对象的 count()方法用于判断指定元素出现的次数，返回结果为 0 时，表示该元素不存在。关于 count()方法的详细介绍请参见 5.2.5 节。

执行上述代码，将显示下列列表的原有内容：

['常记溪亭日暮', '沉醉不知归路', '兴尽晚回舟', '误入藕花深处', '争渡', '争渡', '惊起一滩鸥鹭']

5.2.5　对列表进行统计计算

Python 中的列表提供了一些内置的函数来实现统计计算方面的功能。下面介绍常用的功能。

1. 获取指定元素出现的次数

使用列表对象的 count()方法可以获取指定元素在列表中出现的次数。其语法格式如下：

listname.count(obj)

其中：listname 表示列表的名称；obj 表示要被判断出现次数的对象，这里只能进行精确匹配，即不能是元素值的一部分。

例如，创建一个列表，内容为李清照的《如梦令》中的诗句，然后应用列表对象的 count()方法判断元素"争渡"出现的次数，代码如下：

```
01    verse = ["常记溪亭日暮","沉醉不知归路","兴尽晚回舟","误入藕花深处","争渡","争渡","惊起一滩鸥鹭"]
02    num = verse.count("争渡")
03    print(num)
```

运行上述代码，将显示 2，表示在列表 verse 中"争渡"出现了两次。

2．获取指定元素首次出现的索引位置

使用列表对象的 index()方法可以获取指定元素在列表中首次出现的位置（即索引位置）。其语法格式如下：

```
listname.index(obj)
```

参数说明如下。

- ☑ listname：表示列表的名称。
- ☑ obj：表示要查找的对象，这里只能进行精确匹配。如果指定的对象不存在，则抛出如图 5.14 所示的异常信息。
- ☑ 返回值：首次出现的索引值。

```
Traceback (most recent call last):
  File "<pyshell#15>", line 1, in <module>
    print(verse.index("归"))
ValueError: '归' is not in list
```

图 5.14　查找对象不存在时抛出的异常信息

例如，创建一个列表，内容为李清照的《如梦令》中的诗句，然后应用列表对象的 index()方法判断元素"争渡"在列表中首次出现的位置，代码如下：

```
01    verse = ["常记溪亭日暮","沉醉不知归路","兴尽晚回舟","误入藕花深处","争渡","争渡","惊起一滩鸥鹭"]
02    position = verse.index("争渡")
03    print(position)
```

运行上述代码，将显示 4，表示"争渡"在列表 verse 中首次出现的索引位置是 4。

3．统计数值列表的元素和

在 Python 中，提供了 sum()函数用于统计数值列表中各元素的和。其语法格式如下：

```
sum(iterable[,start])
```

参数说明如下。

- ☑ iterable：表示要统计的列表。
- ☑ start：表示统计结果是从哪个数开始的（即将统计结果加上 start 所指定的数）。start 是可选参数，如果没有指定其值，则默认值为 0。

例如，首先定义一个保存 10 名学生语文成绩的列表，然后应用 sum()函数统计列表中元素的和，即统计总成绩，最后输出。其对应的代码如下：

```
01    grade = [98,99,97,100,100,96,94,89,95,100]        # 10 名学生的语文成绩列表
02    total = sum(grade)                                 # 计算总成绩
03    print("语文总成绩为",total)
```

执行上述代码，将显示"语文总成绩为 968"。

误区警示

如果将上述第 2 行代码修改为"total = sum(grade,5)"，则结果为 973。但这里并不是从第 5 个元素开始统计的，这里一定要注意。

5.2.6　对列表进行排序

在实际开发中，经常需要对列表进行排序。Python 提供了两种常用的对列表进行排序的方法。下

面分别进行介绍。

1. 使用列表对象的 sort()方法实现对列表进行排序

列表对象提供了 sort()方法，用于对原列表进行排序。排序后，原列表中的元素顺序将发生改变。
列表对象的 sort()方法的语法格式如下：

```
listname.sort(key=None, reverse=False)
```

参数说明如下。

☑ listname：表示要进行排序的列表的名称。

☑ key：表示指定一个从每个列表元素中提取一个比较键（例如，设置"key=str.lower"表示在
排序时不区分字母大小写）。

☑ reverse：可选参数，如果将其值指定为 True，则表示对列表进行降序排列；如果将其值指定
为 False，则表示对列表进行升序排列。默认为升序排列。

例如，定义一个保存 10 名学生语文成绩的列表，然后应用 sort()方法对其进行排序，代码如下：

```
01    grade = [98,99,97,100,100,96,94,89,95,100]              # 10 名学生的语文成绩列表
02    print("原列表：",grade)
03    grade.sort()                                             # 进行升序排列
04    print("升　序：",grade)
05    grade.sort(reverse=True)                                 # 进行降序排列
06    print("降　序：",grade)
```

执行上述代码，将显示以下内容：

```
原列表：[98, 99, 97, 100, 100, 96, 94, 89, 95, 100]
升　序：[89, 94, 95, 96, 97, 98, 99, 100, 100, 100]
降　序：[100, 100, 100, 99, 98, 97, 96, 95, 94, 89]
```

使用 sort()方法对数值列表进行排序较为简单，但是使用 sort()方法对字符串列表进行排序时，采
用的规则是先对大写字母进行排序，然后对小写字母进行排序。如果想要对字符串列表进行排序（不
区分大小写时），则需要指定其 key 参数。例如，定义一个保存英文字符串的列表，然后应用 sort()方
法对其进行升序排列，可以使用下列代码：

```
01    char = ['cat','Tom','Angela','pet']
02    char.sort()                                              # 默认区分字母大小写
03    print("区分字母大小写：",char)
04    char.sort(key=str.lower)                                 # 不区分字母大小写
05    print("不区分字母大小写：",char)
```

运行上述代码，将显示以下内容：

```
区分字母大小写：['Angela', 'Tom', 'cat', 'pet']
不区分字母大小写：['Angela', 'cat', 'pet', 'Tom']
```

 说明

　　sort()方法在对列表进行排序时，它对中文的支持并不好。排序的结果与我们常用的按拼音或者
笔画都不一致。如果想要实现对中文内容的列表进行排序，那么还需要重新编写相应的方法进行处
理，不能直接使用 sort()方法。

2．使用内置的 sorted()函数实现对列表进行排序

Python 提供了一个内置的 sorted()函数，用于对列表进行排序。使用该函数进行排序后，原列表中的元素顺序不变。sorted()函数的语法格式如下：

```
sorted(iterable, key=None, reverse=False)
```

参数说明如下。

- ☑　iterable：表示要进行排序的列表的名称。
- ☑　key：表示指定从每个元素中提取一个用于比较的键（例如，设置"key=str.lower"表示在排序时不区分字母大小写）。
- ☑　reverse：可选参数。如果将其值指定为 True，则表示对列表进行降序排列；如果将其值指定为 False，则表示对列表进行升序排列。默认为升序排列。

例如，定义一个保存 10 名学生语文成绩的列表，然后应用 sorted()函数对该列表进行排序，代码如下：

```
01    grade = [98,99,97,100,100,96,94,89,95,100]      # 10 名学生的语文成绩列表
02    grade_as = sorted(grade)                         # 进行升序排列
03    print("升序：",grade_as)
04    grade_des = sorted(grade,reverse = True)         # 进行降序排列
05    print("降序：",grade_des)
06    print("原序列：",grade)
```

执行上述代码，将显示以下内容：

```
升序：[89, 94, 95, 96, 97, 98, 99, 100, 100, 100]
降序：[100, 100, 100, 99, 98, 97, 96, 95, 94, 89]
原序列：[98, 99, 97, 100, 100, 96, 94, 89, 95, 100]
```

说明

列表对象的 sort()方法和内置 sorted()函数的作用基本相同，不同之处在于，使用 sort()方法时，它会改变原列表元素的排列顺序，但是使用 sorted()函数时，它会建立一个原列表的副本，该副本为排序后的列表。

5.2.7　列表推导式

使用列表推导式可以快速生成一个列表，或者根据某个列表生成满足指定需求的列表。列表推导式通常有以下几种常用的语法格式。

（1）生成指定范围的数值列表，语法格式如下：

```
list = [Expression for var in range]
```

参数说明如下。

- ☑　list：表示生成的列表名称。
- ☑　Expression：表达式，用于计算新列表的元素。
- ☑　var：循环变量。

☑　range：采用 range()函数生成的 range 对象。

例如，要生成一个包括 10 个随机数的列表，要求数的范围为 10～100（包括 100），具体代码如下：

```
01    import random                                      # 导入 random 标准库
02    randomnumber = [random.randint(10,100) for i in range(10)]
03    print("生成的随机数为",randomnumber)
```

执行结果如下：

```
生成的随机数为[38, 12, 28, 26, 58, 67, 100, 41, 97, 15]
```

（2）根据列表生成指定需求的列表，语法格式如下：

```
newlist = [Expression for var in list]
```

参数说明如下。

☑　newlist：表示新生成的列表名称。

☑　Expression：表达式，用于计算新列表的元素。

☑　var：变量，值为后面列表的每个元素值。

☑　list：用于生成新列表的原列表。

例如，定义一个记录商品价格的列表，然后应用列表推导式生成一个将全部商品价格打五折的列表，具体代码如下：

```
01    price = [1200,5330,2988,6200,1998,8888]
02    sale = [int(x*0.5) for x in price]
03    print("原价格：",price)
04    print("打五折的价格：",sale)
```

执行结果如下：

```
原价格：　[1200, 5330, 2988, 6200, 1998, 8888]
打五折的价格：　[600, 2665, 1494, 3100, 999, 4444]
```

（3）从列表中选择符合条件的元素组成新的列表，语法格式如下：

```
newlist = [Expression for var in list if condition]
```

参数说明如下。

☑　newlist：表示新生成的列表名称。

☑　Expression：表达式，用于计算新列表的元素。

☑　var：变量，值为后面列表的每个元素值。

☑　list：用于生成新列表的原列表。

☑　condition：条件表达式，用于指定筛选条件。

例如，定义一个记录商品价格的列表，然后应用列表推导式生成一个商品价格高于 5000 的列表，具体代码如下：

```
01    price = [1200,5330,2988,6200,1998,8888]
02    sale = [x for x in price if x>5000]
03    print("原列表：",price)
04    print("价格高于 5000 的：",sale)
```

执行结果如下：

```
原列表：[1200, 5330, 2988, 6200, 1998, 8888]
价格高于 5000 的：[5330, 6200, 8888]
```

5.2.8　二维列表

在 Python 中，列表元素可以是列表，因此它也支持二维列表的概念。那么什么是二维列表呢？前文提到一家酒店有很多房间，这些房间都可以构成一个列表，如果这家酒店有 49 个房间，那么拿到 499 号房钥匙的顾客可能会不高兴，其原因在于，他/她从 1 号房走到 49 号房将要花很长时间，因此酒店设置了很多楼层，每个楼层都会有很多房间，形成一个立体的结构，把大量的房间均摊到每个楼层，这种结构就是二维列表结构。使用二维列表结构表示酒店每个楼层的房间号的效果如图 5.15 所示。

二维列表中的信息以行和列的形式进行表示，第一个下标代表元素所在的行，第二个下标代表元素所在的列。

楼层	房间号						
一楼	1101	1102	1103	1104	1105	1106	1107
二楼	2101	2102	2103	2104	2105	2106	2107
三楼	3101	3102	3103	3104	3105	3106	3107
四楼	4101	4102	4103	4104	4105	4106	4107
五楼	5101	5102	5103	5104	5105	5106	5107
六楼	6101	6102	6103	6104	6105	6106	6107
七楼	7101	7102	7103	7104	7105	7106	7107

图 5.15　二维列表结构的楼层房间号

在 Python 中，通常使用以下 3 种常用的方法来创建二维列表。

1．直接定义二维列表

在 Python 中，二维列表就是包含列表的列表。即一个列表的每个元素又都是一个列表。例如，下列列表就是二维列表：

```
[['ID001','无语',100,99,99],
['ID002','明日',99,100,97],
['ID003','冷一',98,99,98]]
```

所以在创建二维列表时，可以直接使用下列语法格式进行定义：

```
listname = [[元素 11, 元素 12, 元素 13, ..., 元素 1n],
            [元素 21, 元素 22, 元素 23, ..., 元素 2n],
            ...,
            [元素 n1, 元素 n2, 元素 n3, ..., 元素 nn]]
```

参数说明如下。

☑　listname：表示生成的列表名称。

☑　[元素 11, 元素 12, 元素 13, ..., 元素 1n]：表示二维列表的第 1 行，也是一个列表。其中，元素 11、元素 12……代表第 1 行中的列。

☑　[元素 21, 元素 22, 元素 23, ..., 元素 2n]：表示二维列表的第 2 行。

☑　[元素 n1, 元素 n2, 元素 n3, ..., 元素 nn]：表示二维列表的第 n 行。

例如，定义一个包含 3 行 5 列的二维列表，可以使用下列代码：

```
01   students =[['ID001','无语',100,99,99],
02              ['ID002','明日',99,100,97],
03              ['ID003','冷一',98,99,98]]
```

执行上述代码，将创建以下二维列表：

```
[['ID001', '无语', 100, 99, 99], ['ID002', '明日', 99, 100, 97], ['ID003', '冷一', 98, 99, 98]]
```

2．使用嵌套的 for 循环创建

也可以使用嵌套的 for 循环创建二维列表。例如，创建一个包含 4 行 5 列的二维列表，可以使用下列代码：

```
01    arr = []                              # 创建一个空列表
02    for i in range(4):
03        arr.append([])                    # 在空列表中添加一个空列表
04        for j in range(5):
05            arr[i].append(j)              # 向内层列表中添加元素
```

执行上述代码，将创建以下二维列表：

```
[[0, 1, 2, 3, 4], [0, 1, 2, 3, 4], [0, 1, 2, 3, 4], [0, 1, 2, 3, 4]]
```

3．使用列表推导式进行创建

还可以使用列表推导式创建二维列表，而且这种方法也是被推荐的方法，因为它比较简洁。例如，要使用列表推导式创建一个包含 4 行 5 列的二维列表，可以使用下列代码：

```
arr = [[j for j in range(5)] for i in range(4)]
```

执行上述代码，将创建以下二维列表：

```
[[0, 1, 2, 3, 4], [0, 1, 2, 3, 4], [0, 1, 2, 3, 4], [0, 1, 2, 3, 4]]
```

创建二维数组后，可以通过以下语法格式访问列表中的元素：

```
listname[下标 1][下标 2]
```

参数说明如下。

☑　listname：表示列表名称。

☑　下标 1：表示列表中第几行。下标值从 0 开始，即第 1 行的下标为 0。

☑　下标 2：表示列表中第几列。下标值从 0 开始，即第 1 列的下标为 0。

例如，要访问二维列表中的第 2 行、第 4 列，可以使用下列代码：

```
verse[1][3]
```

下面通过一个具体的例子演示二维列表的应用。

【例 5.4】使用二维列表输出不同版式的古诗《宿建德江》。（**实例位置：资源包\TM\sl\05\04**）

在 IDLE 中创建一个名称为 printverse.py 的文件，首先在该文件中定义 4 个字符串，内容为古诗《宿建德江》的诗句，并定义一个二维列表，然后应用嵌套的 for 循环以横版方式输出古诗，再将二维列表进行逆序排列，最后应用嵌套的 for 循环以竖版方式输出古诗，代码如下：

```
01    str1 = "移舟泊烟渚"
02    str2 = "日暮客愁新"
03    str3 = "野旷天低树"
04    str4 = "江清月近人"
05    verse = [list(str1), list(str2), list(str3), list(str4)]    # 定义一个二维列表
06    print("\n-- 横版 --\n")
07    for i in range(4):                     # 循环古诗的每一行
08        for j in range(5):                 # 循环每一行的每个字（列）
09            if j == 4:                     # 如果是一行中的最后一个字
10                print(verse[i][j])         # 换行输出
11            else:
```

```
12              print(verse[i][j], end="")               # 不换行输出
13
14      verse.reverse()                                  # 对列表进行逆序排列
15      print("\n-- 竖版 --\n")
16      for i in range(5):                               # 循环每一行的每个字（列）
17          for j in range(4):                           # 循环新逆序排列后的第 1 行
18              if j == 3:                               # 如果是最后一行
19                  print(verse[j][i])                   # 换行输出
20              else:
21                  print(verse[j][i], end="")           # 不换行输出
```

说明

在上述代码中：list()函数用于将字符串转换为列表；列表对象的 reverse()方法用于对列表进行逆序排列，即将列表的最后一个元素移到第一个，倒数第二个元素移到第二个，以此类推。

运行结果如图 5.16 所示。

图 5.16　使用二维列表输出古诗《宿建德江》

5.3　元　　组

元组（tuple）是 Python 中另一个重要的序列结构，与列表类似，也是由一系列按特定顺序排列的元素组成。但是，它为不可变序列。因此，元组也可以称为不可变的列表。在形式上，元组的所有元素都放在一对小括号"()"中，两个相邻元素间使用逗号","分隔；在内容上，可以将整数、实数、字符串、列表、元组等任何类型的内容放入元组中，并且在同一个元组中，元素的类型可以不同，因为它们之间没有任何关系。通常情况下，元组用于保存程序中不可修改的内容。

说明

从元组和列表的定义上看，这两种结构比较相似，那么它们之间有哪些区别呢？它们之间的主要区别就是，元组是不可变序列，而列表则是可变序列。也就是说，元组中的元素不可以单独修改，而列表则可以任意修改。

5.3.1　元组的创建和删除

Python 提供了多种创建元组的方法，下面对这些方法分别进行介绍。

1．使用赋值运算符直接创建元组

同其他类型的 Python 变量一样，创建元组时，也可以使用赋值运算符"="直接将一个元组赋值给变量。具体的语法格式如下：

```
tuplename = (element 1,element 2,element 3,...,element n)
```

其中：tuplename 表示元组的名称，可以是任何符合 Python 命名规则的标识符；element 1, element 2, element 3, … , element n 表示元组中的元素，个数没有限制，并且只要是 Python 支持的数据类型就可以。

 注意

创建元组的语法与创建列表的语法类似，只是创建列表时使用的是中括号 "[]"，而创建元组时使用的是小括号 "()"。

例如，下列创建的都是合法的元组：

```
01    num = (7,14,21,28,35,42,49,56,63)
02    ukguzheng = ("渔舟唱晚","高山流水","出水莲","汉宫秋月")
03    untitle = ('Python',28,("人生苦短","我用 Python"),["爬虫","自动化运维","云计算","Web 开发"])
04    python = ("优雅","明确","简单")
```

在 Python 中，虽然元组是使用一对小括号将所有的元素括起来的。但是实际上，小括号并不是必需的，只要将一组值用逗号分隔开，Python 就可以认为它是元组。例如，下列代码定义的也是元组：

```
ukguzheng = "渔舟唱晚","高山流水","出水莲","汉宫秋月"
```

在 IDLE 中输出该元组后，将显示以下内容：

```
('渔舟唱晚', '高山流水', '出水莲', '汉宫秋月')
```

如果要创建的元组只包括一个元素，则需要在定义元组时，在元素的后面加一个逗号 ","。例如，下述代码定义的就是包括一个元素的元组。

```
verse = ("一片冰心在玉壶",)
```

在 IDLE 中输出 verse，将显示以下内容：

```
('一片冰心在玉壶',)
```

而下述代码，则表示定义一个字符串：

```
verse = ("一片冰心在玉壶")
```

在 IDLE 中输出 verse，将显示以下内容：

```
一片冰心在玉壶
```

说明

在 Python 中，可以使用 type() 函数测试变量的类型。例如，下列代码：

```
01    verse1 = ("一片冰心在玉壶",)
02    print("verse1 的类型为",type(verse1))
03    verse2 = ("一片冰心在玉壶")
04    print("verse2 的类型为",type(verse2))
```

在 IDLE 中执行上述代码，将显示以下内容：

```
verse1 的类型为 <class 'tuple'>
verse2 的类型为 <class 'str'>
```

2. 创建空元组

在 Python 中，也可以创建空元组。例如，要创建一个名称为 emptytuple 的空元组，可以使用下列代码：

```
emptytuple = ()
```

当需要向函数传递一个空值或者函数需要返回空值时，可以应用空元组。例如，定义一个函数，并向该函数必须传递一个元组类型的值，而我们还不想为该函数传递一组数据，那么就可以创建一个空元组来传递给该函数。

3．创建数值元组

在 Python 中，可以使用 tuple()函数直接将 range()函数循环出来的结果转换为数值元组。

说明

　关于 range()函数的详细介绍请参见 4.3.2 节。

tuple()函数的基本语法如下：

```
tuple(data)
```

其中，data 表示可以转换为元组的数据，其类型可以是 range 对象、字符串、元组或者其他可迭代类型的数据。

例如，创建一个 10～20（不包括 20）的所有偶数的元组，可以使用下列代码：

```
tuple(range(10, 20, 2))
```

运行上述代码，将得到下列列表：

```
(10, 12, 14, 16, 18)
```

说明

　使用 tuple()函数不仅能通过 range 对象创建元组，还可以通过其他对象创建元组。

4．删除元组

当不再使用已经创建的元组时，可以使用 del 语句删除它。其语法格式如下：

```
del tuplename
```

其中，tuplename 是要删除的元组的名称。

说明

　del 语句在实际开发中并不常用。因为 Python 自带的垃圾回收机制会自动销毁不用的元组，所以即使我们不手动删除它们，Python 也会自动回收它们。

例如，定义一个名称为 verse 的元组，然后应用 del 语句删除它，代码如下：

```
01    verse = ("自古逢秋悲寂寥","我言秋日胜春朝","晴空一鹤排云上","便引诗情到碧霄")
02    del verse
```

场景模拟：假设有一家伊米咖啡馆，只提供 6 种咖啡，并且不会改变。请使用元组保存该咖啡馆里提供的咖啡名称。

【例 5.5】 使用元组保存咖啡馆里提供的咖啡名称。（**实例位置：资源包\TM\sl\05\05**）

在 IDLE 中创建一个名称为 cafe_coffeename.py 的文件，然后在该文件中定义一个包含 6 个元素的元组，该元组的内容是伊米咖啡馆里的咖啡名称，最后输出该元组，代码如下：

```
01    coffeename = ('蓝山','卡布奇诺','曼特宁','摩卡','巴西','哥伦比亚')      # 定义元组
02    print(coffeename)                                                    # 输出元组
```

运行结果如图 5.17 所示。

('蓝山', '卡布奇诺', '曼特宁', '摩卡', '巴西', '哥伦比亚')

图 5.17　使用元组保存咖啡馆里提供的咖啡名称

5.3.2　访问元组元素

在 Python 中，如果想输出元组的内容，可以直接使用 print()函数。例如，如果想输出 5.3.1 节中创建的 untitle 元组，可以使用下列代码：

```
print(untitle)
```

执行结果如下：

```
('Python', 28, ('人生苦短', '我用 Python'), ['爬虫', '自动化运维', '云计算', 'Web 开发'])
```

从上述执行结果中可以看出，如果要输出多个元组元素，则输出结果包括了左右两侧的小括号。如果不想输出全部元素，也可以通过元组的索引获取指定的元素。例如，要获取元组 untitle 中索引为 0 的元素，可以使用下列代码：

```
print(untitle[0])
```

执行结果如下：

```
Python
```

从上述执行结果中可以看出，如果要输出单个元组元素，则输出结果不包括小括号。如果要输出字符串，则不包括左右的引号。

另外，也可以对元组进行切片，以获取元组中指定的元素。例如，要访问元组 untitle 中前 3 个元素，可以使用下列代码：

```
print(untitle[:3])
```

执行结果如下：

```
('Python', 28, ('人生苦短', '我用 Python'))
```

同列表一样，元组也可以使用 for 循环进行遍历。下面通过一个具体的例子来演示如何通过 for 循环遍历元组。

场景模拟： 仍然是伊米咖啡馆，这时有客人到了，服务员向客人介绍本店提供的咖啡。

【例 5.6】 使用 for 循环列出咖啡馆里的咖啡名称。（**实例位置：资源包\TM\sl\05\06**）

在 IDLE 中创建一个名称为 cafe_coffeename.py 的文件，在该文件中首先定义一个包含 6 个元素的

元组，该元组的内容为伊米咖啡馆里的咖啡名称，然后应用 for 循环语句输出每个元组元素的值，即咖啡名称，并且在后面加上"咖啡"二字，代码如下：

```
01    coffeename = ('蓝山','卡布奇诺','曼特宁','摩卡','巴西','哥伦比亚')        # 定义元组
02    print("您好，欢迎光临 ~ 伊米咖啡馆 ~\n\n 我店有：\n")
03    for name in coffeename:                                          # 遍历元组
04        print(name + "咖啡",end = " ")
```

运行结果如图 5.18 所示。

另外，元组还可以使用 for 循环和 enumerate()函数的结合来遍历。下面通过一个具体的例子来演示如何通过 for 循环和 enumerate()函数的结合来遍历元组。

说明

enumerate()函数用于将一个可遍历的数据对象（如列表或元组）组合为一个索引序列，同时列出数据和数据下标，一般在 for 循环中使用。

【例 5.7】使用元组实现每两行一句输出古诗《长歌行》。（实例位置：资源包\TM\sl\05\07）

本例将在例 5.2 的基础上进行修改，将列表修改为元组，其他内容不变，修改后的代码如下：

```
01    print("        长歌行")
02    verse = ("青青园中葵","朝露待日晞","阳春布德泽","万物生光辉","常恐秋节至","焜黄华叶衰",
03            "百川东到海","何时复西归","少壮不努力","老大徒伤悲")
04    for index,item in enumerate(verse):
05        if index%2 == 0:                                            # 判断是否为偶数，如果是偶数，则不换行输出
06            print(item+"，", end="")
07        else:
08            print(item+"。")                                         # 换行输出
```

说明

在上述代码中，在 print()函数中使用"，end=""表示不换行输出，即下一个 print()函数的输出内容会和这个函数的输出内容在同一行上。

运行结果如图 5.19 所示。

```
您好，欢迎光临 ~ 伊米咖啡馆 ~

我店有：

蓝山咖啡 卡布奇诺咖啡 曼特宁咖啡 摩卡咖啡 巴西咖啡 哥伦比亚咖啡
```

```
             长歌行
青青园中葵，朝露待日晞。
阳春布德泽，万物生光辉。
常恐秋节至，焜黄华叶衰。
百川东到海，何时复西归。
少壮不努力，老大徒伤悲。
```

图 5.18　使用元组保存咖啡馆里提供的咖啡名称　　　　图 5.19　两行一句输出《长歌行》

5.3.3　修改元组

场景模拟： 仍然是伊米咖啡馆，因为巴西咖啡断货，所以店长想要把它换成土耳其咖啡。

【例 5.8】将巴西咖啡替换为土耳其咖啡。（实例位置：资源包\TM\sl\05\08）

在 IDLE 中创建一个名称为 cafe_replace.py 的文件，首先在该文件中定义一个包含 6 个元素的元组，内容为伊米咖啡馆里的咖啡名称，然后将其中的第 5 个元素的内容修改为"土耳其"，代码如下：

```
01    coffeename = ('蓝山','卡布奇诺','曼特宁','摩卡','巴西','哥伦比亚')          # 定义元组
02    coffeename[4] = '土耳其'                                               # 将"巴西"替换为"土耳其"
03    print(coffeename)
```

运行结果如图 5.20 所示。

元组是不可变序列，所以我们不能对它的单个元素值进行修改，但是元组也并不是完全不可变的。我们可以对元组进行重新赋值。例如，下列代码是允许的：

```
Traceback (most recent call last):
  File "E:/program/Python/Code/cafe_replace.py", line 2, in <module>
    coffeename[4] = '土耳其'
TypeError: 'tuple' object does not support item assignment
```

图 5.20　在将巴西咖啡替换为土耳其咖啡时出现异常

```
01    coffeename = ('蓝山','卡布奇诺','曼特宁','摩卡','巴西','哥伦比亚')          # 定义元组
02    coffeename = ('蓝山','卡布奇诺','曼特宁','摩卡','土耳其','哥伦比亚')        # 对元组进行重新赋值
03    print("新元组",coffeename)
```

执行结果如下：

```
新元组 ('蓝山', '卡布奇诺', '曼特宁', '摩卡', '土耳其', '哥伦比亚')
```

从上述执行结果中可以看出，元组 coffeename 的值已经发生了改变。

另外，还可以对元组进行连接组合。例如，可以使用下列代码实现在已经存在的元组结尾处添加一个新元组：

```
01    ukguzheng = ('蓝山','卡布奇诺','曼特宁','摩卡')
02    print("原元组：",ukguzheng)
03    ukguzheng = ukguzheng + ('巴西','哥伦比亚')
04    print("组合后：",ukguzheng)
```

执行结果如下：

```
原元组： ('蓝山', '卡布奇诺', '曼特宁', '摩卡')
组合后： ('蓝山', '卡布奇诺', '曼特宁', '摩卡', '土耳其', '哥伦比亚')
```

需要注意的是，在进行元组连接时，连接的内容必须都是元组。不能将元组和字符串或者列表进行连接。例如，下列代码就是错误的：

```
01    ukguzheng = ('蓝山','卡布奇诺','曼特宁','摩卡')
02    ukguzheng = ukguzheng + ['巴西','哥伦比亚']
```

 误区警示

在进行元组连接时，如果要连接的元组只有一个元素，一定不要忘记后面的逗号。例如，使用下列代码：

```
01    ukguzheng = ('蓝山','卡布奇诺','曼特宁','摩卡')
02    ukguzheng = ukguzheng + ('巴西')
```

运行上述代码，将产生如图 5.21 所示的异常信息。

```
Traceback (most recent call last):
  File "E:\program\Python\Code\test.py", line 2, in <module>
    ukguzheng = ukguzheng + ("巴西")
TypeError: can only concatenate tuple (not "str") to tuple
```

图 5.21　在进行元组连接时产生的异常信息

5.3.4　元组推导式

使用元组推导式可以快速生成一个元组，它的表现形式和列表推导式类似，只是将列表推导式中的中括号"[]"修改为小括号"()"。例如，我们可以使用下列代码生成一个包含 10 个随机数的元组：

```
01    import random                                        # 导入 random 标准库
02    randomnumber = (random.randint(10,100) for i in range(10))
03    print("生成的元组为",randomnumber)
```

执行结果如下：

```
生成的元组为<generator object <genexpr> at 0x0000000003056620>
```

从上述执行结果中可以看出，使用元组推导式生成的结果并不是一个元组或者列表，而是一个生成器对象，这一点和列表推导式是不同的。要使用该生成器对象，需要将其转换为元组或者列表。其中：如果要将该生成器对象转换为元组，则需要使用 tuple()函数；而如果要将该生成器对象转换为列表，则使用 list()函数。

例如，使用元组推导式生成一个包含 10 个随机数的生成器对象，然后将其转换为元组并输出，可以使用下列代码：

```
01    import random                                        # 导入 random 标准库
02    randomnumber = (random.randint(10,100) for i in range(10))
03    randomnumber = tuple(randomnumber)                   # 转换为元组
04    print("转换后：",randomnumber)
```

执行结果如下：

```
转换后：  (76, 54, 74, 63, 61, 71, 53, 75, 61, 55)
```

要使用通过元组推导器生成的生成器对象，还需要通过 for 循环遍历该生成器对象，或者直接使用__next__()方法进行遍历。

例如，通过生成器推导式生成一个包含 3 个元素的生成器对象 number，然后调用 3 次__next__()方法输出每个元素，最后将该生成器对象转换为元组并输出，代码如下：

```
01    number = (i for i in range(3))
02    print(number.__next__())                             # 输出第 1 个元素
03    print(number.__next__())                             # 输出第 2 个元素
04    print(number.__next__())                             # 输出第 3 个元素
05    number = tuple(number)                               # 转换为元组
06    print("转换后：",number)
```

运行上述代码，将显示以下结果：

```
0
1
2
转换后：  ()
```

再如，通过生成器推导式生成一个包括 4 个元素的生成器对象 number，然后应用 for 循环遍历该生成器对象，并输出每个元素的值，最后将该生成器对象转换为元组并输出，代码如下：

```
01    number = (i for i in range(4))                       # 生成生成器对象
02    for i in number:                                     # 遍历生成器对象
```

```
03        print(i,end=" ")                              # 输出每个元素的值
04        print(tuple(number))                          # 转换为元组并输出
```

执行结果如下：

```
0 1 2 3 ()
```

从上述两个示例中可以看出，无论通过哪种方法遍历，如果还想再使用该生成器对象，都必须重新创建一个生成器对象。因为遍历后，原生成器对象已经不存在。

5.3.5 元组与列表的区别

元组和列表都属于序列，而且它们又都可以按照特定顺序存储一组元素，类型又不受限制，只要是 Python 支持的类型都可以。那么它们之间有什么区别呢？

简单理解：列表类似于我们用铅笔在纸上写下自己喜欢的歌曲名字，当写错时用橡皮擦可以擦掉；而元组则类似于用钢笔写下的歌曲名字，当写错时用橡皮擦无法擦掉，除非换一张纸重写。

列表和元组的区别主要体现在以下 5 个方面。

☑ 列表属于可变序列，它的元素可以随时被修改或者删除；而元组属于不可变序列，其中的元素不可以被修改，除非整体被替换。

☑ 列表可以使用 append()、extend()、insert()、remove() 和 pop() 等方法实现添加和修改列表元素；而元组则没有这几个方法，因为不能向元组中添加和修改元素，同样，也不能删除元组中的元素。

☑ 列表可以使用切片访问和修改列表中的元素；元组也支持切片，但是它只支持通过切片访问元组中的元素，不支持使用切片修改元组中的元素。

☑ 元组比列表的访问和处理速度快。所以如果只需要对其中的元素进行访问，而不进行任何修改，建议使用元组而不使用列表。

☑ 列表不能作为字典的键，而元组可以。

5.4 实践与练习

（答案位置：资源包\TM\sl\05\实践与练习）

综合练习 1：编写英文月份词典 小琦的英语不好，总是记不住 1～12 月的英文单词。请为他编写一个小工具，输入月份，就能输出对应的单词。（提示：可以使用列表和索引）

综合练习 2：验证用户名是否被占用 当用户进行注册时，程序通常需要保证用户名是唯一的，因此程序需要验证用户名是否被占用。那么，本练习要求读者编写一段 Python 程序，程序首先将已经注册的用户名保存在列表中，然后要求用户输入要注册的用户名，最后判断该用户名是否在用户名列表中。

第6章

字典和集合

在 Python 中，除前面章节中介绍的序列数据结构外，还包括字典和集合。其中：字典可以看作是"键-值对"的集合，就像电话通讯录，可以将联系人姓名和电话号码关联起来，在需要时可以直接通过姓名找到对应的电话；而集合就像是收集了很多表情的表情包，里面的所有表情都是唯一的。

本章知识架构及重难点如下。

6.1 字 典

字典（dictionary）是无序的、可变的，其内容是以"键-值对"的形式存储的。这类似于《新华字典》，它可以把拼音和汉字关联起来，这样我们就可以通过音节表快速找到想要的汉字。其中，《新华字典》里的音节表相当于键（key），而对应的汉字则相当于值（value）。键是唯一的，而值可以有多个。字典在定义一个包含多个命名字段的对象时，很有用。

说明

> Python 中的字典相当于 Java 或者 C++ 中的 Map 对象。

字典的主要特征如下。

☑ 字典是通过键而不是通过索引来读取的。字典有时也被称为关联数组或者散列表（hash table）。它是通过键将一系列的值联系起来的，这样程序就可以通过键从字典中获取指定项，但不能通过索引来获取。

☑ 字典是任意对象的无序集合。字典是无序的，各项是从左到右随机排序的，即保存在字典中的项没有特定的顺序。这样可以提高查找顺序。

☑ 字典是可变的，并且可以任意嵌套。字典可以在原处增长或者缩短（无须生成一个副本），并且它支持任意深度的嵌套（即它的值可以是列表或者其他的字典）。

☑ 字典中的键必须唯一。不允许同一个键出现两次，如果出现两次，则后一个值会被记住。

☑ 字典中的键必须不可变。字典中的键是不可变的，因此可以使用数字、字符串或者元组，但不能使用列表。

6.1.1 字典的创建和删除

字典中的每个元素都包含两个部分："键"和"值"。定义字典时，在"键"和"值"之间使用冒号进行分隔，相邻两个元素使用逗号进行分隔，将所有元素放在一个大括号"{}"中。语法格式如下：

```
dictionary = {'key1':'value1', 'key2':'value2', ..., 'keyn':'valuen',}
```

参数说明如下。

☑ dictionary：表示字典的名称。

☑ key1, key2, ..., keyn：表示元素的键，必须是唯一的，并且不可变。该参数可以是字符串、数字或者元组。

☑ value1, value2, ..., valuen：表示元素的值。该参数可以是任何数据类型，不是必须唯一。

例如，创建一个保存通讯录信息的字典，可以使用下列代码：

```
01  dictionary = {'qq':'84978981','明日科技':'84978982','无语':'0431-84978981'}
02  print(dictionary)
```

执行结果如下：

```
{'qq': '84978981', '明日科技': '84978982', '无语': '0431-84978981'}
```

同列表和元组一样，也可以创建空字典。在 Python 中，可以使用下列两种方法创建空字典：

```
dictionary = {}
```

或者

```
dictionary = dict()
```

Python 的 dict()方法除了可以创建一个空字典，还可以通过已有数据快速创建字典。主要表现为以下两种形式。

1．通过映射函数创建字典

语法格式如下：

```
dictionary = dict(zip(list1,list2))
```

参数说明如下。

☑ dictionary：表示字典的名称。

☑ zip()函数：用于将多个列表或元组对应位置的元素组合为元组，并返回包含这些内容的 zip 对象。如果想得到元组，可以使用 tuple()函数将 zip 对象转换为元组；如果想得到列表，可以使用 list()函数将其转换为列表。

☑　list1：表示一个列表，用于指定要生成字典的键。

☑　list2：表示一个列表，用于指定要生成字典的值。如果 list1 和 list2 的长度不同，则与最短的列表长度相同。

场景模拟：某大学的寝室里住着 4 位清秀可人的美女，她们的名字被保存在一个列表中；相应地，她们每个人的星座被保存在另一个列表中。

【例 6.1】根据名字和星座创建一个字典。（**实例位置：资源包\TM\sl\06\01**）

在 IDLE 中创建一个名称为 sign_create.py 的文件，然后在该文件中定义两个均包括 4 个元素的列表，再应用 dict()函数和 zip()函数分别将这两个列表中的元素转换为对应的字典，并且输出该字典，代码如下：

```
01   name = ['绮梦','冷伊一','香凝','黛兰']              # 作为键的列表
02   sign = ['水瓶座','射手座','双鱼座','双子座']         # 作为值的列表
03   dictionary = dict(zip(name,sign))                  # 转换为字典
04   print(dictionary)                                  # 输出转换后字典
```

运行代码后，将显示如图 6.1 所示的结果。

```
{'绮梦': '水瓶座', '冷伊一': '射手座', '香凝': '双鱼座', '黛兰': '双子座'}
```

图 6.1　创建字典

2. 通过给定的"键-值对"创建字典

语法格式如下：

```
dictionary = dict(key1=value1,key2=value2,...,keyn=valuen)
```

参数说明如下。

☑　dictionary：表示字典的名称。

☑　key1, key2, ..., keyn：表示元素的键，必须是唯一的，并且不可变。该参数可以是字符串、数字或者元组。

☑　value1, value2, ..., valuen：表示元素的值。该参数可以是任何数据类型，不是必须唯一。

例如，将例 6.1 中的名字和星座通过"键-值对"的形式创建一个字典，可以使用下列代码：

```
01   dictionary =dict(绮梦 ='水瓶座', 冷伊一 ='射手座', 香凝 ='双鱼座', 黛兰 ='双子座')
02   print(dictionary)
```

在 Python 中，还可以使用 dict 对象的 fromkeys()方法创建值为空的字典，语法格式如下：

```
dictionary = dict.fromkeys(list1)
```

参数说明如下。

☑　dictionary：表示字典的名称。

☑　list1：作为字典的键的列表。

例如，创建一个仅包括名字的字典，可以使用下列代码：

```
01   name_list = ['绮梦','冷伊一','香凝','黛兰']         # 作为键的列表
02   dictionary = dict.fromkeys(name_list)
03   print(dictionary)
```

执行结果如下：

```
{'绮梦': None, '冷伊一': None, '香凝': None, '黛兰': None}
```

另外，还可以通过已经存在的元组和列表创建字典。例如，创建一个保存名字的元组和一个保存星座的列表，然后通过它们创建一个字典，可以使用下列代码：

```
01    name_tuple = ('绮梦','冷伊一','香凝','黛兰')           # 作为键的元组
02    sign = ['水瓶座','射手座','双鱼座','双子座']           # 作为值的列表
03    dict1 = {name_tuple:sign}                              # 创建字典
04    print(dict1)
```

执行结果如下：

```
{('绮梦', '冷伊一', '香凝', '黛兰'): ['水瓶座','射手座','双鱼座','双子座']}
```

如果将作为键的元组修改为列表，再创建一个字典，代码如下：

```
01    name_list = ['绮梦','冷伊一','香凝','黛兰']           # 作为键的列表
02    sign = ['水瓶座','射手座','双鱼座','双子座']           # 作为值的列表
03    dict1 = {name_list:sign}                              # 创建字典
04    print(dict1)
```

执行结果如图 6.2 所示。

同列表和元组一样，不再需要的字典也可以使用 del 语句删除。例如，通过下列代码即可删除已经定义的字典：

```
Traceback (most recent call last):
  File "E:\program\Python\Code\test.py", line 16, in <module>
    dict1 = {name_list:sign}         # 创建字典
TypeError: unhashable type: 'list'
```

图 6.2　将列表作为字典的键时产生的异常信息

```
del dictionary
```

另外，如果只是想删除字典的全部元素，可以使用字典对象的 clear()方法。执行 clear()方法后，原字典将变为空字典。例如，下列代码可将清除字典的全部元素：

```
dictionary.clear()
```

除上面介绍的方法可以删除字典元素外，还可以使用字典对象的 pop()方法删除字典元素并返回指定"键"的元素，以及使用字典对象的 popitem()方法删除字典元素并返回字典中的一个元素。

6.1.2　访问字典

在 Python 中，如果想将字典的内容输出也比较简单，可以直接使用 print()函数。例如，如果想输出例 6.1 中定义的 dictionary 字典，可以使用下列代码：

```
print(dictionary)
```

执行结果如下：

```
{'绮梦': '水瓶座', '冷伊一': '射手座', '香凝': '双鱼座', '黛兰': '双子座'}
```

然而，在使用字典时，很少会直接输出它的内容。一般需要根据指定的键得到相应的结果。在 Python 中，访问字典的元素可以通过下标的方式来实现，与列表和元组不同，这里的下标不是索引号，而是键。例如，想要获取"冷伊一"的星座，可以使用下列代码：

```
print(dictionary['冷伊一'])
```

执行结果如下：

```
射手座
```

在使用上述方法获取指定键的值时，如果指定的键不存在，将抛出如图 6.3 所示的异常信息。

在实际开发中，很可能我们不知道当前存在什么键，因此需要避免上述异常的产生。具体的解决方法是使用 if 语句对不存在的情况进行处理，即给一个默认值。例如，可以将上述代码修改为以下内容：

```
{'绮梦':'水瓶座', '冷伊一':'射手座', '香凝':'双鱼座', '黛兰':'双子座'}
Traceback (most recent call last):
  File "E:/program/Python/Code/test.py", line 10, in <module>
    print("冷伊的星座是: ",dictionary['冷伊'])
KeyError: '冷伊'
```

图 6.3 获取指定的键不存在时抛出的异常信息

```
print("冷伊的星座是: ",dictionary['冷伊'] if '冷伊' in dictionary else '我的字典里没有此人')
```

当"冷伊"不存在时，将显示以下内容：

```
冷伊的星座是: 我的字典里没有此人
```

另外，Python 推荐的方法是使用字典对象的 get()方法获取指定键的值。其语法格式如下：

```
dictionary.get(key[,default])
```

其中：dictionary 是字典对象，即要从中获取值的字典；key 是指定的键；default 是可选项，用于当指定的键不存在时，返回一个默认值，如果省略，则返回 None。

例如，使用 get()方法获取"冷伊一"的星座，代码如下：

```
print("冷伊一的星座是: ",dictionary.get('冷伊一'))
```

执行结果如下：

```
冷伊一的星座是: 射手座
```

说明

为了解决在获取指定键的值时，因不存在该键而导致抛出异常信息，需要为 get()方法设置默认值，这样当指定的键不存在时，得到结果就是所指定的默认值。例如，将上述代码修改为以下内容：

```
print("冷伊的星座是: ",dictionary.get('冷伊','我的字典里没有此人'))
```

将得到以下结果：

```
冷伊的星座是: 我的字典里没有此人
```

场景模拟：仍然是某大学寝室里的 4 位美女，这次将她们的名字和星座均保存在一个字典里，然后定义一个保存各个星座的性格特点的字典，再根据这两个字典取出某位美女的性格特点。

【例 6.2】根据星座测试性格特点。（**实例位置：资源包\TM\sl\06\02**）

在 IDLE 中创建一个名称为 sign_get.py 的文件，然后在该文件中创建两个字典：一个保存名字和星座，另一个保存星座的性格特点。接着从这两个字典中取出相应的信息，并将其组合出想要的结果，最后输出结果，代码如下：

```
01  name = ['绮梦','冷伊一','香凝','黛兰']                              # 作为键的列表
02  sign_person = ['水瓶座','射手座','双鱼座','双子座']                 # 作为值的列表
03  person_dict = dict(zip(name,sign_person))                          # 转换为个人字典
04  sign_all =['白羊座','金牛座','双子座','巨蟹座','狮子座','处女座','天秤座','天蝎座','射手座','摩羯座','水瓶座','双鱼座']
05  nature = ['有一种让人看见就觉得开心的感觉，阳光、乐观、坚强，性格直来直往。',
06        '很保守，喜欢稳定，一旦有什么变动就会觉得心里不踏实，性格比较慢热，是个理财高手。',
07        '喜欢追求新鲜感，有点小聪明，耐心不够，因你的可爱性格会让很多人喜欢和你做朋友。',
08        '情绪容易敏感，缺乏安全感，做事情有坚持到底的毅力，重情义，对朋友和家人特别忠实。',
09        '有着宏伟的理想，总想靠自己的努力成为人上人，向往高高在上的优越感，期待被仰慕。',
```

```
10         '坚持追求自己的完美主义者。',
11         '追求平等、和谐，擅于察言观色，交际能力很强，因此真心的朋友不少。',
12         '精力旺盛，占有欲强，对于生活很有目标。',
13         '崇尚自由，勇敢、果断、独立，身上有一股勇往直前的劲儿，只要想做，就能做。',
14         '勤奋、有耐心，也是最善良的星座。做事脚踏实地，也比较固执，不达目的不放手。',
15         '人很聪明，最大的特点是创新，追求独一无二的生活，个人主义色彩很浓重的星座。',
16         '集所有星座的优缺点于一身。最大的优点是有一颗善良的心，愿意帮助别人。']
17    sign_dict = dict(zip(sign_all,nature))                          # 转换为星座字典
18    print("【香凝】的星座是",person_dict.get("香凝"))              # 输出星座
19    print("\n 她的性格特点是：\n\n",sign_dict.get(person_dict.get("香凝")))    # 输出性格特点
```

运行上述代码，将显示如图 6.4 所示的结果。

> 【香凝】的星座是 双鱼座
>
> 她的性格特点是：
>
> 集所有星座的优缺点于一身。最大的优点是有一颗善良的心，愿意帮助别人。

图 6.4　输出某人的星座和性格特点

6.1.3　遍历字典

字典是以"键-值对"的形式存储数据的，因此就可能需要对这些"键-值对"进行获取。Python 提供了遍历字典的方法，通过遍历可以获取字典中的全部"键-值对"。

使用字典对象的 items() 方法可以获取字典的"键-值对"列表。其语法格式如下：

```
dictionary.items()
```

其中，dictionary 是字典对象，items() 方法的返回值是可遍历的"键-值对"元组列表。想要获取具体的"键-值对"，可以通过 for 循环遍历该元组列表。

例如，定义一个字典，然后通过 items() 方法获取"键-值对"的元组列表，并输出全部"键-值对"，代码如下：

```
01    dictionary = {'qq':'84978981','明日科技':'84978982','无语':'0431-84978981'}
02    for item in dictionary.items():
03        print(item)
```

执行结果如下：

```
('qq', '84978981')
('明日科技', '84978982')
('无语', '0431-84978981')
```

上述示例得到的是元组中的各个元素，如果想要获取具体的每个键和值，可以使用下列代码进行遍历：

```
01    dictionary = {'qq':'4006751066','明日科技':'0431-84978982','无语':'0431-84978981'}
02    for key,value in dictionary.items():
03        print(key,"的联系电话是",value)
```

执行结果如下：

```
qq 的联系电话是 4006751066
明日科技 的联系电话是 0431-84978982
无语 的联系电话是 0431-84978981
```

 说明

　　在 Python 中，字典对象还提供了 values() 和 keys() 方法，用于返回字典的"值"和"键"列表，它们的使用方法同 items() 方法类似，也需要通过 for 循环遍历该字典列表，以获取对应的值和键。

6.1.4　添加、修改和删除字典元素

由于字典是可变序列，因此可以随时在其中添加"键-值对"，这和列表类似。向字典中添加元素的语法格式如下：

```
dictionary[key] = value
```

参数说明如下。

- ☑　dictionary：表示字典的名称。
- ☑　key：表示要添加的元素的键，必须是唯一的，并且不可变。该参数的值可以是字符串、数字或者元组。
- ☑　value：表示元素的值，该值可以是任何数据类型，不是必须唯一。

例如，仍然以之前保存的 4 位美女星座的场景为例，在创建的字典中添加一个元素，并显示添加后的字典，代码如下：

```
01    dictionary =dict((('绮梦', '水瓶座'),('冷伊一','射手座'), ('香凝','双鱼座'), ('黛兰','双子座')))
02    dictionary["碧琦"] = "巨蟹座"                              # 添加一个元素
03    print(dictionary)
```

执行结果如下：

```
{'绮梦': '水瓶座','冷伊一': '射手座','香凝': '双鱼座','黛兰': '双子座','碧琦': '巨蟹座'}
```

从上述结果中可以看出，又添加了一个键为"碧琦"的元素。

由于在字典中，"键"必须是唯一的，因此如果新添加元素的"键"与已经存在的"键"重复，那么将使用新的"值"替换原来该"键"的值，这也相当于修改字典的元素。例如，再添加一个"键"为"香凝"的元素，这次设置她为"天蝎座"。可以使用下列代码：

```
01    dictionary =dict((('绮梦', '水瓶座'),('冷伊一','射手座'), ('香凝','双鱼座'), ('黛兰','双子座')))
02    dictionary["香凝"] = "天蝎座"                      # 添加一个元素，当元素存在时，则相当于修改功能
03    print(dictionary)
```

执行结果如下：

```
{'绮梦': '水瓶座','冷伊一': '射手座','香凝': '天蝎座','黛兰': '双子座'}
```

从上述结果中可以看出，并没有添加一个新的"键"为"香凝"的元素，而是直接对"香凝"进行了修改。

当字典中的某个元素不再需要时，可以使用 del 语句将其删除。例如，要删除字典 dictionary 的键为"香凝"的元素，需要使用下列代码：

```
01    dictionary =dict((('绮梦', '水瓶座'),('冷伊一','射手座'), ('香凝','双鱼座'), ('黛兰','双子座')))
02    del dictionary["香凝"]                                  # 删除一个元素
03    print(dictionary)
```

执行结果如下：

```
{'绮梦': '水瓶座','冷伊一': '射手座','黛兰': '双子座'}
```

从上述执行结果中可以看到，在字典 dictionary 中只剩下 3 个元素。

误区警示

当删除一个不存在的键时，将抛出如图 6.5 所示的异常信息。

```
Traceback (most recent call last):
  File "E:\program\Python\Code\test.py", line 7, in <module>
    del dictionary["香凝1"]    # 删除一个元素
KeyError: '香凝1'
```

图 6.5　当删除一个不存在的键时抛出的异常信息

因此，需要将上述代码修改为以下内容，以防止当删除不存在的元素时抛出异常信息：

```
01  dictionary =dict((('绮梦','水瓶座'),('冷伊一','射手座'), ('香凝','双鱼座'), ('黛兰','双子座')))
02  if "香凝 1" in dictionary:                                  # 如果存在
03      del dictionary["香凝 1"]                                # 删除一个元素
04  print(dictionary)
```

6.1.5　字典推导式

使用字典推导式可以快速生成一个字典，它的表现形式和列表推导式类似。例如，我们可以使用下列代码生成一个包含 4 个随机数的字典，其中字典的键使用数字表示：

```
01  import random                                             # 导入 random 标准库
02  randomdict = {i:random.randint(10,100) for i in range(1,5)}
03  print("生成的字典为",randomdict)
```

执行结果如下：

```
生成的字典为{1: 21, 2: 85, 3: 11, 4: 65}
```

另外，使用字典推导式也可根据列表生成字典。例如，可以将例 6.2 修改为通过字典推导式生成字典。

【例 6.3】根据名字和星座创建一个字典（副本）。（**实例位置：资源包\TM\sl\06\03**）

在 IDLE 中创建一个名称为 sign_create.py 的文件，然后在该文件中定义两个均包括 4 个元素的列表，再应用字典推导式和 zip() 函数将这两个列表转换为对应的字典，并且输出该字典，代码如下：

```
01  name = ['绮梦','冷伊一','香凝','黛兰']                      # 作为键的列表
02  sign = ['水瓶','射手','双鱼','双子']                        # 作为值的列表
03  dictionary = {i:j+'座' for i,j in zip(name,sign)}          # 使用字典推导式创建字典
04  print(dictionary)                                          # 输出转换后的字典
```

运行上述代码，将显示如图 6.6 所示的结果。

```
{'绮梦': '水瓶座', '冷伊一': '射手座', '香凝': '双鱼座', '黛兰': '双子座'}
```

图 6.6　采用字典推导式创建字典

6.2　集　　合

Python 中的集合（set）与数学中的集合概念类似，也是用于保存不重复的元素。它有可变集合 set 和不可变集合 frozenset 两种。其中，本节要介绍的 set 集合是无序可变的，而另一种 frozenset 集合在本书中不做介绍。在形式上，集合的所有元素都放在一对大括号"{}"中，两个相邻元素间使用逗号","分隔。集合最好的应用就是去重，因为集合中的每个元素都是唯一的。

说明

　　在数学中，集合的定义是把一些能够确定的不同的对象看作一个整体，而这个整体就是由这些对象的全体构成的集合。集合通常用大括号"{}"或者大写的拉丁字母表示。

　　最常用的集合操作是创建、添加和删除集合，以及对集合进行交集、并集和差集等运算。下面分别进行介绍。

6.2.1　创建集合

　　Python 提供了两种创建集合的方法：一种是直接使用"{}"创建集合；另一种是通过 set()函数将列表、元组等可迭代对象转换为集合。笔者推荐使用第二种方法。下面分别进行介绍。

1. 直接使用"{}"创建集合

　　在 Python 中，创建 set 集合也可以像列表、元组和字典一样，直接将集合赋值给变量，以实现集合的创建，即直接使用大括号"{}"创建集合。其语法格式如下：

```
setname = {element 1,element 2,element 3,...,element n}
```

　　其中：setname 表示集合的名称，可以是任何符合 Python 命名规则的标识符；element 1, element 2, element 3, …, element n 表示集合中的元素，个数没有限制，并且只要是 Python 支持的数据类型就可以。

注意

　　在创建集合时，如果输入了重复的元素，Python 会自动只保留一个元素。

　　例如，下列每行代码都可以创建一个集合：

```
01    set1 = {'水瓶座','射手座','双鱼座','双子座'}
02    set2 = {3,1,4,1,5,9,2,6}
03    set3 = {'Python', 28, ('人生苦短', '我用 Python')}
```

　　上述代码将创建以下集合：

```
{'水瓶座', '双子座', '双鱼座', '射手座'}
{1, 2, 3, 4, 5, 6, 9}
{'Python', ('人生苦短', '我用 Python'), 28}
```

说明

　　由于 Python 中的 set 集合是无序的，因此每次输出时元素的排列顺序可能与上述不同，不必在意。

　　场景模拟：某大学的学生选课系统，可选语言有 Python 和 C 语言。现创建两个集合分别用于保存选择 Python 语言的学生名字和选择 C 语言的学生名字。

　　【例 6.4】 创建保存学生选课信息的集合。（**实例位置：资源包\TM\sl\06\04**）

　　在 IDLE 中创建一个名称为 section_create.py 的文件，然后在该文件中定义两个均包括 4 个元素的集合，再输出这两个集合，代码如下：

```
01    python = {'绮梦','冷伊一','香凝','梓轩'}              # 保存选择 Python 语言的学生名字
02    c = {'冷伊一','零语','梓轩','圣博'}                   # 保存选择 C 语言的学生名字
```

```
03    print('选择 Python 语言的学生有： ',python,'\n')        # 输出选择 Python 语言的学生名字
04    print('选择 C 语言的学生有： ',c)                        # 输出选择 C 语言的学生名字
```

运行上述代码，将显示如图 6.7 所示的结果。

选择Python语言的学生有： 〔'绮梦'，'香凝'，'梓轩'，'冷伊一'〕

选择C语言的学生有： 〔'圣博'，'零语'，'梓轩'，'冷伊一'〕

图 6.7　创建集合

2．使用 set()函数创建集合

在 Python 中，可以使用 set()函数将列表、元组
等其他可迭代对象转换为集合。set()函数的语法格式如下：

```
setname = set(iteration)
```

参数说明如下。

☑　setname：表示集合的名称。

☑　iteration：表示要转换为集合的可迭代对象，可以是列表、元组、range 对象等。另外，也可以是字符串，如果是字符串，返回的集合将是包含全部不重复字符的集合。

例如，下列每行代码都可以创建一个集合：

```
01    set1 = set("命运给予我们的不是失望之酒，而是机会之杯。")
02    set2 = set([1.414,1.732,3.14159,2.236])
03    set3 = set(('人生苦短', '我用 Python'))
```

上述代码将创建以下集合：

```
{'不','的','望','是','给','，',' ','我','。','酒','会','杯','运','们','予','而','失','机','命','之'}
{1.414, 2.236, 3.14159, 1.732}
{'人生苦短', '我用 Python'}
```

从上述创建的集合结果中可以看出，在创建集合时，如果出现了重复元素，那么将只保留一个元素，例如在第一个集合中的“是”和“之”都只保留了一个。

注意

在创建空集合时，只能使用 set()函数实现，而不能使用一对大括号“{}”实现，这是因为在 Python 中，直接使用一对大括号“{}”表示创建一个空字典。

下面将例 6.4 修改为使用 set()函数创建保存学生选课信息的集合。修改后的代码如下：

```
01    python = set(['绮梦','冷伊一','香凝','梓轩'])              # 保存选择 Python 语言的学生名字
02    print('选择 Python 语言的学生有： ',python,'\n')          # 输出选择 Python 语言的学生名字
03    c = set(['冷伊一','零语','梓轩','圣博'])                   # 保存选择 C 语言的学生名字
04    print('选择 C 语言的学生有： ',c)                          # 输出选择 C 语言的学生名字
```

执行结果如图 6.7 所示。

说明

在 Python 中，创建集合时推荐采用 set()函数实现。

6.2.2　向集合中添加和删除元素

集合是可变序列，因此在创建集合后，还可以向其添加元素，或者从中删除元素。下面分别进行介绍。

1．向集合中添加元素

当向集合中添加元素时，可以使用 add()方法。其语法格式如下：

```
setname.add(element)
```

其中，setname 表示要添加元素的集合，element 表示要添加的元素内容。这里只能使用字符串、数字以及布尔类型的 True 或者 False 等，不能使用列表、元组等可迭代对象。

例如，定义一个保存明日科技零基础学系列图片名字的集合，然后向该集合中添加一个刚刚上市的图书名字，代码如下：

```
01   mr = set(['零基础学 Java','零基础学 Android','零基础学 C 语言','零基础学 C#','零基础学 PHP'])
02   mr.add('零基础学 Python')    # 添加一个元素
03   print(mr)
```

运行上述代码，将输出以下集合：

```
{'零基础学 PHP', '零基础学 Android', '零基础学 C#', '零基础学 C 语言', '零基础学 Python', '零基础学 Java'}
```

2. 从集合中删除元素

在 Python 中，可以使用 del 语句删除整个集合，也可以使用集合的 pop()方法或者 remove()方法删除一个元素，还可以使用集合对象的 clear()方法清空集合，即删除集合中的全部元素，使其变为空集合。

例如，下列代码将分别实现从集合中删除指定元素、删除一个元素和清空集合：

```
01   mr = set(['零基础学 Java','零基础学 Android','零基础学 C 语言','零基础学 C#','零基础学 PHP','零基础学 Python'])
02   mr.remove('零基础学 Python')                        # 删除指定元素
03   print('使用 remove()方法删除指定元素后：',mr)
04   mr.pop()                                           # 删除一个元素
05   print('使用 pop()方法删除一个元素后：',mr)
06   mr.clear()                                         # 清空集合
07   print('使用 clear()方法清空集合后：',mr)
```

运行上述代码，将输出以下内容：

```
使用 remove()方法删除指定元素后：  {'零基础学 Android', '零基础学 PHP', '零基础学 C 语言','零基础学 Java', '零基础学 C#'}
使用 pop()方法删除一个元素后：  {'零基础学 PHP', '零基础学 C 语言','零基础学 Java','零基础学 C#'}
使用 clear()方法清空集合后：  set()
```

误区警示

使用集合的 remove()方法时，如果指定的内容不存在，则将抛出如图 6.8 所示的异常信息。因此在删除指定元素前，最好先判断其是否存在。要判断指定的内容是否存在，可以使用 in 关键字实现。例如，使用 "零语"in c"可以判断在 c 集合中是否存在 "零语"。

```
Traceback (most recent call last):
    File "E:\program\Python\Code\test.py", line 25, in <module>
    mr.remove('零基础学Python1')   # 删除指定元素
KeyError: '零基础学Python1'
```

图 6.8   从集合中删除的元素不存在时抛出的异常信息

场景模拟： 仍然是某大学的学生选课系统，听说连小学生都学 Python，"零语" 同学决定放弃学习 C 语言，改为学习 Python。

【例 6.5】 学生更改所选课程。（**实例位置：资源包\TM\sl\06\05**）

在 IDLE 中创建一个名称为 section_add.py 的文件，然后在该文件中定义一个包括 4 个元素的集合，并且应用 add()函数向该集合中添加一个元素，再定义一个包括 4 个元素的集合，并且应用 remove()方法从该集合中删除指定的元素，最后输出这两个集合，代码如下：

```
01   python = set(['绮梦','冷伊一','香凝','梓轩'])            # 保存选择 Python 语言的学生名字
02   python.add('零语')                                    # 添加一个元素
03   c = set(['冷伊一','零语','梓轩','圣博'])                 # 保存选择 C 语言的学生名字
04   c.remove('零语')                                      # 删除指定元素
05   print('选择 Python 语言的学生有：',python,'\n')          # 输出选择 Python 语言的学生名字
06   print('选择 C 语言的学生有：',c)                         # 输出选择 C 语言的学生名字
```

运行上述代码，将显示如图 6.9 所示的结果。

选择Python语言的学生有： 〔'冷伊一'，'零语'，'梓轩'，'香凝'，'绮梦'〕
选择C语言的学生有： 〔'梓轩'，'冷伊一'，'圣博'〕

图 6.9　学生更改所选课程

6.2.3　集合的交集、并集和差集运算

在 Python 中，还可以对集合进行交集、并集、差集和对称差集运算。进行交集运算时使用"&"符号；进行并集运算时使用"｜"符号；进行差集运算时使用"-"符号；进行对称差集运算时使用"^"符号。下面通过一个具体的例子演示如何对集合进行交集、并集和差集运算。

场景模拟：仍然是某大学的学生选课系统，学生选课完毕后，老师要对选课结果进行统计。这时，需要知道哪些学生既选择了 Python 语言又选择了 C 语言，参与选课的全部学生，以及选择了 Python 语言但没有选择 C 语言的学生。

【例 6.6】对选课集合进行交集、并集和差集运算。（**实例位置：资源包\TM\sl\06\06**）

在 IDLE 中创建一个名称为 section_operate.py 的文件，然后在该文件中定义两个均包括 4 个元素的集合，再根据需要对这两个集合分别进行交集、并集和差集运算，最后输出运算结果，代码如下：

```
01  python = set(['绮梦','冷伊一','香凝','梓轩'])          # 保存选择 Python 语言的学生名字
02  c = set(['冷伊一','零语','梓轩','圣博'])               # 保存选择 C 语言的学生名字
03  print('选择 Python 语言的学生有：',python)            # 输出选择 Python 语言的学生名字
04  print('选择 C 语言的学生有：',c)                      # 输出选择 C 语言的学生名字
05  print('交集运算：',python & c)                       # 输出既选择了 Python 语言又选择了 C 语言的学生名字
06  print('并集运算：',python | c)                       # 输出参与选课的全部学生名字
07  print('差集运算：',python - c)                       # 输出选择了 Python 语言但没有选择 C 语言的学生名字
```

在上述代码中：为了获取既选择了 Python 语言又选择了 C 语言的学生名字，对两个集合进行了交集运算；为了获取参与选课的全部学生名字，对两个集合进行了并集运算；为了获取选择了 Python 语言但没有选择 C 语言的学生名字，对两个集合进行了差集运算。

运行上述代码，将显示如图 6.10 所示的结果。

选择Python语言的学生有： 〔'绮梦'，'香凝'，'冷伊一'，'梓轩'〕
选择C语言的学生有： 〔'零语'，'圣博'，'梓轩'，'冷伊一'〕
交集运算： 〔'梓轩'，'冷伊一'〕
并集运算： 〔'零语'，'香凝'，'冷伊一'，'梓轩'，'圣博'，'绮梦'〕
差集运算： 〔'绮梦'，'香凝'〕

图 6.10　对选课集合进行交集、并集和差集运算

6.3　实践与练习

（**答案位置：资源包\TM\sl\06\实践与练习**）

综合练习 1：输入身份证号码输出对应省份　身份证号码可以看成是每个人的唯一标识，其中包括我们的出生地、出生日期、性别。具体规则是：1 位和 2 位表示省份；3 位和 4 位表示城市；5 位和 6 位表示区县；7～14 位表示出生日期；15 位和 16 位表示出生顺序号；17 位性别标号；18 位效验码。根据该规则可以获取一些我们想要的信息。本任务要求编写一段 Python 程序，将实现根据所输入的身份证号码获取对应的省份。

综合练习 2：统计需要取快递人员的名单　"双十一"过后，某公司每天都能收到很多快递，门卫小李想编写一个程序统计收到快递的人员名单，以便统一通知。现请你帮他编写一段 Python 程序，统计出需要来取快递的人员名单。（提示：可以通过循环一个一个录入有快递的人员姓名，并将其添加到集合中，由于集合有去重功能，因此这样最后得到的就是一个不重复的人员名单）

第 7 章

字符串

字符串几乎是所有编程语言在项目开发过程中涉及最多的一块内容。大部分项目的运行结果都需要以文本的形式展示给客户，如财务系统的总账报表、电子游戏的比赛结果、火车站的列车时刻表等。这些都是经过程序精密的计算、判断和梳理，将我们想要的内容用文本形式直观地展示出来。曾经有一位"久经沙场"的老程序员说过一句话："开发一个项目，基本上就是在不断地处理字符串。"

在 2.3.2 节已经对字符串的概念、字符串的定义方法，以及字符串中的转义字符进行了介绍。本章将重点介绍字符串的操作方法。

本章知识架构及重难点如下。

7.1　字符串编码转换

最早的字符串编码是美国标准信息交换码，即 ASCII 码。它仅对 10 个数字、26 个大写英文字母、26 个小写英文字母，以及一些其他符号进行了编码。ASCII 码最多只能表示 256 个符号，每个字符占一个字节。随着信息技术的发展，各国的文字都需要进行编码，于是出现了 GBK、GB2312、UTF-8 编码等。其中：GBK 和 GB2312 是我国制定的中文编码标准，使用一个字节表示英文字母，两个字节表示中文字符；UTF-8 是国际通用的编码，对全世界所有国家需要用到的字符都进行了编码，它采用一个字节表示英文字符，用 3 个字节表示中文。在 Python 3.x 中，默认采用 UTF-8 编码，采用这种编码有效地解决了中文乱码的问题。

在 Python 中，有两种常用的字符串类型，分别为 str 和 bytes。其中，str 表示 Unicode 字符（ASCII

或者其他），bytes 表示二进制数据（包括编码的文本）。这两种类型的字符串不能拼接在一起。通常情况下，str 在内存中以 Unicode 字符表示，一个字符对应若干个字节。但是，如果要在网络上传输 str，或者要将 str 保存到磁盘上，就需要把 str 转换为字节类型，即 bytes 类型。

说明

　　bytes 类型的数据是带有 b 前缀的字符串（用单引号或双引号表示），例如，b'\xd2\xb0'和 b'mr' 都是 bytes 类型的数据。

　　str 和 bytes 之间可以通过 encode()方法和 decode()方法进行转换，这两个方法是互为逆过程。下面分别进行介绍。

7.1.1　使用 encode()方法编码

　　encode()方法是 str 对象的方法，用于将字符串转换为二进制数据（即 bytes），这个转换过程也被称为"编码"。其语法格式如下：

```
str.encode([encoding="utf-8"][,errors="strict"])
```

　　参数说明如下。
- ☑　str：表示要进行转换的字符串。
- ☑　encoding="utf-8"：可选参数，用于指定在转码时需要采用的编码，默认为 utf-8，如果想使用简体中文，也可以将该参数设置为 gb2312。当只有这一个参数时，可以省略前面的"encoding="，直接写字符编码。
- ☑　errors="strict"：可选参数，用于指定错误处理方式，其可选择的值有 strict（遇到非法字符就抛出异常）、ignore（忽略非法字符）、replace（用"?"替换非法字符）或 xmlcharrefreplace（使用 XML 的字符引用）等。默认值为 strict。

说明

　　在使用 encode()方法时，不会修改原字符串，如果打算修改原字符串，则需要对其进行重新赋值。

　　例如，定义一个名称为 verse 的字符串，内容为"野渡无人舟自横"，然后使用 encode()方法将其 GBK 编码转换为二进制数据，并输出原字符串和转换后的内容，代码如下：

```
01    verse = '野渡无人舟自横'
02    byte = verse.encode('GBK')        # 将 GBK 编码转换为二进制数据，不处理异常
03    print('原字符串：',verse)           # 输出原字符串（没有改变）
04    print('转换后：',byte)              # 输出转换后的二进制数据
```

　　执行上述代码，将显示以下内容：

```
原字符串：  野渡无人舟自横
转换后：   b'\xd2\xb0\xb6\xc9\xce\xde\xc8\xcb\xd6\xdb\xd7\xd4\xba\xe1'
```

　　如果采用 UTF-8 编码，转换后的二进制数据如下：

```
b'\xe9\x87\x8e\xe6\xb8\xa1\xe6\x97\xa0\xe4\xba\xba\xe8\x88\x9f\xe8\x87\xaa\xe6\xa8\xaa'
```

7.1.2 使用 decode()方法解码

decode()方法为 bytes 对象的方法，用于将二进制数据转换为字符串，即把使用 encode()方法转换的结果再转换为字符串，也称为"解码"。其语法格式如下：

```
bytes.decode([encoding="utf-8"][,errors="strict"])
```

参数说明如下。

☑ bytes：表示要进行转换的二进制数据，通常是用 encode()方法转换的结果。

☑ encoding="utf-8"：可选参数，用于指定在解码时所采用的字符编码，默认为 utf-8，如果想使用简体中文，也可以将该参数设置为 gb2312。当只有这一个参数时，可以省略前面的"encoding="，直接写字符编码。

误区警示

在指定解码采用的字符编码时，需要与编码时采用的字符编码一致。

☑ errors="strict"：可选参数，用于指定错误处理方式，其可选择的值有 strict（遇到非法字符就抛出异常）、ignore（忽略非法字符）、replace（用"?"替换非法字符）或 xmlcharrefreplace（使用 XML 的字符引用）等，默认值为 strict。

说明

在使用 decode()方法时，不会修改原字符串，如果打算修改原字符串，则需要对其进行重新赋值。

例如，需要对 7.1.1 节的示例中已被编码后所得到的二进制数据（保存在变量 byte 中）进行解码，可以使用下列代码：

```
print('解码后：',byte.decode("GBK"))  # 对二进制数据进行解码
```

执行上述代码，将显示以下内容：

```
解码后：野渡无人舟自横
```

7.2 字符串常用操作

在 Python 开发过程中，为了实现某项功能，经常需要对某些字符串进行特殊处理，如拼接字符串、截取字符串、格式化字符串等。下面将对 Python 中常用的字符串操作方法进行介绍。

7.2.1 拼接字符串

使用"+"运算符可以连接多个字符串，并产生一个字符串对象。

例如，定义两个字符串，一个被用于保存英文版的名言，另一个被用于保存中文版的名言，然后使用"+"运算符连接它们，代码如下：

```
01    mot_en = 'Remembrance is a form of meeting. Frgetfulness is a form of freedom.'
02    mot_cn = '记忆是一种相遇。遗忘是一种自由。'
03    print(mot_en + '——' + mot_cn)
```

字符串不允许直接与其他类型的数据进行拼接。例如，使用下列代码将字符串与数值拼接在一起，将会产生如图 7.1 所示的异常信息。

```
01    str1 = '我今天一共走了'              # 定义字符串
02    num = 12098                        # 定义一个整数
03    str2 = '步'                         # 定义字符串
04    print(str1 + num + str2)           # 对字符串和整数进行拼接
```

为了解决此问题，需要使用 str() 函数将整数转换为字符串。因此，需要将上述代码修改如下：

```
01    str1 = '今天我一共走了'              # 定义字符串
02    num = 12098                        # 定义一个整数
03    str2 = '步'                         # 定义字符串
04    print(str1 + str(num) + str2)      # 对字符串和整数进行拼接
```

执行上述代码，将显示以下内容：

今天我一共走了 12098 步

场景模拟： 有一天，两名程序员坐在一起聊天，于是产生了下面的笑话。

【**例 7.1**】使用字符串拼接输出一个关于程序员的笑话。（实例位置：资源包\TM\sl\07\01）

在 IDLE 中创建一个名称为 programmer_splice.py 的文件，然后在该文件中定义两个字符串变量，分别记录两名程序员说的话，再将两个字符串拼接到一起，并且在中间拼接一个转义字符（换行符），最后输出拼接后的结果，代码如下：

```
01    programmer_1 = '程序员甲：搞 IT 太辛苦了，我想换行……怎么办？'
02    programmer_2 = '程序员乙：按 Enter 键'
03    print(programmer_1 + '\n' + programmer_2)
```

运行结果如图 7.2 所示。

```
Traceback (most recent call last):
  File "D:\pythonProject\demo.py", line 4, in <module>
    print(str1 + num + str2)
TypeError: can only concatenate str (not "int") to str
```

```
程序员甲：搞IT太辛苦了，我想换行……怎么办？
程序员乙：按Enter键
```

图 7.1   将字符串和整数拼接时抛出的异常信息   图 7.2   输出一个关于程序员的笑话

7.2.2   计算字符串的长度

由于不同的字符占字节数不同，因此如果要计算字符串的长度，则需要先了解各字符所占的字节数。在 Python 中，数字、英文、小数点、下画线和空格占一个字节；一个汉字可能会占 2～4 个字节，占几个字节取决于采用的编码。汉字在 GBK/GB2312 编码中占两个字节，在 UTF-8/unicode 中一般占 3 个字节（或 4 个字节）。下面以 Python 默认的 UTF-8 编码为例进行说明，即一个汉字占 3 个字节，如图 7.3 所示。

Python 提供了 len() 函数计算字符串的长度。其语法格式如下：

人	生	苦	短	，	我	用	P	y	t	h	o	n	！

3   1

len(string)

图 7.3   汉字和英文所占字节数

其中，string 用于指定要进行长度统计的字符串。

例如，定义一个字符串，内容为"人生苦短，我用 Python!"，然后应用 len()函数计算该字符串的长度，代码如下：

```
01  str1 = '人生苦短，我用 Python!'       # 定义字符串
02  length = len(str1)                  # 计算字符串的长度
03  print(length)
```

执行上述代码，将显示"14"。

从上述结果中可以看出，默认的情况下，当使用 len()函数计算字符串的长度时，不区分英文、数字和汉字，所有字符都被认为是一个字符。

在实际开发中，有时需要获取字符串实际所占的字节数，即：如果采用 UTF-8 编码，则汉字占 3 个字节；而如果采用 GBK 或者 GB2312，则汉字占两个字节。这时，可以通过使用 encode()方法进行编码后再进行获取。例如，如果要获取采用 UTF-8 编码的字符串的长度，可以使用下列代码：

```
01  str1 = '人生苦短，我用 Python!'       # 定义字符串
02  length = len(str1.encode())         # 计算 UTF-8 编码的字符串的长度
03  print(length)
```

执行上述代码，将显示"28"。其原因在于，汉字和中文标点符号共 7 个，占 21 个字节，而英文字母和英文的标点符号共 7 个，占 7 个字节。因此，这里共 28 个字节。

如果要获取采用 GBK 编码的字符串的长度，可以使用下列代码：

```
01  str1 = '人生苦短，我用 Python!'       # 定义字符串
02  length = len(str1.encode('gbk'))    # 计算 GBK 编码的字符串的长度
03  print(length)
```

执行上述代码，将显示"21"。其原因在于，汉字和中文标点符号共 7 个，占 14 个字节，而英文字母和英文的标点符号共 7 个，占 7 个字节。因此，这里共 21 个字节。

7.2.3　截取字符串

由于字符串也属于序列，因此如果截取字符串，则可以采用切片方法来执行此操作。切片方法的语法格式如下：

```
string[start : end : step]
```

参数说明如下。

☑　string：表示要截取的字符串。

☑　start：表示要截取的第一个字符的索引（包括该字符），如果不指定，则默认为 0。

☑　end：表示要截取的最后一个字符的索引（不包括该字符），如果不指定，则默认为字符串的长度。

☑　step：表示切片的步长，如果省略，则默认为 1，当省略该步长时，最后一个冒号也可以被省略。

📖 说明

字符串的索引同序列的索引是一样的，也是从 0 开始的，并且每个字符占一个位置，如图 7.4 所示。

图 7.4　字符串的索引示意图

例如，定义一个字符串，然后应用切片方法截取不同长度的子字符串，并输出结果，代码如下：

```
01  str1 = '人生苦短，我用 Python!'          # 定义字符串
02  substr1 = str1[1]                       # 截取第 2 个字符
03  substr2 = str1[5:]                      # 从第 6 个字符开始截取
04  substr3 = str1[:5]                      # 从左边开始截取 5 个字符
05  substr4 = str1[2:5]                     # 截取第 3 个到第 5 个字符
06  print('原字符串：',str1)
07  print(substr1 + '\n' + substr2 + '\n' + substr3 + '\n' + substr4)
```

执行上述代码，将显示以下内容：

```
原字符串： 人生苦短，我用 Python!
生
我用 Python!
人生苦短，
苦短，
```

注意

进行字符串截取时，如果指定索引不存在，则会抛出如图 7.5 所示的异常信息。要解决该问题，需要采用 try...except 语句（参见第 12 章）捕获异常。例如，下列代码在执行后将不会抛出异常：

```
Traceback (most recent call last):
  File "E:\program\Python\Code\test.py", line 19, in <module>
    substr1 = str1[15]    # 截取第15个字符
IndexError: string index out of range
```

图 7.5　指定的索引不存在时抛出的异常信息

```
01  str1 = '人生苦短，我用 Python!'          # 定义字符串
02  try:
03      substr1 = str1[15]                  # 截取第 15 个字符
04  except IndexError:
05      print('指定的索引不存在')
```

场景模拟：有一天，两名程序员又坐在一起聊天。程序员甲按 Enter 键后，真的换行成功了。为此，程序员甲对程序员乙很崇拜，于是想考考他。

【例 7.2】截取身份证号码中的出生日期。（**实例位置：资源包\TM\sl\07\02**）

在 IDLE 中创建一个名称为 idcard.py 的文件，然后在该文件中定义两个字符串变量，分别记录两名程序说的话，再将两个字符串拼接到一起，并且在中间拼接一个转义字符串（换行符），最后输出结果，代码如下：

```
01  programer_1 = '你知道我的生日吗？'        # 程序员甲问程序员乙的台词
02  print('程序员甲说：',programer_1)          # 输出程序员甲的台词
03  programer_2 = '输入你的身份证号码。'        # 程序员乙的台词
04  print('程序员乙说：',programer_2)          # 输出程序员乙的台词
05  idcard = '123456199006277890'           # 定义保存身份证号码的字符串
06  print('程序员甲说：',idcard)               # 程序员甲说出身份证号码
07  birthday = idcard[6:10] + '年' + idcard[10:12] + '月' + idcard[12:14] + '日'   # 截取生日
08  print('程序员乙说：','你是' + birthday + '出生的，所以你的生日是' + birthday[5:])
```

运行结果如图 7.6 所示。

```
程序员甲说：  你知道我的生日吗？
程序员乙说：  输入你的身份证号码。
程序员甲说：  123456199006277890
程序员乙说：  你是1990年06月27日出生的，所以你的生日是06月27日
```

图 7.6　截取身份证号码中的出生日期

7.2.4　分割、合并字符串

在 Python 中，字符串对象提供了分割和合并字符串的方法。分割字符串是把字符串分割为列表，而合并字符串是把列表合并为字符串，它们可

以被看作是互逆操作。下面分别进行介绍。

1. 分割字符串

字符串对象的 split() 方法可以实现字符串的分割，即把一个字符串按照指定的分隔符切分为字符串列表。在该列表的元素中，不包括分隔符。split() 方法的语法格式如下：

```
str.split(sep, maxsplit)
```

参数说明如下。

☑ str：表示要进行分割的字符串。

☑ sep：用于指定分隔符，可以包含多个字符，默认为 None，即所有空字符（包括空格、换行 "\n"、制表符 "\t" 等）。

☑ maxsplit：可选参数，用于指定分割的次数，如果不指定或者为-1，则分割次数没有限制，否则返回结果列表的元素个数最多为 maxsplit+1。

说明

> 在 split() 方法中，如果不指定 sep 参数，那么也不能指定 maxsplit 参数。

☑ 返回值：分割后的字符串列表。

例如，定义一个保存明日学院网址的字符串，然后应用 split() 方法根据不同的分隔符进行分割，代码如下：

```
01  str1 = '明 日 学 院 官 网   >>>   www.mingrisoft.com'
02  print('原字符串：',str1)
03  list1 = str1.split()                    # 采用默认分隔符进行分割
04  list2 = str1.split('>>>')               # 采用多个字符进行分割
05  list3 = str1.split('.')                 # 采用 "." 号进行分割
06  list4 = str1.split(' ',4)               # 采用空格进行分割，并且只分割前 4 个
07  print(str(list1) + '\n' + str(list2) + '\n' + str(list3) + '\n' + str(list4))
08  list5 = str1.split('>')                 # 采用>进行分割
09  print(list5)
```

执行上述代码，将显示以下内容：

```
原字符串：明 日 学 院 官 网   >>>   www.mingrisoft.com
['明', '日', '学', '院', '官', '网', '>>>', 'www.mingrisoft.com']
['明 日 学 院 官 网 ', ' www.mingrisoft.com']
['明 日 学 院 官 网   >>>   www', 'mingrisoft', 'com']
['明', '日', '学', '院', '官 网   >>>   www.mingrisoft.com']
['明 日 学 院 官 网   ', '', '', '   www.mingrisoft.com']
```

说明

> 在使用 split() 方法时，如果不指定参数，则默认采用空白符进行分割，这时无论有几个空格或者空白符都将被作为一个分隔符进行分割。例如，在上述示例中，在 "网" 和 ">" 之间有两个空格，但是在其分割结果（第 2 行内容）中已经被全部过滤掉。如果指定一个分隔符，那么当这个分隔符出现多个时，就会每个分隔符进行分割一次，对于没有得到内容的，将产生一个空元素。例如，上述结果中的最后一行就出现了两个空元素。

场景模拟： 微博的@好友栏目中，输入"@明日科技 @扎克伯格 @盖茨"（好友名称之间用一个空格区分），即可同时@3 位好友。

【例 7.3】 输出被@的好友名称。（**实例位置：资源包\TM\sl\07\03**）

在 IDLE 中创建一个名称为 atfriend.py 的文件，然后在该文件中定义一个字符串，内容为"@明日科技 @扎克伯格 @盖茨"，接着使用 split()方法对该字符串进行分割，以获取出好友名称，最后输出被@的好友，代码如下：

```
01    str1 = '@明日科技 @扎克伯格 @盖茨'
02    list1 = str1.split(' ')                              # 用空格分割字符串
03    print('您@的好友有：')
04    for item in list1:
05        print(item[1:])                                  # 输出每个好友名时，去掉@符号
```

运行结果如图 7.7 所示。

2. 合并字符串

合并字符串与拼接字符串不同，它会将多个字符串采用固定的分隔符连接在一起。例如，字符串"绮梦 * 冷伊一 * 香凝 * 黛兰"，就是将['绮梦','冷伊一','香凝','黛兰']列表通过分隔符" * "合并为一个字符串的结果。

合并字符串可以使用字符串对象的 join()方法来实现。其语法格式如下：

```
strnew = string.join(iterable)
```

参数说明如下。

☑ strnew：表示合并后生成的新字符串。

☑ string：字符串类型，用于指定合并时的分隔符。

☑ iterable：可迭代对象，该迭代对象中的所有元素（字符串表示）将被合并为一个新的字符串。string 作为边界点被分割出来。

场景模拟： 微博的@好友栏目中，输入"@明日科技 @扎克伯格 @盖茨"（好友名称之间用一个空格区分），即可同时@3 位好友。现在，想要@好友列表中的全部好友，所以需要组合一个类似的字符串。

【例 7.4】 通过好友列表生成全部被@的好友。（**实例位置：资源包\TM\sl\07\04**）

在 IDLE 中创建一个名称为 atfriend_join.py 的文件，然后在该文件中定义一个列表，保存一些好友名称，接着使用 join()方法将列表中每个元素用空格+@符号进行连接，再在连接后的字符串前添加一个"@"符号，最后输出要@的好友，代码如下：

```
01    list_friend = ['明日科技','扎克伯格','盖茨']              # 好友列表
02    str_friend = ' @'.join(list_friend)                   # 用空格+@符号进行连接
03    at = '@'+str_friend   # 由于使用 join()方法时，第一个元素前不加分隔符，因此需要在前面加上"@"符号
04    print('您要@的好友：',at)
```

运行结果如图 7.8 所示。

您要@的好友： @明日科技 @扎克伯格 @盖茨

图 7.8 输出想要@的好友

您@的好友有：
明日科技
扎克伯格
盖茨

图 7.7 输出被@的好友

7.2.5 检索字符串

在 Python 中，字符串对象提供了很多应用于字符串查找的方法，这里主要介绍以下几种方法。

1．count()方法

count()方法用于检索指定字符串在另一个字符串中出现的次数。如果检索的子字符串不存在，则返回 0；否则返回出现的次数。其语法格式如下：

```
str.count(sub[, start[, end]])
```

参数说明如下。

☑ str：表示原字符串。

☑ sub：表示要检索的子字符串。

☑ start：可选参数，表示检索范围的起始位置的索引，如果不指定，则从头开始检索。

☑ end：可选参数，表示检索范围的结束位置的索引，如果不指定，则一直检索到结尾。

例如，定义一个字符串，然后应用 count()方法检索该字符串中"@"符号出现的次数，代码如下：

```
01    str1 = '@明日科技 @扎克伯格 @盖茨'
02    print('字符串 "',str1,'" 中包括',str1.count('@'),'个@符号')
```

执行上述代码，将显示以下结果：

```
字符串 " @明日科技 @扎克伯格 @盖茨 " 中包括 3 个@符号
```

2．find()方法

find()方法用于检索是否包含指定的子字符串。如果检索的子字符串不存在，则返回-1；否则返回首次出现该子字符串时的索引。其语法格式如下：

```
str.find(sub[, start[, end]])
```

参数说明如下。

☑ str：表示原字符串。

☑ sub：表示要检索的子字符串。

☑ start：可选参数，表示检索范围的起始位置的索引，如果不指定，则从头开始检索。

☑ end：可选参数，表示检索范围的结束位置的索引，如果不指定，则一直检索到结尾。

例如，定义一个字符串，然后应用 find()方法检索该字符串中首次出现"@"符号的位置索引，代码如下：

```
01    str1 = '@明日科技 @扎克伯格 @盖茨'
02    print('字符串 "',str1,'" 中@符号首次出现的位置索引为：',str1.find('@'))
```

执行上述代码，将显示以下结果：

```
字符串 " @明日科技 @扎克伯格 @盖茨 " 中@符号首次出现的位置索引为： 0
```

 说明

如果只是想要判断指定的子字符串在原字符串中是否存在，则可以使用 in 关键字来执行此操作。例如，要判断上面的字符串 str1 中是否存在"@"符号，需要使用 print('@' in str1)，如果存在就返回 True，否则返回 False。另外，也可以根据 find()方法的返回值是否大于-1 来确定原字符串中是否存在所指定的子字符串。

如果输入的子字符串在原字符串中不存在，则返回-1。例如下列代码：

```
01    str1 = '@明日科技 @扎克伯格 @盖茨'
02    print('字符串 "',str1,'" 中*符号首次出现的位置索引为：',str1.find('*'))
```

执行上述代码，将显示以下结果：

```
字符串 " @明日科技 @扎克伯格 @盖茨 " 中*符号首次出现的位置索引为： -1
```

说明

Python 中的字符串对象还提供了 rfind()方法，其作用与 find()方法类似，只是从右边开始检索。

3．index()方法

index()方法与 find()方法类似，也是用于检索是否包含指定的子字符串。只不过如果使用 index() 方法，当指定的字符串不存在时会抛出异常。其语法格式如下：

```
str.index(sub[, start[, end]])
```

参数说明如下。

- ☑ str：表示原字符串。
- ☑ sub：表示要检索的子字符串。
- ☑ start：可选参数，表示检索范围的起始位置的索引，如果不指定，则从头开始检索。
- ☑ end：可选参数，表示检索范围的结束位置的索引，如果不指定，则一直检索到结尾。

例如，定义一个字符串，然后应用 index()方法检索该字符串中首次出现 "@" 符号的位置索引，代码如下：

```
01    str1 = '@明日科技 @扎克伯格 @盖茨'
02    print('字符串 "',str1,'" 中@符号首次出现的位置索引为：',str1.index('@'))
```

执行上述代码，将显示以下结果：

```
字符串 " @明日科技 @扎克伯格 @盖茨 " 中@符号首次出现的位置索引为： 0
```

如果输入的子字符串在原字符串中不存在，则会抛出异常。例如下列代码：

```
01    str1 = '@明日科技 @扎克伯格 @盖茨'
02    print('字符串 "',str1,'" 中*符号首次出现的位置索引为：',str1.index('*'))
```

执行上述代码，将显示如图 7.9 所示的异常信息。

```
Traceback (most recent call last):
  File "E:\program\Python\Code\test.py", line 7, in <module>
    print('字符串 "',str1,'" 中*符号首次出现位置索引为：',str1.index('*'))
ValueError: substring not found
```

图 7.9　检索不存在的元素时出现的异常信息

说明

Python 中的字符串对象还提供了 rindex()方法，其作用与 index()方法类似，只是从右边开始检索。

4．startswith()方法

startswith()方法用于检索字符串是否以指定的子字符串开头的。如果是，则返回 True；否则返回 False。其语法格式如下：

```
str.startswith(prefix[, start[, end]])
```

参数说明如下。

☑ str：表示原字符串。

☑ prefix：表示要检索的子字符串。

☑ start：可选参数，表示检索范围的起始位置的索引，如果不指定，则从头开始检索。

☑ end：可选参数，表示检索范围的结束位置的索引，如果不指定，则一直检索到结尾。

例如，定义一个字符串，然后应用 startswith()方法检索该字符串是否以"@"符号开头的，代码如下：

```
01   str1 = '@明日科技 @扎克伯格 @盖茨'
02   print('判断字符串 "',str1,'" 是否以@符号开头的，结果为：',str1.startswith('@'))
```

执行上述代码，将显示以下结果：

判断字符串 " @明日科技 @扎克伯格 @盖茨 " 是否以@符号开头的，结果为： True

5．endswith()方法

endswith()方法用于检索字符串是否以指定的子字符串结尾的。如果是，则返回 True；否则返回 False。其语法格式如下：

```
str.endswith(suffix[, start[, end]])
```

参数说明如下。

☑ str：表示原字符串。

☑ suffix：表示要检索的子字符串。

☑ start：可选参数，表示检索范围的起始位置的索引，如果不指定，则从头开始检索。

☑ end：可选参数，表示检索范围的结束位置的索引，如果不指定，则一直检索到结尾。

例如，定义一个字符串，然后应用 endswith()方法检索该字符串是否以".com"结尾的，代码如下：

```
01   str1 = ' http://www.mingrisoft.com'
02   print('判断字符串 "',str1,'" 是否以.com 结尾的，结果为：',str1.endswith('.com'))
```

执行上述代码，将显示以下结果：

判断字符串 " http://www.mingrisoft.com " 是否以.com 结尾的，结果为： True

7.2.6 字母的大小写转换

在 Python 中，字符串对象提供了 lower()方法和 upper()方法分别进行字母的大小写转换，即用于将大写字母 ABC 转换为小写字母 abc，或者将小写字母 abc 转换为大写字母 ABC，如图 7.10 所示。下面分别进行介绍。

图 7.10　字母大小写转换示意图

1．lower()方法

lower()方法用于将字符串中的全部大写字母转换为小写字母。如果字符串中没有应该被转换的字符，则将原字符串返回；否则将返回一个新的字符串，将原字符串中每个该进行小写转换的字符都转换成等价的小写字符。字符长度与原字符长度相同。lower()方法的语法格式如下：

```
str.lower()
```

其中，str 为要进行转换的字符串。

例如，下列代码将字符串中的字母全部转换为小写字母并进行输出：

```
01    str1 = 'WWW.Mingrisoft.com'
02    print('原字符串： ',str1)
03    print('新字符串： ',str1.lower())                    # 全部转换为小写并进行输出
```

2．upper()方法

upper()方法用于将字符串的全部小写字母转换为大写字母。如果字符串中没有应该被转换的字符，则将原字符串返回；否则返回一个新字符串，将原字符串中每个该进行大写转换的字符都转换成等价的大写字符。新字符长度与原字符长度相同。upper()方法的语法格式如下：

```
str.upper()
```

其中，str 为要进行转换的字符串。

例如，下列代码将字符串中的字母全部转换为大写字母并进行输出：

```
01    str1 = 'WWW.Mingrisoft.com'
02    print('原字符串： ',str1)
03    print('新字符串： ',str1.upper())                    # 全部转换为大写并进行输出
```

场景模拟： 在明日学院的会员注册模块中，要求会员名必须唯一，并且不区分字母的大小写，即 mr 和 MR 被认为是同一用户。

【例 7.5】 不区分大小写验证会员名是否唯一。（**实例位置：资源包\TM\sl\07\05**）

在 IDLE 中创建一个名称为 checkusername.py 的文件，然后在该文件中定义一个字符串，内容为已经注册的会员名称，以"｜"进行分隔，接着使用 lower()方法将字符串全部转换为小写字母，再应用 input()函数从键盘中获取一个输入的注册名称，也将其全部转换为小写字母，最后应用 if…else 语句和 in 关键字判断转换后的会员名是否存在于转换后的会员名称字符串中，并输出不同的判断结果，代码如下：

```
01    # 假设已经注册的会员名称被保存在一个字符串中，并以"｜"进行分隔
02    username_1 = '|MingRi|mr|mingrisoft|WGH|MRSoft|'
03    username_2 =username_1.lower()                    # 将会员名称字符串全部转换为小写形式
04    regname_1 = input('输入要注册的会员名称： ')
05    regname_2 = '|' + regname_1.lower() + '|'          # 将要注册的会员名称也全部转换为小写形式
06    if regname_2 in username_2:                        # 判断输入的会员名称是否存在
07        print('会员名',regname_1,'已经存在！ ')
08    else:
09        print('会员名',regname_1,'可以注册！ ')
```

运行上述代码：输入 wgh 后，将显示如图 7.11 所示的结果；输入 python 后，将显示如图 7.12 所示的结果。

```
输入要注册的会员名称： wgh
会员名 wgh 已经存在！
```

图 7.11　输入的名称已经被注册

```
输入要注册的会员名称： python
会员名 python 可以注册！
```

图 7.12　输入的名称可以注册

7.2.7　去除字符串中的空格和特殊字符

用户在输入数据时，可能会无意中输入多余的空格，或在一些情况下，字符串前后不允许出现空

格和特殊字符，此时就需要去除字符串中的空格和特殊字符。例如，图 7.13 中 HELLO 这个字符串左、右两侧都有一个空格。可以使用 Python 中提供的 strip()函数去除字符串左、右两侧的空格和特殊字符，也可以使用 lstrip()函数去除字符串左边的空格和特殊字符，使用 rstrip()函数去除字符串右边的空格和特殊字符。

图 7.13　前后包含空格的字符串

 说明

这里的特殊字符是指制表符\t、按 Enter 键符\r、换行符\n 等。

1．strip()方法

strip()方法用于去掉字符串左、右两侧的空格和特殊字符，其语法格式如下：

```
str.strip[(chars)]
```

其中：str 是要去除空格的字符串；chars 是可选参数，用于指定要去除的字符，可以指定多个，例如设置 chars 为 "@."，则去除左、右两侧包括的 "@" 或 "."。如果不指定 chars 参数，则默认将去除空格、制表符\t、按 Enter 键符\r、换行符\n 等。

例如，先定义一个字符串，首尾包括空格、制表符\t、换行符\n 和按 Enter 键符\r 等，然后去除空格和这些特殊字符，再定义一个字符串，首尾包括 "@" 或 "." 字符，最后去掉 "@" 和 "."，代码如下：

```
01    str1 = ' http://www.mingrisoft.com   \t\n\r'
02    print('原字符串 str1: ' + str1 +'。')
03    print('字符串: ' + str1.strip() + '。')          # 去除字符串首尾的空格和特殊字符
04    str2 = '@明日科技.@.'
05    print('原字符串 str2: ' + str2 + '。')
06    print('字符串: ' + str2.strip('@.') + '。')        # 去除字符串首尾的 "@" 或者 "."
```

运行上述代码，将显示如图 7.14 所示的结果。

```
原字符串str1:  http://www.mingrisoft.com
。
字符串: http://www.mingrisoft.com。
原字符串str2: @明日科技.@.。
字符串: 明日科技。
```

图 7.14　strip()方法示例

2．lstrip()方法

lstrip()方法用于去掉字符串左侧的空格和特殊字符，其语法格式如下：

```
str.lstrip[(chars)]
```

其中：str 为要去除空格的字符串；chars 为可选参数，用于指定要去除的字符，可以指定多个，例如设置 chars 为 "@."，则去除左侧包括的 "@" 或 "."。如果不指定 chars 参数，则默认将去除空格、制表符\t、按 Enter 键符\r、换行符\n 等。

例如，先定义一个字符串，左侧包括一个制表符和一个空格，然后去除空格和制表符，再定义一个字符串，左侧包括一个 "@" 符号，最后去掉 "@" 符号，代码如下：

```
01    str1 = '\t http://www.mingrisoft.com'
02    print('原字符串 str1: ' + str1 +'。')
03    print('字符串: ' + str1.lstrip() + '。')          # 去除字符串左侧的空格和制表符
04    str2 = '@明日科技'
05    print('原字符串 str2: ' + str2 + '。')
06    print('字符串: ' + str2.lstrip('@') + '。')        # 去除字符串左侧的 "@"
```

运行上述代码，将显示如图 7.15 所示的结果。

3．rstrip()方法

rstrip()方法用于去掉字符串右侧的空格和特殊字符，其语法格式如下：

`str.rstrip([chars])`

其中：str 为要去除空格的字符串；chars 为可选参数，用于指定要去除的字符，可以指定多个，例如设置 chars 为"@."，则去除右侧包括的"@"或"."。如果不指定 chars 参数，则默认将去除空格、制表符\t、按 Enter 键符\r、换行符\n 等。

例如，先定义一个字符串，右侧包括一个制表符和一个空格，然后去除空格和制表符，再定义一个字符串，右侧包括一个逗号"，"，最后去掉逗号"，"，代码如下：

```
01   str1 = ' http://www.mingrisoft.com\t '
02   print('原字符串 str1: ' + str1 + '。')
03   print('字符串: ' + str1.rstrip() + '。')        # 去除字符串右侧的空格和制表符
04   str2 = '明日科技,'
05   print('原字符串 str2: ' + str2 + '。')
06   print('字符串: ' + str2.rstrip(',') + '。')      # 去除字符串右侧的逗号
```

运行上述代码，将显示如图 7.16 所示的结果。

```
原字符串str1:    http://www.mingrisoft.com。
字符串：http://www.mingrisoft.com。
原字符串str2: @明日科技。
字符串：明日科技。
```

```
原字符串str1:  http://www.mingrisoft.com        。
字符串：http://www.mingrisoft.com。
原字符串str2: 明日科技,。
字符串：明日科技。
```

图 7.15　lstrip()方法示例　　　　　　　　图 7.16　rstrip()方法示例

说明

在 Python 3.9 中，字符串对象提供了移除前缀的 removeprefix()方法和移除后缀的 removesuffix()方法，这两个方法并不会修改原字符串的内容。

7.2.8　格式化字符串

格式化字符串的意思是先制定一个模板，在这个模板中预留几个空位，然后根据需要填上相应的内容。这些空位需要通过指定的符号进行标记（也称为占位符），而这些符号将不会被显示。在 Python 中，格式化字符串有以下两种方法。

1．使用"%"操作符

在 Python 中，要实现格式化字符串，可以使用"%"操作符。其语法格式如下：

`'%[-][+][0][m][.n]格式字符'%exp`

参数说明如下。

☑　-：可选参数，用于指定左对齐，正数前面无符号，负数前面加负号。

☑　+：可选参数，用于指定右对齐，正数前面加正号，负数前面加负号。

☑　0：可选参数，表示右对齐，正数前面无符号，负数前面加负号，用 0 填充空白处（一般与 m 参数一起使用）。

☑ m：可选参数，表示占有宽度。

☑ .n：可选参数，表示小数点后保留的位数。

☑ 格式字符：用于指定类型。其值如表 7.1 所示。

表7.1　常用的格式字符及其说明

格 式 字 符	说　　　明	格 式 字 符	说　　　明
%s	字符串（采用 str()方法显示）	%r	字符串（采用 repr()方法显示）
%c	单个字符	%o	八进制整数
%d 或者%i	十进制整数	%e	指数（基底写为 e）
%x	十六进制整数	%E	指数（基底写为 E）
%f 或者%F	浮点数	%%	字符%

☑ exp：要转换的项。如果要指定的项有多个，需要通过元组的形式进行指定，但不能使用列表的形式来指定。

例如，格式化输出一个保存公司信息的字符串，代码如下：

```
01   template = '编号：%09d\t 公司名称：  %s \t 官网： http://www.%s.com'     # 定义模板
02   context1 = (7,'百度','baidu')                                          # 定义要转换的内容 1
03   context2 = (8,'明日学院','mingrisoft')                                  # 定义要转换的内容 2
04   print(template%context1)                                              # 格式化输出
05   print(template%context2)                                              # 格式化输出
```

运行上述代码，将显示如图 7.17 所示的效果，即按照指定模板格式化输出两家公司信息。

```
编号：000000007 公司名称：百度       官网：http://www.baidu.com
编号：000000008 公司名称：明日学院   官网：http://www.mingrisoft.com
```

图 7.17　格式化输出公司信息

说明

由于使用 "%" 操作符是早期 Python 中提供的方法，因此自从 Python 2.6 版本开始，字符串对象提供了 format()方法对字符串进行格式化。当前一些 Python 社区也推荐使用这种方法。所以建议大家重点学习 format()方法的使用。

2. 使用字符串对象的 format()方法

字符串对象提供了 format()方法对字符串进行格式化。其语法格式如下：

```
str.format(args)
```

其中：str 用于指定字符串的显示样式（即模板）；args 用于指定要转换的项，如果有多项，则用逗号进行分隔。

下面重点介绍如何创建模板。在创建模板时，需要使用 "{}" 和 ":" 指定占位符，基本语法格式如下：

```
{[index][:[[fill]align][sign][#][width][.precision][type]]}
```

参数说明如下。

☑ index：可选参数，用于指定要设置格式的对象在参数列表中的索引位置，索引值从 0 开始。如果省略，则根据值的先后顺序进行自动分配。

误区警示

当一个模板中出现多个占位符时，指定索引位置的规范必须统一，即全部采用手动指定，或者全部采用自动指定。例如，定义"我是数值：{:d}，我是字符串：{1:s}!"模板是错误的，将会抛出如图 7.18 所示的异常信息。

```
Traceback (most recent call last):
  File "E:\program\Python\Code\test.py", line 17, in <module>
    print(template.format(7,'明日学院'))
ValueError: cannot switch from automatic field numbering to manual field specification
```

图 7.18　字段规范不统一时抛出的异常信息

☑ fill：可选参数，用于指定空白处填充的字符。

☑ align：可选参数，用于指定对齐方式。该参数的值为"<"时，表示内容左对齐；值为">"时，表示内容（包括符号）右对齐；值为"="时，只对数字类型有效，表示数字内容右对齐，如果是负数，则将负号放在填充内容的最左侧，如果是正数，不添加符号；值为"^"时，表示内容居中。该参数需要配合 width 一起使用。

☑ sign：可选参数，用于指定有无符号数（值为"+"表示正数加正号，负数加负号；值为"-"表示正数不变，负数加负号；值为空格表示正数加空格，负数加负号）。

☑ #：可选参数，对于二进制、八进制和十六进制，如果加上"#"，表示会显示 0b/0o/0x 前缀，否则不显示前缀。

☑ width：可选参数，用于指定所占宽度。

☑ .precision：可选参数，用于指定保留的小数位数。

☑ type：可选参数，用于指定类型，其值如表 7.2 所示。

表 7.2　format()方法中常用的格式字符及其说明

格 式 字 符	说　　明	格 式 字 符	说　　明
S	对字符串类型进行格式化	b	将十进制整数自动转换成二进制表示，并对其进行格式化
D	十进制整数	o	将十进制整数自动转换成八进制表示，并对其进行格式化
C	将十进制整数自动转换成对应的 Unicode 字符	x 或者 X	将十进制整数自动转换成十六进制表示，并对其进行格式化
e 或者 E	转换为科学记数法表示再格式化	f 或者 F	转换为浮点数（默认小数点后保留 6 位），并对其进行格式化
g 或者 G	自动在 e 和 f，或者 E 和 F 之间进行切换	%	显示百分比（默认显示小数点后 6 位）

例如，定义一个保存公司信息的字符串模板，然后应用该模板输出不同公司的信息，代码如下：

```
01   template = '编号：{0>9s}\t 公司名称：{:s} \t 官网：http://www.{:s}.com'      # 定义模板
02   context1 = template.format('7','百度','baidu')                          # 转换内容 1
```

```
03    context2 = template.format('8','明日学院','mingrisoft')                    # 转换内容 2
04    print(context1)                                                          # 输出格式化后的字符串
05    print(context2)                                                          # 输出格式化后的字符串
```

运行上述代码，将显示如图 7.19 所示的效果，即按照指定模板格式输出两家公司的信息。

在实际开发中，数值类型有多种显示方式，如货币形式、百分比形式等，使用 format() 方法可以将数值格式化为不同的形式。下面通过一个具体的例子进行说明。

【例 7.6】格式化不同的数值类型数据。（实例位置：资源包\TM\sl\07\06）

在 IDLE 中创建一个名称为 formatnum.py 的文件，然后在该文件中对不同类型的数据进行格式化并输出，代码如下：

```
01    import math                                                              # 导入 Python 的数学模块 math
02    # 以货币形式显示
03    print('1251+3950 的结果是（以货币形式显示）：￥{:,.2f}元'.format(1251+3950))
04    print('{0:.1f}用科学记数法表示：{0:E}'.format(120000.1))                    # 用科学记数法表示
05    print('π 取 5 位小数点：{:.5f}'.format(math.pi))                          # 输出小数点后 5 位
06    print('{0:d}的 16 进制结果是：{0:#x}'.format(100))                         # 输出十六进制数
07    # 输出百分比，并且不带小数
08    print('天才是由 {:.0%} 的灵感，加上 {:.0%} 的汗水 。'.format(0.01,0.99))
```

运行上述代码，将显示如图 7.20 所示的结果。

| 编号：000000007 公司名称：百度 官网：http://www.baidu.com |
| 编号：000000008 公司名称：明日学院 官网：http://www.mingrisoft.com |

图 7.19 格式化输出公司信息

图 7.20 格式化不同的数值类型数据的结果

7.3 实践与练习

（答案位置：资源包\TM\sl\07\实践与练习）

综合练习 1：不区分大小写验证会员名是否唯一 在明日学院的会员注册模块中，要求会员名必须唯一，并且不区分字母的大小写，即 mr 和 MR 被认为是同一用户。本练习要求读者编写一段 Python 程序，实现验证要注册的会员名是否唯一，并且不区分字母大小写。（提示：可以将已经注册的会员名称以 "｜" 进行分隔并保存为字符串，如|MingRi|mr|mingrisoft|WGH|MRSoft|）

综合练习 2：格式化输出商品的编号和单价 本练习要求读者编写一段 Python 程序，实现对商品编号和单价进行格式化并输出。首先输入一些销售数据（包括商品号、商品名、单价），然后将输入的商品信息中的商品号用 6 位数进行输出，单价保留 2 位小数点，前面添加人民币符号（￥）。

输入参数的效果如下：

请输入商品信息（商品名 单价），按 0 退出：马克杯 9.9

输出参数的效果如下：

000001   马克杯   ￥9.90

第 *2* 篇
进阶提高

本篇对 Python 中使用正则表达式、函数、面向对象程序设计、模块、文件及目录操作、操作数据库、使用进程和线程、网络编程、异常处理及程序调试等 Python 进阶知识做了详细讲解。学习完本篇，读者将可以掌握更深一层的 Python 开发技术。

进阶提高

- Python中使用正则表达式 —— 掌握在Python中使用正则表达式对一些字符串进行处理
- 函数 —— 掌握在Python中如何定义和使用函数，减少代码冗余，提高代码复用率，增强程序的扩展性和维护性
- 面向对象程序设计 —— 深入理解并掌握面向对象程序设计的核心思想与方法
- 模块 —— 掌握模块和包的使用，了解第三方模块，窥探Python的强大之处
- 文件及目录操作 —— 掌握文件及目录的操作机制，实现数据的永久保存或修改
- 操作数据库 —— 掌握数据库编程技术，熟悉MySQL等主流数据库的操作方法
- 使用进程和线程 —— 掌握Python中多进程和多线程编程技术，了解异步编程
- 网络编程 —— 了解网络，掌握如何使用Python实现网络通信（TCP、UDP）
- 异常处理及程序调试 —— 学习Python中的异常处理与程序调试机制，提高程序健壮性

第8章

Python 中使用正则表达式

正则表达式（regular expression，常简写为 regex 或者 RE），又称规则表达式，它不是某种编程语言所特有的，而是计算机科学的一个概念，通常被用来检索和替换符合某些规则的文本。当前，正则表达式已经在各种计算机语言（如 Java、C#和 Python 等）中得到了广泛的应用和发展。

在 Python 中，可以使用正则表达式对一些字符串进行处理。本章将重点介绍如何在 Python 中使用正则表达式。

本章知识架构及重难点如下。

8.1 正则表达式语法

在处理字符串时，经常会涉及查找符合某些复杂规则的字符串。正则表达式就是用于描述这些规则的工具。换句话说，正则表达式就是记录文本规则的代码。对于接触过 DOS 的用户来说，如果想匹配当前文件夹中所有的文本文件，可以输入"dir *.txt"命令，按 Enter 键后，所有".txt"文件将会被列出。这里的"*.txt"即可被理解为一个简单的正则表达式。

8.1.1 行定位符

行定位符就是用来描述字符串的边界。"^"表示行的开始，"$"表示行的结尾。来看下列表达式：

```
^tm
```

上述表达式表示要匹配字符串 tm 的开始位置是行头，如 tm equal Tomorrow Moon 就可以匹配，而

Tomorrow Moon equal tm 则不匹配。但如果使用下列表达式：

```
tm$
```

后者可以匹配，而前者不能匹配。如果要匹配的字符串可以出现在字符串的任意部分，那么可以直接写成下列表达式：

```
tm
```

这样，两个字符串中的 tm 都可以被匹配。

8.1.2　元字符

现在我们已经知道几个很有用的元字符，如"^"和"$"。其实，正则表达式里还有更多的元字符，来看下列例子：

```
\bmr\w*\b
```

匹配以字母 mr 开头的单词，先匹配单词开始处（\b），然后匹配字母 mr，接着匹配任意数量的字母或数字（\w*），最后匹配单词结束处（\b）。该表达式可以匹配如"mrsoft""mrbook""mr123456"等。更多常用元字符及其说明如表 8.1 所示。

表 8.1　常用元字符及其说明

元　字　符	说　　明	元　字　符	说　　明
.	匹配除换行符以外的任意字符	\b	匹配单词的开始或结束
\w	匹配字母、数字、下画线或汉字	^	匹配字符串的开始
\s	匹配任意的空白符	$	匹配字符串的结束
\d	匹配数字		

8.1.3　限定符

在 8.1.2 节的例子中，使用了"\w*"匹配任意数量的字母或数字。如果想匹配特定数量的数字，该如何表示它们呢？正则表达式为我们提供了限定符（指定数量的字符）来实现该功能。例如，匹配 8 位 QQ 号可用如下表达式：

```
^\d{8}$
```

表 8.2 列出了常用的限定符，并对其进行了说明和举例。

表 8.2　常用限定符以及对应的说明和举例

限　定　符	说　　明	举　　例
?	匹配前面的字符零次或一次	colou?r，该表达式可以匹配 color 和 colour
+	匹配前面的字符一次或多次	go+gle，该表达式可以匹配的范围从 gogle 到 goo...gle
*	匹配前面的字符零次或多次	go*gle，该表达式可以匹配的范围从 ggle 到 goo...gle
{n}	匹配前面的字符 n 次	go{2}gle，该表达式只匹配 google
{n,}	匹配前面的字符最少 n 次	go{2,}gle，该表达式可以匹配的范围从 google 到 goo...gle
{n,m}	匹配前面的字符最少 n 次，最多 m 次	employe{0,2}，该表达式可以匹配 employ、employe 和 employee 3 种情况

8.1.4　字符类

使用正则表达式查找数字和字母是很简单的，因为已经有了对应这些字符集合的元字符（如\d、\w），但是，如果要匹配没有预定义元字符的字符集合（如元音字母 a、e、i、o、u），那么应该怎么办呢？很简单，只需要在方括号里列出它们即可，例如，[aeiou]即匹配任何一个英文元音字母，而[.?!]即匹配标点符号"."."?"或"!"。也可以轻松地指定一个字符范围：像[0-9]代表的含义与\d 就是完全一致的，即代表一位数字；同理，[a-z0-9A-Z_]也完全等同于\w（如果只考虑英文的话）。

 说明

> 如果想匹配给定字符串中任意一个汉字，可以使用[\u4e00-\u9fa5]；如果想匹配连续多个汉字，可以使用[\u4e00-\u9fa5]+。

8.1.5　排除字符

在 8.1.4 节中列出的是匹配符合指定字符集合的字符串。相反，本节将匹配不符合指定字符集合的字符串。正则表达式提供了"^"字符。这个元字符在 8.1.1 节中出现过，表示行的开始，而这里将会放到方括号中，表示排除的意思。例如：

```
[^a-zA-Z]
```

上述表达式用于匹配一个非字母的字符。

8.1.6　选择字符

试想一下，如何匹配身份证号码呢？首先需要了解身份证号码的规则。身份证号码长度为 15 位或者 18 位。如果为 15 位，则全为数字；如果为 18 位，则前 17 位为数字，最后一位是校验位，该校验位可能为数字或字符 X（或字符 x）。

在面述描述中，包含着条件选择的逻辑，这就需要使用选择字符（|）来实现。该字符可以理解为"或"，匹配身份证的表达式可以写成如下方式：

```
(^\d{15}$)|(^\d{18}$)|(^\d{17})(\d|X|x)$
```

上述表达式的意思是可以匹配 15 位数字（或者 18 位数字，或者 17 位数字）和最后一位。需要注意的是，最后一位可以是数字或字符 X（或字符 x）。

8.1.7　转义字符

正则表达式中的转义字符（\）和 Python 中的大同小异，都是将特殊字符（如"."."?""\"等）变为普通的字符。举一个 IP 地址的例子，用正则表达匹配如 127.0.0.1 这样格式的 IP 地址。如果直接使用点字符，则格式如下：

```
[1-9]{1,3}.[0-9]{1,3}.[0-9]{1,3}.[0-9]{1,3}
```

这显然不对，因为"."可以匹配任意一个字符。这时，不仅是 127.0.0.1 这样的 IP，连 127101011 这样的字串也会被匹配出来。因此，在使用"."时，需要使用转义字符（\）。据此，可对上述正则表达式格式做如下修改：

```
[1-9]{1,3}\.[0-9]{1,3}\.[0-9]{1,3}\.[0-9]{1,3}
```

说明

括号在正则表达式中也算是一个元字符。

8.1.8　分组

通过 8.1.6 节中的例子，相信读者已经对小括号字符的作用有了一定的了解。小括号字符的第一个作用就是可以改变限定符的作用范围，如"|""*""^"等。来看下列表达式：

```
(thir|four)th
```

这个表达式的意思是匹配单词 thirth 或 fourth，如果不使用小括号，那么就变成了匹配单词 thir 和 fourth 了。

小括号字符的第二个作用是分组，也就是子表达式。如(\.[0-9]{1,3}){3}，就是对分组(\.[0-9]{1,3})进行重复 3 次操作。

8.1.9　在 Python 中使用正则表达式语法

在 Python 中使用正则表达式时，是将其作为模式字符串使用的。例如，将匹配一个非字母字符的正则表达式转换为模式字符串，可以使用下列代码：

```
'[^a-zA-Z]'
```

而如果将匹配以字母 m 开头的单词的正则表达式转换为模式字符串，则不能直接在其两侧添加引号定界符。例如，下列代码是不正确的：

```
'\bm\w*\b'
```

而是需要将其中的"\"进行转义，转换后的代码如下：

```
'\\bm\\w*\\b'
```

由于模式字符串中可能包括大量的特殊字符和反斜杠，因此需要将其写为原生字符串，即在模式字符串前加 r 或 R。据此，可将上述模式字符串修改为采用原生字符串来表示，具体如下：

```
r'\bm\w*\b'
```

说明

在编写模式字符串时，并不是所有的反斜杠都需要被转换。例如，在 8.1.3 节中编写的正则表达式"^\d{8}$"中的反斜杠就不需要被转义，因为其中的\d 并没有特殊意义。不过，为了编写方便，本书中编写的正则表达式都采用了原生字符串表示。

8.2 使用 re 模块实现正则表达式操作

在 8.1 节中介绍了正则表达式的语法，本节将介绍如何在 Python 中使用正则表达式。Python 提供了 re 模块，用于实现正则表达式的操作。在实现时，可以使用 re 模块提供的方法（如 search()、match()、findall()等）进行字符串处理，也可以先使用 re 模块的 compile()方法将模式字符串转换为正则表达式对象，再使用该正则表达式对象的相关方法来操作字符串。

在使用 re 模块时，需要先应用 import 语句将其导入，具体代码如下：

```
import re
```

如果在使用 re 模块时，未将其导入，则将抛出如图 8.1 所示的异常信息。

```
Traceback (most recent call last):
  File "E:\program\Python\Code\test.py", line 22, in <module>
    pattern =re.compile(pattern)
NameError: name 're' is not defined
```

8.2.1 匹配字符串

图 8.1　未导入 re 模块时抛出的异常信息

匹配字符串可以使用 re 模块提供的 match()、search()和 findall()等方法。下面分别进行介绍。

1. 使用 match()方法进行匹配

match()方法用于从字符串的开始处进行匹配，如果在起始位置匹配成功，则返回 Match 对象，否则返回 None。其语法格式如下：

```
re.match(pattern, string, [flags])
```

参数说明如下。

- ☑ pattern：表示模式字符串，由要匹配的正则表达式转换而来。
- ☑ string：表示要匹配的字符串。
- ☑ flags：可选参数，表示标志位，用于控制匹配方式，如是否区分字母大小写。常用的标志及其说明如表 8.3 所示。

表 8.3　常用的标志及其说明

标　　志	说　　明
A 或 ASCII	对于\w、\W、\b、\B、\d、\D、\s 和\S 只进行 ASCII 匹配（仅适用于 Python 3.x）
I 或 IGNORECASE	执行不区分字母大小写的匹配
M 或 MULTILINE	将^和$用于包括整个字符串的开始和结尾的每一行（默认情况下，仅适用于整个字符串的开始和结尾处）
S 或 DOTALL	使用"."字符匹配所有字符，包括换行符
X 或 VERBOSE	忽略模式字符串中未转义的空格和注释

例如，匹配字符串是否以"mr_"开头的，其中不区分字母大小写，代码如下：

```
01    import re
02    pattern = r'mr_\w+'                              # 模式字符串
03    string = 'MR_SHOP mr_shop'                       # 要匹配的字符串
```

```
04    match = re.match(pattern,string,re.I)                # 匹配字符串，不区分字母大小写
05    print(match)                                          # 输出匹配结果
06    string = '项目名称 MR_SHOP mr_shop'
07    match = re.match(pattern,string,re.I)                # 匹配字符串，不区分字母大小写
08    print(match)                                          # 输出匹配结果
```

执行结果如下：

```
<_sre.SRE_Match object; span=(0, 7), match='MR_SHOP'>
None
```

从上述执行结果中可以看出，字符串"MR_SHOP"是以"mr_"开头的，因此返回一个 Match 对象；而字符串"项目名称 MR_SHOP mr_shop"不是以"mr_"开头的，因此返回 None。这是因为 match() 方法从字符串的开始位置处进行匹配，当第一个字母不符合条件时，将不再进行匹配，直接返回 None。

Match 对象中包含了匹配值的位置和匹配数据。其中：要获取匹配值的起始位置，需要使用 Match 对象的 start() 方法；要获取匹配值的结束位置，需要使用 Match 对象的 end() 方法；要返回匹配位置的元组，需要使用 Match 对象的 span() 方法；要获取要匹配的字符串，需要使用 Match 对象的 string 属性；要获取匹配的数据，需要使用 Match 对象的 group() 方法。例如，下列代码：

```
01    import re
02    pattern = r'mr_\w+'                                  # 模式字符串
03    string = 'MR_SHOP mr_shop'                           # 要匹配的字符串
04    match = re.match(pattern,string,re.I)                # 匹配字符串，不区分字母大小写
05    print('匹配值的起始位置：',match.start())
06    print('匹配值的结束位置：',match.end())
07    print('匹配位置的元组：',match.span())
08    print('要匹配的字符串：',match.string)
09    print('匹配的数据：',match.group())
```

执行结果如下：

```
匹配值的起始位置： 0
匹配值的结束位置： 7
匹配位置的元组： (0, 7)
要匹配的字符串： MR_SHOP mr_shop
匹配的数据： MR_SHOP
```

【例 8.1】验证输入的手机号码是否有效。（实例位置：资源包\TM\sl\08\01）

在 IDLE 中创建一个名称为 checkmobile.py 的文件，然后在该文件中导入 Python 的 re 模块，再定义一个验证手机号码的模式字符串，最后应用该模式字符串验证两个手机号码，并输出验证结果，代码如下：

```
01    import re                                            # 导入 Python 的 re 模块
02    pattern = r'(13[4-9]\d{8})$|(15[01289]\d{8})$'
03    mobile = '1363*******'                               # 运行程序前，请将这里的*号替换为具体的数字
04    match = re.match(pattern, mobile)                    # 进行模式匹配
05    if match == None:                                    # 判断是否为 None，为真表示匹配失败
06        print(mobile,'不是有效的中国移动手机号码。')
07    else:
08        print(mobile,'是有效的中国移动手机号码。')
09    mobile = '1314*******'                               # 运行程序前，请将这里的*号替换为具体的数字
10    match = re.match(pattern, mobile)                    # 进行模式匹配
11    if match == None:                                    # 判断是否为 None，为真表示匹配失败
12        print(mobile,'不是有效的中国移动手机号码。')
13    else:
14        print(mobile,'是有效的中国移动手机号码。')
```

运行上述代码，将显示如图 8.2 所示的结果。

> 13634■■■■22 是有效的中国移动手机号码。
> 13144■■■■21 不是有效的中国移动手机号码。

图 8.2　验证输入的手机号码是否有效

2. 使用 search()方法进行匹配

search()方法用于在整个字符串中搜索第一个要匹配的
值，如果在起始位置匹配成功，则返回 Match 对象，否则返回 None。其语法格式如下：

```
re.search(pattern, string, [flags])
```

参数说明如下。

- ☑ pattern：表示模式字符串，由要匹配的正则表达式转换而来。
- ☑ string：表示要匹配的字符串。
- ☑ flags：可选参数，表示标志位，用于控制匹配方式，如是否区分字母大小写。常用的标志及其说明如表 8.3 所示。

例如，搜索第一个以"mr_"开头的字符串，其中不区分字母大小写，代码如下：

```
01  import re
02  pattern = r'mr_\w+'                              # 模式字符串
03  string = 'MR_SHOP mr_shop'                       # 要匹配的字符串
04  match = re.search(pattern,string,re.I)           # 搜索字符串，不区分字母大小写
05  print(match)                                     # 输出匹配结果
06  string = '项目名称 MR_SHOP mr_shop'              # 搜索字符串，不区分字母大小写
07  match = re.search(pattern,string,re.I)
08  print(match)                                     # 输出匹配结果
```

执行结果如下：

```
<_sre.SRE_Match object; span=(0, 7), match='MR_SHOP'>
<_sre.SRE_Match object; span=(4, 11), match='MR_SHOP'>
```

从上述运行结果中可以看出，search()方法不仅仅是在字符串的起始位置处进行搜索，还可以在其他位置处搜索有符合的匹配。

【例 8.2】 验证是否出现危险字符。（**实例位置：资源包\TM\sl\08\02**）

在 IDLE 中创建一个名称为 checktnt.py 的文件，然后在该文件中导入 Python 的 re 模块，再定义一个验证危险字符的模式字符串，最后应用该模式字符串验证两段文字，并输出验证结果，代码如下：

```
01  import re                                        # 导入 Python 的 re 模块
02  pattern = r'(黑客)|(抓包)|(监听)|(Trojan)'       # 模式字符串
03  about = '我是一名程序员，我喜欢看黑客方面的图书，想研究一下 Trojan。'
04  match = re.search(pattern, about)                # 进行模式匹配
05  if match == None:                                # 判断是否为 None，为真表示匹配失败
06      print(about, '@ 安全！')
07  else:
08      print(about, '@ 出现了危险词汇！')
09  about = '我是一名程序员，我喜欢看计算机网络方面的图书，喜欢开发网站。'
10  match = re.match(pattern, about)                 # 进行模式匹配
11  if match == None:                                # 判断是否为 None，为真表示匹配失败
12      print(about, '@ 安全！')
13  else:
14      print(about, '@ 出现了危险词汇！')
```

运行上述代码，将显示如图 8.3
所示的结果。因为第 3 行代码中包含
危险字符"黑客"和 Trojan，所以匹

> 我是一名程序员，我喜欢看黑客方面的图书，想研究一下Trojan。 @ 出现了危险词汇！
> 我是一名程序员，我喜欢看计算机网络方面的图书，喜欢开发网站。 @ 安全！

图 8.3　验证是否出现危险字符

配成功，显示出现了危险词汇。

3．使用 findall()方法进行匹配

findall()方法用于在整个字符串中搜索所有符合正则表达式的字符串，并以列表的形式返回。如果匹配成功，则返回包含匹配结构的列表，否则返回空列表。其语法格式如下：

```
re.findall(pattern, string, [flags])
```

参数说明如下。

☑　pattern：表示模式字符串，由要匹配的正则表达式转换而来。

☑　string：表示要匹配的字符串。

☑　flags：可选参数，表示标志位，用于控制匹配方式，如是否区分字母大小写。常用的标志及其说明如表 8.3 所示。

例如，搜索以"mr_"开头的字符串，代码如下：

```
01    import re
02    pattern = r'mr_\w+'                              # 模式字符串
03    string = 'MR_SHOP mr_shop'                       # 要匹配的字符串
04    match = re.findall(pattern,string,re.I)          # 搜索字符串，不区分字母大小写
05    print(match)                                     # 输出匹配结果
06    string = '项目名称 MR_SHOP mr_shop'
07    match = re.findall(pattern,string)               # 搜索字符串，区分字母大小写
08    print(match)                                     # 输出匹配结果
```

执行上述代码，输出结果如下：

```
['MR_SHOP', 'mr_shop']
['mr_shop']
```

如果在指定的模式字符串中包含分组，则返回与分组匹配的文本列表。例如，下列代码：

```
01    import re
02    pattern = r'[1-9]{1,3}(\.[0-9]{1,3}){3}'          # 模式字符串
03    str1 = '127.0.0.1 192.168.1.66'                   # 要配置的字符串
04    match = re.findall(pattern,str1)                  # 进行模式匹配
05    print(match)
```

执行上述代码，其输出结果如下：

```
['.1', '.66']
```

从上述结果中可以看出，并没有得到匹配的 IP 地址，这是因为在模式字符串中出现了分组，所以得到的结果是根据分组进行匹配的结果，即"(\.[0-9]{1,3})"匹配的结果。如果想获取整个模式字符串的匹配，可以将整个模式字符串使用一对小括号进行分组，然后在获取结果时，只取返回值列表的每个元素（是一个元组）的第 1 个元素，代码如下：

```
01    import re
02    pattern = r'([1-9]{1,3}(\.[0-9]{1,3}){3})'        # 模式字符串
03    str1 = '127.0.0.1 192.168.1.66'                   # 要配置的字符串
04    match = re.findall(pattern,str1)                  # 进行模式匹配
05    for item in match:
06        print(item[0])
```

执行上述代码，其输出结果如下：

```
127.0.0.1
192.168.1.66
```

8.2.2　替换字符串

sub()方法用于实现字符串的替换。其语法格式如下：

```
re.sub(pattern, repl, string, count, flags)
```

参数说明如下。

☑　pattern：表示模式字符串，由要匹配的正则表达式转换而来。

☑　repl：表示替换的字符串。

☑　string：表示要被查找替换的原始字符串。

☑　count：可选参数，表示匹配后的模式字符串可以被替换的最大次数。默认值为 0，表示替换所有的匹配。

☑　flags：可选参数，表示标志位，用于控制匹配方式，如是否区分字母大小写。常用的标志及其说明如表 8.3 所示。

例如，隐藏中奖信息中的手机号码，代码如下：

```
01    import re
02    pattern = r'1[34578]\d{9}'                              # 定义要替换的模式字符串
03    string = '中奖号码为：84978981 联系电话为：13611111111'
04    result = re.sub(pattern,'1XXXXXXXXXX',string)           # 替换字符串
05    print(result)
```

执行上述代码，其输出结果如下：

```
中奖号码为：84978981 联系电话为：1××××××××××
```

【例 8.3】替换出现的危险字符。（实例位置：资源包\TM\sl\08\03）

在 IDLE 中创建一个名称为 checktnt.py 的文件，然后在该文件中导入 Python 的 re 模块，再定义一个验证危险字符的模式字符串，最后应用该模式字符串验证两段文字，并输出验证结果，代码如下：

```
01    import re                                               # 导入 Python 的 re 模块
02    pattern = r'(黑客)|(抓包)|(监听)|(Trojan)'                # 模式字符串
03    about = '我是一名程序员，我喜欢看黑客方面的图书，想研究一下 Trojan。'
04    sub = re.sub(pattern, '@_@', about)                    # 进行模式替换
05    print(sub)
06    about = '我是一名程序员，我喜欢看计算机网络方面的图书，喜欢开发网站。'
07    sub = re.sub(pattern, '@_@', about)                    # 进行模式替换
08    print(sub)
```

运行上述代码，将显示如图 8.4 所示的结果。

```
我是一名程序员，我喜欢看@_@方面的图书，想研究一下@_@。
我是一名程序员，我喜欢看计算机网络方面的图书，喜欢开发网站。
```

图 8.4　替换出现的危险字符

8.2.3　使用正则表达式分割字符串

split()方法用于实现根据正则表达式分割字符串，并以列表的形式返回。其作用与 7.2.4 节介绍的字符串对象的 split()方法类似，不同之处在于分割字符由模式字符串指定。其语法格式如下：

```
re.split(pattern, string, [maxsplit], [flags])
```

参数说明如下。

- ☑ pattern：表示模式字符串，由要匹配的正则表达式转换而来。
- ☑ string：表示要匹配的字符串。
- ☑ maxsplit：可选参数，表示最大的拆分次数。
- ☑ flags：可选参数，表示标志位，用于控制匹配方式，如是否区分字母大小写。常用的标志及其说明如表 8.3 所示。

例如，从给定的 URL 地址中提取出请求地址和各个参数，代码如下：

```
01    import re
02    pattern = r'[?|&]'                      # 定义分隔符
03    url = 'http://www.mingrisoft.com/login.jsp?username="mr"&pwd="mrsoft"'
04    result = re.split(pattern,url)          # 分割字符串
05    print(result)
```

执行上述代码，其输出结果如下：

```
['http://www.mingrisoft.com/login.jsp', 'username="mr"', 'pwd="mrsoft"']
```

场景模拟： 微博的@好友栏目中，输入"@明日科技 @扎克伯格 @盖茨"（好友名称之间用一个空格区分），即可同时@3 位好友。

【例 8.4】 输出被@的好友名称（副本）。（实例位置：**资源包\TM\sl\08\04**）

在 IDLE 中创建一个名称为 atfriend-split1.py 的文件，然后在该文件中定义一个字符串，内容为"@明日科技 @扎克伯格 @盖茨"，再使用 re 模块的 split()方法对该字符串进行分割，以获取好友名称，并输出获取到的好友名称，代码如下：

```
01    import re
02    str1 = '@明日科技 @扎克伯格 @盖茨'
03    pattern = r'\s*@'
04    list1 = re.split(pattern,str1)          # 用空格和"@"，或单独的"@"分割字符串
05    print('您@的好友有：')
06    for item in list1:
07        if item != "":                      # 输出不为空的元素
08            print(item)                      # 输出每位好友名
```

运行上述代码，其输出结果如图 8.5 所示。

```
您@的好友有：
明日科技
扎克伯格
盖茨
```

图 8.5　输出被@的好友

8.3　实践与练习

（答案位置：**资源包\TM\sl\08\实践与练习**）

综合练习 1：替换出现的违禁词　在电商平台中，商品评价将直接影响着用户的购买欲望。处理差评的一个好的解决方法就是及时做出回应。为了规范回复内容，京东平台会自动检查是否出现违禁词。本练习要求读者编写一段 Python 代码，实现替换一段文字中出现的违禁词。（提示：违禁词可以设置为天猫、当当、唯一、神效）

综合练习 2：提取 E-mail 地址　在收到电子邮件时，必须提供正确的 E-mail 地址。本练习要求读者编写一段 Python 代码，从一段文本中提取出全部 E-mail 地址。（提示：E-mail 地址的规则为"收件人的用户名+@+邮件服务器名"，其中邮件服务器名可以是域名或十进制表示的 IP 地址）

第9章

函数

在前面的章节中，所有编写的代码都是从上到下依次执行的，如果某段代码需要被多次使用，那么需要将该段代码复制多次。这种做法势必会影响开发效率，在实际项目开发中是不可取的。那么，如果想让某一段代码被多次使用，应该怎么做呢？Python 提供了函数。我们可以把实现某一功能的代码定义为一个函数，然后在需要使用它时，可以随时调用它，这十分方便。函数被简单地理解为可以完成某项工作的代码块，有点类似积木块，可以被反复地使用。

本章将对如何定义和调用函数，以及函数的参数、变量的作用域、匿名函数等进行详细介绍。

本章知识架构及重难点如下。

9.1　函数的创建和调用

提到函数，大家可能会想到数学函数，函数是数学中最重要的一个模块，贯穿整个数学。在 Python 中，函数的应用非常广泛。我们在前面已经多次接触过函数。例如，用于输出的 print()函数、用于输入的 input()函数，以及用于生成一系列整数的 range()函数。但这些都是 Python 内置的标准函数，可以直接使用。除了可以直接使用的标准函数，Python 还支持自定义函数，即通过将一段有规律的、重复的代码定义为函数，以达到一次编写、多次调用的目的。使用函数可以提高代码的重复利用率。

9.1.1　创建一个函数

创建函数也称为定义函数，可以理解为创建一个具有某种用途的工具。在 Python 中，可以使用 def 关键字来定义函数，具体的语法格式如下：

```
def functionname([parameterlist]):
    ['''comments''']
    [functionbody]
```

参数说明如下。

☑　functionname：函数名称，在调用函数时使用。

☑　parameterlist：可选参数，用于指定向函数中传递的参数。如果有多个参数，则各参数间使用逗号 "," 分隔；如果不指定，则表示该函数没有参数，在调用时，也不指定参数。

☑　'''comments'''：可选参数，表示为函数指定注释，也称为 Docstrings（文档字符串），其内容通常是说明该函数的功能、要传递的参数的作用等，可以为用户提供友好提示和帮助的内容。

误区警示

当函数没有参数时，必须保留一对空的小括号 "()"，否则将显示如图 9.1 所示的错误提示。

图 9.1　语法错误提示对话框

说明

在定义函数时，如果指定了 '''comments''' 参数，那么在调用函数时，可以通过 "函数名.__doc__" 或者 help(函数名) 获取，如图 9.2 所示。

图 9.2　查看函数的 Docstrings

☑ functionbody：可选参数，用于指定函数体，即该函数被调用后，要执行的功能代码。如果函数有返回值，则可以使用 return 语句将其返回。

注意

（1）函数体"functionbody"和注释""comments""相对于 def 关键字必须保持一定的缩进。

（2）如果定义的函数暂时什么也不做，那么需要使用 pass 语句作为点位符，或者添加 Docstrings，但不能直接添加一行单行注释。

例如，定义一个过滤危险字符的函数 filterchar()，代码如下：

```
01  def filterchar(string):
02      '''功能：过滤危险字符（如黑客），并将过滤后的结果输出
03         string：要过滤的字符串
04         没有返回值
05      '''
06      import re                              # 导入 Python 的 re 模块
07      pattern = r'(黑客)|(抓包)|(监听)|(Trojan)'    # 模式字符串
08      sub = re.sub(pattern, '@_@', string)   # 进行模式替换
09      print(sub)
```

运行上述代码，将不显示任何内容，也不会抛出异常，因为 filterchar()函数还没有被调用。

9.1.2 调用函数

调用函数也就是执行函数。如果把创建的函数理解为创建一个具有某种用途的工具，那么调用函数就相当于使用该工具。调用函数的基本语法格式如下：

```
functionname([parametersvalue])
```

参数说明如下。

☑ functionname：函数名称，要调用的函数名称必须是已经创建好的。

☑ parametersvalue：可选参数，用于指定各个参数的值。如果需要传递多个参数值，则各参数值间使用逗号","分隔；如果该函数没有参数，则直接写一对小括号即可。

例如，调用 9.1.1 节创建的 filterchar()函数，可以使用下列代码：

```
01  about = '我是一名程序员，喜欢看黑客方面的图书，想研究一下 Trojan。'
02  filterchar(about)
```

调用 filterchar()函数后，将显示如图 9.3 所示的结果。

场景模拟：第 5 章的例 5.1 实现了每日一帖功能，但是这段代码只能执行一次，如果想要再次输出，还需要再重新写一遍。如果把这段代码定义为一个函数，那么就可以多次显示每日一帖。

【例 9.1】输出每日一帖（共享版）。（**实例位置：资源包\TM\sl\09\01**）

在 IDLE 中创建一个名称为 function_tips.py 的文件，然后在该文件中创建一个名称为 function_tips 的函数，在该函数中，从励志文字列表中获取一条励志文字并输出，最后调用函数 function_tips()，代码如下：

```
01  def function_tips():
02      '''功能：每天输出一条励志文字
```

```
03          """
04          import datetime                                  # 导入 datetime 模块
05          # 定义一个列表
06          mot = ["坚持下去不是因为我很坚强，而是因为我别无选择",
07                 "含泪播种的人一定能笑着收获",
08                 "做对的事情比把事情做对重要",
09                 "命运给予我们的不是失望之酒，而是机会之杯",
10                 "明日永远新鲜如初，纤尘不染",
11                 "求知若饥，虚心若愚",
12                 "成功将属于那些从不说"不可能"的人"]
13          day = datetime.datetime.now().weekday()          # 获取当前星期
14          print(mot[day])                                  # 输出每日一帖
15  # ******************************调用函数*******************************#
16  function_tips()                                          # 调用函数
```

运行上述代码，其结果如图 9.4 所示。

我是一名程序员，喜欢看@_@方面的图书，想研究一下@_@。	含泪播种的人一定能笑着收获
图 9.3　调用 filterchar()函数的结果	图 9.4　调用 filterchar()函数输出每日一帖

9.2　参 数 传 递

在调用函数时，大多数情况下，主调函数和被调用函数之间有数据传递关系，这就是有参数的函数形式。函数参数的作用是传递数据给函数使用，函数利用接收的数据进行具体的操作处理。

函数参数在定义函数时被放在函数名称后面的一对小括号中，如图 9.5 所示。

图 9.5　函数参数

9.2.1　了解形式参数和实际参数

在使用函数时，经常会用到形式参数和实际参数。它们都被叫作参数，下面将先通过形式参数与实际参数的作用来讲解二者的区别，再通过一个比喻和例子以深入理解它们。

1．通过作用理解

形式参数和实际参数在作用上的区别如下。

☑　形式参数：在定义函数时，函数名后面括号中的参数为"形式参数"。

☑　实际参数：在调用一个函数时，函数名后面括号中的参数为"实际参数"。也就是将函数的调用者提供给函数的参数称为实际参数。通过图 9.6 可以更好地理解这一概念。

根据实际参数的类型不同，可以分为两种情况：一种是将实际参数的值传递给形式参数，另一种是将实际参数的引用传递给形式参数。其中：当实际参数为不可变对象时，进行的是值传递；当实际参数为可变对象时，进行的是引用传递。实际上，值传递和引用传递的基本区别就是：进行值传递后，改变形式参数的值，实际参数的值不变；而进行引用传递后，改变形式参数的值，实际参数的值也一同被改变。

图 9.6　形式参数与实际参数

例如，定义一个名称为 demo 的函数，然后为 demo() 函数传递一个字符串类型的变量作为参数（代表值传递），并在函数被调用前后分别输出该字符串变量，再为 demo() 函数传递一个列表类型的变量作为参数（代表引用传递），并在函数被调用前后分别输出该列表，代码如下：

```
01  # 定义函数
02  def demo(obj):
03      print("原值：",obj)
04      obj += obj
05  # 调用函数
06  print("=========值传递========")
07  mot = "唯有在被追赶的时候，你才能真正地奔跑。"
08  print("函数调用前：",mot)
09  demo(mot)  #采用不可变对象——字符串
10  print("函数调用后：",mot)
11  print("=========引用传递 ========")
12  list1 = ['绮梦','冷伊一','香凝','黛兰']
13  print("函数调用前：",list1)
14  demo(list1)  #采用可变对象——列表
15  print("函数调用后：",list1)
```

上述代码的执行结果如下：

```
=========值传递========
函数调用前：  唯有在被追赶的时候，你才能真正地奔跑。
原值：  唯有在被追赶的时候，你才能真正地奔跑。
函数调用后：  唯有在被追赶的时候，你才能真正地奔跑。
=========引用传递 ========
函数调用前：['绮梦', '冷伊一', '香凝', '黛兰']
原值：['绮梦', '冷伊一', '香凝', '黛兰']
函数调用后：['绮梦', '冷伊一', '香凝', '黛兰', '绮梦', '冷伊一', '香凝', '黛兰']
```

从上述执行结果中可以看出：在进行值传递时，改变形式参数的值后，实际参数的值不改变；在进行引用传递时，改变形式参数的值后，实际参数的值也发生改变。

2. 通过一个比喻来理解形式参数和实际参数

在定义函数时，参数列表中的参数就是形式参数，而在调用函数时传递进来的参数就是实际参数，就像剧本选主角一样，剧本的角色相当于形式参数，而演角色的演员就相当于实际参数。

场景模拟：在第 2 章的例 2.1 中实现了根据身高和体重计算 BMI 指数，但是这段代码只能计算一个固定的身高和体重（可以理解为一个人的），如果想要计算另一个身高和体重（即另一个人的）对应的 BMI 指数，那么还需要把这段代码再重新写一遍。如果把这段代码定义为一个函数，那么就可以计算多个人的 BMI 指数了。

【例 9.2】根据身高、体重计算 BMI 指数（共享版）。（**实例位置：资源包\TM\sl\09\02**）

在 IDLE 中创建一个名称为 function_bmi.py 的文件，然后在该文件中定义一个名称为 fun_bmi 的函数，该函数包括 3 个参数，分别用于指定姓名、身高和体重，再根据公式"BMI=体重/（身高×身高）"计算 BMI 指数，并输出结果，最后在函数体外调用两次 fun_bmi()函数，代码如下：

```
01  def fun_bmi(person,height,weight):
02      '''功能：根据身高和体重计算 BMI 指数
03          person：姓名
04          height：身高，单位：m
05          weight：体重，单位：kg
06      '''
07      print(person + "的身高：" + str(height) + "m \t 体重：" + str(weight) + "kg")
08      bmi=weight/(height*height)                          # 用于计算 BMI 指数，公式为"体重/（身高×身高）"
09      print(person + "的 BMI 指数为："+str(bmi))            # 输出 BMI 指数
10      # 判断体重是否合理
11      if bmi<18.5:
12          print("您的体重过轻 ~@_@~\n")
13      if bmi>=18.5 and bmi<24.9:
14          print("正常范围，注意保持 (-_-)\n")
15      if bmi>=24.9 and bmi<29.9:
16          print("您的体重过重 ~@_@~\n")
17      if bmi>=29.9:
18          print("肥胖 ^@_@^\n")
19  #******************************调用函数 ******************************#
20  fun_bmi("路人甲",1.83,60)                                 # 计算路人甲的 BMI 指数
21  fun_bmi("路人乙",1.60,50)                                 # 计算路人乙的 BMI 指数
```

运行结果如图 9.7 所示。

从例 9.2 的代码和运行结果中可以看出下列内容。

（1）定义一个根据身高、体重计算 BMI 指数的函数 fun_bmi()。在定义函数时，指定的变量 person、height 和 weight 被称为形式参数。

（2）在函数 fun_bmi()中根据形式参数的值计算 BMI 指数，并输出相应的信息。

```
路人甲的身高：1.83m         体重：60kg
路人甲的BMI指数为：17.916330735465376
您的体重过轻 ~@_@~

路人乙的身高：1.6m          体重：50kg
路人乙的BMI指数为：19.531249999999996
正常范围，注意保持 (-_-)
```

图 9.7　根据身高、体重计算 BMI 指数

（3）在调用 fun_bmi()函数时，指定的"路人甲"、1.83 和 60 等都是实际参数。在函数调用时，这些值将被传递给对应的形式参数。

9.2.2　位置参数

位置参数，也被称必备参数，必须按照正确的顺序将其传到函数中，即调用时的数量和位置必须和定义时是一样的。下面分别进行介绍。

1. 数量必须与定义时一致

在调用函数时，指定的实际参数的数量必须与形式参数的数量一致，否则将抛出 TypeError 的异常信息，提示缺少必要的位置参数。

例如，调用例 9.2 中编写的根据身高、体重计算 BMI 指数的函数 fun_bmi(person,height,weight)，将参数少传一个，即只传递两个参数，代码如下：

```
fun_bmi("路人甲",1.83)                                       # 计算路人甲的 BMI 指数
```

函数被调用后，将显示如图 9.8 所示的异常信息。

```
Traceback (most recent call last):
  File "E:\program\Python\Code\demo.py", line 20, in <module>
    fun_bmi("路人甲",1.83)  # 计算路人甲的BMI指数
TypeError: fun_bmi() missing 1 required positional argument: 'weight'
```

图 9.8　缺少必要的参数时抛出的异常信息

从图 9.8 显示的异常信息中可以看出，抛出的异常类型为 TypeError，具体的意思是"fun_bmi()函数缺少一个必要的位置参数 weight"。

2. 位置必须与定义时一致

在调用函数时，指定的实际参数的位置必须与形式参数的位置一致，否则将产生以下两种结果。

☑　抛出 TypeError 的异常信息

抛出 TypeError 的异常信息，其主要原因在于，实际参数的类型与形式参数的类型不一致，并且在函数中，这两种类型不能正常转换。

例如，调用例 9.2 中编写的 fun_bmi(person,height,weight)函数，调换第 1 个参数和第 2 个参数的位置，代码如下：

```
fun_bmi(60，"路人甲",1.83)                    # 计算路人甲的 BMI 指数
```

函数被调用后，将显示如图 9.9 所示的异常信息。这主要是因为，传递的整型数值不能与字符串进行连接操作。

```
Traceback (most recent call last):
  File "F:\program\Python\09\02\function_bmi.py", line 20, in
<module>
    fun_bmi(60,"路人甲",1.83)  # 计算路人甲的BMI指数
  File "F:\program\Python\09\02\function_bmi.py", line 7, in f
un_bmi
    print(person + "的身高：" + str(height) + "m \t 体重：" + str(weight) + "kg")
TypeError: unsupported operand type(s) for +: 'int' and 'str'
```

图 9.9　提示不支持的操作数类型

☑　产生的结果与预期不符

在调用函数时，如果指定的实际参数与形式参数的位置不一致，但是它们的数据类型一致，那么就不会抛出异常，而是产生结果与预期不符的问题。

例如，调用例 9.2 中编写的 fun_bmi(person,height,weight)函数，调换第 2 个参数和第 3 个参数的位置，代码如下：

```
fun_bmi("路人甲",60,1.83)                    # 计算路人甲的 BMI 指数
```

函数被调用后，将显示如图 9.10 所示的结果。从该结果中可以看出，虽然没有抛出异常信息，但是得到的结果与预期不一致。

```
路人甲的身高：60m          体重：1.83kg
路人甲的BMI指数为：0.0005083333333333334
您的体重过轻 ~@_@~
```

图 9.10　结果与预期不符

说明

由于在调用函数时，尽管所传递的实际参数的位置与形式参数的位置不一致，但并不会总是抛出异常信息，因此在调用函数时一定要确定好位置，否则产生 bug，还不容易被发现。

9.2.3　关键字参数

关键字参数是指使用形式参数的名字来确定输入的参数值。通过该方式指定实际参数时，它不再需要与形式参数的位置完全一致，只要将参数名写正确即可。这样可以避免用户需要牢记参数位置的麻烦，并使函数的调用和参数的传递更加灵活方便。

例如，调用例 9.2 中编写的 fun_bmi(person,height,weight)函数，通过关键字参数指定各个实际参数，代码如下：

```
fun_bmi( height = 1.83, weight = 60, person = "路人甲")          # 计算路人甲的 BMI 指数
```

函数被调用后，将显示以下结果：

```
路人甲的身高：1.83m   体重：60kg
路人甲的 BMI 指数为：17.916330735465376
您的体重过轻 ~@_@~
```

从上述结果中可以看出，虽然在指定实际参数时，顺序与定义函数时不一致，但是运行结果与预期是一致的。

9.2.4　为参数设置默认值

调用函数时，如果没有指定某个参数，则会抛出异常信息。为了解决这个问题，我们可以为参数设置默认值，即在定义函数时，直接指定形式参数的默认值。这样，当没有传入参数时，可以直接使用定义函数时设置的默认值。定义带有默认值参数的函数的语法格式如下：

```
def functionname(...,[parameter1 = defaultvalue1]):
    [functionbody]
```

参数说明如下。

- ☑　functionname：函数名称，在调用函数时使用。
- ☑　parameter1 = defaultvalue1：可选参数，用于指定向函数中传递的参数，并且为该参数设置默认值为 defaultvalue1。
- ☑　functionbody：可选参数，用于指定函数体，即该函数被调用后，要执行的功能代码。

误区警示

在定义函数时，指定默认的形式参数必须在所有参数的末尾，否则将产生语法错误。

例如，修改例 9.2 中定义的根据身高、体重计算 BMI 指数的函数 fun_bmi()，并为该函数的第 1 个参数指定默认值，修改后的代码如下：

```
01   def fun_bmi(height,weight, person = "路人"):
02       '''功能：根据身高和体重计算 BMI 指数
03          person：姓名
04          height：身高，单位：m
05          weight：体重，单位：kg
06       '''
07       print(person + "的身高：" + str(height) + "m \t 体重：" + str(weight) + "kg")
```

```
08        bmi=weight/(height*height)                        # 用于计算 BMI 指数，公式为"体重/（身高×身高）"
09        print(person + "的 BMI 指数为："+str(bmi))          # 输出 BMI 指数
10        # 判断体重是否合理
11        if bmi<18.5:
12            print("您的体重过轻  ~@_@~\n")
13        if bmi>=18.5 and bmi<24.9:
14            print("正常范围，注意保持 (-_-)\n")
15        if bmi>=24.9 and bmi<29.9:
16            print("您的体重过重 ~@_@~\n")
17        if bmi>=29.9:
18            print("肥胖  ^@_@^\n")
```

然后调用 fun_bmi()函数，不指定第 1 个参数，代码如下：

```
fun_bmi(1.73,60)                                          # 计算 BMI 指数
```

执行结果如下：

```
路人的身高：1.73m      体重：60kg
路人的 BMI 指数为：20.04744562130375
正常范围，注意保持 (-_-)
```

说明

在 Python 中，可以使用"函数名.__defaults__"查看函数的默认值参数的当前值，其结果是一个元组。例如，显示上面定义的 fun_bmi()函数的默认值参数的当前值，可以使用"fun_bmi.__defaults__"，结果为"('路人',)"。

另外，使用可变对象作为函数参数的默认值时，多次调用可能会导致意料之外的情况。例如，编写一个名称为 demo()的函数，并为其设置一个带默认值的参数，代码如下：

```
01    def demo(obj=[]):                                     # 定义函数并为参数 obj 指定默认值
02        print("obj 的值：",obj)
03        obj.append(1)
```

调用 demo()函数，代码如下：

```
demo()                                                   # 调用函数
```

将显示以下结果：

```
obj 的值：  []
```

连续两次调用 demo()函数，并且都不指定实际参数，代码如下：

```
01    demo()                                               # 调用函数
02    demo()                                               # 调用函数
```

将显示以下结果：

```
obj 的值：  []
obj 的值：  [1]
```

从上述结果中可知，这显然不是我们想要的结果。为了防止出现这种情况，最好使用 None 作为可变对象的默认值，这时还需要加上必要的检查代码。修改后的代码如下：

```
01    def demo(obj=None):
02        if obj==None:
```

```
03          obj = []
04      print("obj 的值：",obj)
05          obj.append(1)
```

将显示以下结果：

```
obj 的值：[]
obj 的值：[]
```

说明

定义函数时，为形式参数设置默认值要牢记一点：默认参数必须指向不可变对象。

9.2.5　可变参数

在 Python 中，还可以定义可变参数。可变参数也被称为不定长参数，即传入函数中的实际参数可以是零个、一个、两个到任意个。

定义可变参数时，主要有两种形式：一种是*parameter，另一种是**parameter。下面分别进行介绍。

1．*parameter

*parameter 形式表示接收任意多个实际参数并将其放到一个元组中。例如，定义一个函数，让其可以接收任意多个实际参数，代码如下：

```
01  def printcoffee(*coffeename):              # 定义输出我喜欢的咖啡名称的函数
02      print('\n 我喜欢的咖啡有：')
03      for item in coffeename:
04          print(item)                        # 输出咖啡名称
```

调用 3 次 printcoffee()函数，分别指定不同多个的实际参数，代码如下：

```
01  printcoffee('蓝山')
02  printcoffee('蓝山','卡布奇诺','土耳其','巴西','哥伦比亚')
03  printcoffee('蓝山','卡布奇诺','曼特宁','摩卡')
```

执行结果如图 9.11 所示。

如果想要使用一个已经存在的列表作为函数的可变参数，可以在列表的名称前加"*"。来看下列代码：

```
01  param = ['蓝山','卡布奇诺','土耳其']         # 定义一个列表
02  printcoffee(*param)                         # 通过列表指定函数的可变参数
```

上述代码调用了 printcoffee()函数后，将显示以下运行结果：

```
我喜欢的咖啡有：
蓝山
卡布奇诺
土耳其
```

```
我喜欢的咖啡有：
蓝山

我喜欢的咖啡有：
蓝山
卡布奇诺
土耳其
巴西
哥伦比亚

我喜欢的咖啡有：
蓝山
卡布奇诺
曼特宁
摩卡
```

图 9.11　让函数具有可变参数

场景模拟：假设某大学的文艺社团里有多个组合，他们想要计算每个人的 BMI 指数。

【例 9.3】根据身高、体重计算 BMI 指数（共享升级版）。（**实例位置：资源包\TM\sl\09\03**）

在 IDLE 中创建一个名称为 function_bmi_upgrade.py 的文件；然后在该文件中定义一个名称为 fun_bmi_upgrade()的函数，该函数包括一个可变参数，用于指定包括姓名、身高和体重的测试人信息，在该函数中将根据测试人信息计算 BMI 指数，并输出结果；最后在函数体外定义一个列表，并且将该

列表作为 fun_bmi_upgrade() 函数的参数进行调用。具体代码如下：

```
01  def fun_bmi_upgrade(*person):
02      '''功能：根据身高和体重计算 BMI 指数（升级版）
03      *person：可变参数。需要向该参数中传递带 3 个元素的列表，
04      分别为姓名、身高（单位：m）和体重（单位：kg）
05      '''
06      for list_person in person:
07          for item in list_person:
08              person = item[0]                # 姓名
09              height = item[1]                # 身高（单位：m）
10              weight = item[2]                # 体重（单位：kg）
11              print("\n" + "="*13,person,"="*13)
12              print("身高： " + str(height) + "m \t 体重： " + str(weight) + "kg")
13              bmi=weight/(height*height)      # 用于计算 BMI 指数，公式为"体重/（身高×身高）"
14              print("BMI 指数： "+str(bmi))    # 输出 BMI 指数
15              # 判断体重是否合理
16              if bmi<18.5:
17                  print("您的体重过轻 ~@_@~")
18              if bmi>=18.5 and bmi<24.9:
19                  print("正常范围，注意保持 (-_-)")
20              if bmi>=24.9 and bmi<29.9:
21                  print("您的体重过重 ~@_@~")
22              if bmi>=29.9:
23                  print("肥胖 ^@_@^")
24  #*****************************调用函数*******************************#
25  list_w = [('绮梦',1.70,65),('零语',178,50),('黛兰',1.72,66)]
26  list_m = [('梓轩',1.80,75),('冷伊一',1.75,70)]
27  fun_bmi_upgrade(list_w ,list_m)             # 调用函数并指定可变参数
```

运行结果如图 9.12 所示。

2．**parameter

**parameter 形式表示接收任意多个类似关键字参数一样显式赋值的实际参数，并将其放到一个字典中。例如，定义一个函数，让其可以接收任意多个显式赋值的实际参数，代码如下：

```
01  def printsign(**sign):                  # 定义输出姓名和星座的函数
02      print()                             # 输出一个空行
03      for key, value in sign.items():     # 遍历字典
04          print("[" + key + "] 的星座是： " + value)    # 输出组合后的信息
```

调用两次 printsign() 函数，代码如下：

```
01  printsign(绮梦='水瓶座', 冷伊一='射手座')
02  printsign(香凝='双鱼座', 黛兰='双子座', 冷伊一='射手座')
```

执行结果如下：

```
[绮梦] 的星座是：水瓶座
[冷伊一] 的星座是：射手座

[香凝] 的星座是：双鱼座
[黛兰] 的星座是：双子座
[冷伊一] 的星座是：射手座
```

```
============ 绮梦 ============
身高： 1.7m       体重： 65kg
BMI指数： 22.49134948096886
正常范围，注意保持 (-_-)

============ 零语 ============
身高： 1.78m      体重： 50kg
BMI指数： 15.780835753061481
您的体重过轻 ~@_@~

============ 黛兰 ============
身高： 1.72m      体重： 66kg
BMI指数： 22.30935640886966
正常范围，注意保持 (-_-)

============ 梓轩 ============
身高： 1.8m       体重： 75kg
BMI指数： 23.148148148148145
正常范围，注意保持 (-_-)

============ 冷伊一 ============
身高： 1.75m      体重： 70kg
BMI指数： 22.857142857142858
正常范围，注意保持 (-_-)
```

图 9.12　根据身高、体重计算
BMI 指数（共享升级版）

如果想要使用一个已经存在的字典作为函数的可变参数，可以在字典的名称前加"**"。来看下列

144

代码：

```
01    dict1 = {'绮梦':'水瓶座','冷伊一':'射手座','香凝':'双鱼座'}    # 定义一个字典
02    printsign(**dict1)                                      # 通过字典指定函数的可变参数
```

上述代码调用了 printsign() 函数后，将显示以下运行结果：

```
[绮梦] 的星座是：水瓶座
[冷伊一] 的星座是：射手座
[香凝] 的星座是：双鱼座
```

9.2.6　类型联合运算符

Python 是一种动态类型的语言，但是 Python 也提供一些方法，可以将某些部分设置为静态类型。例如，当我们需要编写一个函数时，可以为函数的参数指定某种数据类型，示例代码如下：

```
def square(number: int) -> int:        # 指定参数类型为整数
    return number**2                   # 返回数值 2 次方执行结果
print(square(5))                       # 设置数值输出返回结果
```

程序运行结果如下：

```
25
```

如果在调用函数时，将参数指定为字符串类型的数字'5'时，就会显示如图 9.13 所示的错误信息。

```
Traceback (most recent call last):
  File "C:\Users\Administrator\Desktop\123test.py", line 3, in <module>
    print(square('5'))              # 设置数值输出返回结果
  File "C:\Users\Administrator\Desktop\123test.py", line 2, in square
    return number**2                # 返回数值2次方执行结果
TypeError: unsupported operand type(s) for ** or pow(): 'str' and 'int'
```

图 9.13　参数类型错误的提示信息

如果需要在函数中接收两种数据类型时，需要使用联合运算符"|"来实现，这样可以使代码简洁很多。优化后的代码如下：

```
# 创建函数并指定参数为整数和浮点两种类型
def square(number: int|float) -> int|float:
    return number ** 2                 # 返回数值 2 次方执行结果
print(square(3))                       # 设置整数类型的数值，输出返回结果
print(square(3.0))                     # 设置浮点类型的数值，输出返回结果
```

程序运行结果如下：

```
9
9.0
```

9.3　返　回　值

到目前为止，我们创建的函数都只是为我们做一些事，做完即结束。但实际上，有时还需要对事情的结果进行获取。这类似于主管向下级职员下达命令，职员去做，最后需要将结果报告给主管。为函数设置返回值的作用就是将函数的处理结果返回给调用它的函数。

在 Python 中，可以在函数体内使用 return 语句为函数指定返回值。该返回值可以是任意类型，并且无论 return 语句出现在函数的什么位置，只要得到执行，就会直接结束函数的执行。return 语句的语法格式如下：

```
return [value]
```

参数说明如下。

☑ return：为函数指定返回值后，在调用函数时，可以把它赋给一个变量（如 result），用于保存函数的返回结果。如果返回一个值，那么 result 中保存的就是返回的一个值，该值可以是任意类型；如果返回多个值，那么 result 中保存的是一个元组。

☑ value：可选参数，用于指定要返回的值，可以返回一个值，也可返回多个值。

说明

当函数中没有 return 语句，或者省略了 return 语句的参数时，该函数将返回 None，即空值。

场景模拟：某商场年中搞促销活动，优惠如下：

```
满 500 可享受 9 折优惠
满 1000 可享受 8 折优惠
满 2000 可享受 7 折优惠
满 3000 可享受 6 折优惠
```

实现模拟顾客结账功能。

【例 9.4】模拟顾客结账功能——计算优惠后的实付金额。（**实例位置：资源包\TM\sl\09\04**）

在 IDLE 中创建一个名称为 checkout.py 的文件，然后在该文件中定义一个名称为 fun_checkout 的函数，该函数中包括一个列表类型的参数，用于保存输入的金额，在该函数中计算合计金额和相应的折扣，并将计算结果返回，接着在函数体外通过循环输入多个金额，并将金额保存到列表中，最后将该列表作为 fun_checkout() 函数的参数进行调用，代码如下：

```
01  def fun_checkout(money):
02      '''功能：计算商品合计金额并进行折扣处理
03         money：保存商品金额的列表
04         返回商品的合计金额和折扣后的金额
05      '''
06      money_old = sum(money)                        # 计算合计金额
07      money_new = money_old
08      if money_old >= 500 and money_old < 1000:      # 满 500 可享受 9 折优惠
09          money_new = '{:.2f}'.format(money_old * 0.9)
10      elif money_old >= 1000 and money_old <= 2000:  # 满 1000 可享受 8 折优惠
11          money_new = '{:.2f}'.format(money_old * 0.8)
12      elif money_old >= 2000 and money_old <= 3000:  # 满 2000 可享受 7 折优惠
13          money_new = '{:.2f}'.format(money_old * 0.7)
14      elif money_old >= 3000:                        # 满 3000 可享受 6 折优惠
15          money_new = '{:.2f}'.format(money_old * 0.6)
16      return money_old, money_new                    # 返回总金额和折扣后的金额
17  # *****************************调用函数****************************** #
18  print("\n 开始结算……\n")
19  list_money = []                                    # 定义保存商品金额的列表
20  while True:
21      # 请不要输入非法的金额，否则将抛出异常
22      inmoney = float(input("输入商品金额（输入 0 表示输入完毕）: "))
23      if int(inmoney) == 0:
```

24	break	# 退出循环
25	else:	
26	list_money.append(inmoney)	# 将金额添加到金额列表中
27	money = fun_checkout(list_money)	# 调用函数
28	print("合计金额：", money[0], "应付金额：", money[1])	# 显示应付金额

运行结果如图 9.14 所示。

```
开始结算……
输入商品金额（输入0表示输入完毕）：288
输入商品金额（输入0表示输入完毕）：98.8
输入商品金额（输入0表示输入完毕）：168
输入商品金额（输入0表示输入完毕）：100
输入商品金额（输入0表示输入完毕）：258
输入商品金额（输入0表示输入完毕）：0
合计金额： 912.8 应付金额： 821.52
```

图 9.14　模拟顾客结账功能

9.4　变量的作用域

变量的作用域是指程序代码能够访问该变量的区域，如果超出该区域，在访问时就会出现错误。在程序中，一般会根据变量的"有效范围"将变量分为"局部变量"和"全局变量"。下面分别对这两个变量进行介绍。

9.4.1　局部变量

局部变量是指在函数内部定义和使用的变量，它只在函数内部有效。也就是说，函数内部的名字仅在函数运行时才会被创建，在函数运行之前或者运行之后，所有名字都将不存在。因此，如果在函数外部使用函数内部定义的变量，就会抛出 NameError 的异常信息。

例如，定义一个名称为 f_demo() 的函数，在该函数内部定义一个变量 message（称为局部变量），并为其赋值，然后输出该局部变量的值，最后在函数外部再次输出该局部变量的值，代码如下：

```
01  def f_demo():
02      message = '唯有在被追赶的时候，你才能真正地奔跑。'
03      print('局部变量 message =',message)          # 输出局部变量的值
04  f_demo()                                        # 调用函数
05  print('局部变量 message =',message)              # 在函数外部输出局部变量的值
```

运行上述代码，将显示如图 9.15 所示的异常信息。

```
局部变量message = 唯有在被追赶的时候，你才能真正地奔跑。
Traceback (most recent call last):
  File "D:\pythonProject\demo.py", line 5, in <module>
    print('局部变量message =',message)              # 在函数外部输出局部变量的值
NameError: name 'message' is not defined
```

图 9.15　要访问的变量不存在

9.4.2　全局变量

与局部变量对应，全局变量为能够作用于函数内外部的变量。全局变量主要有以下两种情况。

（1）如果一个变量是在函数外部定义的，那么不仅可以在函数外部访问该变量，而且也可以在函数内部访问该变量。在函数外部定义的变量是全局变量。

例如，定义一个全局变量 message，并为其赋值，然后定义一个名为 f_demo() 的函数并调用该函数，在该函数内部和外部分别输出该全局变量的值，代码如下：

```
01    message = '唯有在被追赶的时候，你才能真正地奔跑。'              # 全局变量
02    def f_demo():
03        print('函数内部：全局变量 message =',message)            # 在函数内部输出全局变量的值
04    f_demo()                                                    # 调用函数
05    print('函数外部：全局变量 message =',message)                # 在函数外部输出全局变量的值
```

运行上述代码，将显示以下内容：

```
函数内部：全局变量 message = 唯有在被追赶的时候，你才能真正地奔跑。
函数外部：全局变量 message = 唯有在被追赶的时候，你才能真正地奔跑。
```

说明

当局部变量与全局变量重名时，对函数内部的变量进行赋值后，不影响函数外部的变量。

场景模拟：在一个飘雪的冬夜，一棵松树孤独地站在雪地里，一会儿它做了一个梦……梦醒后，它仍然孤零零地站在雪地里。

【例 9.5】一棵松树的梦。（**实例位置：资源包\TM\sl\09\05**）

在 IDLE 中创建一个名称为 differenttree.py 的文件，然后在该文件中定义一个全局变量 pinetree，并为其赋初始值，再定义一个名称为 fun_christmastree() 的函数，在该函数中定义名称为 pinetree 的局部变量并输出该局部变量的值，最后在函数外部调用 fun_christmastree() 函数，并输出全局变量 pinetree 的值，代码如下：

```
01    pinetree = '我是一棵松树'                                    # 定义一个全局变量（松树）
02    def fun_christmastree():                                    # 定义一个函数
03        '''功能：一个梦
04            无返回值
05        '''
06        pinetree = '挂上彩灯、礼物……我变成一棵圣诞树 @^.^@ \n'     # 定义局部变量
07        print(pinetree)                                         # 输出局部变量的值
08    # *************************函数体外*************************#
09    print('\n 下雪了……\n')
10    print('============== 开始做梦…… ==============\n')
11    fun_christmastree()                                         # 调用函数
12    print('============== 梦醒了…… ==============\n')
13    pinetree = '我身上落满雪花，' + pinetree + '-_-'             # 为全局变量赋值
14    print(pinetree)                                             # 输出全局变量的值
```

运行结果如图 9.16 所示。

（2）在函数内部定义的变量，在使用 global 关键字进行修饰后将变为全局变量。在函数外部也可以访问到该变量，并且还可以在函数内部对其进行修改。

例如，定义两个同名的全局变量和局部变量，并输出它们的值，代码如下：

图 9.16 全局变量和局部变量的作用域

```
01    message = '唯有在被追赶的时候，你才能真正地奔跑。'                    # 全局变量
02    print('函数外部：message =',message)                              # 在函数外部输出全局变量的值
03    def f_demo():
04        message = '命运给予我们的不是失望之酒，而是机会之杯。'             # 局部变量
05        print('函数内部：message =',message)                          # 在函数内部输出局部变量的值
06    f_demo()                                                       # 调用函数
07    print('函数外部：message =',message)                              # 在函数外部输出全局变量的值
```

执行上述代码，将显示以下内容：

```
函数外部：message = 唯有在被追赶的时候，你才能真正地奔跑。
函数内部：message = 命运给予我们的不是失望之酒，而是机会之杯。
函数外部：message = 唯有在被追赶的时候，你才能真正地奔跑。
```

从上述结果中可以看出，在函数内部定义的变量即使与全局变量重名，也不影响全局变量的值。如果要在函数内部改变全局变量的值，则需要在定义局部变量时，使用 global 关键字对其进行修饰。例如，将上述代码修改为以下内容：

```
01    message = '唯有在被追赶的时候，你才能真正地奔跑。'                    # 全局变量
02    print('函数外部：message =',message)                              # 在函数外部输出全局变量的值
03    def f_demo():
04        global message                                             # 将 message 声明为全局变量
05        message = '命运给予我们的不是失望之酒，而是机会之杯。'             # 全局变量
06        print('函数内部：message =',message)                          # 在函数内部输出全局变量的值
07    f_demo()                                                       # 调用函数
08    print('函数外部：message =',message)                              # 在函数外部输出全局变量的值
```

执行上述代码，将显示以下内容：

```
函数外部：message = 唯有在被追赶的时候，你才能真正地奔跑。
函数内部：message = 命运给予我们的不是失望之酒，而是机会之杯。
函数外部：message = 命运给予我们的不是失望之酒，而是机会之杯。
```

从上述结果中可以看出，在函数内部修改了全局变量的值。

注意

尽管 Python 允许全局变量和局部变量重名，但是在实际开发中，不建议这么做，因为这样容易让代码混乱，很难分清哪些是全局变量，哪些是局部变量。

9.5　匿 名 函 数　

匿名函数（lambda）是指没有名字的函数，应用在需要一个函数但是又不想费神命名这个函数的场合。通常情况下，这样的函数只使用一次。在 Python 中，使用 lambda 表达式创建匿名函数，其语法格式如下：

```
result = lambda [arg1 [,arg2,...,argn]]:expression
```

参数说明如下。

☑　result：用于调用 lambda 表达式。

☑　[arg1 [,arg2,...,argn]]：可选参数，用于指定要传递的参数列表，多个参数间使用逗号"，"进行

分隔。

☑ expression：必选参数，用于指定一个实现具体功能的表达式。如果有参数，那么在该表达式中将应用这些参数。

误区警示

使用 lambda 表达式时，可以有多个参数，参数之间用逗号"，"进行分隔，但是表达式只能有一个，即只能返回一个值，而且也不能出现其他非表达式语句（如 for 或 while）中。

例如，要定义一个计算圆面积的函数，常规的代码如下：

```
01  import math                              # 导入 math 模块
02  def circlearea(r):                       # 定义计算圆的面积的函数
03      result = math.pi*r*r                 # 计算圆的面积
04      return result                        # 返回圆的面积
05  r = 10                                   # 半径
06  print('半径为',r,'的圆面积为：',circlearea(r))
```

执行上述代码，将显示以下内容：

半径为 10 的圆面积为： 314.1592653589793

使用 lambda 表达式的代码如下：

```
01  import math                              # 导入 math 模块
02  r = 10                                   # 半径
03  result = lambda r:math.pi*r*r            # 计算圆的面积的 lambda 表达式
04  print('半径为',r,'的圆面积为：',result(r))
```

执行上述代码，将显示以下内容：

半径为 10 的圆面积为： 314.1592653589793

从上述示例中可以看出，虽然使用 lambda 表达式比使用自定义函数的代码减少了一些，但是在使用 lambda 表达式时，需要定义一个变量，用于调用该 lambda 表达式，否则将输出类似的结果。具体如下：

<function <lambda> at 0x0000000002FDD510>

这看似是画蛇添足。那么 lambda 表达式具体应该怎么应用呢？实际上，lambda 的首要用途是指定短小的回调函数。下面通过一个具体的例子进行演示。

场景模拟： 假设采用爬虫技术获得某商城的秒杀商品信息，并将其保存在列表中。现在，需要对这些秒杀商品信息进行排序。排序规则是优先按秒杀金额升序排列，如果有重复的，再按折扣比例降序排列。

【例 9.6】 应用 lambda 实现对爬取到的秒杀商品信息进行排序。（**实例位置：资源包\TM\sl\09\06**）

在 IDLE 中创建一个名称为 seckillsort.py 的文件，然后在该文件中定义一个保存商品信息的列表并将其输出，接下来使用列表对象的 sort() 方法对列表进行排序，并且在调用 sort() 方法时，通过 lambda 表达式指定排序规则，最后输出排序后的列表，代码如下：

```
01  bookinfo = [('《不一样的卡梅拉（全套）》', 22.50,120),('《零基础学 Python》', 65.10,79.80),
02      ('《摆渡人》', 23.40,36.00),('《福尔摩斯探案全集 8 册》', 22.50,128)]
03  print('爬取到的商品信息：\n',bookinfo,'\n')
```

```
04    bookinfo.sort(key=lambda x:(x[1],x[1]/x[2]))          # 按指定规则进行排序
05    print('排序后的商品信息：\n',bookinfo)
```

运行结果如图 9.17 所示。

```
爬取到的商品信息：
 [('《不一样的卡梅拉（全套）》', 22.5, 120), ('《零基础学Python》', 65.1, 7
9.8), ('《摆渡人》', 23.4, 36.0), ('《福尔摩斯探案全集8册》', 22.5, 128)]

排序后的商品信息：
 [('《福尔摩斯探案全集8册》', 22.5, 128), ('《不一样的卡梅拉（全套）》', 22
.5, 120), ('《摆渡人》', 23.4, 36.0), ('《零基础学Python》', 65.1, 79.8)]
```

图 9.17   对爬取到的秒杀商品信息进行排序

9.6 实践与练习

（答案位置：资源包\TM\sl\09\实践与练习）

综合练习 1：人民币汇率换算   随着中国和世界经济发展的融合度越来越高，人民币和其他国家的货币交换越来越频繁。请编写一段 Python 代码，实现输入人民币金额后，输出对应的美元、英镑、欧元和日元金额（保留两位小数）。（提示：人民币和美元、英镑、欧元和日元的兑换指数如图 9.18 所示）

图 9.18   2021-02-07 日人民币和美元、英镑等兑换指数

综合练习 2：应用 lambda 表达式对学生成绩列表进行排序   本练习要求，定义一个保存学生成绩的列表，将每名学生的信息都保存在一个字典中，然后根据学生的总成绩进行排序。（提示：通过 lambda 表达式指定排序规则）

第 10 章

面向对象程序设计

面向对象程序设计是在面向过程程序设计的基础上发展而来的，它比面向过程编程具有更强的灵活性和扩展性。面向对象程序设计也是一个程序员发展的"分水岭"，很多的初学者和略有成就的开发者，就是因为无法理解"面向对象"而放弃。这里要提醒初学者：要想在编程这条路上走得比别人远，就一定要掌握面向对象编程技术。

Python 从设计之初就已经是一种面向对象的语言。它可以很方便地创建类和对象。本章将对面向对象程序设计进行详细讲解。

本章知识架构及重难点如下。

10.1　面向对象概述

面向对象（object oriented）的英文缩写是 OO，它是一种设计思想。从 20 世纪 60 年代提出面向对象的概念到现在，它已经发展成为一种比较成熟的编程思想，并且逐步成为当前软件开发领域的主流技术。如我们经常听说的面向对象编程（object oriented programming，OOP）就是主要针对大型软件设计而提出的，它可以使软件设计更加灵活，并且能更好地进行代码复用。

面向对象中的对象（object），通常是指客观世界中存在的对象。这个对象具有唯一性，对象之间各不相同，各有各的特点，每个对象都有自己的运动规律和内部状态；对象之间又是可以相互联系、相互作用的。另外，对象也可以是一个抽象的事物。例如，可以从圆形、正方形、三角形等图形抽象出一个简单图形，简单图形就是一个对象，它有自己的属性和行为，图形中边的个数是它的属性，图形的面积也是它的属性，输出图形的面积就是它的行为。概括地讲，面向对象技术是一种从组织结构上模拟客观世界的方法。

10.1.1　对象

对象是一种抽象概念，表示任意存在的事物。世间万物皆对象。现实世界中，随处可见的一个事物就是对象，对象是事物存在的实体，如一个人，如图 10.1 所示。

通常将对象划分为两部分，即静态部分与动态部分。静态部分被称为"属性"，任何对象都具备自身属性，这些属性不仅是客观存在的，而且是不能被忽视的，如人的性别，如图 10.2 所示；动态部分指的是对象的行为，即对象执行的动作，如人可以行走，如图 10.3 所示。

图 10.1　对象"人"示意图　　图 10.2　静态属性"性别"示意图　　图 10.3　动态属性"行走"示意图

 说明

在 Python 中，一切都是对象。也就是说，不仅是具体的事物被称为对象，字符串、函数等也都被称为对象。这说明 Python 天生就是面向对象的。

10.1.2　类

类是封装对象的属性和行为的载体，反过来说，具有相同属性和行为的一类实体被称为类。例如，把雁群比作大雁类，那么大雁类就具备了喙、翅膀和爪等属性，还具备了觅食、飞行和睡觉等行为，而一只要从北方飞往南方的大雁则被视为大雁类的一个对象。大雁类和大雁对象的关系如图 10.4 所示。

在 Python 语言中，类是一种抽象概念，如定义一个大雁类，即 Geese，在该类中，可以定义每个对象共有的属性和方法；而一只要从北方飞往南方的大雁则是大雁类的一个对象，即 wildGeese，对象是类的实例。有关类的具体实现将在 10.2 节中进行详细介绍。

10.1.3　面向对象程序设计的特点

面向对象程序设计具有 3 个主要基本特征，即封装、继承和多态。下面分别对其进行描述。

图 10.4　大雁类和大雁对象的关系图

1．封装

封装是面向对象编程的核心思想，将对象的属性和行为封装起来，而将对象的属性和行为封装起来的载体就是类，类通常对客户隐藏其实现细节，这就是封装的思想。例如，用户使用计算机，只需要按键盘就可以实现一些功能，而无须知道计算机内部是如何工作的。

采用封装思想保证了类内部数据结构的完整性，使用该类的用户不能直接看到类中的数据结构，而只能执行类允许公开的数据，这样就避免了外部对内部数据的影响，提高了程序的可维护性。

使用类实现封装特性示意图如图 10.5 所示。

图 10.5　封装特性示意图

2．继承

矩形、菱形、平行四边形和梯形等都是四边形。因为四边形与它们具有共同的特征，即拥有 4 个边。只要将四边形适当地进行延伸，就会得到上述图形。以平行四边形为例，如果把平行四边形看作四边形的延伸，那么平行四边形就复用了四边形的属性和行为，同时添加了平行四边形特有的属性和行为，如平行四边形的对边平行且相等。Python 中，可以把平行四边形类看作是继承四边形类后产生的类，其中将类似于平行四边形的类称为子类，将类似于四边形的类称为父类或超类。值得注意的是，在阐述平行四边形和四边形的关系时，可以说平行四边形是特殊的四边形，但不能说四边形是平行四边形。同理，Python 中可以说子类的实例都是父类的实例，但不能说父类的实例是子类的实例，四边形类层次结构示意图如图 10.6 所示。

综上所述，继承是实现重复利用的重要手段，子类通过继承复用了父类的属性和行为的同时，又添加了子类特有的属性和行为。

图 10.6　四边形类层次结构示意图

3．多态

将父类对象应用于子类的特征就是多态。例如：创建一个螺丝类，螺丝类有两个属性，即螺丝粗细和螺纹密度；然后创建两个类，即一个长螺丝类和一个是短螺丝类，并且它们都继承了螺丝类。这样长螺丝类和短螺丝类不仅具有相同的特征（螺丝粗细相同，且螺纹密度也相同），而且还具有不同的特征（一个长，一个短，长的可以用来固定大型支架，短的可以用来固定生活中的家具）。综上所述，一个螺丝类衍生出不同的子类，子类继承父类特征的同时，也具备了自己的特征，并且能够实现不同的效果，这就是多态化的结构。螺丝类层次结构示意图如图 10.7 所示。

图 10.7　螺丝类层次结构示意图

10.2　类的定义和使用

在 Python 中，类表示具有相同属性和方法的对象的集合。在使用类时，需要先定义类，然后创建类的实例，通过类的实例就可以访问类中的属性和方法。下面进行具体介绍。

10.2.1　定义类

在 Python 中，类的定义使用 class 关键字来实现，语法格式如下：

```
class ClassName:
    '''类的帮助信息'''                    # 类文档字符串
    statement                            # 类体
```

参数说明如下。

☑ ClassName：用于指定类名，一般使用大写字母开头，如果类名中包括两个单词，第二个单词的首字母也大写，这种命名方法也称为"驼峰式命名法"，这是惯例。当然，也可根据自己的习惯命名，但是一般推荐按照惯例来命名。

☑ '''类的帮助信息'''：用于指定类的文档字符串，定义该字符串后，在创建类的对象时，输入类名和左侧的括号"("后，将显示该信息。

☑ statement：类体，主要由类变量（或类成员）、方法和属性等定义语句组成。如果在定义类时，没想好类的具体功能，也可以在类体中直接使用 pass 语句代替。

例如，下面以大雁为例声明一个类，代码如下：

```
01    class Geese:
02        '''大雁类'''
03        pass
```

10.2.2　创建类的实例

定义完类后，并不会真正创建一个实例。这有点像一辆汽车的设计图。设计图可以告诉你，汽车看上去怎么样，但设计图本身不是一辆汽车。你不能开走它，它只能用来制造真正的汽车，而且可以使用它制造很多汽车。那么如何创建实例呢？

class 语句本身并不创建该类的任何实例。因此，在类定义完成以后，可以创建类的实例，即实例化该类的对象。创建类的实例的语法格式如下：

```
ClassName(parameterlist)
```

其中：ClassName 是必选参数，用于指定具体的类；parameterlist 是可选参数，当创建一个类时，没有创建__init__()方法（该方法将在 10.2.3 节中进行详细介绍），或者__init__()方法只有一个 self 参数，parameterlist 可以被省略。

例如，创建 10.2.1 节中定义的 Geese 类的实例，可以使用下列代码：

```
01   wildGoose = Geese()                    # 创建大雁类的实例
02   print(wildGoose)
```

在执行上述代码后，将显示类似下面的内容：

```
<__main__.Geese object at 0x0000000002F47AC8>
```

从上述执行结果中可以看出，wildGoose 是 Geese 类的实例。

10.2.3   创建__init__()方法

在创建类后，通常会创建一个__init__()方法，该方法是一个特殊的方法，类似 Java 语言中的构造方法。每当创建一个类的新实例时，Python 都会自动执行它。__init__()方法中必须包含一个 self 参数，并且必须是第一个参数。self 参数是一个指向实例本身的引用，用于访问类中的属性和方法。在方法被调用时会自动传递实际参数 self。因此，在__init__()方法中只有一个参数的情况下，当创建类的实例时，就无须指定实际参数。

说明

在__init__()方法的名称中，开头和结尾处均为双下画线（中间没有空格），这是一种约定，旨在区分 Python 默认方法和普通方法。

例如，下面仍然以大雁为例声明一个类，并创建__init__()方法，代码如下：

```
01   class Geese:
02       '''大雁类'''
03       def __init__(self):            # 构造方法
04           print("我是大雁类！")
05   wildGoose = Geese()                # 创建大雁类的实例
```

运行上述代码，将输出以下内容：

```
我是大雁类！
```

从上述运行结果中可以看出，在创建大雁类的实例时，虽然没有为__init__()方法指定参数，但是该方法会自动执行。

误区警示

在为类创建__init__()方法时，需要在开发环境中运行下列代码：

```
01   class Geese:
02       '''大雁类'''
03       def __init__():            # 构造方法
04           print("我是大雁类！")
05   wildGoose = Geese()            # 创建大雁类的实例
```

运行上述代码，将显示如图 10.8 所示的异常信息。该错误的解决方法是在第 3 行代码的括号中添加 self。

```
=============================== RESTART: D:\demo.py ================
Traceback (most recent call last):
  File "D:\demo.py", line 33, in <module>
    wildGoose = Geese()                    # 创建大雁类的实例
TypeError: __init__() takes 0 positional arguments but 1 was given
```

图 10.8   缺少 self 参数时抛出的异常信息

在__init__()方法中，除 self 参数外，还可以自定义一些参数，参数间使用逗号 "," 进行分隔。例如，下面的代码将在创建__init__()方法时再指定 3 个参数，分别是 beak、wing 和 claw。

```
01    class Geese:
02        '''大雁类'''
03        def __init__(self,beak,wing,claw):              # 构造方法
04            print("我是大雁类！我有以下特征：")
05            print(beak)                                  # 输出喙的特征
06            print(wing)                                  # 输出翅膀的特征
07            print(claw)                                  # 输出爪子的特征
08    beak_1 = "喙的基部较高，长度和头部的长度几乎相等"      # 喙的特征
09    wing_1 = "翅膀长而尖"                                  # 翅膀的特征
10    claw_1 = "爪子是蹼状的"                                # 爪子的特征
11    wildGoose = Geese(beak_1,wing_1,claw_1)              # 创建大雁类的实例
```

执行上述代码，将显示如图 10.9 所示的运行结果。

```
========== RESTART: D:\demo.py ==============
我是大雁类！我有以下特征：
喙的基部较高，长度和头部的长度几乎相等
翅膀长而尖
爪子是蹼状的
```

图 10.9　创建__init__()方法时指定的 4 个参数

10.2.4　创建类的成员并访问

类的成员主要由实例方法和数据成员组成。在类中创建了类的成员后，可以通过类的实例进行访问。下面将进行详细介绍。

1. 创建实例方法并访问

所谓实例方法，是指在类中定义的函数。该函数是一种在类的实例上操作的函数。同__init__()方法一样，实例方法的第一个参数必须是 self，并且必须包含一个 self 参数。创建实例方法的语法格式如下：

```
def functionName(self,parameterlist):
    block
```

参数说明如下。

- ☑　functionName：用于指定方法名，一般使用小写字母开头。
- ☑　self：必要参数，表示类的实例，其名称可以是 self 以外的单词，使用 self 只是一种习惯而已。
- ☑　parameterlist：用于指定除 self 参数以外的参数，各参数间使用逗号 "," 进行分隔。
- ☑　block：方法体，实现的具体功能。

说明

实例方法和 Python 中的函数的主要区别就是，函数实现某个独立的功能，而实例方法则实现类中的一个行为，是类的一部分。

在成功创建实例方法后，可以通过类的实例名称和点（.）操作符进行访问。具体的语法格式如下：

```
instanceName.functionName(parametervalue)
```

其中，instanceName 为类的实例名称；functionName 为要调用的方法名称；parametervalue 表示为方法指定对应的实际参数，其值的个数与创建实例方法中 parameterlist 的个数相同。

下面通过一个具体的例子演示创建实例方法和访问实例方法的方式。

【例 10.1】创建大雁类并定义飞行方法。（**实例位置：资源包\TM\sl\10\01**）

在 IDLE 中创建一个名称为 geese.py 的文件；然后在该文件中定义一个大雁类 Geese，并定义一个

构造方法；再定义一个实例方法 fly()，该方法有两个参数，一个是 self，另一个是 state（用于指定飞行状态）；最后创建大雁类的实例，并调用实例方法 fly()。具体代码如下：

```
01  class Geese:                                                    # 创建大雁类
02      '''大雁类'''
03      def __init__(self, beak, wing, claw):                       # 构造方法
04          print("我是大雁类！我有以下特征：")
05          print(beak)                                             # 输出喙的特征
06          print(wing)                                             # 输出翅膀的特征
07          print(claw)                                             # 输出爪子的特征
08      def fly(self, state):                                       # 定义飞行方法
09          print(state)
10  '''***************调用方法*********************'''
11  beak_1 = "喙的基部较高，长度和头部的长度几乎相等"                    # 喙的特征
12  wing_1 = "翅膀长而尖"                                            # 翅膀的特征
13  claw_1 = "爪子是蹼状的"                                          # 爪子的特征
14  wildGoose = Geese(beak_1, wing_1, claw_1)                       # 创建大雁类的实例
15  wildGoose.fly("我飞行的时候，一会儿排成个人字，一会排成个一字")       # 调用实例方法
```

运行结果如图 10.10 所示。

2. 创建数据成员并访问它们

数据成员是指在类中定义的变量，即属性。根据定义位置，又可以分为类属性和实例属性。下面分别进行介绍。

```
================== RESTART: D:\demo.py ======
我是大雁类！我有以下特征：
喙的基部较高，长度和头部的长度几乎相等
翅膀长而尖
爪子是蹼状的
我飞行的时候，一会儿排成个人字，一会排成个一字
```

图 10.10　创建大雁类并定义飞行方法

☑　类属性

类属性是指定义在类中，并且是在函数体外的属性。类属性可以在类的所有实例之间共享值，也就是说，类属性在所有实例化的对象中是公用的。

说明

类属性可以通过类名称或者实例名访问。

例如，定义一个雁类 Geese，在该类中定义 3 个类属性，用于记录雁类的特征，代码如下：

```
01  class Geese:
02      '''雁类'''
03      neck = "脖子较长"                                           # 定义类属性（脖子）
04      wing = "振翅频率高"                                         # 定义类属性（翅膀）
05      leg = "腿位于身体的中心支点，行走自如"                        # 定义类属性（腿）
06      def __init__(self):                                        # 实例方法（相当于构造方法）
07          print("我属于雁类！我有以下特征：")
08          print(Geese.neck)                                      # 输出脖子的特征
09          print(Geese.wing)                                      # 输出翅膀的特征
10          print(Geese.leg)                                       # 输出腿的特征
```

在创建了上述类 Geese 后，再创建该类的实例，代码如下：

```
geese = Geese()                                                    # 实例化一个雁类的对象
```

应用上述代码创建了 Geese 类的实例后，将显示以下内容：

```
我是雁类！我有以下特征：
脖子较长
```

振翅频率高
腿位于身体的中心支点，行走自如

下面通过一个具体的例子演示类属性在类的所有实例之间共享值的应用。

场景模拟：春天来了，有一群大雁从南方返回北方。现在想要输出每只大雁的特征，以及大雁的数量。

【例 10.2】通过类属性统计类的实例个数。（**实例位置：资源包\TM\sl\10\02**）

在 IDLE 中创建一个名称为 geese_a.py 的文件；然后在该文件中定义一个雁类 Geese，并在该类中定义 4 个类属性，前 3 个用于记录雁类的特征，第 4 个用于记录实例编号；接着定义一个构造方法，在该构造方法中将记录实例编号的类属性进行加 1 操作，并输出 4 个类属性的值；最后通过 for 循环创建 4 个雁类的实例。代码如下：

```
01   class Geese:
02       '''雁类'''
03       neck = "脖子较长"                                      # 类属性（脖子）
04       wing = "振翅频率高"                                    # 类属性（翅膀）
05       leg = "腿位于身体的中心支点，行走自如"                  # 类属性（腿）
06       number = 0                                            # 编号
07       def __init__(self):                                  # 构造方法
08           Geese.number += 1                                # 将编号加 1
09           print("\n 我是第"+str(Geese.number)+"只大雁，我属于雁类！我有以下特征: ")
10           print(Geese.neck)             # 输出脖子的特征
11           print(Geese.wing)             # 输出翅膀的特征
12           print(Geese.leg)              # 输出腿的特征
13   # 创建 4 个雁类的对象（相当于有 4 只大雁）
14   list1 = []
15   for i in range(4):
                                            # 循环 4 次
16       list1.append(Geese())
                                            # 创建一个雁类的实例
17   print("一共有"+str(Geese.number)+"只大雁")
```

运行结果如图 10.11 所示。

在 Python 中，除了可以通过类名称访问类属性，还可以动态地为类和对象添加属性。例如，在例 10.2 的基础上为雁类添加一个 beak 属性，并通过类的实例访问该属性，可以在上述代码的后面再添加以下代码：

```
我是第1只大雁，我属于雁类！我有以下特征：
脖子较长
振翅频率高
腿位于身份的中心支点，行走自如

我是第2只大雁，我属于雁类！我有以下特征：
脖子较长
振翅频率高
腿位于身份的中心支点，行走自如

我是第3只大雁，我属于雁类！我有以下特征：
脖子较长
振翅频率高
腿位于身份的中心支点，行走自如

我是第4只大雁，我属于雁类！我有以下特征：
脖子较长
振翅频率高
腿位于身份的中心支点，行走自如
一共有4只大雁
```

图 10.11　通过类属性统计类的实例个数

```
01   Geese.beak = "喙的基部较高，长度和头部的长度几乎相等"    # 添加类属性
02   print("第 2 只大雁的喙: ",list1[1].beak)                  # 访问类属性
```

说明

上述代码只是以第 2 只大雁为例进行演示，读者也可以换成其他的大雁试试。

运行后，将在原来的结果后面显示以下内容：

第 2 只大雁的喙：喙的基部较高，长度和头部的长度几乎相等

说明

除了可以动态地为类和对象添加属性，也可以修改类属性。修改结果将作用于该类的所有实例。

☑ 实例属性

实例属性是指定义在类的方法中的属性，只作用于当前实例中。

例如，定义一个雁类 Geese，在该类的 __init__() 方法中定义 3 个实例属性，用于记录雁类的特征，代码如下：

```
01  class Geese:
02      '''雁类'''
03      def __init__(self):                           # 实例方法（相当于构造方法）
04          self.neck = "脖子较长"                      # 定义实例属性（脖子）
05          self.wing = "振翅频率高"                    # 定义实例属性（翅膀）
06          self.leg = "腿位于身体的中心支点，行走自如"   # 定义实例属性（腿）
07          print("我属于雁类！我有以下特征：")
08          print(self.neck)                          # 输出脖子的特征
09          print(self.wing)                          # 输出翅膀的特征
10          print(self.leg)                           # 输出腿的特征
```

在创建了上述 Geese 类后，再创建该类的实例，代码如下：

```
geese = Geese()                                       # 实例化一个雁类的对象
```

应用上述代码创建了 Geese 类的实例后，将显示以下内容：

```
我是雁类！我有以下特征：
脖子较长
振翅频率高
腿位于身体的中心支点，行走自如
```

误区警示

实例属性只能通过实例名访问。如果通过类名访问实例属性，那么情况又当如何？例如，执行代码 print(Geese.neck)，将抛出如图 10.12 所示的异常信息。

```
Traceback (most recent call last):
  File "D:\demo.py", line 12, in <module>
    print(Geese.neck)
AttributeError: type object 'Geese' has no attribute 'neck'
```

图 10.12　通过类名访问实例属性时抛出的异常信息

实例属性也可以通过实例名称进行修改，与类属性不同，通过实例名称修改实例属性后，并不影响该类的另一个实例中相应的实例属性的值。例如，定义一个雁类，并在 __init__() 方法中定义一个实例属性，然后创建两个 Geese 类的实例，并修改第一个实例的实例属性，最后分别输出例 10.1 和例 10.2 的实例属性，代码如下：

```
01  class Geese:
02      '''雁类'''
03      def __init__(self):                           # 实例方法（相当于构造方法）
04          self.neck = "脖子较长"                      # 定义实例属性（脖子）
05          print(self.neck)                          # 输出脖子的特征
06  goose1 = Geese()                                  # 创建 Geese 类的实例 1
07  goose2 = Geese()                                  # 创建 Geese 类的实例 2
08  goose1.neck = "脖子没有天鹅的长"                    # 修改实例属性
09  print("goose1 的 neck 属性：",goose1.neck)
10  print("goose2 的 neck 属性：",goose2.neck)
```

运行上述代码，将显示以下内容：

脖子较长
脖子较长
goose1 的 neck 属性：脖子没有天鹅的长
goose2 的 neck 属性：脖子较长

10.2.5　访问限制

在类的内部可以定义属性和方法，而在类的外部则可以直接调用属性或方法来操作数据，从而隐藏了类内部的复杂逻辑。但是，在 Python 中并没有对属性和方法的访问权限进行限制。为了保证类内部的某些属性或方法不被外部访问，可以在属性或方法名前面添加双下画线（__foo）或首尾都加双下画线（__foo__），从而限制访问权限。其中，双下画线、首尾双下画线的作用如下。

（1）__foo__：首尾双下画线表示定义特殊方法，一般是系统定义名字，如__init__()。

（2）__foo：双下画线表示 private（私有）类型的成员，只允许定义该方法的类本身对其进行访问，而不允许通过类的实例对其进行访问，但是可以通过"类的实例名.类名__xxx"方式访问它们。

例如，创建一个 Swan 类，定义私有属性__neck_swan，并在__init__()方法中访问该属性，然后创建 Swan 类的实例，并通过实例名输出私有属性__neck_swan，代码如下：

```
01  class Swan:
02      '''天鹅类'''
03      __neck_swan = '天鹅的脖子很长'                    # 定义私有属性
04      def __init__(self):
05          print("__init__():", Swan.__neck_swan)       # 在实例方法中访问私有属性
06  swan = Swan()                                        # 创建 Swan 类的实例
07  print("加入类名:", swan._Swan__neck_swan)            # 通过"实例名._类名__xxx"方式访问私有属性
08  print("直接访问:", swan.__neck_swan)                 # 私有属性不能通过实例名访问，出错
```

执行上述代码，将输出如图 10.13 所示的结果。

从上述运行结果中可以看出，私有属性可以在类的实例方法中访问，也可以通过"实例名.__类名__xxx"

```
Traceback (most recent call last):
  File "D:\pythonProject\demo.py", line 8, in <module>
    print("直接访问:", swan.__neck_swan)
                # 私有属性不能通过实例名访问，出错
AttributeError: 'Swan' object has no attribute '__neck_swan'.
Did you mean: '_Swan__neck_swan'?
```

图 10.13　访问私有属性

方式访问，但是它们不能直接通过"实例名+属性名"访问。

10.3　属　　性

本节介绍的属性（property）与 10.2.4 节介绍的类属性和实例属性不同。10.2.4 节介绍的属性将返回所存储的值，而本节要介绍的属性则是一种特殊的属性，访问它时将计算它的值。另外，该属性还可以为属性添加安全保护机制。下面分别进行介绍。

10.3.1　创建用于计算的属性

在 Python 中，可以通过@property（装饰器）将一个方法转换为属性，以实现用于计算的属性。将方法转换为属性后，可以直接通过方法名来访问方法，而无须再添加一对小括号"()"，这样可以让代

码更加简洁。

通过@property 创建用于计算的属性的语法格式如下：

```
@property
def methodname(self):
    block
```

参数说明如下。

☑ methodname：用于指定方法名，一般使用小写字母开头。该名称最后将作为创建的属性名。

☑ self：必要参数，表示类的实例。

☑ block：方法体，实现的具体功能。方法体通常以 return 语句结束，用于返回计算结果。

例如，定义一个矩形类，然后在__init__()方法中定义两个实例属性，再定义一个计算矩形面积的方法，并应用@property 将其转换为属性，最后创建类的实例，并访问转换后的属性，代码如下：

```
01  class Rect:
02      def __init__(self,width,height):
03          self.width = width                  # 矩形的宽
04          self.height = height                # 矩形的高
05      @property                               # 将方法转换为属性
06      def area(self):                         # 计算矩形的面积的方法
07          return self.width*self.height       # 返回矩形的面积
08  rect = Rect(800,600)                        # 创建类的实例
09  print("面积为：",rect.area)                  # 输出属性的值
```

运行上述代码，将显示以下运行结果：

```
面积为：  480000
```

注意

通过@property 转换后的属性不能被重新赋值，如果对其进行重新赋值，情况又当如何？例如，执行代码 rect.area = 90，将抛出如图 10.14 所示的异常信息。

```
Traceback (most recent call last):
  File "D:\pythonProject\demo.py", line 10, in <module>
    rect.area = 90
AttributeError: property 'area' of 'Rect' object has no setter
```

图 10.14　AttributeError 的异常信息

10.3.2　为属性添加安全保护机制

在 Python 中，默认情况下，创建的类属性或者实例是可以在类体外进行修改的。如果想要限制它在类体外被修改，可以将它设置为私有，但将它设置为私有后，在类体外就无法获取它的值。如果想要创建一个可以被读取，但不能被修改的属性，可以使用@property 实现只读属性。

例如，创建一个电视节目类 TVshow，再创建一个 show 属性，用于显示当前播放的电视节目，代码如下：

```
01  class TVshow:                              # 定义电视节目类
02      def __init__(self,show):
03          self.__show = show
04      @property                              # 将方法转换为属性
```

```
05        def show(self):                              # 定义 show()方法
06            return self.__show                       # 返回私有属性的值
07    tvshow = TVshow("正在播放《满江红》")               # 创建类的实例
08    print("默认：",tvshow.show)                        # 获取属性值
```

执行上述代码，将显示以下内容：

默认：　正在播放《满江红》

通过上述方法创建的 show 属性是只读的，可以尝试修改该属性的值，再重新获取。对此，在上述代码的下方添加以下代码：

```
01    tvshow.show = "正在播放《流浪地球 2》"              # 修改属性值
02    print("修改后：",tvshow.show)                      # 获取属性值
```

运行上述代码，将显示如图 10.15 所示的结果。其中，红字的异常信息就是在修改属性 show 时抛出的异常信息。

```
默认：　正在播放《满江红》
Traceback (most recent call last):
  File "C:\Users\Administrator\Desktop\123test.py", line 9, in <module>
    tvshow.show = "正在播放《流浪地球2》"                 # 修改属性值   ← 修改属性时抛出异常
AttributeError: property 'show' of 'TVshow' object has no setter
```

图 10.15　修改只读属性时抛出的异常信息

通过属性不仅可以将属性设置为只读属性，还可以为属性设置拦截器，即允许对属性进行修改，但修改时需要遵守一定的约束。

场景模拟：某电视台开设了电影点播功能，但要求只能从指定的几部电影（如《满江红》《流浪地球 2》《中国乒乓之绝地反击》《无名》）中选择其中一部。

【例 10.3】 在模拟电影点播功能时应用属性。（实例位置：资源包\TM\sl\10\03）

在 IDLE 中创建一个名称为 film.py 的文件，然后在该文件中定义一个电视节目类 TVshow，并在该类中定义一个类属性，用于保存电影列表，接着在__init__()方法中定义一个私有的实例属性，再将该属性转换为可被读取、可被修改（有条件进行）的属性，最后创建类的实例，并获取和修改属性值，代码如下：

```
01    class TVshow:                                        # 定义电视节目类
02        list_film = ["满江红","流浪地球 2","中国乒乓之绝地反击","无名"]
03        def __init__(self,show):
04            self.__show = show
05        @property                                        # 将方法转换为属性
06        def show(self):                                  # 定义 show()方法
07            return self.__show                           # 返回私有属性的值
08        @show.setter                                     # 设置 setter 方法，让属性可修改
09        def show(self,value):
10            if value in TVshow.list_film:                # 判断值是否在列表中
11                self.__show = "您选择了《" + value + "》，稍后将播放"  # 返回修改的值
12            else:
13                self.__show = "您点播的电影不存在"
14    tvshow = TVshow("满江红")                            # 创建类的实例
15    print("正在播放：《",tvshow.show,"》")                # 获取属性值
16    print("您可以从",tvshow.list_film,"中选择要点播放的电影")
17    tvshow.show = "流浪地球 2"                            # 修改属性值
18    print(tvshow.show)                                   # 获取属性值
```

运行结果如图 10.16 所示。

```
正在播放：《 满江红 》
您可以从 ['满江红', '流浪地球2', '中国乒乓之绝地反击', '无名'] 中选择要点播放的
电影
您选择了《流浪地球2》，稍后将播放
```

图 10.16　在模拟电影点播功能时应用属性的效果

如果将第 17 行代码中的"流浪地球 2"修改为"交换人生"，将显示如图 10.17 所示的效果。

```
正在播放：《 满江红 》
您可以从 ['满江红', '流浪地球2', '中国乒乓之绝地反击', '无名'] 中选择要点播放的
电影
您点播的电影不存在
```

图 10.17　要点播的电影不存在时的效果

10.4　继　　承

在编写类时，并不是每次都要从空白开始。当要编写的类和另一个已经存在的类之间存在一定的继承关系时，可以通过继承来达到代码重用的目的，提高开发效率。下面将介绍如何在 Python 中实现继承。

10.4.1　继承的基本语法

继承是面向对象编程最重要的特性之一，它源于人们认识客观世界的过程，是自然界普遍存在的一种现象。例如，我们每个人都从祖辈和父母那里继承了一些体貌特征，但是每个人却又不同于父母，因为每个人都存在自己的一些特性，这些特性是独有的，在父母身上并没有体现。在程序设计中实现继承，表示这个类拥有它继承的类的所有公有成员或者受保护成员。在面向对象编程中，被继承的类，我们称之为父类或基类，在它的基础上新建的类，我们称之为子类或派生类。

通过继承不仅可以实现代码的重用，还可以通过继承来理顺类与类之间的关系。在 Python 中，可以在类定义语句中，类名右侧使用一对小括号将要继承的基类名称括起来，以实现类的继承。具体的语法格式如下：

```
class ClassName(baseclasslist):
    '''类的帮助信息'''                                    # 类文档字符串
    statement                                          # 类体
```

参数说明如下。

☑　ClassName：用于指定类名。

☑　baseclasslist：用于指定要继承的基类，可以有多个，类名之间用逗号","进行分隔。如果不指定，将使用所有 Python 对象的根类 object。

☑　'''类的帮助信息'''：用于指定类的文档字符串，定义该字符串后，在创建类的对象时，输入类名和左侧的括号"("后，将显示该信息。

☑　statement：类体，主要由类变量（或类成员）、方法和属性等定义语句组成。在定义类时，如果没想好类的具体功能，可以在类体中直接使用 pass 语句代替。

【例 10.4】 创建水果基类及其派生类。（**实例位置：资源包\TM\sl\10\04**）

在 IDLE 中创建一个名称为 fruit.py 的文件，然后在该文件中定义一个水果类 Fruit（作为基类），并在该类中定义一个类属性（用于保存水果默认的颜色）和一个 harvest()方法，接着创建 Apple 类和 Orange 类，这两个类都继承自 Fruit 类，最后创建 Apple 类和 Orange 类的实例，并调用 harvest()方法（在基类中编写），代码如下：

```
01   class Fruit:                                      # 定义水果类（基类）
02       color = "绿色"                               # 定义类属性
03       def harvest(self, color):
04           print("水果是：" + color + "的！")        # 输出的是形式参数 color
05           print("水果已经收获……")
06           print("水果原来是：" + Fruit.color + "的！");   # 输出的是类属性 color
07   class Apple(Fruit):                               # 定义苹果类（派生类）
08       color = "红色"
09       def __init__(self):
10           print("我是苹果")
11   class Orange(Fruit):                              # 定义橘子类（派生类）
12       color = "橙色"
13       def __init__(self):
14           print("\n 我是橘子")
15   apple = Apple()                                   # 创建类的实例（苹果）
16   apple.harvest(apple.color)                        # 调用基类的 harvest()方法
17   orange = Orange()                                 # 创建类的实例（橘子）
18   orange.harvest(orange.color)                      # 调用基类的 harvest()方法
```

执行上述代码，将显示如图 10.18 所示的运行结果。从该运行结果中可以看出，虽然在 Apple 和 Orange 类中没有 harvest()方法，但是 Python 允许派生类访问基类的方法。

```
我是苹果
水果是：红色的！
水果已经收获……
水果原来是：绿色的！

我是橘子
水果是：橙色的！
水果已经收获……
水果原来是：绿色的！
```

图 10.18　创建水果基类及其
派生类的结果

10.4.2　方法重写

基类的成员都会被派生类继承，当基类中的某个方法不完全适用于派生类时，需要在派生类中重写父类的这个方法，这和 Java 语言中的方法重写是一样的。

在例 10.4 中，基类中定义的 harvest()方法，无论派生类是什么水果都会显示"水果……"，如果想要针对不同水果给出不同的提示，可以在派生类中重写 harvest()方法。例如，在创建派生类 Orange 时，重写 harvest()方法的代码如下：

```
01   class Orange(Fruit):                              # 定义橘子类（派生类）
02       color = "橙色"
03       def __init__(self):
04           print("\n 我是橘子")
05       def harvest(self, color):
06           print("橘子是：" + color + "的！")        # 输出的是形式参数 color
07           print("橘子已经收获……")
08           print("橘子原来是：" + Fruit.color + "的！");   # 输出的是类属性 color
```

```
我是苹果
水果是：红色的！
水果已经收获……
水果原来是：绿色的！
我是橘子
橘子是：橙色的！
橘子已经收获……
橘子原来是：绿色的！
```

图 10.19　重写 Orange 类的
harvest()方法的结果

添加 harvest()方法后（即在例 10.4 中添加上述代码中的第 5～8 行代码），再次运行例 10.4，将显示如图 10.19 所示的结果。

10.4.3 派生类中调用基类的__init__()方法

在派生类中定义__init__()方法时，不会自动调用基类的__init__()方法。例如，定义一个 Fruit 类，在__init__()方法中创建类属性 color，然后在 Fruit 类中定义一个 harvest()方法，在该方法中输出类属性 color 的值，再创建继承自 Fruit 类的 Apple 类，最后创建 Apple 类的实例，并调用 harvest()方法，代码如下：

```
01  class Fruit:                                          # 定义水果类（基类）
02      def __init__(self,color = "绿色"):
03          Fruit.color = color                          # 定义类属性
04      def harvest(self):
05          print("水果原来是：" + Fruit.color + "的！");    # 输出的是类属性 color
06  class Apple(Fruit):                                  # 定义苹果类（派生类）
07      def __init__(self):
08          print("我是苹果")
09  apple = Apple()                                      # 创建类的实例（苹果）
10  apple.harvest()                                      # 调用基类的 harvest()方法
```

执行上述代码，将显示如图 10.20 所示的异常信息。

因此，如果想要在派生类中调用基类的__init__()方法进行必要的初始化，需要在派生类中使用 super()函数。例如，在上述代码的第 8 行的下方添加以下代码：

```
我是苹果
Traceback (most recent call last):
  File "D:\demo.py", line 10, in <module>
    apple.harvest()
# 调用基类的harvest()方法
  File "D:\demo.py", line 5, in harvest
    print("水果原来是："+ Fruit.color +"的！");# 输出的是类属性color
AttributeError: type object 'Fruit' has no attribute 'color'
```

图 10.20 基类的__init__()方法未被执行时抛出的异常信息

```
super().__init__()                                       # 调用基类的__init__()方法
```

 误区警示

在添加上述代码时，一定要注意代码的缩进格式是正确的。

运行上述代码，将显示以下正常的结果：

```
我是苹果
水果原来是：绿色的！
```

下面通过一个具体的例子演示派生类中调用基类的__init__()方法的具体应用。

【例 10.5】在派生类中调用基类的__init__()方法来定义类属性。（实例位置：资源包\TM\sl\10\05）

在 IDLE 中创建一个名称为 fruit.py 的文件；然后在该文件中定义一个水果类 Fruit（作为基类），并在该类中定义__init__()方法，在该方法中定义一个类属性（用于保存水果默认的颜色）；接着在 Fruit 类中定义一个 harvest()方法；再创建 Apple 类和 Sapodilla 类，这两个类都继承自 Fruit 类；最后创建 Apple 类和 Sapodilla 类的实例，并调用 harvest()方法（在基类中编写）。代码如下：

```
01  class Fruit:                                          # 定义水果类（基类）
02      def __init__(self, color="绿色"):
03          Fruit.color = color                          # 定义类属性
04      def harvest(self, color):
05          print("水果是：" + self.color + "的！")          # 输出的是形式参数 color
```

```
06          print("水果已经收获……")
07          print("水果原来是：" + Fruit.color + "的！");        # 输出的是类属性 color
08  class Apple(Fruit):                                        # 定义苹果类（派生类）
09      color = "红色"
10      def __init__(self):
11          print("我是苹果")
12          super().__init__()                                 # 调用基类的__init__()方法
13  class Sapodilla(Fruit):                                    # 定义人参果类（派生类）
14      def __init__(self, color):
15          print("\n 我是人参果")
16          super().__init__(color)                            # 调用基类的__init__()方法
17      # 重写 harvest()方法的代码
18      def harvest(self, color):
19          print("人参果是：" + color + "的！")                  # 输出的是形式参数 color
20          print("人参果已经收获……")
21          print("人参果原来是：" + Fruit.color + "的！");        # 输出的是类属性 color
22  apple = Apple()                                            # 创建类的实例（苹果）
23  apple.harvest(apple.color)                                 # 调用 harvest()方法
24  sapodilla = Sapodilla("白色")                               # 创建类的实例（人参果）
25  sapodilla.harvest("金黄色带紫色条纹")                          # 调用 harvest()方法
```

执行上述代码，将显示如图 10.21 所示的运行结果。

图 10.21　在派生类中调用基类的__init__()方法定义类属性

10.5　实践与练习

（答案位置：资源包\TM\sl\10\实践与练习）

综合练习 1：创建一个包含实例属性的汽车类　汽车通常包括车型（rank）、颜色（color）、品牌（brand）、行驶里程（mileage）等属性，还可以包括设置和获取行驶里程的方法。本练习要求编写一个汽车类，该类包括上述属性（要求为实例属性）和方法，然后实现以下功能。

（1）创建两个汽车类的实例，分别输出它们的属性。

（2）调用汽车类的方法设置行驶里程，再读取最终的行驶里程并输出。

综合练习 2：创建四边形基类并在派生类中调用基类的__init__()方法　本练习要求编写一个四边形类、平行四边形类和矩形类。其中，平行四边形类继承自四边形类，矩形类继承自平行四边形类。要求，在平行四边形类中调用基类的__init__()方法，但是在矩形类中不调用基类的__init__()方法。

第 11 章

模块

Python 提供了强大的模块支持，主要体现为不仅在 Python 标准库中包含了大量的模块（称为标准模块），而且还有很多第三方模块，另外开发者自己也可以开发自定义模块。这些强大的模块支持将极大地提高我们的开发效率。

本章将首先对如何开发自定义模块进行详细介绍，然后介绍如何使用标准模块和第三方模块。

本章知识架构及重难点如下。

11.1 模块概述

模块的英文是 module，它可以被认为是一盒（箱）主题积木，通过它可以拼出某一主题的东西。这与第 9 章介绍的函数不同，一个函数相当于一块积木，而一个模块中可以包括很多函数，也就是很多积木，所以也可以说模块相当于一盒积木。

在 Python 中，一个扩展名为.py 的文件就被称为一个模块。例如，在第 9 章的例 9.2 中创建的 function_bmi.py 文件就是一个模块，如图 11.1 所示。

通常情况下，我们把能够实现某一特定功能的代码作为一个模块放置在一个文件中，以方便被其他程序或脚本导入并使用。另

图 11.1 一个.py 文件就是一个模块

外,使用模块也可以避免函数名和变量名冲突。

通过前面的学习,我们知道可以将 Python 代码写在一个文件中。但是随着程序不断变大,为了便于维护,需要将其分为多个文件,这样可以提高代码的可维护性。另外,使用模块还可以提高代码的可重用性。也就是说,编写好一个模块后,要实现该功能的程序,都可以导入这个模块来实现。

11.2 自定义模块

在 Python 中,自定义模块有两个作用:一个是规范代码,让代码更易于阅读;另一个是方便其他程序可使用已经编写好的代码,以提高开发效率。自定义模块主要分为两部分:一部分是创建模块;另一部分是导入模块。下面分别对其进行介绍。

11.2.1 创建模块

所谓创建模块,是指可以将模块中的相关代码(变量定义和函数定义等)编写在一个单独的文件中,并且以"模块名+.py"的形式命名该文件。

误区警示

创建模块时,设置的模块名不能是 Python 自带的标准模块名称。

下面通过一个具体的例子演示如何创建模块。

【例 11.1】创建计算 BMI 指数的模块。(实例位置:资源包\TM\sl\11\01)

创建一个用于根据身高和体重计算 BMI 指数的模块,命名为 bmi.py,其中 bmi 为模块名,.py 为扩展名。关键代码如下:

```
01  def fun_bmi(person,height,weight):
02      '''功能:根据身高和体重计算 BMI 指数
03          person:姓名
04          height:身高,单位:米
05          weight:体重,单位:千克
06      '''
07      print(person + "的身高:" + str(height) + "米 \t 体重:" + str(weight) + "千克")
08      bmi=weight/(height*height)              # 用于计算 BMI 指数,公式为"体重/(身高×身高)"
09      print(person + "的 BMI 指数为:"+str(bmi))      # 输出 BMI 指数
10      # 此处省略了显示判断结果的代码
11  def fun_bmi_upgrade(*person):
12      '''功能:根据身高和体重计算 BMI 指数(升级版)
13          *person:可变参数。该参数中需要传带 3 个元素的列表,
14          分别为姓名、身高(单位:米)和体重(单位:千克)
15      '''
16      # 此处省略了函数主体代码
```

注意

模块文件的扩展名必须是.py。

11.2.2　使用 import 语句导入模块

创建模块后，就可以在其他程序中使用该模块了。当使用模块时，需要先以模块的形式加载模块中的代码，这可以使用 import 语句实现。import 语句的基本语法格式如下：

```
import modulename [as alias]
```

其中：modulename 表示要导入模块的名称；[as alias]表示给模块起的别名，通过该别名也可以使用模块。

下面将导入例 11.1 中编写的模块 bmi，并执行该模块中的函数。在模块文件 bmi.py 的同级目录中创建一个名称为 main.py 的文件，在该文件中导入模块 bmi，并执行该模块中的 fun_bmi()函数，代码如下：

```
01    import bmi                       # 导入 bmi 模块
02    bmi.fun_bmi("尹一伊",1.75,120)   # 执行模块中的 fun_bmi()函数
```

```
尹一伊的身高：175米        体重：120千克
尹一伊的BMI指数为：0.0039183673469...
您的体重过轻  @_@~
```
图 11.2　导入模块并执行模块中的函数

执行上述代码，将显示如图 11.2 所示的结果。

 说明

（1）在调用模块中的变量、函数或者类时，需要在变量名、函数名或者类名前添加"模块名."作为前缀。例如，上述代码中的 bmi.fun_bmi，则表示调用 bmi 模块中的 fun_bmi()函数。

（2）如果模块名比较长且不容易记住，可以在导入模块时使用 as 关键字为其设置一个别名，然后可以通过这个别名来调用模块中的变量、函数和类等。例如，将上述导入模块的代码修改为以下内容：

```
import bmi as m                    # 导入 bmi 模块并设置别名为 m
```

然后，当调用 bmi 模块中的 fun_bmi()函数时，可以使用下列代码：

```
m.fun_bmi("尹一伊",1.75,120)       # 执行模块中的 fun_bmi()函数
```

使用 import 语句还可以一次导入多个模块，在导入多个模块时，模块名之间使用逗号","分隔。例如，已经创建了 bmi.py、tips.py 和 differenttree.py 3 个模块文件，现在想将这 3 个模块全部导入，可以使用下列代码：

```
import bmi,tips,differenttree
```

11.2.3　使用 from...import 语句导入模块

在使用 import 语句导入模块时，每执行一条 import 语句都会创建一个新的命名空间（namespace），并且在该命名空间中执行与.py 文件相关的所有语句。在执行时，需要在具体的变量、函数和类名前加前缀，即"模块名."。如果不想在每次导入模块时都创建一个新的命名空间，而是仅将具体的定义导入当前的命名空间中，这时可以使用 from...import 语句。使用 from...import 语句导入模块后，不需要再添加前缀，直接通过具体的变量、函数和类名等访问即可。

说明

命名空间可以理解为记录对象名字和对象之间对应关系的空间。当前 Python 的命名空间大部分都是通过字典（dict）来实现的。其中，key 是标识符，value 是具体的对象。例如，如果 key 是变量的名字，则 value 是变量的值。

from...import 语句的语法格式如下：

```
from modelname import member
```

参数说明如下。

- ☑ modelname：模块名称。它是区分字母大小写的，并且需要和定义模块时所设置的模块名称的大小写保持一致。
- ☑ member：用于指定要导入的变量、函数或者类等。可以同时导入多个定义，各个定义之间使用逗号","分隔。如果想导入全部定义，也可以使用通配符星号"*"代替。

说明

在导入模块时，如果使用通配符"*"导入全部定义后，想查看具体导入了哪些定义，可以通过显示 dir()函数的值来查看。例如，执行 print(dir())语句，将显示类似下列内容：

```
['__annotations__', '__builtins__', '__doc__', '__file__', '__loader__', '__name__', '__package__', '__spec__',
'change', 'getHeight', 'getWidth']
```

其中，change、getHeight 和 getWidth 就是我们导入的定义。

例如，下列 3 条语句都可以从模块中导入指定的定义。

```
01    from bmi import fun_bmi              # 导入 bmi 模块中的 fun_bmi 函数
02    from bmi import fun_bmi,fun_bmi_upgrade    # 导入 bmi 模块中的 fun_bmi 和 fun_bmi_upgrade 函数
03    from bmi import *                    # 导入 bmi 模块中的全部定义（包括 title 变量、fun_bmi 和 fun_bmi_upgrade 函数）
```

注意

在使用 from...import 语句导入模块中的定义时，需要保证所导入的内容在当前的命名空间中是唯一的；否则将出现冲突，后导入的同名变量、函数或者类会覆盖先导入的。这时，就需要使用 import 语句进行导入。

【例 11.2】 导入两个包括同名函数的模块。（实例位置：资源包\TM\sl\11\02）

创建两个模块：一个是矩形模块，其中包括计算矩形周长和面积的函数；另一个是圆形模块，其中包括计算圆形周长和面积的函数。然后在另一个 Python 文件中导入这两个模块，并调用相应的函数计算周长和面积。具体步骤如下。

（1）创建矩形模块，对应的文件名为 rectangle.py，在该文件中，定义两个函数：一个用于计算矩形的周长；另一个用于计算矩形的面积。具体代码如下：

```
01    def girth(width,height):
02        '''功能：计算周长
03        参数：width（宽度）、height（高）
04        '''
```

171

```
05          return (width + height)*2
06   def area(width,height):
07        '''功能：计算面积
08          参数：width（宽度）、height（高）
09        '''
10          return width * height
11   if __name__ == '__main__':
12        print(area(10,20))
```

（2）创建圆形模块，对应的文件名为 circular.py，在该文件中，定义两个函数：一个用于计算圆形的周长；另一个用于计算圆形的面积。具体代码如下：

```
01   import math                                    # 导入标准模块 math
02   PI = math.pi                                   # 圆周率
03   def girth(r):
04        '''功能：计算周长
05          参数：r（半径）
06        '''
07          return round(2 * PI * r ,2)             # 计算周长并保留两位小数
08
09   def area(r):
10        '''功能：计算面积
11          参数：r（半径）
12        '''
13          return round(PI * r * r ,2)             # 计算面积并保留两位小数
14   if __name__ == '__main__':
15        print(girth(10))
```

（3）创建一个名称为 compute.py 的 Python 文件，在该文件中，首先导入矩形模块的全部定义，然后导入圆形模块的全部定义，最后分别调用计算矩形周长的函数和计算圆形周长的函数，代码如下：

```
01   from rectangle import *                        # 导入矩形模块
02   from circular import *                         # 导入圆形模块
03   if __name__ == '__main__':
04        print("圆形的周长为：",girth(10))          # 调用计算圆形周长的函数
05        print("矩形的周长为：",girth(10,20))       # 调用计算矩形周长的函数
```

执行本例代码，将抛出如图 11.3 所示的异常信息。

从图 11.3 中可以看出，执行步骤（3）中的第 5 行代码时出现异常，这是因为原本想要执行的矩形模块的 girth() 函数被圆形模块的 girth() 函数覆盖了。解决该问题的方法是，使用 import 语句导入模块，而不使用 from...import 语句导入。修改后的代码如下：

```
01   import rectangle as r                          # 导入矩形模块
02   import circular as c                           # 导入圆形模块
03   if __name__ == '__main__':
04        print("圆形的周长为：",c.girth(10))        # 调用计算圆形周长的函数
05        print("矩形的周长为：",r.girth(10,20))     # 调用计算矩形周长的函数
```

执行上述代码，将显示如图 11.4 所示的结果。

```
圆形的周长为： 62.83
Traceback (most recent call last):
  File "F:\program\Python\从入门到精通\compute.py", line 7, in <module>
    print("矩形的周长为：",girth(10,20))       # 调用计算矩形周长的方法
TypeError: girth() takes 1 positional argument but 2 were given
```

```
圆形的周长为： 62.83
矩形的周长为： 60
```

图 11.3　执行不同模块的同名函数时抛出的异常信息　　　　图 11.4　正确执行不同模块的同名函数

11.2.4 模块搜索目录

当使用 import 语句导入模块时，默认情况下，会按照以下顺序进行查找。

（1）在当前目录（即执行的 Python 脚本文件所在的目录）中进行查找。

（2）在 PYTHONPATH（环境变量）下的每个目录中进行查找。

（3）在 Python 的默认安装目录中进行查找。

以上各个目录的具体位置保存在标准模块 sys 的 sys.path 变量中。可以通过以下代码输出具体的目录。

```
01   import sys                                      # 导入标准模块 sys
02   print(sys.path)                                 # 输出具体目录
```

例如，在 IDLE 窗口中执行上述代码，将显示如图 11.5 所示的结果。

```
>>> import sys
>>> print(sys.path)
['', 'H:\\Python\\Python311\\Lib\\idlelib', 'H:\\Python\\Python311\\python311.zi
p', 'H:\\Python\\Python311\\Lib', 'H:\\Python\\Python311\\DLLs', 'C:\\Users\\Adm
inistrator\\AppData\\Roaming\\Python\\Python311\\site-packages', 'C:\\Users\\Adm
inistrator\\AppData\\Roaming\\Python\\Python311\\site-packages\\win32', 'C:\\Use
rs\\Administrator\\AppData\\Roaming\\Python\\Python311\\site-packages\\win32\\li
b', 'C:\\Users\\Administrator\\AppData\\Roaming\\Python\\Python311\\site-package
s\\Pythonwin', 'H:\\Python\\Python311', 'H:\\Python\\Python311\\Lib\\site-packag
es']
```

图 11.5　在 IDLE 窗口中查看具体目录

如果要导入的模块不在如图 11.5 所示的目录中，那么在导入模块时将显示如图 11.6 所示的异常信息。

```
>>> import function_bmi
Traceback (most recent call last):
  File "<pyshell#2>", line 1, in <module>
    import function_bmi
ModuleNotFoundError: No module named 'function_bmi'
```

图 11.6　找不到要导入的模块

误区警示

使用 import 语句导入模块时，模块名是区分字母大小写的。

这时，我们可以通过以下 3 种方式将指定的目录添加到 sys.path 中。

1. 临时添加

临时添加即在导入模块的 Python 文件中进行添加。例如，需要将 E:\program\Python\Code\demo 目录添加到 sys.path 中，可以使用下列代码：

```
01   import sys                                      # 导入标准模块 sys
02   sys.path.append('E:/program/Python/Code/demo')
03   print(sys.path)
```

执行上述代码后，将输出 sys.path 的值，得到以下结果：

```
['D:\\pythonProject', 'H:\\Python\\Python311\\Lib\\idlelib', 'H:\\Python\\Python311\\python311.zip',
'H:\\Python\\Python311\\Lib', 'H:\\Python\\Python311\\DLLs',
'C:\\Users\\Administrator\\AppData\\Roaming\\Python\\Python311\\site-packages',
'C:\\Users\\Administrator\\AppData\\Roaming\\Python\\Python311\\site-packages\\win32',
'C:\\Users\\Administrator\\AppData\\Roaming\\Python\\Python311\\site-packages\\win32\\lib',
'C:\\Users\\Administrator\\AppData\\Roaming\\Python\\Python311\\site-packages\\Pythonwin', 'H:\\Python\\Python311',
'H:\\Python\\Python311\\Lib\\site-packages', 'E:/program/Python/Code/demo']
```

在上述结果中，最后一个元素为新添加的目录。

说明

通过该方法添加的目录只在执行当前文件的窗口中有效，窗口关闭后即失效。

2．增加 .pth 文件（推荐）

在 Python 安装目录下的 Lib\site-packages 子目录（例如，笔者的 Python 安装在 H:\Python\Python311 目录下，那么该路径为 H:\Python\Python311\Lib\site-packages）中，创建一个扩展名为 .pth 的文件，文件名任意。这里创建一个 mrpath.pth 文件，在该文件中添加要导入模块所在的目录。例如，将模块目录 E:\program\Python\Code\demo 添加到 mrpath.pth 文件中，添加后的代码如下：

```
01   # .pth 文件是我创建的路径文件（这里为注释）
02   E:\program\Python\Code\demo
```

注意

创建 .pth 文件后，需要重新打开要执行的导入模块的 Python 文件，否则新添加的目录不起作用。另外，通过该方法添加的目录只在当前版本的 Python 中有效。

3．在 PYTHONPATH 环境变量中添加

在 PYTHONPATH 环境变量中添加目录的具体步骤如下。

（1）在"此电脑"图标上右击，然后在弹出的快捷菜单中选择"属性"菜单项，并在弹出的"属性"对话框的左侧单击"高级系统设置"超链接，将出现如图 11.7 所示的"系统属性"对话框。

（2）单击"环境变量"按钮，将弹出"环境变量"对话框，如图 11.8 所示。

图 11.7　"系统属性"对话框

图 11.8　"环境变量"对话框

（3）在"环境变量"对话框中，如果没有 PYTHONPATH 系统环境变量，则需要先创建一个，否则直接选中 PYTHONPATH 变量，再单击"编辑"按钮，然后在弹出的"新建系统变量"对话框的"变量值"文本框中添加新的模块目录，目录之间使用分号分隔。例如，创建系统环境变量 PYTHONPATH，并指定模块所在目录为"E:\program\Python\Code\demo;"，效果如图 11.9 所示。

图 11.9　在环境变量中添加 PYTHONPATH 环境变量

注意

在环境变量中添加模块目录后，需要重新打开要执行的导入模块的 Python 文件，否则新添加的目录不起作用。另外，通过该方法添加的目录可以在不同版本的 Python 中共享。

11.3　Python 中的包

使用模块可以避免由函数名和变量名重名引发的冲突。但是，如果模块名重复，那么应该怎么办呢？在 Python 中，提出了包（package）的概念。包是一个分层次的目录结构，它将一组功能相近的模块组织在一个目录下。这样，既可以起到规范代码的作用，又能避免模块名重名引起的冲突。

说明

包被简单理解为"文件夹"，只不过在该文件夹下必须存在一个名称为 __init__.py 的文件。

11.3.1　Python 程序的包结构

在实际项目开发时，通常情况下，会创建多个包用于存储不同类的文件。例如，在开发一个网站时，可以创建如图 11.10 所示的包结构。

图 11.10　一个 Python 项目的包结构

说明

在图 11.10 中，先创建一个名称为 shop 的项目，然后在该项目下创建了 admin、home 和 templates 3 个包和一个 manager.py 文件，最后在每个包中创建了相应的模块。

11.3.2　创建和使用包

下面将分别介绍如何创建和使用包。

175

1．创建包

创建包实际上就是创建一个文件夹，并且在该文件夹中创建一个名称为__init__.py 的文件。在__init__.py 文件中，可以不编写任何代码，也可以编写一些 Python 代码。另外，在__init__.py 文件中所编写的代码，在导入包时会自动执行。

说明

__init__.py 文件是一个模块文件，模块名为对应的包名。例如，在 settings 包中创建的__init__.py 文件，对应的模块名为 settings。

例如，在 E 盘根目录下，创建一个名称为 settings 的包，可以按照以下步骤操作。

（1）在桌面上，双击"此电脑"图标，进入资源管理器，然后进入 D 盘（也可以进入其他盘符）根目录，选择"主页"选项卡，在显示的工具栏中单击"新建文件夹"按钮（或者按 Shift+Ctrl+N 快捷键），如图 11.11 所示。

（2）将新创建的文件夹命名为 settings，然后双击该文件夹，如图 11.12 所示。

（3）在 IDLE 中，创建一个名称为__init__.py 的文件，并且在该文件中不编写任何内容，然后保存在 E:\settings 文件夹中，最后返回资源管理器中，效果如图 11.13 所示。

图 11.11　资源管理器

图 11.12　创建新文件夹

图 11.13　创建__init__.py 文件后的效果

至此，名称为 settings 的包就创建完成了。之后就可以在该包中创建所需的模块了。

2．使用包

创建包以后，就可以在包中创建相应的模块了，然后使用 import 语句从包中加载模块。从包中加载模块通常有以下 3 种方式。

☑　通过"import+完整包名+模块名"的形式加载指定模块

"import+完整包名+模块名"形式是指，假如有一个名称为 settings 的包，并且在该包中有一个名称为 size 的模块，这时要导入 size 模块，可以使用下列代码：

```
import settings.size
```

通过该方式导入模块后，在使用时需要使用完整的名称。例如，在已经创建的 settings 包中创建一个名称为 size 的模块，并且在该模块中定义两个变量，代码如下：

```
01    width = 800                              # 宽度
02    height = 600                             # 高度
```

这时，通过"import +完整包名+模块名"的形式导入 size 模块后，在调用 width 和 height 变量时，需要在变量名前加前缀，即"settings.size."。对应的代码如下：

```
01    import settings.size                     # 导入 settings 包中的 size 模块
02    if __name__=='__main__':
03        print('宽度：',settings.size.width)
04        print('高度：',settings.size.height)
```

执行上述代码，将显示以下内容：

```
宽度： 800
高度： 600
```

☑   通过"from +完整包名+ import +模块名"的形式加载指定模块

"from +完整包名+ import +模块名"形式是指，假如有一个名称为 settings 的包，并且在该包中有一个名称为 size 的模块，这时要导入 size 模块，可以使用下列代码：

```
from settings import size
```

通过上述方式导入模块后，在使用时不需要带包前缀，但是需要带模块名。例如，想通过"from+完整包名+import+模块名"的形式导入上述已经创建的 size 模块，另外还想调用 width 和 height 变量，这时可以通过下列代码实现：

```
01    from settings import size                # 导入 settings 包中的 size 模块
02    if __name__=='__main__':
03        print('宽度：',size.width)
04        print('高度：',size.height)
```

执行上述代码，将显示以下内容：

```
宽度： 800
高度： 600
```

☑   通过"from +完整包名+模块名+ import +定义名"的形式加载指定模块

"from +完整包名+模块名+ import +定义名"形式是指，假如有一个名称为 settings 的包，并且在该包中有一个名称为 size 的模块，这时要导入 size 模块中的 width 和 height 变量，可以使用下列代码：

```
from settings.size import width,height
```

通过上述方式导入模块的函数、变量或类后，在使用时直接使用函数、变量或类名即可。例如，想通过"from+完整包名+模块名+import+定义名"的形式导入上述已经创建的 size 模块的 width 和 height 变量，并输出，这时可以通过下列代码实现：

```
01    # 导入 settings 包的 size 模块中的 width 和 height 变量
02    from settings.size import width,height
03    if __name__=='__main__':
04        print('宽度： ', width)                # 输出宽度
05        print('高度： ', height)               # 输出高度
```

执行上述代码，将显示以下内容：

宽度： 800
高度： 600

说明

在通过 "from+完整包名+模块名+ import +定义名" 的形式加载指定模块时，可以使用星号 "*"
代替定义名，表示加载该模块中的不以下画线（_）开头的定义。

【例 11.3】在指定包中创建通用的设置和获取尺寸的模块。（**实例位置：资源包\TM\sl\11\03**）

创建一个名称为 settings 的包，并在该包中创建一个名称为 size 的模块，通过该模块实现设置和获
取尺寸的通用功能。具体步骤如下。

（1）在 settings 包中创建一个名称为 size 的模块，在该模块中定义两个保护类型的全局变量，分
别代表宽度和高度，然后定义一个 change()函数，用于修改两个全局变量的值，再定义两个函数，分别
用于获取宽度和高度，具体代码如下：

```
01   _width = 800                              # 定义保护类型的全局变量（宽度）
02   _height = 600                             # 定义保护类型的全局变量（高度）
03   def change(w,h):
04       global _width                         # 全局变量（宽度）
05       _width = w                            # 重新给宽度赋值
06       global _height                        # 全局变量（高度）
07       _height = h                           # 重新给高度赋值
08   def getWidth():                           # 获取宽度的函数
09       global _width
10       return _width
11   def getHeight():                          # 获取高度的函数
12       global _height
13       return _height
```

（2）在 settings 包的上一层目录中创建一个名称为 main.py 的文件，在该文件中导入 settings 包中
的 size 模块的全部定义，并且调用 change()函数重新设置宽度和高度，然后分别调用 getWidth()和
getHeight()函数获取修改后的宽度和高度，具体代码如下：

```
01   from settings.size import *              # 导入 size 模块中的全部定义
02   if __name__ =='__main__':
03       change(1024,768)                     # 调用 change()函数改变尺寸
04       print('宽度：',getWidth())           # 输出宽度
05       print('高度：',getHeight())          # 输出高度
```

执行本例代码，将显示如图 11.14 所示的结果。

宽度： 1024
高度： 768

11.3.3 以主程序的形式执行

图 11.14 输出修改后的尺寸

这里先来创建一个模块，名称为 christmastree，该模块的内容为第 9 章中编写的例 9.5 的代码。在
该段代码中，首先定义一个全局变量，然后创建一个名称为 fun_christmastree()的函数，最后通过 print()
函数输出一些内容，代码如下：

```
01   pinetree = '我是一棵松树'                # 定义一个全局变量（松树）
02   def fun_christmastree():                   # 定义函数
03       '''功能：一个梦
04           无返回值
05       '''
06       pinetree = '挂上彩灯、礼物……我变成一棵圣诞树 @^.^@ \n'   # 定义局部变量
```

```
07          print(pinetree)                                                      # 输出局部变量的值
08    # *********************函数体外*********************#
09    print('\n 下雪了……\n')
10    print('=============== 开始做梦…… =============\n')
11    fun_christmastree()                                                      # 调用函数
12    print('=============== 梦醒了…… ===============\n')
13    pinetree = '我身上落满雪花，' + pinetree + '-_-'                              # 为全局变量赋值
14    print(pinetree)                                                           # 输出全局变量的值
```

在与 christmastree 模块同级的目录下创建一个名称为 main.py 的文件，在该文件中导入 christmastree 模块，再通过 print()语句输出模块中的全局变量 pinetree 的值，代码如下：

```
01    import christmastree                                                     # 导入 christmastree 模块
02    print("全局变量的值为：",christmastree.pinetree)
```

执行上述代码，将显示如图 11.15 所示的内容。

从图 11.15 显示的运行结果中可以看出，导入模块后，不仅输出了全局变量的值，而且模块中原有的测试代码也被执行了。这个结果显然不是我们想要的。那么如何只输出全局变量的值呢？实际上，可以在模块中将原本直接执行的测试代码放在一个 if 语句中。因此，可以将模块 christmastree 的代码修改为以下内容：

```
下雪了……

=============== 开始做梦…… =============

挂上彩灯、礼物……我变成一棵圣诞树 @^.^@

=============== 梦醒了…… ===============

我身上落满雪花，我是一棵松树 -_-
全局变量的值为： 我身上落满雪花，我是一棵松树 -_-
```

图 11.15　导入模块输出模块中定义的全局变量的值

```
01    pinetree = '我是一棵松树'                                                   # 定义一个全局变量（松树）
02    def fun_christmastree():                                                  # 定义函数
03        '''功能：一个梦
04            无返回值
05        '''
06        pinetree = '挂上彩灯、礼物……我变成一棵圣诞树 @^.^@ \n'                        # 定义局部变量赋值
07        print(pinetree)                                                       # 输出局部变量的值
08    # *********************判断是否以主程序的形式运行*********************#
09    if __name__ == '__main__':
10        print('\n 下雪了……\n')
11        print('=============== 开始做梦…… =============\n')
12        fun_christmastree()                                                   # 调用函数
13        print('=============== 梦醒了…… ===============\n')
14        pinetree = '我身上落满雪花，' + pinetree + '-_-'                            # 为全局变量赋值
15        print(pinetree)                                                        # 输出全局变量的值
```

再次执行导入模块的 main.py 文件，将显示如图 11.16 所示的结果。从执行结果中可以看出，测试代码并没有被执行。此时，如果执行 christmastree.py 文件，将显示如图 11.17 所示的结果。

```
下雪了……

=============== 开始做梦…… =============

挂上彩灯、礼物……我变成一棵圣诞树 @^.^@

=============== 梦醒了…… ===============

我身上落满雪花，我是一棵松树 -_-
```

图 11.17　以主程序的形式执行的结果

```
全局变量的值为： 我是一棵松树
```

图 11.16　在模块中加入以主程序的形式执行的判断

说明

在每个模块的定义中都包括一个记录模块名称的变量 __name__，程序可以检查该变量，以确定它们在哪个模块中被执行。如果一个模块不是被导入其他程序中执行，那么它可能在解释器的顶级模块中被执行。顶级模块的 __name__ 变量的值为 __main__。

11.4　引用其他模块

在 Python 中，除了可以自定义模块，还可以引用其他模块，主要包括使用标准模块和第三方模块。下面分别进行介绍。

11.4.1　导入和使用标准模块

在 Python 中，自带了很多实用的模块，称为标准模块（也可以称为标准库），对于标准模块，我们可以直接使用 import 语句将其导入 Python 文件中来使用。例如，导入标准模块 random（用于生成随机数），可以使用下列代码：

```
import random                                    # 导入标准模块 random
```

✎ **说明**

在导入标准模块时，也可以使用 as 关键字为其指定别名。通常情况下，如果模块名比较长，则可以为其设置别名。

导入标准模块后，可以通过模块名调用其提供的函数。例如，导入 random 模块后，就可以调用其 randint()函数生成一个指定范围的随机整数。生成一个 0～10（包括 0 和 10）的随机整数的代码如下：

```
01    import random                              # 导入标准模块 random
02    print(random.randint(0,10))                # 输出 0～10 的随机数
```

执行上述代码，可能会输出 0～10 的任意一个数。

场景模拟：实现一个用户登录页面，为了防止恶意破解，可以添加验证码。这里，需要实现一个由数字、大写字母和小写字母组成的 4 位验证码。

【例 11.4】生成由数字、字母组成的 4 位验证码。（**实例位置：资源包\TM\sl\11\04**）

在 IDLE 中创建一个名称为 checkcode.py 的文件，然后在该文件中导入 Python 标准模块中的 random 模块（用于生成随机数），接着定义一个保存验证码的变量，再应用 for 语句实现一个重复 4 次的循环，在该循环中，调用 random 模块提供的 randrange()方法和 randint()方法生成符合要求的验证码，最后输出生成的验证码，代码如下：

```
01    import random                                    # 导入标准模块中的 random
02    if __name__ == '__main__':
03        checkcode = ""                               # 保存验证码的变量
04        for i in range(4):                           # 循环 4 次
05            index = random.randrange(0, 4)           # 生成 0～3 的一个数
06            if index != i and index + 1 != i:
07                checkcode += chr(random.randint(97, 122))    # 生成 a～z 的一个小写字母
08            elif index + 1 == i:
09                checkcode += chr(random.randint(65, 90))     # 生成 A～Z 的一个大写字母
10            else:
11                checkcode += str(random.randint(1, 9))       # 生成 1～9 的一个数字
12        print("验证码: ", checkcode)                  # 输出生成的验证码
```

执行本例代码，将显示如图 11.18 所示的结果。

除 random 模块外，Python 还提供了 200 多个内置的标准模块，涵盖了 Python

验证码:　kC23

图 11.18　生成验证码

运行时服务、文字模式匹配、操作系统接口、数学运算、对象永久保存、网络和 Internet 脚本和 GUI 构建等。常用的内置标准模块及其描述如表 11.1 所示。

表 11.1　Python 常用的内置标准模块及其描述

模　块　名	描　　　　述
sys	与 Python 解释器及其环境操作相关的标准库
time	提供与时间相关的各种函数的标准库
os	提供了访问操作系统服务功能的标准库
calendar	提供与日期相关的各种函数的标准库
urllib	用于读取来自网上（服务器上）的数据的标准库
json	用于使用 JSON 序列化和反序列化对象
re	用于在字符串中执行正则表达式匹配和替换
math	提供标准算术运算函数的标准库
decimal	用于进行精确控制运算精度、有效数位和四舍五入操作的十进制运算
shutil	用于进行高级文件操作，如复制、移动和重命名等
logging	提供了灵活的记录事件、错误、警告和调试信息等日志信息的功能
tkinter	使用 Python 进行 GUI 编程的标准库

除表 11.1 中列出的标准模块外，Python 还提供了很多其他的标准模块，读者可以在 Python 的帮助文档中查看。具体方法是，打开 Python 安装路径中的 Doc 目录，在该目录中的 html 目录内打开 py-modindex.html 的文件，查看 python 标准模块信息如图 11.19 所示。

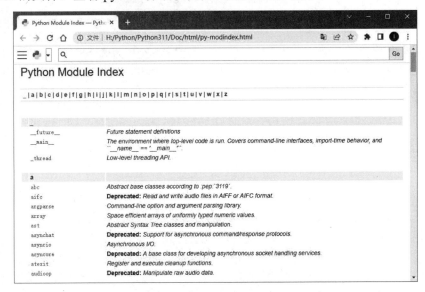

图 11.19　Python 的帮助文档

11.4.2　第三方模块的下载与安装

除 Python 内置的标准模块外，还有很多第三方模块可以使用。这些第三方模块可在 Python 官方推出的 http://pypi.python.org/pypi 中找到。

使用第三方模块时，需要先安装，然后可以像标准模块一样将其导入并使用。当安装第三方模块时，可以使用 Python 提供的 pip 命令实现。pip 命令的语法格式如下：

```
pip <command> [modulename]
```

参数说明如下。

☑ command：用于指定要执行的命令。常用的参数值有 install（用于安装第三方模块）、uninstall（用于卸载已经安装的第三方模块）、list（用于显示已经安装的第三方模块）等。

☑ modulename：可选参数，用于指定要安装或者卸载的模块名，当 command 为 install 或者 uninstall 时，该参数不能被省略。

例如，安装第三方 numpy 模块（用于科学计算），可以在"命令提示符"窗口中输入以下代码：

```
pip install numpy
```

执行上述代码，将在线安装 numpy 模块，安装完成后，则显示如图 11.20 所示的结果。

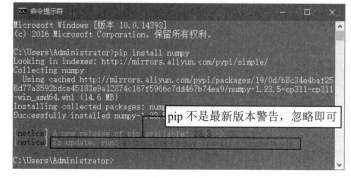

图 11.20　在线安装 numpy 模块

说明

在大型程序中可能需要导入很多模块，推荐先导入 Python 提供的标准模块，然后导入第三方模块，最后导入自定义模块。

如果想要查看 Python 中都有哪些模块（包括标准模块和第三方模块），可以在 IDLE 中输入以下命令：

```
help('modules')
```

如果只是想要查看已经安装的第三方模块，可以在"命令提示符"窗口中输入以下命令：

```
pip list
```

11.5　实践与练习

（答案位置：资源包\TM\sl\11\实践与练习）

综合练习 1：编写简易计算器模块　计算器是现代人发明的可以进行数字运算的电子机器。在 Windows 的附件程序中就提供了一个计算器软件，通过它可以很方便地进行各种计算。在 Python 中，要实现对输入的内容进行数字计算，需要验证输入的内容，并需要将其转换为数值类型。本练习要求编写一个自定义模块，实现将输入的字符串类型的数值转换为对应的数字类型，并进行加、减、乘、除运算，以实现简易计算器的功能。（要求：对输入的数据进行验证）

综合练习 2：生成中国福利彩票"3D"号码　中国福利彩票"3D"是由中国福利彩票发行中心统一发行的一种彩票。"3D"彩票是以一个 3 位自然数为投注号码的彩票，投注者选择一个为 000～999 的 3 位数进行投注。编写一个程序，分别完成如下功能。

☑ 随机产生一个 3D 投注号码。

☑ 小明是一个彩民，每期都买 6 个投注号码。

他想编写一个程序，除了可以输入 3 个固定投注号码，程序还需要帮他随机产生 3 个投注号码，然后统一输出。

第 12 章

文件及目录操作

在变量、序列和对象中存储的数据是暂时的，程序结束后就会丢失。为了能够永久地存储程序中的数据，需要将程序中的数据保存到磁盘文件中。Python 提供了内置的文件对象。另外，Python 还提供了对文件和目录进行操作的内置模块。通过这些技术可以很方便地将数据保存到文件（如文本文件等）中，以达到永久存储数据的目的。

本章将详细介绍如何在 Python 中进行文件及目录的相关操作。

本章知识架构及重难点如下。

12.1　基本文件操作

Python 中内置了文件（file）对象。在使用文件对象时，首先需要通过内置的 open() 方法创建一个文件对象，然后通过该对象提供的方法进行一些基本文件操作。例如，可以使用文件对象的 write() 方法向文件中写入内容，以及使用 close() 方法关闭文件等。下面将介绍如何应用 Python 中的文件对象进行基本文件操作。

12.1.1　创建和打开文件

在 Python 中，想要操作文件，需要先创建或者打开指定的文件，然后创建文件对象。这可以通过内置的 open()函数实现。open()函数的基本语法格式如下：

```
file = open(filename[,mode[,buffering]])
```

参数说明如下。

☑　file：被创建的文件对象。

☑　filename：要创建或打开的文件的名称，需要使用单引号或双引号括起来。如果要打开的文件和当前文件在同一个目录下，那么直接写文件名即可，否则需要指定完整路径。例如，要打开当前路径下的名称为 status.txt 的文件，可以使用"status.txt"。

☑　mode：可选参数，用于指定文件的打开模式。其参数值及其说明如表 12.1 所示。默认的打开模式为只读（即 r）。

表 12.1　mode 的参数值及其说明

参　数　值	说　　　明	注　　　意
r	以只读模式打开文件。文件的指针将会放在文件的开头	文件必须存在
rb	以二进制格式打开文件，并且采用只读模式。文件的指针将会放在文件的开头。一般用于非文本文件，如图片、声音等	
r+	打开文件后，可以读取文件内容，也可以写入新的内容以覆盖原有内容（从文件开头进行覆盖）	
rb+	以二进制格式打开文件，并且采用读写模式。文件的指针将会放在文件的开头。一般用于非文本文件，如图片、声音等	
w	以只写模式打开文件	如果文件存在，则将其覆盖；否则，创建新文件
wb	以二进制格式打开文件，并且采用只写模式。一般用于非文本文件，如图片、声音等	
w+	打开文件后，先清空原有内容，使其变为一个空的文件，对这个空文件有读写权限	
wb+	以二进制格式打开文件，并且采用读写模式。一般用于非文本文件，如图片、声音等	
a	以追加模式打开一个文件。如果该文件已经存在，则文件指针将放在文件的末尾（即新内容会被写入已有内容之后）；否则，创建新文件用于写入	
ab	以二进制格式打开文件，并且采用追加模式。如果该文件已经存在，则文件指针将放在文件的末尾（即新内容会被写入已有内容之后）；否则，创建新文件用于写入	
a+	以读写模式打开文件。如果该文件已经存在，则文件指针将放在文件的末尾（即新内容会被写入已有内容之后）；否则，创建新文件用于读写	如果想要读取文件内容，需要将文件指针移动到文件开头
ab+	以二进制格式打开文件，并且采用追加模式。如果该文件已经存在，则文件指针将放在文件的末尾（即新内容会被写入已有内容之后）；否则，创建新文件用于读写	

☑　buffering：可选参数，用于指定读写文件的缓冲模式。如果值为 0，则表示不缓存；如果值为 1，则表示缓存；如果大于 1，则表示缓冲区的大小。默认为缓存模式。

open()方法经常实现以下几个功能。

1. 打开一个不存在的文件时先创建该文件

在不指定文件打开模式的情况下，使用 open() 函数打开一个不存在的文件，则会抛出如图 12.1 所示的异常信息。

```
=============================== RESTART: D:\demo.py ==================
Traceback (most recent call last):
  File "D:\demo.py", line 1, in <module>
    file = open('status.txt')
FileNotFoundError: [Errno 2] No such file or directory: 'status.txt'
```

图 12.1 当打开的文件不存在时，抛出的异常信息

要解决如图 12.1 所示的错误，主要有以下两种方法。

- ☑ 在当前目录下（即与执行的文件相同的目录）创建一个名称为 status.txt 的文件。
- ☑ 在调用 open() 函数时，指定 mode 的参数值为 w、w+、a、a+。这样，当要打开的文件不存在时，就可以创建新的文件了。

场景模拟：在蚂蚁庄园的动态栏目中记录着庄园里的新鲜事。现在想要创建一个文本文件保存这些新鲜事。

【例 12.1】 创建并打开记录蚂蚁庄园动态的文件。（**实例位置：资源包\TM\sl\12\01**）

在 IDLE 中创建一个名称为 antmanor_message.py 的文件，首先在该文件中输出一条提示信息，然后调用 open() 函数创建或打开文件，最后输出一条提示信息，代码如下：

```
01    print("\n","="*10,"蚂蚁庄园动态","="*10)
02    file = open('message.txt','w')                    # 创建或打开保存蚂蚁庄园动态信息的文件
03    print("\n 即将显示……\n")
```

执行上述代码，将显示如图 12.2 所示的结果，同时在 antmaner_message.py 文件所在的目录下创建一个名称为 message.txt 的文件，该文件没有任何内容，如图 12.3 所示。

```
========== 蚂蚁庄园动态 ==========
即将显示……
```

图 12.2 创建并打开记录蚂蚁庄园动态的文件

图 12.3 创建并打开记录蚂蚁庄园动态的文件

从图 12.3 中可以看出，新创建的文件没有任何内容，大小为 0 KB。这是因为，现在只是创建了一个文件，但尚未向文件中写入任何内容。在 12.1.2 节中，我们将介绍如何向文件中写入内容。

2. 以二进制形式打开文件

使用 open() 函数不仅可以以文本的形式打开文本文件，还可以以二进制形式打开非文本文件，如图片文件、音频文件、视频文件等。例如，创建一个名称为 picture.png 的图片文件（见图 12.4），并且应用 open() 函数以二进制方式打开该文件。

以二进制方式打开该文件，并输出创建的对象的代码如下：

```
01    file = open('picture.png','rb')                    # 以二进制方式打开图片文件
02    print(file)                                        # 输出创建的对象
```

执行上述代码，将显示如图 12.5 所示的运行结果。

图 12.4　打开的图片文件

<_io. BufferedReader name='picture.png'>

图 12.5　以二进制方式打开图片文件

从图 12.5 中可以看出，创建的是一个 BufferedReader 对象。生成该对象后，可以再应用其他的第三方模块进行处理。例如，上述 BufferedReader 对象是通过打开图片文件实现的，那么就可以将其传入第三方的图像处理库 PIL 的 Image 模块的 open()方法中，以方便对图片进行处理（如调整大小等）。

3. 打开文件时指定编码方式

在使用 open()函数打开文件时，默认采用 GBK 编码，当被打开的文件不是 GBK 编码时，将抛出如图 12.6 所示的异常信息。

```
Traceback (most recent call last):
  File "F:\program\Python\Code\demo.py", line 2, in <module>
    print(file.read())
UnicodeDecodeError: 'gbk' codec can't decode byte 0xff in posit
ion 0: illegal multibyte sequence
```

图 12.6　抛出 UnicodeDecodeError 的异常信息

解决该问题的方法有两种：一种是直接修改文件的编码；另一种是在打开文件时，直接指定使用的编码方式。推荐采用后一种方法。下面将重点介绍如何在打开文件时指定编码方式。

在调用 open()函数时，通过添加 encoding='utf-8'参数即可实现将编码指定为 UTF-8。如果想要指定其他编码，可以将单引号中的内容替换为想要指定的编码。

例如，打开采用 UTF-8 编码保存的 notice.txt 文件，可以使用下列代码：

```
file = open('notice.txt','r',encoding='utf-8')
```

12.1.2　关闭文件

打开文件后，需要及时关闭，以免对文件造成不必要的破坏。关闭文件可以使用文件对象的 close()方法实现。close()方法的语法格式如下：

```
file.close()
```

其中，file 为打开的文件对象。

例如，关闭例 12.1 中打开的 file 对象，可以使用下列代码：

```
file.close()                                              # 关闭文件对象
```

　说明

close()方法先刷新缓冲区中还没有写入的信息，然后关闭文件，这样可以将没有写入文件中的内容写入文件中。在关闭文件后，便不能再进行写入操作了。

12.1.3　打开文件时使用 with 语句

如果打开文件后忘记关闭它，可能会带来意想不到的问题。另外，如果在打开文件时抛出了异常，那么将导致文件不能被及时关闭。为了更好地避免此类问题发生，可以使用 Python 提供的 with 语句，以实现在处理文件时，无论是否抛出异常，都能保证 with 语句执行完毕后关闭已经打开的文件。with 语句的基本语法格式如下：

```
with expression as target:
    with-body
```

参数说明如下。

☑　expression：用于指定一个表达式，这里可以是打开文件的 open()函数。

☑　target：用于指定一个变量，并且将 expression 的结果保存到该变量中。

☑　with-body：用于指定 with 语句体，其中可以是执行 with 语句后相关的一些操作语句。如果不想执行任何语句，可以直接使用 pass 语句代替。

例如，将例 12.1 修改为在打开文件时使用 with 语句，修改后的代码如下：

```
01    print("\n","="*10,"蚂蚁庄园动态","="*10)
02    with open('message.txt','w') as file:          # 创建或打开保存蚂蚁庄园动态信息的文件
03        pass
04    print("\n 即将显示……\n")
```

执行上述代码，同样将得到如图 12.2 所示的运行结果。

12.1.4　写入文件内容

在例 12.1 中，虽然创建并打开了一个文件，但是该文件中并没有任何内容，它的大小是 0 KB。Python 中的文件对象提供了 write()方法，可以向文件中写入内容。write()方法的语法格式如下：

```
file.write(string)
```

其中，file 为打开的文件对象，string 为要写入的字符串。

误区警示

　　调用 write()方法向文件中写入内容的前提是，在打开文件时，指定的打开模式为 w（可写）或者 a（追加）；否则，将抛出如图 12.7 所示的异常信息。

```
Traceback (most recent call last):
  File "C:\python\Python\demo.py", line 2, in <module>
    file.write('腹有读书气自华')
io.UnsupportedOperation: not writable
```

图 12.7　没有写入权限时抛出的异常信息

　　场景模拟：在蚂蚁庄园的动态栏目中记录着庄园里的新鲜事。你雇佣了一只小鸡来生产肥料，此时需要向庄园的动态栏目中写入一条动态信息。

　　【例 12.2】向蚂蚁庄园的动态文件写入一条信息。（**实例位置：资源包\TM\sl\12\02**）

　　在 IDLE 中创建一个名称为 antmanor_message_w.py 的文件，首先在该文件中应用 open()函数以写方式打开一个文件，然后调用 write()方法向该文件中写入一条动态信息，最后调用 close()方法关闭文件，代码如下：

```
01    print("\n","="*10,"蚂蚁庄园动态","="*10)
02    file = open('message.txt','w')                 # 创建或打开保存蚂蚁庄园动态信息的文件
03    # 写入一条动态信息
04    file.write("你消耗了 50g 饲料雇佣 mingri 的小鸡来生产肥料，记得喂食哦。\n")
05    print("\n 写入了一条动态……\n")
06    file.close()                                    # 关闭文件对象
```

执行上述代码，将显示如图 12.8 所示的结果，同时在 antmaner_message_w.py 文件所在的目录下创建一个名称为 message.txt 的文件，并且在该文件中写入了文字"你消耗了 50g 饲料雇佣 mingri 的小鸡

来生产肥料，记得喂食哦。"，如图 12.9 所示。

========== 蚂蚁庄园动态 ==========

写入了一条动态……

图 12.8　创建并打开记录蚂蚁庄园动态的文件

图 12.9　打开记录蚂蚁庄园动态的文件

注意

在写入文件后，一定要调用 close()方法关闭文件；否则，写入的内容不会被保存到文件中。这是因为，当我们在写入文件内容时，操作系统不会立刻把数据写入磁盘中，而是先缓存起来，只有当调用 close()方法时，操作系统才会保证把没有写入的数据全部写入磁盘中。

另外，在向文件中写入内容后，如果不想马上关闭文件，也可以调用文件对象提供的 flush()方法，把缓冲区的内容写入文件中。这样也能保证将数据全部写入磁盘中。

向文件中写入内容时，如果打开文件采用 w（写入）模式，则先清空原文件的内容，再写入新的内容；而如果打开文件采用 a（追加）模式，则不覆盖原有文件的内容，只是在文件的结尾处增加新的内容。下面将对例 12.2 的代码进行修改，实现在原动态信息的基础上再添加一条动态信息。修改后的代码如下：

```
01    print("\n","="*10,"蚂蚁庄园动态","="*10)
02    file = open('message.txt','a')                          # 创建或打开保存蚂蚁庄园动态信息的文件
03    # 追加一条动态信息
04    file.write("mingri 的小鸡在你的庄园待了 22min，吃了 6g 饲料之后，被你赶走了。\n")
05    print("\n 追加了一条动态……\n")
06    file.close()                                            # 关闭文件对象
```

执行上述代码后，打开 message.txt 文件，将显示如图 12.10 所示的结果。

说明

除 write()方法外，Python 的文件对象还提供了 writelines()方法，可以实现把字符串列表写入文件中，但是不添加换行符。

图 12.10　追加内容后的 message.txt 文件

12.1.5　读取文件

在 Python 中打开文件后，除了可以向其中写入或追加内容，还可以读取文件中的内容。读取文件内容主要分为以下几种情况。

1. 读取指定字符

文件对象提供了 read()方法读取指定个数的字符。其语法格式如下：

```
file.read([size])
```

其中：file 为打开的文件对象；size 为可选参数，用于指定要读取的字符个数，如果省略，则一次性读取所有内容。

误区警示

调用 read()方法读取文件内容的前提是，打开文件时，指定的打开模式为 r（只读）或者 r+（读写）；否则，将抛出如图 12.11 所示的异常信息。

```
Traceback (most recent call last):
  File "C:\python\Python\demo.py", line 23, in <module>
    line = file.read()
io.UnsupportedOperation: not readable
```

图 12.11　没有读取权限时抛出的异常信息

例如，要读取 message.txt 文件中的前 9 个字符，需要使用下列代码：

```
01    with open('message.txt','r') as file:          # 打开文件
02        string = file.read(9)                      # 读取前 9 个字符
03        print(string)
```

如果 message.txt 的文件内容如下：

你消耗了 50g 饲料雇佣 mingri 的小鸡来生产肥料，记得喂食哦。

那么执行上述代码将显示以下结果：

你消耗了 50g 饲料

使用 read(size)方法读取文件时，是从文件的开头读取的。如果想要读取部分内容，可以先使用文件对象的 seek()方法将文件的指针移动到新的位置处，然后应用 read(size)方法进行读取。seek()方法的基本语法格式如下：

file.seek(offset[,whence])

参数说明如下。

☑　file：表示已经打开的文件对象。

☑　offset：用于指定移动的字符个数，其具体位置与 whence 有关。

☑　whence：用于指定从什么位置开始计算。如果值为 0，则表示从文件头开始计算；如果值为 1，则表示从当前位置开始计算；如果值为 2，则表示从文件尾开始计算。默认为 0。

注意

对于 whence 参数，如果在打开文件时没有使用 b 模式（即 rb），则只允许从文件头开始计算相对位置，其原因在于，从文件尾计算时，将会引发如图 12.12 所示的异常信息。

```
Traceback (most recent call last):
  File "F:\program\Python\Code\demo.py", line 2, in <module>
    file.seek(10,2)
io.UnsupportedOperation: can't do nonzero end-relative seeks
```

图 12.12　抛出 io.UnsupportedOperation 的异常信息

例如，想要从文件的第 19 个字符开始读取 14 个字符，可以使用下列代码：

```
01    with open('message.txt','r') as file:          # 打开文件
02        file.seek(19)                              # 移动文件指针到新的位置
03        string = file.read(14)                     # 读取 14 个字符
04        print(string)
```

如果 message.txt 的文件内容如下：

你消耗了 50g 饲料雇佣 mingri 的小鸡来生产肥料，记得喂食哦。

那么执行上述代码将显示以下结果：

mingri 的小鸡来生产肥料

说明

在使用 seek() 方法时，offset 的值是按一个汉字占两个字符、英文和数字占一个字符计算的。这与 read(size) 方法不同。

场景模拟： 在蚂蚁庄园的动态栏目中记录着庄园里的新鲜事。现在想显示庄园里的动态信息。

【例 12.3】 显示蚂蚁庄园的动态。（**实例位置：资源包\TM\sl\12\03**）

在 IDLE 中创建一个名称为 antmanor_message_r.py 的文件，首先在该文件中应用 open() 函数以只读方式打开一个文件，然后调用 read() 方法读取全部动态信息，并输出，代码如下：

```
01    print("\n","="*25,"蚂蚁庄园动态","="*25,"\n")
02    with open('message.txt','r') as file:              # 打开保存蚂蚁庄园动态信息的文件
03        message = file.read()                          # 读取全部动态信息
04        print(message)                                 # 输出动态信息
05    print("\n","="*29,"over","="*29,"\n")
```

执行上述代码，将显示如图 12.13 所示的结果。

2．读取一行

在使用 read() 方法读取文件时，如果文件很大，一次读取全部内容到内存，容易造成内存不足，所以通常会采用逐行读取。文件对象提供了 readline() 方法用于每次读取一行数据。readline() 方法的基本语法格式如下：

========================== 蚂蚁庄园动态 ==========================
你消耗了50g饲料雇佣mingri的小鸡来生产肥料，记得喂食哦。
mingri的小鸡在你的庄园待了22min，吃了6g饲料之后，被你赶走了。
你的小鸡在QQ的庄园待了27min，吃了8g饲料被庄园主人赶回来了。
你消耗了50g饲料雇佣无语的小鸡来生产肥料，记得喂食哦。
CC来到你的庄园，并提醒你无语的小鸡已经偷吃饲料21min，吃掉了6g。你的小鸡拿出了10g饲料奖励给CC。

========================== over ==========================

图 12.13　显示蚂蚁庄园的全部动态

```
file.readline()
```

其中，file 为打开的文件对象。同 read() 方法一样，打开文件时，也需要指定打开模式为 r（只读）或者 r+（读写）。

场景模拟： 在蚂蚁庄园的动态栏目中记录着庄园里的新鲜事。现在想显示庄园里的动态信息。

【例 12.4】 逐行显示蚂蚁庄园的动态。（**实例位置：资源包\TM\sl\12\04**）

在 IDLE 中创建一个名称为 antmanor_message_rl.py 的文件，首先在该文件中应用 open() 函数以只读方式打开一个文件，然后应用 while 语句创建一个循环，在该循环中调用 readline() 方法读取一条动态信息并输出，另外还需要判断内容是否已经读取完毕，如果读取完毕，则应用 break 语句跳出循环，代码如下：

```
01    print("\n","="*25,"蚂蚁庄园动态","="*25,"\n")
02    with open('message.txt','r') as file:              # 打开保存蚂蚁庄园动态信息的文件
03        number = 0                                     # 记录行号
04        while True:
05            number += 1
```

```
06          line = file.readline()
07          if line ==":
08                break                                    # 跳出循环
09          print(number,line,end= "\n")                   # 输出一行内容
10    print("\n","="*29,"over","="*29,"\n")
```

执行上述代码，将显示如图 12.14 所示的结果。

3. 读取全部行

读取全部行的作用与调用 read()方法时不指定 size 类似，只不过读取全部行时，返回的是一个字符串列表，每个元素为文件的一行内容。读取全部行，使用的是文件对象的 readlines()方法，其语法格式如下：

图 12.14　逐行显示蚂蚁庄园的全部动态

```
file.readlines()
```

其中，file 为打开的文件对象。同 read()方法一样，打开文件时，也需要指定打开模式为 r（只读）或者 r+（读写）。

例如，通过 readlines()方法读取例 12.3 中的 message.txt 文件，并输出读取结果，代码如下：

```
01    print("\n","="*25,"蚂蚁庄园动态","="*25,"\n")
02    with open('message.txt','r') as file:               # 打开保存蚂蚁庄园动态信息的文件
03        message = file.readlines()                       # 读取全部动态信息
04        print(message)                                   # 输出动态信息
05    print("\n","="*29,"over","="*29,"\n")
```

执行上述代码，将显示如图 12.15 所示的结果。

从该运行结果中可以看出，readlines()方法的返回值为一个字符串列表。在这个字符串列表中，每个元素记录一行内容。如果文件比较大，那么采用这种方法输出读取的文件内容就会很慢。这时，可以将列表的内容进行逐行输出。例如，将上述代码可以修改为以下内容：

```
01    print("\n","="*25,"蚂蚁庄园动态","="*25,"\n")
02    with open('message.txt','r') as file:               # 打开保存蚂蚁庄园动态信息的文件
03        messageall = file.readlines()                    # 读取全部动态信息
04        for message in messageall:
05            print(message)                               # 输出一条动态信息
06    print("\n","="*29,"over","="*29,"\n")
```

运行结果如图 12.16 所示。

图 12.15　readlines()方法的返回结果

图 12.16　应用 readlines()方法并逐行输出动态信息

12.2 目 录 操 作

目录也称文件夹，用于分层保存文件。通过目录可以分门别类地存储文件，以便在需要时能够快速查找到它们。Python 中并没有提供直接操作目录和文件的函数或对象，而是需要使用内置的 os 模块及其子模块 os.path 来实现。

常用的目录操作主要有判断目录是否存在、创建目录、删除目录和遍历目录等，下面进行详细介绍。

说明

> os 模块是 Python 内置的与操作系统功能和文件系统相关的模块，其语句执行结果与操作系统有关，在不同操作系统上运行有时会得到不一样的结果。本章是以 Windows 操作系统为例进行介绍的，因此代码执行结果也都是在 Windows 操作系统下显示的。

12.2.1 os 和 os.path 模块

在使用 os 模块或者 os.path 模块时，首先需要应用 import 语句将其导入，然后才可以应用它们提供的函数或者变量。导入 os 模块后，也可以使用其子模块 os.path。导入 os 模块可以使用下列代码：

```
import os
```

通过 os 模块提供的通用变量，可获取与系统有关的信息。常用的变量有以下几个。

☑ name：用于获取操作系统的类型。

例如，在 Windows 操作系统下输出 os.name，结果如图 12.17 所示。

说明

> 如果 os.name 的输出结果为 nt，则表示是 Windows 操作系统；如果是 posix，则表示是 Linux、UNIX 或 Mac OS 操作系统。

☑ linesep：用于获取当前操作系统上的换行符。

例如，在 Windows 操作系统下输出 os.linesep，结果如图 12.18 所示。

☑ sep：用于获取当前操作系统使用的路径分隔符。

例如，在 Windows 操作系统下输出 os.sep，结果如图 12.19 所示。

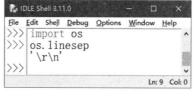

图 12.17　显示 os.name 的结果　　　图 12.18　显示 os.linesep 的结果　　　图 12.19　显示 os.sep 的结果

os 模块还提供了一些操作目录的函数，如表 12.2 所示。

表 12.2　os 模块提供的与目录相关的函数及其说明

函　　数	说　　明
getcwd()	返回当前的工作目录
listdir(path)	返回指定路径下的文件和目录信息
mkdir(path [,mode])	创建目录
makedirs(path1/path2...[,mode])	创建多级目录
rmdir(path)	删除目录
removedirs(path1/path2...)	删除多级目录
chdir(path)	把 path 设置为当前工作目录
walk(top[,topdown[,onerror]])	遍历目录树，该方法返回一个元组，包括所有路径名、所有目录列表和文件列表 3 个元素

os.path 模块也提供了一些操作目录的函数，如表 12.3 所示。

表 12.3　os.path 模块提供的与目录相关的函数及其说明

函　　数	说　　明
abspath(path)	用于获取文件或目录的绝对路径
exists(path)	用于判断目录或者文件是否存在，如果存在，则返回 True，否则返回 False
join(path,name)	将目录与目录或者文件名拼接起来
splitext()	分离文件名和扩展名
basename(path)	从一个目录中提取文件名
dirname(path)	从一个路径中提取文件路径，不包括文件名
isdir(path)	用于判断是否为有效路径

12.2.2　路径

用于定位一个文件或者目录的字符串被称为一个路径。在程序开发时，通常会涉及两种路径：一种是相对路径；另一种是绝对路径。

1. 相对路径

在学习相对路径之前，首先需要了解什么是当前工作目录。当前工作目录是指当前文件所在的目录。在 Python 中，可以通过 os 模块提供的 getcwd()函数获取当前工作目录。例如，在 E:\program\Python\Code\demo.py 文件中，编写以下代码：

```
01   import os
02   print(os.getcwd())                              # 输出当前目录
```

执行上述代码，将显示以下目录，该路径就是当前工作目录。

```
E:\program\Python\Code
```

相对路径就是依赖于当前工作目录的。如果在当前工作目录下有一个名称为 message.txt 的文件，那么在打开这个文件时，就可以直接写上文件名，这时采用的就是相对路径，message.txt 文件的实际路径就是当前工作目录"E:\program\Python\Code"+相对路径"message.txt"，即 E:\program\Python\Code\message.txt。

说明

在 Python 中，指定文件路径时，需要对路径分隔符"\"进行转义，即将路径中的"\"替换为"\\"。例如，对于相对路径"demo\message.txt"，我们需要使用"demo\\message.txt"来代替。另外，也可以采用"/"来代替路径分隔符"\"。

如果在当前工作目录下有一个子目录 demo，并且在该子目录下保存着文件 message.txt，那么在打开这个文件时就可以写上"demo/message.txt"，例如下列代码：

```
01    with open("demo/message.txt") as file:          # 通过相对路径打开文件
02        pass
```

说明

在指定文件路径时，也可以在表示路径的字符串前面加上字母 r（或 R），那么该字符串将按原样输出，这时路径中的分隔符就不需要再被转义了。例如，将上述代码也可以修改为以下内容：

```
01    with open(r"demo\message.txt") as file:          # 通过相对路径打开文件
02        pass
```

2．绝对路径

绝对路径是指在使用文件时指定文件的实际路径。它不依赖于当前工作目录。在 Python 中，可以通过 os.path 模块提供的 abspath()函数获取一个文件的绝对路径。abspath()函数的基本语法格式如下：

```
os.path.abspath(path)
```

其中，path 为要获取绝对路径的相对路径，可以是文件，也可以是目录。

例如，要获取相对路径"demo\message.txt"的绝对路径，可以使用下列代码：

```
01    import os
02    print(os.path.abspath(r"demo\message.txt"))          # 获取绝对路径
```

如果当前工作目录为"E:\program\Python\Code"，那么将得到以下结果：

```
E:\program\Python\Code\demo\message.txt
```

3．拼接路径

如果想要将两个或者多个路径拼接到一起组成一个新的路径，可以使用 os.path 模块提供的 join()函数来实现。join()函数的基本语法格式如下：

```
os.path.join(path1[,path2[,...]])
```

其中，path1、path2 用于代表要拼接的文件路径，这些路径间使用逗号分隔。如果在要拼接的路径中没有一个绝对路径，那么最后拼接出来的将是一个相对路径。

注意

（1）使用 os.path.join()函数拼接路径时，并不会检测该路径是否真实存在。

（2）把两个路径拼接为一个路径时，不要直接使用字符串拼接，而是使用 os.path.join()函数，这样可以正确处理不同操作系统的路径分隔符。

例如，需要将 E:\program\Python\Code 和 demo\message.txt 路径拼接到一起，可以使用下列代码：

```
01     import os
02     print(os.path.join("E:\program\Python\Code","demo\message.txt"))          # 拼接字符串
```

执行上述代码，将得到以下结果：

E:\program\Python\Code\demo\message.txt

说明

在使用 join()函数时，如果要拼接的路径中存在多个绝对路径，那么以从左到右最后一次出现的为准，并且该路径之前的参数都将被忽略。例如，执行下列代码：

```
01     import os
02     print(os.path.join("E:\\code","E:\\python\\mr","Code","C:\\","demo"))          # 拼接字符串
```

将得到拼接后的路径为"C:\demo"。

12.2.3　判断目录是否存在

在 Python 中，有时需要判断给定的目录是否存在，这时可以使用 os.path 模块提供的 exists()函数来完成此操作。exists()函数的基本语法格式如下：

os.path.exists(path)

其中，path 为要判断的目录，可以采用绝对路径，也可以采用相对路径。
返回值：如果给定的路径存在，则返回 True，否则返回 False。
例如，要判断绝对路径 C:\demo 是否存在，可以使用下列代码：

```
01     import os
02     print(os.path.exists("C:\\demo"))          # 判断目录是否存在
```

执行上述代码，如果在 C 盘根目录下没有 demo 子目录，则返回 False，否则返回 True。

说明

os.path.exists()函数除了可以判断目录是否存在，还可以判断文件是否存在。例如，如果将上述代码中的 C:\\demo 替换为 C:\\demo\\test.txt，则用于判断 C:\demo\test.txt 文件是否存在。

12.2.4　创建目录

在 Python 中，os 模块提供了两个创建目录的函数：一个函数用于创建一级目录；另一个函数则用于创建多级目录。下面分别进行介绍。

1. 创建一级目录

创建一级目录是指一次只能创建一级目录。在 Python 中，可以使用 os 模块提供的 mkdir()函数来完成此操作。通过该函数只能创建指定路径中的最后一级目录，如果该目录的上一级不存在，则抛出 FileNotFoundError 的异常信息。mkdir()函数的基本语法格式如下：

os.mkdir(path, mode=0o777)

参数说明如下。

☑ path：用于指定要创建的目录，可以使用绝对路径，也可以使用相对路径。

☑ mode：用于指定数值模式，默认值为 0o777。

该参数在非 UNIX 系统上无效或被忽略。

例如，在 Windows 系统上创建一个 C:\demo 目录，可以使用下列代码：

```
01    import os
02    os.mkdir("C:\\demo")              # 创建 C:\demo 目录
```

图 12.20　成功创建 demo 文件夹

执行上述代码，将在 C 盘根目录下创建一个 demo 文件夹，如图 12.20 所示。

如果创建的目录已经存在，则将抛出 FileExistsError 的异常信息。例如，将上述示例代码再执行一次，将抛出如图 12.21 所示的异常信息。

要解决上面的问题，需要在创建目录前，先判断指定的目录是否存在，只有当目录不存在时，才创建该目录。具体代码如下：

```
Traceback (most recent call last):
  File "D:\demo.py", line 4, in <module>
    os.mkdir(path)                  # 创建目录
FileExistsError: [WinError 183] 当文件已存在时，无法创建该文件。: 'C:\\demo'
```

图 12.21　创建 demo 文件夹失败

```
01    import os
02    path = "C:\\demo"                          # 指定要创建的目录
03    if not os.path.exists(path):               # 判断目录是否存在
04        os.mkdir(path)                         # 创建目录
05        print("目录创建成功！")
06    else:
07        print("该目录已经存在！")
```

执行上述代码，将显示"该目录已经存在！"。

注意

如果指定的目录有多级，而且最后一级的上级目录中有不存在的，则抛出 FileNotFoundError 的异常信息，并且目录创建不成功。要解决该问题有两种方法：一种是使用创建多级目录的方法（将在下面进行介绍）；另一种是编写递归函数调用 os.mkdir() 函数来实现。具体代码如下：

```
01    import os                                      # 导入标准模块 os
02    def mkdir(path):                               # 定义递归创建目录的函数
03        if not os.path.isdir(path):                # 判断是否为有效路径
04            mkdir(os.path.split(path)[0])          # 递归函数的调用
05        else:                                      # 如果目录存在，则直接返回
06            return
07        os.mkdir(path)                             # 创建目录
08    mkdir("D:/mr/test/demo")                       # 调用 mkdir() 递归函数
```

2. 创建多级目录

使用 os.mkdir() 函数只能创建一级目录，如果想创建多级，可以使用 os 模块提供的 makedirs() 函数，该函数用于采用递归的方式创建目录。makedirs() 函数的基本语法格式如下：

```
os.makedirs(name, mode=0o777)
```

参数说明如下。

☑ name：用于指定要创建的目录，可以使用绝对路径，也可以使用相对路径。

☑　mode：用于指定数值模式，默认值为 0o777。该参数在非 UNIX 系统上无效或被忽略。

例如，在 Windows 系统上刚刚创建的 C:\demo 目录下，再创建子目录 test\dir\mr（对应的目录为 C:\demo\test\dir\mr），可以使用下列代码：

```
01    import os
02    os. makedirs ("C:\\demo\\test\\dir\\mr ")          # 创建 C:\demo\test\dir\mr 目录
```

执行上述代码，将首先在 C:\demo 目录下创建子目录 test，然后在 test 目录下创建子目录 dir，最后在 dir 目录下再创建子目录 mr。创建后的目录结构如图 12.22 所示。

图 12.22　创建多级目录的结果

12.2.5　删除目录

删除目录可以使用 os 模块提供的 rmdir() 函数来实现。通过 rmdir() 函数删除目录时，只有当要删除的目录为空时才起作用。rmdir() 函数的基本语法格式如下：

```
os.rmdir(path)
```

其中，path 为要删除的目录，可以使用相对路径，也可以使用绝对路径。

例如，要删除刚刚创建的 C:\demo\test\dir\mr 目录，可以使用下列代码：

```
01    import os
02    os.rmdir("C:\\demo\\test\\dir\\mr")               # 删除 C:\demo\test\dir\mr 目录
```

执行上述代码，将删除 C:\demo\test\dir 目录下的 mr 目录。

使用 rmdir() 函数删除目录时，如果要删除的目录不存在，那么将抛出"FileNotFoundError: [WinError 2] 系统找不到指定的文件。"的异常信息。因此，在执行 os.rmdir() 函数前，建议先判断该路径是否存在，可以使用 os.path.exists() 函数进行判断。具体代码如下：

```
01    import os
02    path = "C:\\demo\\test\\dir\\mr"                  # 指定要创建的目录
03    if os.path.exists(path):                          # 判断目录是否存在
04        os.rmdir("C:\\demo\\test\\dir\\mr")           # 删除目录
05        print("目录删除成功！ ")
06    else:
07        print("该目录不存在！ ")
```

说明

使用 rmdir() 函数只能删除空的目录，如果想要删除非空目录，则需要使用 Python 内置的标准模块 shutil 的 rmtree() 函数实现。例如，要删除不为空的 C:\\demo\\test 目录，可以使用下列代码：

```
01    import shutil
02    shutil.rmtree("C:\\demo\\test")                   # 删除 C:\demo 目录下的 test 子目录及其内容
```

12.2.6　遍历目录

遍历在古汉语中的意思是全部走遍，到处周游。在 Python 中，遍历的意思与其相似，就是对指定的目录下的全部目录（包括子目录）及文件运行一遍。在 Python 中，os 模块的 walk() 函数用于实现遍历目录的功能。walk() 函数的基本语法格式如下：

```
os.walk(top[, topdown][, onerror][, followlinks])
```

参数说明如下。

☑ top：用于指定要遍历内容的根目录。

☑ topdown：可选参数，用于指定遍历的顺序，如果值为 True，表示自上而下遍历（即先遍历根目录）；如果值为 False，表示自下而上遍历（即先遍历最后一级子目录）。默认值为 True。

☑ onerror：可选参数，用于指定错误处理方式，默认为忽略，如果不想忽略，也可以指定一个错误处理函数。通常情况下采用默认。

☑ followlinks：可选参数，默认情况下，walk() 函数不会向下转换成解析到目录的符号链接，将该参数值设置为 True，表示用于指定在支持的系统上访问由符号链接指向的目录。

☑ 返回值：返回一个包括 3 个元素（dirpath、dirnames、filenames）的元组生成器对象。其中：dirpath 表示当前遍历的路径，是一个字符串；dirnames 表示当前路径下包含的子目录，是一个列表；filenames 表示当前路径下包含的文件，也是一个列表。

例如，要遍历指定目录 F:\program\Python\Code\01，需要使用下列代码：

```
01   import os                                        # 导入 os 模块
02   tuples = os.walk("F:\\program\\Python\\Code\\01")   # 遍历 F:\program\Python\Code\01 目录
03   for tuple1 in tuples:                             # 通过 for 循环输出遍历结果
04       print(tuple1 ,"\n")                           # 输出每一级目录的元组
```

如果在 F:\program\Python\Code\01 目录下包括如图 12.23 所示的内容，那么执行上述代码，将会显示如图 12.24 所示的结果。

注意

walk() 函数只在 UNIX 和 Windows 系统中有效。

从图 12.24 中可以看到，得到的结果比较混乱。下面通过一个具体的例子演示实现遍历目录，并输出目录或文件的完整路径。

【例 12.5】遍历指定目录。（实例位置：资源包\TM\sl\12\05）

在 IDLE 中创建一个名称为 walk_list.py 的文件，首先在该文件中导入 os 模块，并定义要遍历的根目录，然后用 for 循环遍历该目录，最后循环输出遍历到的文件和子目录，代码如下：

图 12.23　遍历指定目录的结果

```
('F:\\program\\Python\\Code\\01', ['01', '02'], [])

('F:\\program\\Python\\Code\\01\\01', [], ['helloworld.py'])

('F:\\program\\Python\\Code\\01\\02', [], ['helloworld.py'])
```

图 12.24　遍历指定目录的结果

```
01   import os                                        # 导入 os 模块
02   path = "C:\\demo"                                 # 指定要遍历的根目录
03   print("【",path,"】目录下包括的文件和目录：")
04   for root, dirs, files in os.walk(path, topdown=True):   # 遍历指定目录
05       for name in dirs:                            # 循环输出遍历到的子目录
06           print("∏",os.path.join(root, name))
```

```
07          for name in files:                              # 循环输出遍历到的文件
08              print("≌",os.path.join(root, name))
```

执行上述代码，将可能显示如图 12.25 所示的结果。

说明

读者得到的结果可能会与此不同，具体显示内容将根据具体的目录结构而定。

```
【 C:\demo 】 目录下包括的文件和目录：
∏ C:\demo\test
∏ C:\demo\test\dir
∏ C:\demo\test\dir\mr
≌ C:\demo\test\dir\mr\mr.txt
```

图 12.25 遍历指定目录

12.3 高级文件操作

Python 内置的 os 模块除了可以对目录进行操作，还可以对文件进行一些高级操作。os 模块提供的与文件相关的函数及其说明如表 12.4 所示。

表 12.4 os 模块提供的与文件相关的函数及其说明

函　　数	说　　明
access(path,accessmode)	获取对文件是否有指定的访问权限（读取/写入/执行权限）。accessmode 的值是 R_OK（读取）、W_OK（写入）、X_OK（执行）或 F_OK（存在）。如果有指定的权限，则返回 1，否则返回 0
chmod(path,mode)	修改 path 指定文件的访问权限
remove(path)	删除 path 指定的文件路径
rename(src,dst)	将文件或目录 src 重命名为 dst
stat(path)	返回 path 指定文件的信息
startfile(path [, operation])	使用关联的应用程序打开 path 指定的文件

下面将对常用的操作进行详细介绍。

12.3.1 删除文件

Python 没有内置删除文件的函数，但是在内置的 os 模块中提供了删除文件的函数 remove()，该函数的基本语法格式如下：

```
os. remove(path)
```

其中，path 为要删除的文件路径，可以使用相对路径，也可以使用绝对路径。

例如，要删除当前工作目录下的 mrsoft.txt 文件，可以使用下列代码：

```
01    import os                                             # 导入 os 模块
02    os.remove("mrsoft.txt")                               # 删除当前工作目录下的 mrsoft.txt 文件
```

执行上述代码，如果在当前工作目录下存在 mrsoft.txt 文件，即可将其删除，否则将显示如图 12.26 所示的异常信息。

为了屏蔽以上异常，可以在删除文件之前，先判断文件是否存在。只有当文件存在时才执行删除操作。具体代码如下：

```
Traceback (most recent call last):
  File "C:\python\Python\demo.py", line 2, in <module>
    os. remove("mrsoft.txt")           # 删除当前工作目录下的mrsoft.txt文件
FileNotFoundError: [WinError 2] 系统找不到指定的文件。: 'mrsoft.txt'
```

图 12.26 要删除的文件不存在时出现的异常信息

```
01    import os                                    # 导入 os 模块
02    path = "mrsoft.txt"                          # 要删除的文件
03    if os.path.exists(path):                     # 判断文件是否存在
04        os.remove(path)                          # 删除文件
05        print("文件删除完毕！")
06    else:
07        print("文件不存在！")
```

执行上述代码，如果 mrsoft.txt 文件不存在，则显示以下内容：

文件不存在！

否则将显示以下内容，同时文件将被删除：

文件删除完毕！

12.3.2　重命名文件和目录

os 模块提供了重命名文件和目录的函数 rename()。如果指定的路径是文件，则重命名文件；如果指定的路径是目录，则重命名目录。rename() 函数的基本语法格式如下：

os.rename(src,dst)

其中，src 用于指定要进行重命名的目录或文件；dst 用于指定重命名后的目录或文件。

同删除文件一样，在对文件或目录进行重命名时，如果指定的目录或文件不存在，也将抛出 FileNotFoundError 的异常信息，因此在对文件或目录进行重命名时，也建议先判断文件或目录是否存在，只有当文件或目录存在时才进行重命名操作。

例如，想要将 C:\demo\test\dir\mr\mrsoft.txt 文件重命名为 C:\demo\test\dir\mr\mr.txt，可以使用下列代码：

```
01    import os                                    # 导入 os 模块
02    src = "C:\\demo\\test\\dir\\mr\\mrsoft.txt"  # 要重命名的文件
03    dst = "C:\\demo\\test\\dir\\mr\\mr.txt"      # 重命名后的文件
04    os.rename(src,dst)                           # 重命名文件
05    if os.path.exists(src):                      # 判断文件是否存在
06        os.rename(src,dst)                       # 重命名文件
07        print("文件重命名完毕！")
08    else:
09        print("文件不存在！")
```

执行上述代码，如果 C:\demo\test\dir\mr\mrsoft.txt 文件不存在，则显示以下内容：

文件不存在！

否则将显示以下内容，同时文件被重命名：

文件重命名完毕！

使用 rename() 函数重命名目录与重命名文件基本相同，只要把原来的文件路径替换为目录即可。例如，想要将当前目录下的 demo 目录重命名为 test，可以使用下列代码：

```
01    import os                                    # 导入 os 模块
02    src = "demo"                                 # 要重命名的目录为当前目录下的 demo
03    dst = "test"                                 # 重命名后的目录为 test
04    if os.path.exists(src):                      # 判断目录是否存在
05        os.rename(src,dst)                       # 重命名目录
06        print("目录重命名完毕！")
07    else:
08        print("目录不存在！")
```

　　在使用 rename()函数重命名目录时，只能修改最后一级的目录名称，否则将抛出如图 12.27 所示的异常信息。

```
Traceback (most recent call last):
  File "C:\python\Python\demo.py", line 5, in <module>
    os.rename(src,dst)                    # 重命名目录
FileNotFoundError: [WinError 3] 系统找不到指定的路径。:
'C:\\demo\\test\\dir\\mr' -> 'C:\\demo\\test\\dir1\\mr'
```

图 12.27　重命名的不是最后一级目录时抛出的异常信息

12.3.3　获取文件基本信息

　　在计算机上创建文件后，该文件本身就会包含一些信息。例如，文件的最后一次访问时间、最后一次修改时间、文件大小等基本信息。通过 os 模块的 stat()函数可以获取到文件的这些基本信息。stat()函数的基本语法格式如下：

```
os.stat(path)
```

　　其中，path 为要获取文件基本信息的文件路径，可以是相对路径，也可以是绝对路径。

　　stat()函数的返回值是一个对象，该对象包含如表 12.5 所示的属性。通过访问这些属性可以获取文件的基本信息。

表 12.5　stat()函数返回的对象的常用属性及其说明

属　　性	说　　明	属　　性	说　　明
st_mode	保护模式	st_dev	设备名
st_ino	索引号	st_uid	用户 ID
st_nlink	硬链接号（被连接数目）	st_gid	组 ID
st_size	文件大小，单位为 Byte（字节）	st_atime	最后一次访问时间
st_mtime	最后一次修改时间	st_ctime	最后一次状态变化的时间。系统不同，返回结果也不同。例如，在 Windows 系统下返回的是文件创建时间

　　下面通过一个具体的例子演示如何使用 stat()函数获取文件的基本信息。

　　【例 12.6】获取文件基本信息。（实例位置：资源包\TM\sl\12\06）

　　在 IDLE 中创建一个名称为 fileinfo.py 的文件，首先在该文件中导入 os 模块，然后调用 os 模块的 stat()函数获取文件的基本信息，最后输出文件的基本信息，代码如下：

```
01  import os                                              # 导入 os 模块
02  fileinfo = os.stat("mr.png")                           # 获取文件的基本信息
03  print("文件完整路径: ", os.path.abspath("mr.png"))      # 获取文件的完整数路径
04  # 输出文件的基本信息
05  print("索引号: ",fileinfo.st_ino)
06  print("设备名: ",fileinfo.st_dev)
07  print("文件大小: ",fileinfo.st_size," Byte")
08  print("最后一次访问时间: ",fileinfo.st_atime)
09  print("最后一次修改时间: ",fileinfo.st_mtime)
10  print("最后一次状态变化时间: ",fileinfo.st_ctime)
```

　　运行上述代码，将显示如图 12.28 所示的结果。

　　由于上述结果中的时间和字节数都是一长串的整数，与我们平时见到的有所不同，因此一般情况下，为了让显示更加直观，还需要对这样的数值进行格式化。这里主要编写两个函数：一个用于格式化时间；另一个用于格式化代表文件大小的字节数。修改后的代码如下：

```
01   import os                                                   # 导入 os 模块
02   def formatTime(longtime):
03       '''格式化日期时间的函数
04          longtime：要格式化的时间
05       '''
06       import time                                             # 导入时间模块
07       return time.strftime('%Y-%m-%d %H:%M:%S',time.localtime(longtime))
08   def formatByte(number):
09       '''格式化文件大小的函数
10          number：要格式化的字节数
11       '''
12       for (scale,label) in [(1024*1024*1024,"GB"),(1024*1024,"MB"),(1024,"KB")]:
13           if number>= scale:                                  # 如果文件大小大于或等于 1 KB
14               return "%.2f %s" %(number*1.0/scale,label)
15           elif number == 1:                                   # 如果文件大小为 1 Byte
16               return "1 Byte"
17           else:                                               # 处理小于 1 KB 的情况
18               byte = "%.2f" % (number or 0)
19       # 去掉结尾的.00，并且加上单位 "Byte"
20       return (byte[:-3] if byte.endswith('.00') else byte)+" Byte "
21   if __name__ == '__main__':
22       fileinfo = os.stat("mr.png")                            # 获取文件的基本信息
23       print("文件完整路径：", os.path.abspath("mr1.png"))      # 获取文件的完整路径
24       # 输出文件的基本信息
25       print("索引号：",fileinfo.st_ino)
26       print("设备名：",fileinfo.st_dev)
27       print("文件大小：",formatByte(fileinfo.st_size))
28       print("最后一次访问时间：",formatTime(fileinfo.st_atime))
29       print("最后一次修改时间：",formatTime(fileinfo.st_mtime))
30       print("最后一次状态变化时间：",formatTime(fileinfo.st_ctime))
```

执行上述代码，将显示如图 12.29 所示的结果。

```
文件完整路径：  D:\mr.png
索引号：      281474978296753
设备名：      34306
文件大小：    4777  Byte
最后一次访问时间：  1617844776.4316947
最后一次修改时间：  1521534434.1351748
最后一次状态变化时间：  1611716035.2636936
```

图 12.28　获取并显示文件的基本信息

```
文件完整路径：  D:\mr.png
索引号：      5066549580813973
设备名：      3166320548
文件大小：    6.29 KB
最后一次访问时间：  2021-01-28 11:12:28
最后一次修改时间：  2017-09-30 16:55:24
最后一次状态变化时间：  2021-01-28 11:12:28
```

图 12.29　格式化后的文件基本信息

12.4　实践与练习

（答案位置：资源包\TM\sl\12\实践与练习）

综合练习 1：保存注册信息到文件　在京东或淘宝等网店购物前，首先需要注册成为该平台的会员，然后才能进行商品购买。请编写一个注册程序，要求用户输入用户名、密码、密码确认、真实姓名、E-mail 地址、找回密码问题和答案进行注册，并将注册信息保存到文本文件 user.txt 中。

综合练习 2：按拍摄日期批量重命名照片　在生活中常常使用手机或者相机拍摄照片，通常情况下，这些照片是按照 "前缀+编号" 命名的。如笔者手机拍摄的照片的命名方式为 "IMG_编号"（如 IMG_1001.JPG）。很多人喜欢旅游，也希望看到照片就能知道它被拍摄的日期，并且按拍摄日期进行排序。请编写一个程序，实现自动提取拍摄照片的日期，并且将照片按照 "YYYY-mm-dd HH:MM:SS 格式的拍摄时间_照片原文件名" 格式进行重命名。

第 13 章

操作数据库

　　程序运行时，数据都是在内存中的。当程序终止时，通常都需要将数据保存到磁盘上，前面我们学习了将数据写入文件中，并保存在磁盘上。为了便于程序保存和读取数据，并且能直接通过条件快速查询到指定的数据，就出现了数据库（database）这种专门用于集中存储和查询的软件。本章将介绍数据库编程接口的知识，以及使用 SQLite 和 MySQL 存储数据的方法。

　　本章知识架构及重难点如下。

13.1　数据库编程接口

　　在项目开发中，数据库应用必不可少。虽然数据库的种类有很多，如 SQLite、MySQL、Oracle 等，但是它们的功能基本都是一样的，为了对数据库进行统一操作，大多数语言都提供了简单的、标准化的数据库接口（API）。在 Python Database API 2.0 规范中，定义了 Python 数据库 API 接口的各个部分，如模块接口、连接对象、游标对象、类型对象和构造器、DB API 的可选扩展以及可选的错误处理机制等。下面重点介绍数据库 API 接口中的连接对象和游标对象。

13.1.1　连接对象

　　数据库连接对象（connection object）主要提供获取数据库游标对象和提交/回滚事务的方法，以及关闭数据库连接。

1．获取连接对象

获取连接对象需要使用 connect()函数。该函数有多个参数，具体使用哪个参数取决于数据库类型。例如，需要访问 Oracle 数据库和 MySQL 数据库，则必须同时下载 Oracle 和 MySQL 数据库模块。这些模块在获取连接对象时都需要使用 connect()函数。connect()函数常用的参数及其说明如表 13.1 所示。

表 13.1　connect()函数常用的参数及其说明

参　　数	说　　明	参　　数	说　　明
dsn	数据源名称，给出该参数表示数据库依赖	host	主机名
user	用户名	database	数据库名称
password	用户密码		

例如，使用 PyMySQL 模块连接 MySQL 数据库，示例代码如下：

```
01    conn = pymysql.connect(host='localhost',
02                           user='user',
03                           password='passwd',
04                           db='test',
05                           charset='utf8',
06                           cursorclass=pymysql.cursors.DictCursor)
```

说明

上述代码中，pymysql.connect()函数使用的参数与表 13.1 中并不完全相同。在使用时，要以具体的数据库模块为准。

2．连接对象的方法

connect()函数返回连接对象。这个对象表示当前和数据库的会话。连接对象支持的方法及其说明如表 13.2 所示。

表 13.2　连接对象支持的方法及其说明

方　　法	说　　明	方　　法	说　　明
close()	关闭数据库连接	rollback()	回滚事务
commit()	提交事务	cursor()	获取游标对象，操作数据库，如执行 DML 操作，调用存储过程等

commit()方法用于提交事务，事务主要用于处理数据量大、复杂度高的数据。如果操作的是一系列的动作，比如张三给李四转账，有如下两个操作。

☑　张三账户金额减少。

☑　李四账户金额增加。

这时，使用事务可以维护数据库的完整性，保证两个操作全部执行或全部不执行。

13.1.2　游标对象

游标对象（cursor object）代表数据库中的游标，用于指示抓取数据操作的上下文。主要提供执行

SQL 语句、调用存储过程、获取查询结果等方法。

如何获取游标对象呢？通过使用连接对象的 cursor()方法，可以获取到游标对象。游标对象的属性如下所示。

☑ description：数据库列类型和值的描述信息。

☑ rowcount：返回结果的行数统计信息，如 SELECT、UPDATE、CALLPROC 等。

游标对象的方法/属性及其说明如表 13.3 所示。

表 13.3 游标对象的方法/属性及其说明

方法/属性	说 明
callproc(procname,[, parameters])	调用存储过程，需要数据库支持
close()	关闭当前游标
execute(operation[, parameters])	执行数据库操作，SQL 语句或者数据库命令
executemany(operation, seq_of_params)	用于批量操作，如批量更新
fetchone()	获取结果集中的下一条记录
fetchmany()	获取结果集中指定数量的记录
fetchall()	获取结果集中的所有记录
nextset()	跳至下一个可用的结果集
arraysize	指定使用 fetchmany()方法获取的行数，默认为 1
setinputsizes(*args)	设置在调用 execute*()方法时分配的内存区域大小
setoutputsizes(*args)	设置列缓冲区大小，对大数据列如 LONGS 和 BLOBS 尤其有用

13.2 使用 SQLite

与许多其他数据库管理系统不同，SQLite 不是一个客户端/服务器结构的数据库引擎，而是一种嵌入式数据库，它的数据库就是一个文件。SQLite 将整个数据库——包括定义、表、索引以及数据本身——作为一个单独的、可跨平台使用的文件存储在主机中。由于 SQLite 本身是用 C 语言写的，而且体积很小，因此经常被集成到各种应用程序中。Python 就内置了 SQLite3，所以在 Python 中使用 SQLite 时，不需要安装任何模块，即可直接使用。

13.2.1 创建数据库文件

由于 Python 中已经内置了 SQLite3，因此可以直接使用 import 语句导入 SQLite3 模块。操作 Python 数据库通用的流程如图 13.1 所示。

【例 13.1】创建 SQLite 数据库文件。（实例位置：**资源包\TM\sl\13\01**）

图 13.1 操作 Python 数据库通用的流程

创建一个名为 mrsoft.db 的数据库文件，然后执行 SQL 语句创建一个 user 表（即用户表），user 表包含 id 和 name 两个字段。具体代码如下：

```
01    import sqlite3
02    # 连接到 SQLite 数据库
03    # 数据库文件是 mrsoft.db，如果文件不存在，则会自动在当前目录中创建
04    conn = sqlite3.connect('mrsoft.db')
05    # 创建一个 cursor
06    cursor = conn.cursor()
07    # 执行一条 SQL 语句，创建 user 表
08    cursor.execute('create  table  user (id int(10)   primary key, name varchar(20))')
09    # 关闭游标
10    cursor.close()
11    # 关闭 connection
12    conn.close()
```

在上述代码中，使用了 sqlite3.connect()方法连接 SQLite 数据库文件 mrsoft.db，由于 mrsoft.db 文件并不存在，因此会在本例 Python 代码同级目录下创建 mrsoft.db 文件，该文件包含了 user 表的相关信息。mrsoft.db 文件所在目录如图 13.2 所示。

说明

再次运行例 13.1 时，会提示错误信息 sqlite3. OperationalError:table user alread exists。这是因为 user 表已经存在。

13.2.2　操作 SQLite

1. 新增用户数据信息

为了向数据表中新增数据，可以使用下列 SQL 语句：

insert into 表名(字段名 1,字段名 2,...,字段名 n)   values (字段值 1,字段值 2,...,字段值 n)

在 user 表中有两个字段，字段名分别为 id 和 name。而字段值需要根据字段的数据类型来赋值，如 id 是一个长度为 10 的整型，name 是一个长度为 20 的字符串型数据。当向 user 表中插入 3 条用户信息记录时，可以使用以下 SQL 语句：

```
01    cursor.execute('insert into user (id, name) values ("1", "MRSOFT")')
02    cursor.execute('insert into user (id, name) values ("2", "Andy")')
03    cursor.execute('insert into user (id, name) values ("3", "明日科技小助手")')
```

下面通过一个例子介绍向 SQLite 数据库中插入数据的流程。

【例 13.2】新增用户数据信息。（**实例位置：资源包\TM\sl\13\02**）

由于在例 13.1 中已经创建了 user 表，因此本例可以直接操作 user 表，向 user 表中插入 3 条用户信息。此外，由于是新增数据，因此需要使用 commit()方法提交事务。因为对于增加、修改和删除操作，使用 commit()方法提交事务后，如果相应操作失败，则可以使用 rollback()方法回滚到操作之前的状态。新增用户数据信息的具体代码如下：

```
01    import sqlite3
02    # 连接到 SQLite 数据库
03    # 数据库文件是 mrsoft.db
```

图 13.2　mrsoft.db 文件所在目录

```
04    # 如果文件不存在，则会自动在当前目录创建
05    conn = sqlite3.connect('mrsoft.db')
06    # 创建一个 cursor
07    cursor = conn.cursor()
08    # 执行 3 条 SQL 语句，插入 3 条记录
09    cursor.execute('insert into user (id, name) values ("1", "MRSOFT")')
10    cursor.execute('insert into user (id, name) values ("2", "Andy")')
11    cursor.execute('insert into user (id, name) values ("3", "明日科技小助手")')
12    # 关闭游标
13    cursor.close()
14    # 提交事务
15    conn.commit()
16    # 关闭 connection
17    conn.close()
```

向 user 表中插入数据

提交事务

运行上述代码，将会向 user 表中插入 3 条记录。为验证程序是否正常运行，可以再次运行，如果提示如下信息，则说明插入成功（因为 user 表中已经保存了上一次插入的记录，所以再次插入时会报错）：

```
sqlite3.IntegrityError: UNIQUE constraint failed: user.id
```

2．查看用户数据信息

查看 user 表中的数据可以使用下列 SQL 语句：

```
select  字段名 1,字段名 2,字段名 3,... from 表名  where 查询条件
```

查看用户信息的代码与插入数据信息大致相同，不同点在于使用的 SQL 语句不同。此外，查询数据时通常使用如下 3 种方法。

- ☑ fetchone()：获取结果集中的下一条记录。
- ☑ fetchmany()：获取结果集中指定数量的记录。
- ☑ fetchall()：获取结果集中的所有记录。

下面通过一个例子来学习这 3 种查询方法的区别。

【例 13.3】使用 3 种方法查询用户数据信息。（实例位置：资源包\TM\sl\13\03）

分别使用 fetchone()、fetchmany() 和 fetchall() 方法查询用户信息，具体代码如下：

```
01    import sqlite3
02    # 连接到 SQLite 数据库，数据库文件是 mrsoft.db
03    conn = sqlite3.connect('mrsoft.db')
04    # 创建一个 cursor
05    cursor = conn.cursor()
06    # 执行查询语句
07    cursor.execute('select * from user')
08    # 获取查询结果
09    result1 = cursor.fetchone()
10    print(result1)
11    # 关闭游标
12    cursor.close()
13    # 关闭 connection
14    conn.close()
```

获取查询结果的语句块

使用 fetchone() 方法返回的 result1 为一个元组，运行结果如下：

```
(1,'MRSOFT')
```

（1）修改例 13.3 的代码，将获取查询结果的语句块代码修改如下：

```
01    result2 = cursor.fetchmany(2)                    # 使用 fetchmany()方法查询两条数据
02    print(result2)
```

使用 fetchmany()方法传递一个参数，其值为 2，默认为 1。返回的 result2 为一个列表，列表中包含两个元组，运行结果如下：

```
[(1,'MRSOFT'),(2,'Andy')]
```

（2）修改例 13.3 的代码，将获取查询结果的语句块代码修改如下：

```
01    result3 = cursor.fetchall()                      # 使用 fetchall()方法查询所有数据
02    print(result3)
```

使用 fetchall()方法返回的 result3 为一个列表，列表中包含所有 user 表中由数据组成的元组，运行结果如下：

```
[(1,'MRSOFT'),(2,'Andy'),(3,'明日科技小助手')]
```

（3）修改例 13.3 的代码，将获取查询结果的语句块代码修改如下：

```
01    cursor.execute('select * from user where id > ?',(1,))
02    result3 = cursor.fetchall()
03    print(result3)
```

在 select 查询语句中使用问号作为占位符代替具体的数值，然后使用一个元组替换问号（注意，不要忽略元组中最后的逗号）。上述查询语句等价于下列语句：

```
cursor.execute('select * from user where id > 1')
```

运行结果如下：

```
[(2,'Andy'),(3,'明日科技小助手')]
```

说明

使用占位符的方式可以避免 SQL 注入的风险，推荐使用这种方式。

3．修改用户数据信息

当修改 user 表中的数据时，可以使用下列 SQL 语句：

```
update   表名   set 字段名 = 字段值   where 查询条件
```

下面通过一个例子来学习如何修改表中数据。

【例 13.4】修改用户数据信息。（实例位置：资源包\TM\sl\13\04）

将 sqlite 数据库中 user 表 ID 为 1 的数据 name 字段值 mrsoft 修改为 mr，并使用 fetchall()方法获取表中的所有数据。具体代码如下：

```
01    import sqlite3
02    conn = sqlite3.connect('mrsoft.db')              # 连接到 SQLite 数据库，数据库文件是 mrsoft.db
03    cursor = conn.cursor()                           # 创建一个 cursor
04    cursor.execute('update user set name = ? where id = ?',('MR',1))
05    cursor.execute('select * from user')
06    result = cursor.fetchall()
07    print(result)
08    cursor.close()                                   # 关闭游标
09    conn.commit()                                    # 提交事务
10    conn.close()                                     # 关闭 connection
```

运行结果如下：

[(1, 'MR'), (2, 'Andy'), (3, '明日科技小助手')]

4．删除用户数据信息

当删除 user 表中的数据时，可以使用下列 SQL 语句：

delete　from 表名　where 查询条件

下面通过一个例子来学习如何删除表中的数据。

【例 13.5】删除用户数据信息。（实例位置：资源包\TM\sl\13\05）

删除 sqlite 数据库中 user 表 ID 为 1 的数据，并使用 fetchall()方法获取表中的所有数据，以便查看删除后的结果。具体代码如下：

```
01   import sqlite3
02   conn = sqlite3.connect('mrsoft.db') 02        # 连接到 SQLite 数据库，数据库文件是 mrsoft.db
03   cursor = conn.cursor()04                      # 创建一个 cursor
04   cursor.execute('delete from user where id = ?',(1,))
05   cursor.execute('select * from user')
06   result = cursor.fetchall()
07   print(result)
08   cursor.close()                                 # 关闭游标
09   conn.commit()                                  # 提交事务
10   conn.close()                                   # 关闭 connection
```

执行上述代码，将删除 user 表中 ID 为 1 的数据。对应输出结果如下：

[(2, 'Andy'), (3, '明日科技小助手')]

13.3　使用 MySQL

13.3.1　下载和安装 MySQL

MySQL 是一款开源的数据库软件，由于其免费特性得到了全世界用户的喜爱，因此 MySQL 成为当前使用人数最多的数据库之一。下面将详细讲解如何下载和安装 MySQL 库。

1．下载 MySQL

读者可以在浏览器的地址栏中输入地址"https://dev.mysql.com/downloads/windows/installer/8.0.html"，并按 Enter 键，进入 MySQL 8.0 的下载页面，选择离线安装包，如图 13.3 所示。

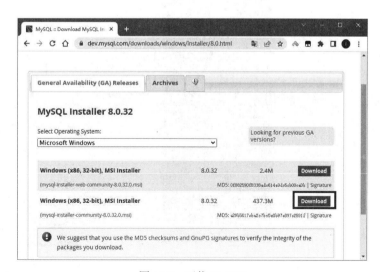

图 13.3　下载 MySQL

单击 Download 按钮，开始下载 MySQL 8.0。读者如果有 MySQL 账户，则可以单击 Login 按钮，登录账户后下载；读者如果没有 MySQL 账户，则可以单击下方的"No thanks, just start my download."超链接，跳过注册步骤，直接下载，如图 13.4 所示。

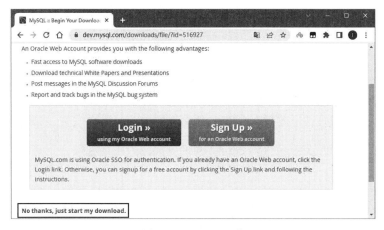

图 13.4　不注册下载

2．安装 MySQL

下载完成后，开始安装 MySQL。双击安装文件，在所示界面中选中 I accept the license terms 复选框，单击 Next 按钮，进入选择设置类型界面。在选择设置中有 5 种类型，具体说明如下。

- ☑　Developer Default：安装 MySQL 服务器以及开发 MySQL 应用所需的工具。工具包括开发和管理服务器的 GUI 工作台、访问操作数据的 Excel 插件、与 Visual Studio 集成开发的插件、通过 NET/Java/C/C++/OBDC 等访问数据的连接器、例子和教程、开发文档。
- ☑　Server only：仅安装 MySQL 服务器，适用于部署 MySQL 服务器。
- ☑　Client only：仅安装客户端，适用于基于已存在的 MySQL 服务器进行 MySQL 应用开发的情况。
- ☑　Full：安装 MySQL 所有可用组件。
- ☑　Custom：自定义需要安装的组件。

MySQL 会默认选择 Developer Default 类型，这里选择纯净的 Server only 类型，如图 13.5 所示。然后一直默认选择安装。

图 13.5　选择安装类型

3．设置环境变量

安装完成以后，默认的安装路径是 C:\Program Files\MySQL\MySQL Server 8.0\bin。下面设置环境变量，以便可以在任意目录下使用 MySQL 命令。

右击"此电脑"→选择"属性"→选择"高级系统设置"→单击"环境变量"按钮→选择 Path→单击"编辑"按钮，将 C:\Program Files\MySQL\ MySQL Server 8.0\bin 写在变量值中，如图 13.6 所示。

图 13.6　设置环境变量

4．启动 MySQL

以管理员身份打开"命令提示符"窗口，输入命令 net start mysql80，以启动 MySQL 8.0。启动成功后，使用账户和密码进入 MySQL。输入命令 mysql -u root -p，会提示"Enter password:"，输入密码 root，即可进入 MySQL，如图 13.7 所示。

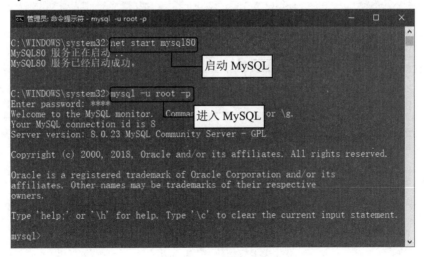

图 13.7　启动 MySQL

5．使用 Navicat for MySQL 管理软件

在命令提示符下操作 MySQL 数据库的方式对初学者并不友好，而且需要有专业的 SQL 语言知识，所以各种 MySQL 图形化管理工具应运而生，其中 Navicat for MySQL 就是一个广受好评的桌面版 MySQL 数据库管理和开发工具。它使用图形化的用户界面，可以让用户更为轻松地使用和管理它。官方网址为 https://www.navicat.com.cn。

首先下载和安装 Navicat for MySQL。然后新建 MySQL 连接，如图 13.8 所示。

接下来，输入连接信息。输入连接名为 studyPython，输入主机名或 IP 地址为 localhost 或 127.0.0.1，输入用户名和密码均为 root，如图 13.9 所示。

图 13.8　新建 MySQL 连接

图 13.9　输入连接信息

单击"确定"按钮，创建完成。此时，双击 localhost 图标，即可进入 localhost 数据库，如图 13.10 所示。

图 13.10　Navicat for MySQL 主页

下面使用 Navicat for MySQL 创建一个名为 mrsoft 的数据库，步骤为，右击 studyPython 图标，在弹出的快捷菜单中选择"新建数据库"菜单项，然后填写数据库信息，如图 13.11 所示。

说明

关于 Navicat for MySQL 的更多操作请查阅相关资料。

图 13.11　创建数据库

13.3.2　安装 PyMySQL

由于 MySQL 服务器以独立的进程运行，并通过网络对外服务，因此需要支持 Python 的 MySQL 驱动来连接到 MySQL 服务器。在 Python 中支持 MySQL 的数据库模块有很多，我们选择使用 PyMySQL。 PyMySQL 的安装比较简单，在"命令提示符"窗口中输入如下命令：

```
pip install PyMySQL
```

运行结果如图 13.12 所示。

图 13.12　安装 PyMySQL

213

13.3.3 连接数据库

接下来使用 PyMySQL 连接数据库。由于 PyMySQL 遵循 Python Database API 2.0 规范，因此操作 MySQL 数据库的方式与 SQLite 相似。我们可以通过类比的方式来学习。

【例 13.6】使用 PyMySQL 连接数据库。（**实例位置：资源包\TM\sl\13\06**）

前面已经创建了一个 MySQL 数据库 mrsoft，并且在安装数据库时设置了数据库的用户名和密码均为 root。下面就通过以上信息，使用 connect()方法连接 MySQL 数据库。具体代码如下：

```
01    import pymysql
02
03    # 打开数据库进行连接，host：主机名或 IP；user：用户名；password：密码；database：数据库名称
04    db = pymysql.connect(host="localhost", user="root", password="root", database="mrsoft")
05    # 使用 cursor()方法创建一个游标对象  cursor
06    cursor = db.cursor()
07    # 使用 execute()方法执行 SQL 查询
08    cursor.execute("SELECT VERSION()")
09    # 使用 fetchone()方法获取单条数据
10    data = cursor.fetchone()
11    print ("Database version : %s " % data)
12    # 关闭数据库连接
13    db.close()
```

上述代码中，首先使用 connect()方法连接数据库，然后使用 cursor()方法创建游标对象 cursor，接着使用 excute()方法执行 SQL 语句以查看 MySQL 数据库版本，再使用 fetchone()方法获取单条数据，最后使用 close()方法关闭数据库连接。运行结果如下：

```
Database version : 8.0.32
```

13.3.4 创建数据表

数据库连接成功后，我们就可以为数据库创建数据表了。下面通过一个例子使用 execute()方法来为数据库创建表 books。

【例 13.7】创建 books 表。（**实例位置：资源包\TM\sl\13\07**）

books 表包含 id（主键）、name（图书名称）、category（图书分类）、price（图书价格）和 publish_time（出版时间）5 个字段。创建 books 表的 SQL 语句如下：

```
CREATE TABLE books (
  id int(8) NOT NULL AUTO_INCREMENT,
  name varchar(50) NOT NULL,
  category varchar(50) NOT NULL,
  price decimal(10,2) DEFAULT NULL,
  publish_time date DEFAULT NULL,
  PRIMARY KEY (id)
) ENGINE=MyISAM AUTO_INCREMENT=1 DEFAULT CHARSET=utf8;
```

在创建表前，使用如下语句：

```
DROP TABLE IF EXISTS `books`;
```

如果 mrsoft 数据库中已经存在 books 表，那么先删除该表，然后创建 books 表。具体代码如下：

```
01    import pymysql
02
```

```
03    # 打开数据库连接
04    db = pymysql.connect(host="localhost", user="root", password="root", database="mrsoft")
05    # 使用 cursor()方法创建一个游标对象 cursor
06    cursor = db.cursor()
07    # 使用 execute()方法执行 SQL 查询，如果 books 表已存在，则删除该表
08    cursor.execute("DROP TABLE IF EXISTS books")
09    # 使用预处理语句创建表
10    sql = """
11    CREATE TABLE books (
12      id int(8) NOT NULL AUTO_INCREMENT,
13      name varchar(50) NOT NULL,
14      category varchar(50) NOT NULL,
15      price decimal(10,2) DEFAULT NULL,
16      publish_time date DEFAULT NULL,
17      PRIMARY KEY (id)
18    ) ENGINE=MyISAM AUTO_INCREMENT=1 DEFAULT CHARSET=utf8;
19    """
20    # 执行 SQL 语句
21    cursor.execute(sql)
22    # 关闭数据库连接
23    db.close()
```

运行上述代码后，mrsoft 数据库中就已经创建了一个 books 表。打开 Navicat for MySQL（如果已经打开，则按 F5 键进行刷新），即可发现 mrsoft 数据库中多了一个 books 表，右击 books，选择设计表，效果如图 13.13 所示。

图 13.13　创建 books 表效果

13.3.5　操作 MySQL 数据表

MySQL 数据表的操作主要包括数据的新增、删除、修改和查找，与操作 SQLite 类似，这里通过一个例子讲解如何向 books 表中新增数据，至于修改、查找和删除数据则不再赘述。

【例 13.8】向 books 表中添加图书数据。（实例位置：资源包\TM\sl\13\08）

在向 books 表中添加图书数据时，可以使用 excute()方法添加一条记录，也可以使用 executemany() 方法批量添加多条记录。executemany()方法的语法格式如下：

```
executemany(operation, seq_of_params)
```

参数说明如下。

☑　operation：操作的 SQL 语句。

☑　seq_of_params：参数序列。

executemany()方法批量添加多条记录的具体代码如下：

```
01    import pymysql
02
```

```
03    # 打开数据库连接
04    db = pymysql.connect(host="localhost", user="root", password="root", database="mrsoft",charset="utf8")
05    # 使用 cursor()方法获取操作游标对象
06    cursor = db.cursor()
07    # 数据列表
08    data = [("Python 树莓派开发从入门到精通",'Python','89.80','2021-10-01'),
09          ("Python 算法设计与分析从入门到精通",'Python','79.80','2021-11-01'),
10          ("C++从入门到精通（第 5 版）",'C++','89.80','2021-12-01'),
11          ("PHP 从入门到精通（第 6 版）",'PHP','99.80','2022-03-01'),
12          ("C#从入门到精通（第 6 版）",'C#','99.80','2021-11-01'),
13    ]
14    try:
15        # 执行 SQL 语句，插入多条数据
16        cursor.executemany("insert into books(name, category, price, publish_time)
                               values (%s,%s,%s,%s)", data)
17        # 提交数据
18        db.commit()
19    except:
20        # 发生错误时回滚
21        db.rollback()
22
23    # 关闭数据库连接
24    db.close()
```

误区警示

在上述代码中，要特别注意以下两点：

☑ 使用 connect()方法连接数据库时，额外设置字符集 charset=utf-8，可以防止插入中文时出错。

☑ 在使用 insert 语句插入数据时，使用%s 作为占位符，可以防止 SQL 注入。

运行上述代码，在 Navicat 中查看 books 表数据，如图 13.14 所示。

id	name	category	price	publish_time
1	Python树莓派开发从入门到精通	Python	89.8	2021-10-01
2	Python算法设计与分析从入门到精通	Python	79.8	2021-11-01
3	C++从入门到精通（第5版）	C++	89.8	2021-12-01
4	PHP从入门到精通（第6版）	PHP	99.8	2022-03-01
5	C#从入门到精通（第6版）	C#	99.8	2021-11-01

图 13.14　books 表数据

13.4　实践与练习

（答案位置：资源包\TM\sl\13\实践与练习）

综合练习 1：修改 books 表中的图书数据　本练习要求在例 13.8 的基础上，实现修改图书数据。例如，将 ID 为 1 的图书的出版时间修改为 2020-8-20。（提示：修改数据使用 UPDATE 语句实现，其语法格式为"UPDATE 表名 SET 字段 1=新值 1, 字段 2=新值 2,… [WHERE 条件]"。如果不指定 WHERE 条件，则修改全部数据）

综合练习 2：按类别查询图书信息　本练习要求在例 13.8 的基础上，实现按类别查询图书数据。例如，查询类别为 Python 的图书信息并输出。（提示：查询数据使用 SELECT 语句来实现，其语法格式为"SELECT * FROM 表名 [WHERE 条件]"）

第 14 章

使用进程和线程

为了实现在同一时间运行多个任务，Python 引入了多线程的概念。在 Python 中可以通过方便、快捷的方式启动多线程模式。多线程经常被应用在符合并发机制的程序中，如网络程序等。为了进一步将工作任务细分，在一个进程内可以使用多个线程。本章将结合实例由浅入深地向读者介绍在 Python 中如何创建并使用多线程和多进程。

本章知识架构及重难点如下。

14.1　什么是进程

了解进程前，需要先知道多任务的概念。多任务，顾名思义就是指操作系统能够执行多个任务。例如，使用 Windows 或 Linux 操作系统可以同时看电影、聊天、查看网页等，此时操作系统就是在执行多任务。每个任务都是一个进程，打开 Windows 任务管理器可查看系统当前执行的进程，如图 14.1 所示。从该图中可以看到，当前进程中不仅包括应用程序（如 QQ、Microsoft Word、PyCharm 等）进程，还包括系统进程。

进程（process）是计算机中已运行程序的实体。进程与程序不同，程序本身只是指令、数据及其组织形式的描述，而进程才是程序（那些指令和数据）的真正运行实例。例如：在没有打开腾讯 QQ 时，腾讯 QQ 只是程序；打开腾讯 QQ 后，操作系统就为腾讯 QQ 开启了一个进程；再打开一个腾讯 QQ，则又开启了一个进程，如图 14.2 所示。

图 14.1　正在执行的进程

图 14.2　开启多个进程

14.2　创建进程的常用方式

Python 中有多个模块可以创建进程，比较常用的有 os.fork()函数、multiprocessing 模块和 Pool 进程池。由于 os.fork()函数只适合在 UNIX/Linux/Mac 系统上运行，而在 Windows 操作系统中不可用，因此本章重点介绍 multiprocessing 模块和 Pool 进程池这两个跨平台模块。

14.2.1　使用 multiprocessing 模块创建进程

multiprocessing 模块提供了一个 Process 类来代表一个进程对象，其语法格式如下：

```
Process([group [, target [, name [, args [, kwargs]]]]])
```

Process 类的参数说明如下。

- ☑　group：参数未使用，值始终为 None。
- ☑　target：表示当前进程启动时执行的可调用对象。
- ☑　name：表示当前进程实例的别名。
- ☑　args：表示传递给 target 函数的参数元组。
- ☑　kwargs：表示传递给 target 函数的参数字典。

例如，实例化 Process 类，执行子进程，代码如下：

```
01  from multiprocessing import Process              # 导入模块
02
03  # 执行子进程代码
04  def test(interval):
05      print('我是子进程')
06  # 执行主程序
07  def main():
08      print('主进程开始')
09      p = Process(target=test,args=(1,))           # 实例化 Process 进程类
```

```
10        p.start()                                          # 启动子进程
11        print('主进程结束')
12
13   if __name__ == '__main__':
14        main()
```

由于 IDLE 自身问题，运行上述代码时，不会输出子进程内容，因此本程序需要使用命令行方式运行 Python 代码，即在"命令提示符"窗口中输入"python+绝对路径的文件名"命令，运行效果如图 14.3 所示。

说明

在"命令提示符"窗口中，可以直接在文件资源管理器中将文件拖曳到当前命令提示符后面，以实现快速输入文件完整路径。

图 14.3 使用命令行运行 Python 文件

上述代码中，先实例化 Process 类，然后使用 p.start()方法启动子进程，开始执行 test()函数。Process 的实例 p 常用的方法除 start()外，还有如下方法。

☑ is_alive()：判断进程实例是否还在执行。

☑ join([timeout])：是否等待进程实例执行结束，或等待多少秒。

☑ start()：启动进程实例（创建子进程）。

☑ run()：如果没有给定 target 参数，对这个对象调用 start()方法时，则将执行对象中的 run()方法。

☑ terminate()：不管任务是否完成，立即终止。

Process 类还有如下常用属性。

☑ name：当前进程实例别名，默认为 Process-N，N 为从 1 开始递增的整数。

☑ pid：当前进程实例的 PID 值。

【例 14.1】 创建两个子进程，并记录子进程运行时间。（**实例位置：资源包\TM\sl\14\01**）

结合 Process 类的方法和属性，创建两个子进程。分别使用 time 模块和 os 模块输出父进程和子进程的 ID 以及子进程的时间，并调用 Process 类的 name 和 pid 属性，具体代码如下：

```
01   # -*- coding:utf-8 -*-
02   from multiprocessing import Process
03   import time
04   import os
05
06   # 两个子进程将会调用的两个方法
07   def  child_1(interval):
08        print("子进程（%s）开始执行，父进程为（%s）" % (os.getpid(), os.getppid()))
09        t_start = time.time()                              # 计时开始
10        time.sleep(interval)                               # 程序将会被挂起 interval 秒（s）
11        t_end = time.time()                                # 计时结束
12        print("子进程（%s）执行时间为'%0.2f'秒"%(os.getpid(),t_end - t_start))
13
14   def  child_2(interval):
15        print("子进程（%s）开始执行，父进程为（%s）" % (os.getpid(), os.getppid()))
16        t_start = time.time()                              # 计时开始
17        time.sleep(interval)                               # 程序将会被挂起 interval 秒（s）
18        t_end = time.time()                                # 计时结束
19        print("子进程（%s）执行时间为'%0.2f'秒"%(os.getpid(),t_end - t_start))
20
```

```
21    if __name__ == '__main__':
22        print("------父进程开始执行-------")
23        print("父进程 PID: %s" % os.getpid())          # 输出当前程序的 ID
24        p1=Process(target=child_1,args=(1,))            # 实例化进程 p1
25        p2=Process(target=child_2,name="mrsoft",args=(2,)) # 实例化进程 p2
26        p1.start()                                       # 启动进程 p1
27        p2.start()                                       # 启动进程 p2
28        # 同时父进程仍然往下执行，如果 p2 进程还在执行，则将返回 True
29        print("p1.is_alive=%s"%p1.is_alive())
30        print("p2.is_alive=%s"%p2.is_alive())
31        # 输出 p1 和 p2 进程的别名和 PID
32        print("p1.name=%s"%p1.name)
33        print("p1.pid=%s"%p1.pid)
34        print("p2.name=%s"%p2.name)
35        print("p2.pid=%s"%p2.pid)
36        print("------等待子进程-------")
37        p1.join()                                        # 等待 p1 进程结束
38        p2.join()                                        # 等待 p2 进程结束
39        print("------父进程执行结束-------")
```

在上述代码中，第一次实例化 Process 类时，会为 name 属性默认赋值为 Process-1，第二次则默认赋值为 Process-2，但是由于在实例化进程 p2 时设置了 name 属性为 mrsoft，因此 p2.name 的值为 mrsoft，而不是 Process-2。程序运行流程示意图如图 14.4 所示，运行结果如图 14.5 所示。

图 14.4 运行流程示意图

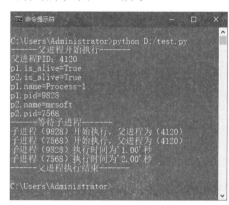

图 14.5 创建两个子进程

14.2.2 使用 Process 子类创建进程

对于一些简单的小任务，通常使用 Process(target=test)方式实现多进程。但是，如果要处理复杂任务的进程，则通常定义一个类，使其继承 Process 类，每次实例化这个类时，就等同于实例化一个进程对象。下面通过一个例子学习如何通过使用 Process 子类创建多个进程。

【例 14.2】使用 Process 子类创建两个子进程，并记录子进程运行时间。（**实例位置：资源包\TM\sl\14\02**）

仿照例 14.1，使用 Process 子类方式创建两个子进程，分别输出父、子进程的 PID，以及每个子进程的状态和运行时间，具体代码如下：

```
01    # -*- coding:utf-8 -*-
02    from multiprocessing import Process
03    import time
```

220

```
04      import os
05
06      # 继承 Process 类
07      class SubProcess(Process):
08          # 由于 Process 本身也有__init__()初始化方法,因此这个子类相当于重写了父类的这个方法
09          def __init__(self,interval,name=''):
10              Process.__init__(self)                              # 调用 Process 父类的初始化方法
11              self.interval = interval                            # 接收参数 interval
12              if name:                                            # 判断传递的参数 name 是否存在
13                  self.name = name            # 如传递参数 name,则为子进程创建 name 属性,否则使用默认属性
14          # 重写了 Process 类的 run()方法
15          def run(self):
16              print("子进程(%s) 开始执行,父进程为(%s)"%(os.getpid(),os.getppid()))
17              t_start = time.time()
18              time.sleep(self.interval)
19              t_stop = time.time()
20              print("子进程(%s)执行结束,耗时%0.2f 秒"%(os.getpid(),t_stop-t_start))
21
22      if __name__=="__main__":
23          print("------父进程开始执行------")
24          print("父进程 PID: %s" % os.getpid())                    # 输出当前程序的 ID
25          p1 = SubProcess(interval=1,name='mrsoft')
26          p2 = SubProcess(interval=2)
27          # 对一个不包含 target 属性的 Process 类执行 start()方法,就会运行这个类中的 run()方法
28          # 所以这里会执行 p1.run()
29          p1.start()                                              # 启动进程 p1
30          p2.start()                                              # 启动进程 p2
31          # 输出 p1 和 p2 进程的执行状态,如果进程正在进行,则返回 True,否则返回 False
32          print("p1.is_alive=%s"%p1.is_alive())
33          print("p2.is_alive=%s"%p2.is_alive())
34          # 输出 p1 和 p2 进程的别名和 PID
35          print("p1.name=%s"%p1.name)
36          print("p1.pid=%s"%p1.pid)
37          print("p2.name=%s"%p2.name)
38          print("p2.pid=%s"%p2.pid)
39          print("------等待子进程------")
40          p1.join()                                               # 等待 p1 进程结束
41          p2.join()                                               # 等待 p2 进程结束
42          print("------父进程执行结束------")
```

上述代码中定义了一个 SubProcess 子类,继承 multiprocess.Process 父类。SubProcess 子类中定义了两个方法,即__init__()初始化方法和 run()方法。在__init__()初始化方法中,调用 multiprocess.Process 父类的__init__()初始化方法,否则父类初始化方法会被覆盖,无法开启进程。此外,在 SubProcess 子类中并没有定义 start()方法,但在主进程中却调用了 start()方法,此时就会自动执行 SubPorcess 类的 run()方法。例 14.2 的运行结果如图 14.6 所示。

图 14.6　使用 Process 子类创建进程

14.2.3　使用进程池 Pool 创建进程

在例 14.1 和例 14.2 中,我们使用 Process 类创建了两个进程。如果要创建几十个或者上百个进程,则需要实例化更多个 Process 类。有没有更好的创建进程的方式解决这类问题呢?答案就是使用

multiprocessing 模块提供的 Pool 类，即 Pool 进程池。

为了更好地理解进程池，可将进程池比作水池。假设我们需要完成放满 10 盆水的任务，而水池中最多可以安放 3 个水盆接水（见图 14.7），也就是同时可以执行 3 个任务，即开启 3 个进程。为了更快地完成任务，现在打开 3 个水龙头开始放水，当有一个水盆的水接满时，即该进程完成 1 个任务，我们就将这个水盆的水倒入水桶中，然后继续接水，即执行下一个任务。如果 3 个水盆每次同时装满水，那么在放满第 9 盆水后，系统会随机分配 1 个水盆接水，另外两个水盆空闲。

图 14.7　进程池示意图

接下来了解 Pool 类的常用方法。常用方法及说明如下。

- ☑ apply_async(func[, args[, kwds]])：使用非阻塞方式调用 func 函数（并行执行，堵塞方式必须等待上一个进程退出才能执行下一个进程），args 为传递给 func 函数的参数列表，kwds 为传递给 func 函数的关键字参数列表。
- ☑ apply(func[, args[, kwds]])：使用阻塞方式调用 func 函数。
- ☑ close()：关闭 Pool，使其不再接收新的任务。
- ☑ terminate()：不管任务是否完成，立即终止。
- ☑ join()：主进程阻塞，等待子进程的退出，必须在 close 或 terminate 之后使用。

在上述方法中提到 apply_async()使用非阻塞方式调用函数，apply()使用阻塞方式调用函数。那么什么是阻塞和非阻塞呢？在图 14.8 中，分别使用阻塞方式和非阻塞方式执行 3 个任务。如果使用阻塞方式，则必须等待上一个进程退出才能执行下一个进程；如果使用非阻塞方式，则可以并行执行 3 个进程。

下面通过一个例子学习如何使用进程池创建多进程。

【例 14.3】使用 Process 子类创建两个子进程。（**实例位置：资源包\TM\sl\14\03**）

模拟水池放水的场景，定义一个进程池，设置最大进程数为 3。然后使用非阻塞方式执行 10 个任务，查看每个进程执行的任务。具体代码如下：

```
01  # -*- coding=utf-8 -*-
02  from multiprocessing import Pool
03  import os, time
04
05  def task(name):
06      print('子进程（%s）执行 task %s ...' % ( os.getpid() ,name))
07      time.sleep(1)                          # 休眠 1 s
08
09  if __name__=='__main__':
10      print('父进程（%s）.' % os.getpid())
11      p = Pool(3)                            # 定义一个进程池，最大进程数为 3
```

```
12          for i in range(10):                        # 从 0 开始循环 10 次
13              p.apply_async(task, args=(i,))          # 使用非阻塞方式调用 task()函数
14          print('等待所有子进程结束...')
15          p.close()                                   # 关闭进程池，关闭后，p 不再接收新的请求
16          p.join()                                    # 等待子进程结束
17          print('所有子进程结束.')
```

运行结果如图 14.9 所示，从图 14.9 中可以看出，PID 为 14524 的子进程执行了 4 个任务，其余两个子进程分别执行了 3 个任务。

图 14.8　阻塞与非阻塞示例图

图 14.9　使用进程池创建进程

14.3　进程间通信

多进程中，每个进程之间有什么关系呢？其实每个进程都有自己的地址空间、内存、数据栈以及其他记录其运行状态的辅助数据。下面通过一个例子验证进程之间能否直接共享信息。

定义一个全局变量 g_num，创建两个子进程对 g_num 执行不同的操作，并输出操作后的结果，代码如下：

```
01  # -*- coding:utf-8 -*-
02  from multiprocessing import Process
03
04  def plus():
05      print('-------子进程 1 开始------')
06      global g_num
07      g_num += 50
08      print('g_num is %d'%g_num)
09      print('-------子进程 1 结束------')
10
11  def minus():
12      print('-------子进程 2 开始------')
13      global g_num
```

```
14        g_num -= 50
15        print('g_num is %d'%g_num)
16        print('-------子进程 2 结束------')
17
18   g_num = 100                              # 定义一个全局变量
19   if __name__ == '__main__':
20        print('-------主进程开始------')
21        print('g_num is %d'%g_num)
22        p1 = Process(target=plus)           # 实例化进程 p1
23        p2 = Process(target=minus)          # 实例化进程 p2
24        p1.start()                          # 开启进程 p1
25        p2.start()                          # 开启进程 p2
26        p1.join()                           # 等待 p1 进程结束
27        p2.join()                           # 等待 p2 进程结束
28        print('-------主进程结束------')
```

运行结果如图 14.10 所示。代码中创建了两个子进程：一个子进程令 g_num 加上 50；另一个子进程令 g_num 减去 50。从运行结果中可知，g_num 在父进程和两个子进程中的初始值都是 100，说明全局变量 g_num 在前一进程中的结果没有被传递到下一个进程中，即进程之间没有共享信息。进程间的示意图如图 14.11 所示。

图 14.10 检验进程是否共享信息

图 14.11 进程间示意图

如何才能实现进程间的通信呢？Python 的 multiprocessing 模块包装了底层机制，提供了 Queue（队列）、Pipe（管道）等多种方式来交换数据。下面将讲解通过队列来实现进程间的通信。

14.3.1 队列简介

队列就是模仿现实中的排队，例如学生在食堂排队买饭。新来的学生排到队伍最后，最前面的学生买完饭离开，后面的学生跟上。可以看出队列有以下两个特点。

☑ 新来的都排在队尾。

☑ 最前面的完成后离队，后面的跟上。

根据以上特点，可以归纳出队列的结构如图 14.12 所示。

图 14.12 队列结构示意图

14.3.2 多进程队列的使用

进程之间有时需要通信，操作系统提供了很多机制来实现进程间的通信。可以使用 multiprocessing 模块的 Queue 实现多进程之间的数据传递。Queue 本身是一个消息队列程序，下面介绍 Queue 的使用。

　　初始化 Queue()对象（如 q=Queue(num)）时，若括号中没有指定最大可接收的消息数量，或数量为负值，那么就代表可接收的消息数量没有上限（直到内存的尽头）。Queue 的常用方法如下。

　　（1）Queue.qsize()：返回当前队列包含的消息数量。

　　（2）Queue.empty()：如果队列为空，则返回 True，否则返回 False。

　　（3）Queue.full()：如果队列满了，则返回 True，否则返回 False。

　　（4）Queue.get([block[, timeout]])：获取队列中的一条消息，然后将其从队列中移除，block 默认值为 True。

　　☑　如果 block 使用默认值，且没有设置 timeout（单位：s），消息队列为空，则此时程序将被阻塞（停在读取状态），直到从消息队列读到消息为止，若设置了 timeout，则会等待 timeout 秒（s），若还没读取到任何消息，则抛出 Queue.Empty 异常。

　　☑　如果 block 值为 False，消息队列为空，则会立刻抛出 Queue.Empty 异常。

　　（5）Queue.get_nowait()：相当于 Queue.get(False)。

　　（6）Queue.put(item,[block[, timeout]])：将 item 消息写入队列中，block 默认值为 True。

　　☑　如果 block 使用默认值，且没有设置 timeout（单位：s），消息队列中已经没有空间可写入，则此时程序将被阻塞（停在写入状态），直到从消息队列中腾出空间，如果设置了 timeout，则会等待 timeout 秒（s），若还没有空间，则抛出 Queue.Full 异常。

　　☑　如果 block 值为 False，消息队列没有空间可写入，则会立刻抛出 Queue.Full 异常。

　　（7）Queue.put_nowait(item)：相当于 Queue.put(item, False)。

　　下面通过一个例子来学习如何使用 processing.Queue，代码如下：

```
01   #coding=utf-8
02   from multiprocessing import Queue
03
04   if __name__ == '__main__':
05       q=Queue(3)                              # 初始化一个 Queue 对象，最多可接收 3 条 put 消息
06       q.put("消息 1")
07       q.put("消息 2")
08       print(q.full())                         # 返回 False
09       q.put("消息 3")
10       print(q.full())                         # 返回 True
11
12       # 因为消息队列已满，下面的 try 都会抛出异常
13       # 第一个 try 会等待 2 s 后再抛出异常，第二个 try 会立刻抛出异常
14       try:
15           q.put("消息 4",True,2)
16       except:
17           print("消息队列已满，现有消息数量:%s"%q.qsize())
18
19       try:
20           q.put_nowait("消息 4")
21       except:
22           print("消息队列已满，现有消息数量:%s"%q.qsize())
23
24       # 读取消息时，先判断消息队列是否为空，再读取
25       if not q.empty():
26           print('----从队列中获取消息---')
27           for i in range(q.qsize()):
28               print(q.get_nowait())
29       # 先判断消息队列是否已满，再写入
30       if not q.full():
31           q.put_nowait("消息 4")
```

运行结果如图 14.13 所示。

图 14.13　Queue 的写入和读取

说明

上述代码中出现的 try…except 语句用于捕获程序代码中所出现的异常信息，详细内容将在第 16 章进行讲解。

14.3.3　使用队列在进程间通信

我们知道使用 multiprocessing.Process 可以创建多进程，而使用 multiprocessing.Queue 可以实现队列的操作。接下来，通过一个例子将结合 Process 和 Queue 来实现进程间的通信。

【例 14.4】分别向队列中写入和读取数据。（实例位置：资源包\TM\sl\14\04）

创建两个子进程：一个子进程负责向队列中写入数据；另一个子进程负责从队列中读取数据。为保证能够正确从队列中读取数据，设置读取数据的进程等待时间为 2 s。如果 2 s 后仍然无法读取数据，则抛出异常。具体代码如下：

```
01  # -*- coding: utf-8 -*-
02  from multiprocessing import Process, Queue
03  import time
04
05  # 向队列中写入数据
06  def write_task(q):
07      if not q.full():
08          for i in range(5):
09              message = "消息" + str(i)
10              q.put(message)
11              print("写入:%s"%message)
12  # 从队列中读取数据
13  def read_task(q):
14      time.sleep(1)                              # 休眠 1 s
15      while not q.empty():
16          print("读取:%s" % q.get(True,2))       # 等待 2 s，如果还没读取到任何消息
17                                                 # 则抛出"Queue.Empty"异常
18
19  if __name__ == "__main__":
20      print("-----父进程开始-----")
21      q = Queue()                                # 父进程创建 Queue，并传给各个子进程
22      pw = Process(target=write_task, args=(q,))
                      # 实例化写入队列中的子进程，并且传递队列
23      pr = Process(target=read_task, args=(q,))
                      # 实例化读取队列中的子进程，并且传递队列
24      pw.start()      # 启动子进程 pw 写入
25      pr.start()      # 启动子进程 pr 读取
26      pw.join()       # 等待 pw 结束
27      pr.join()       # 等待 pr 结束
28      print("-----父进程结束-----")
```

运行结果如图 14.14 所示。

图 14.14　使用队列在进程间进行通信

14.4　什么是线程

如果需要同时处理多个任务，则有两种方法可实现：一种方法是可以在一个应用程序内使用多个进程，每个进程负责完成一部分工作；另一种方法是在一个进程内使用多个线程来处理不同的任务。那么，什么是线程呢？

线程（thread）是操作系统能够进行运算调度的最小单位。线程被包含在进程中，是进程中的实际运作单位。一个线程指的是进程中一个单一顺序的控制流，一个进程中可以并发多个线程，每个线程并行执行不同的任务。例如，对于视频播放器，显示视频用一个线程，播放音频用另一个线程。只有这两个线程同时工作，我们才能正常观看画面和声音同步的视频。

举个生活中的例子来更好地理解进程和线程的关系：一个进程就像一套房子，它是一个容器，有着相应的属性，如面积、卧室、厨房和卫生间等，房子本身并没有主动地做任何事情；而线程就是这套房子的居住者，他可以使用其中的每一个房间，也可以在里面做饭、洗澡等。

14.5　创　建　线　程

由于线程是操作系统直接支持的执行单元，因此高级语言（如 Python、Java 等）通常都内置多线程的支持。Python 的标准库提供了两个模块，即_thread 和 threading。其中：_thread 是低级模块；threading 是高级模块，它对_thread 进行了封装。绝大多数情况下，我们只需要使用 threading 这个高级模块。

14.5.1　使用 threading 模块创建线程

threading 模块提供了一个 Thread 类来代表一个线程对象，其语法格式如下：

```
Thread([group [, target [, name [, args [, kwargs]]]]])
```

Thread 类的参数说明如下。

☑　group：值为 None，为以后版本而保留。
☑　target：表示一个可调用对象，线程启动时，run()方法将调用此对象。默认值为 None，表示不调用任何内容。
☑　name：表示当前线程名称，默认创建一个 Thread-N 格式的唯一名称。
☑　args：表示传递给 target 函数的参数元组。
☑　kwargs：表示传递给 target 函数的参数字典。

对比发现，Thread 类和前面讲解的 Process 类的方法基本相同，这里就不再赘述了。下面通过一个例子来学习如何使用 threading 模块创建进程，代码如下：

```
01    # -*- coding:utf-8 -*-
02    import threading,time
03
04    def process():
05        for i in range(3):
06            time.sleep(1)
```

```
07              print("thread name is %s" % threading.current_thread().name)
08
09  if __name__ == '__main__':
10      print("-----主线程开始-----")
11      threads = [threading.Thread(target=process) for i in range(4)]    # 创建 4 个线程，存入列表中
12      for t in threads:
13          t.start()                        # 开启线程
14      for t in threads:
15          t.join()                         # 等待子线程结束
16      print("-----主线程结束-----")
```

上述代码中创建了 4 个进程，然后分别用 for 循环执行 start()方法和 join()方法。每个子进程分别执行输出 3 次，运行结果如图 14.15 所示。从该图中可以看出，线程的执行顺序是不确定的。

图 14.15　创建多线程

14.5.2　使用 Thread 子类创建线程

Thread 线程类和 Process 进程类使用方式非常相似。也可以通过定义一个继承 Thread 线程类的子类来创建线程。下面通过一个例子来学习使用 Thread 子类创建线程的方式。

【例 14.5】使用 Thread 子类创建线程。（**实例位置：资源包\TM\sl\14\05**）

创建一个子类 SubThread，它继承 threading.Thread 线程类，然后定义一个 run()方法。实例化 SubThread 类以创建两个线程，并调用 start()方法来开启线程。此时，线程会自动调用 run()方法。具体代码如下：

```
01  # -*- coding: utf-8 -*-
02  import threading
03  import time
04  class SubThread(threading.Thread):
05      def run(self):
06          for i in range(3):
07              time.sleep(1)
08              msg = "子线程"+self.name+'执行，i='+str(i)    # name 属性中保存的是当前线程的名字
09              print(msg)
10  if __name__ == '__main__':
11      print('-----主线程开始-----')
12      t1 = SubThread()                     # 创建子线程 t1
13      t2 = SubThread()                     # 创建子线程 t2
14      t1.start()                           # 启动子线程 t1
15      t2.start()                           # 启动子线程 t2
16      t1.join()                            # 等待子线程 t1
17      t2.join()                            # 等待子线程 t2
18      print('-----主线程结束-----')
```

运行结果如图 14.16 所示。

图 14.16　使用 Thread 子类创建线程

说明

对比例 14.2 可以发现：例 14.2 在使用子类创建进程时，SubProcess 类定义了 __init__()初始化方法，并且在 __init__()方法中调用了父类的 __init__()方法；而在例 14.5 中，SubThread 类并没有定义 __init__()方法，所以在实例化 SubThread 类时会自动调用父类的 __init__()初始化方法。是否使用 __init__()初始化方法，取决于实例化类时是否需要传递参数。

14.6　线程间通信

我们已经知道进程之间不能直接共享信息，那么线程之间可以共享信息吗？我们可以通过一个例子来验证这一点。定义一个全局变量 g_num，然后创建两个线程来对 g_num 执行不同的操作，其中 plus() 函数执行全局变量 g_num += 50 的操作，minus() 函数执行全局变量 g_num -= 50 的操作，最后输出操作后的结果，代码如下：

```
01    # -*- coding:utf-8 -*-
02    from threading import Thread
03    import time
04
05    def plus():
06        print('-------子线程 1 开始------')
07        global g_num
08        g_num += 50
09        print('g_num is %d'%g_num)
10        print('-------子线程 1 结束------')
11
12    def minus():
13        time.sleep(1)
14        print('-------子线程 2 开始------')
15        global g_num
16        g_num -= 50
17        print('g_num is %d'%g_num)
18        print('-------子线程 2 结束------')
19
20    g_num = 100                          # 定义一个全局变量
21    if __name__ == '__main__':
22        print('------- 主线程开始------')
23        print('g_num is %d'%g_num)
24        t1 = Thread(target=plus)         # 实例化线程 t1
25        t2 = Thread(target=minus)        # 实例化线程 t2
26        t1.start()                       # 开启线程 t1
27        t2.start()                       # 开启线程 t2
28        t1.join()                        # 等待 t1 线程结束
29        t2.join()                        # 等待 t2 线程结束
30        print('------- 主线程结束------')
```

上述代码中定义了一个全局变量 g_num，赋值为 100。然后创建两个线程：一个线程将 g_num 增加 50；另一个线程将 g_num 减少 50。如果 g_num 最终结果为 100，则说明线程之间可以共享数据。运行结果如图 14.17 所示。

从上述例子中可以得出，在一个进程内的所有线程共享全局变量，这样可以在不使用其他方式的前提下完成多线程之间的数据共享。

图 14.17　检测线程之间是否可以共享数据

14.6.1　什么是互斥锁

由于线程可以对全局变量进行随意修改，这就可能造成多线程之间对全局变量的混乱。依然以一

229

套房子为例，当此套房子内只有一位居住者（单线程）时，他可以在任意时刻使用其中的任何一个房间，如厨房、卧室和卫生间等。但是，当这套房子有多位居住者（多线程）时，他就不能在任意时刻使用某些房间，如卫生间，否则就会造成混乱。

如何解决这个问题呢？一种防止他人进入房间的简单方法就是在门上加一把锁。先到的人锁上门，后到的人就在门口排队，等待锁被打开时再进去，如图 14.18 所示。

这就是互斥锁（mutual exclusion，缩写为 Mutex），防止多个线程同时读写某一块内存区域。互斥锁为资源引入一个状态，即锁定或非锁定。某个线程要更改共享数据时，先将其锁定。此时，资源的状态为锁定，其他线程不能更改，直到该线程释放资源，将资源的状态变成非锁定时，其他线程才能再次锁定该资源。互斥锁保证了每次只有一个线程进行写入操作，从而保证了多线程情况下数据的正确性。

图 14.18　互斥锁示意图

14.6.2　使用互斥锁

在 threading 模块中使用 Lock 类可以方便地处理锁定。Lock 类有两个方法，即 acquire()锁定和 release()释放锁。示例用法如下：

```
mutex = threading.Lock()          # 创建锁
mutex.acquire([blocking])         # 锁定
mutex.release()                   # 释放锁
```

☑ acquire([blocking])：获取锁定，如果有必要，则需要阻塞到锁定被释放为止。假设提供 blocking 参数并将它设置为 False：当无法获取锁定时，将立即返回 False；当成功获取锁定时，将返回 True。

☑ release()：释放一个锁定。当锁定处于未锁定状态时，或者从与原本调用 acquire()方法的不同线程中调用此方法，将会出现错误。

下面通过一个例子学习如何使用互斥锁。

【例 14.6】使用互斥锁实现多人同时订购电影票的功能。（**实例位置：资源包\TM\sl\14\06**）

电影院某个场次只有 100 张电影票，10 个用户同时抢购该电影票。每售出一张，显示一次剩余电影票张数。使用多线程和互斥锁模拟该过程，代码如下：

```
01   from threading import Thread,Lock
02   import time
03   n=100                              # 共 100 张票
04
05   def task():
06       global n
07       mutex.acquire()                # 上锁
08       temp=n                         # 赋值给临时变量
09       time.sleep(0.1)                # 休眠 0.1 s
10       n=temp-1                       # 数量减 1
11       print('购买成功，剩余%d 张电影票'%n)
12       mutex.release()                # 释放锁
13
14   if __name__ == '__main__':
15       mutex=Lock()                   # 实例化 Lock 类
16       t_l=[]                         # 初始化一个列表
17       for i in range(10):
18           t=Thread(target=task)      # 实例化线程类
```

```
19              t_l.append(t)              # 将线程实例存入列表中
20              t.start()                  # 创建线程
21          for t in t_l:
22              t.join()                   # 等待子线程结束
```

在上述代码中创建了 10 个线程，全部执行 task()函数。为解决资源竞争问题，使用 mutex.acquire()函数实现资源锁定，第一个获取资源的线程锁定后，其他线程等待 mutex.release()解锁。因此，每次只有一个线程执行 task()函数。运行结果如图 14.19 所示。

图 14.19　模拟购票功能

误区警示

使用互斥锁时，要避免死锁。在多任务系统下，当一个或多个线程等待系统资源，而资源又被线程本身或其他线程占用时，就形成了死锁，如图 14.20 所示。

图 14.20　死锁示意图

14.6.3　使用队列在线程间进行通信

我们知道 multiprocessing 模块的 Queue 队列可以实现进程间通信，同样在线程间也可以使用 Queue 队列实现线程间通信。不同之处在于，我们需要使用 queue 模块的 Queue 队列，而不是 multiprocessing 模块的 Queue 队列，但二者的 Queue 队列的使用方法都相同。

使用 Queue 队列在线程间通信通常应用于生产者和消费者模式。产生数据的模块称为生产者，而处理数据的模块称为消费者。在生产者与消费者之间的缓冲区称为仓库。生产者负责往仓库运输产品，而消费者负责从仓库里取出产品，这就构成了生产者和消费者模式。下面通过一个例子来学习使用 Queue 在线程间进行通信。

【例 14.7】使用队列模拟生产者和消费者模式。（实例位置：资源包\TM\sl\14\07）

定义一个生产者类 Producer 和一个消费者类 Consumer。生产者共生成 5 件产品，并将这 5 件产品依次写入队列中，而消费者依次从队列中取出产品，代码如下：

```
01    from queue import Queue
02    import random,threading,time
03
04    # 生产者类
05    class Producer(threading.Thread):
06        def __init__(self, name,queue):
07            threading.Thread.__init__(self, name=name)
08            self.data=queue
09        def run(self):
10            for i in range(5):
```

231

```
11              print("生产者%s 将产品%d 加入队列!" % (self.getName(), i))
12              self.data.put(i)
13              time.sleep(random.random())
14          print("生产者%s 完成!" % self.getName())
15
16  # 消费者类
17  class Consumer(threading.Thread):
18      def __init__(self,name,queue):
19          threading.Thread.__init__(self,name=name)
20          self.data=queue
21      def run(self):
22          for i in range(5):
23              val = self.data.get()
24              print("消费者%s 将产品%d 从队列中取出!" % (self.getName(),val))
25              time.sleep(random.random())
26          print("消费者%s 完成!" % self.getName())
27
28  if __name__ == '__main__':
29      print('----- 主线程开始-----')
30      queue = Queue()                               # 实例化队列
31      producer = Producer('Producer',queue)         # 实例化线程 Producer，并将其传入队列中作为参数
32      consumer = Consumer('Consumer',queue)         # 实例化线程 Consumer，并将其传入队列中作为参数
33      producer.start()        # 启动线程 Producer
34      consumer.start()        # 启动线程 Consumer
35      producer.join()         # 等待线程 Producer 结束
36      consumer.join()         # 等待线程 Consumer 结束
37      print('----- 主线程结束-----')
```

运行结果如图 14.21 所示。

注意

　　由于程序中使用了 random.random()生成 0～1 的随机数，因此读者的运行结果可能与图 14.21 不同。

图 14.21　使用 Queue 在线程间进行通信

14.7　异步编程 asyncio 模块

　　我们如果要执行上千个任务，则可以创建上千个线程，但这样会消耗不可估量的内存。于是，业界尝试创建较小数量的线程并以较小的并发性来执行任务。在传统的同步线程代码中，内核必须检测线程何时被 IO 绑定，并选择在线程之间随意切换。Python 提供了 asyncio 模块，该模块可以实现在同一个线程内进行任务的调度，不会消耗过多的内存，因此特别适合 IO 阻塞性任务。本节将对 asyncio 模块的使用进行详细讲解。

14.7.1　什么是异步编程

　　异步编程是一种并发编程的模式，通过调度不同任务之间的执行和等待时间，达到减少整个程序的执行时间。异步编程跟同步编程最大的不同就是其任务的切换，当遇到一个需要等待长时间执行的任务时，我们可以切换到其他的任务来执行，以加快程序的执行速度。与多线程和多进程相比，异步

编程只是在同一个线程之内的任务调度，不会消耗过多的内存，因此特别适合 IO 阻塞性任务。

Python 提供了 asyncio 模块来支持异步编程，该模块中有 3 个重要概念，具体如下。

☑　event loops：事件循环，主要负责跟踪和调度所有异步任务，用于管理某个时间点需要执行的任务。

☑　coroutines：协程，是一种用 async def 关键字定义的函数，该函数可以在执行中暂停并切换到事件循环执行流程的特殊类型的函数。当处于 I/O 等待时，该函数会将控制权归还给事件循环。协程函数只有在被封装到 task 容器中后，才能被事件循环执行任务调度。此时，协程函数才算真正被执行，协程对象中包含需要执行的任务。

☑　futures：用于托管多个协程对象并返回其执行结果，同时随着任务的执行来记录任务的执行状态。asyncio 模块在执行异步任务时，需要 event loops（事件循环）、coroutines（协程）、futures 三者的紧密协作。首先事件循环启动后，会从任务队列中获取第一个需要执行的协程任务。当协程执行到 IO 阻塞的地方时，当前协程会被挂起，任务的执行就会暂停并释放执行线程给事件循环，接着事件循环会获取下一个等待执行的协程，以此类推。当事件循环执行完队列中的最后一个协程才会切换到第一个协程。当任务执行结束后，事件循环会将任务从列队中移除，对应的执行结果会同步到 future 中，这个过程会持续到所有的任务执行结束，如图 14.22 所示。

图 14.22　asyncio 模块执行异步任务的过程

14.7.2 创建协程任务

在使用 asyncio 模块实现异步编程时，首先需要创建一个以 async 关键字开头的协程任务，然后需要创建一个事件循环用于执行协程任务，最后绑定回调函数用于获取返回的执行结果。asyncio 常用关键字与函数说明如下。

- ☑ async 关键字：用于定义一个协程函数。
- ☑ await 关键字：用于挂起协程，当事件循环遇到需要挂起的协程时，就会执行其他协程，直到其他的协程也挂起或者执行完毕，再进行下一个协程的执行。
- ☑ new_event_loop()函数：用于创建一个新的事件循环对象。
- ☑ set_event_loop()函数：设置当前线程的事件循环。
- ☑ create_task()函数：用于创建一个协程任务。
- ☑ add_done_callback()函数：用于绑定回调函数。
- ☑ run_until_complete()函数：运行循环事件中的协程任务，直到所有协程任务被完成。

下面将通过一个实例来演示如何创建一个简单的协程任务，具体代码如下：

```
01   import asyncio                               # 导入 asyncio 模块
02   # 创建一个用于测试的协程任务的函数
03   async def test_task(a,b):
04       return a+b
05
06   t = test_task(3,2)                           # 实例化测试的协程函数
07   loop = asyncio.new_event_loop()              # 创建事件循环
08   asyncio.set_event_loop(loop)                 # 设置事件循环对象
09   task = loop.create_task(t)                   # 创建协程任务
10   loop.run_until_complete(task)                # 将协程注册到事件循环，然后启动事件循环
11   print('协程函数中的结果为：',task.result())    # 输出协程函数中的结果
```

程序运行结果如下：

```
协程函数中的结果为： 5
```

除了通过 task.result()方法来获取异步函数的返回值，还可以通过绑定回调函数的方式来获取。示例代码如下：

```
01   import asyncio                               # 导入 asyncio 模块
02   import time                                  # 导入时间模块
03   # 创建一个用于测试的协程任务的函数
04   async def test_task(a,b):
05       return a+b
06
07   def callback(future):                        # 定义的回调函数
08       print('回调函数中的结果为：',future.result())
09
10   t = test_task(3,2)                           # 实例化测试的协程函数
11   loop = asyncio.new_event_loop()              # 创建事件循环
12   asyncio.set_event_loop(loop)                 # 设置事件循环对象
13   task = loop.create_task(t)                   # 创建协程任务
14   task.add_done_callback(callback)             # 绑定一个回调函数
15   loop.run_until_complete(task)                # 将协程注册到事件循环，然后启动事件循环
```

14.7.3　使用协程执行多个耗时任务

在实现使用协程执行多个耗时任务时，首先需要创建一个可以模拟耗时任务的协程函数，然后根据需求创建多个协程任务，再将所有协程任务添加至列表中，最后运行多个协程任务的列表。具体代码如下：

```
01  import asyncio                                    # 导入 asyncio 模块
02  import time                                       # 导入时间模块
03  # 创建一个用于测试的协程任务的函数
04  async def test_task(a,b):
05      result = a+b                                  # 计算传入值的结果
06      await asyncio.sleep(result)                   # 等待结果对应的时间，模拟耗时任务
07      return "执行耗时任务：{}秒！ ".format(result)
08
09  start_time = time.time()                          # 获取当前时间，记录程序开始时间
10  loop = asyncio.new_event_loop()                   # 创建事件循环
11  asyncio.set_event_loop(loop)                      # 设置事件循环对象
12  task1=loop.create_task(test_task(0,1))            # 创建协程任务 1
13  task2=loop.create_task(test_task(0,2))            # 创建协程任务 2
14  task3=loop.create_task(test_task(0,3))            # 创建协程任务 3
15  # 创建多个协程任务的列表
16  tasks = [task1,task2,task3]
17  loop.run_until_complete(asyncio.wait(tasks))
18  for task in tasks:                                # 遍历所有协程任务
19      print(task.result())                          # 输出每个任务结果
20
21  end_time = time.time()                            # 获取当前时间，记录程序结束时间
22  print('程序实际执行时间为：',end_time-start_time,'秒！ ')
```

程序运行结果如图 14.23 所示。

从图 14.23 所示的运行结果中可以看出，3 个耗时任务分别为 1 秒、2 秒、3 秒，但整个程序实际的执行时间为 3 秒左右，确实提升了很大的运行效率。

```
执行耗时任务：1秒！
执行耗时任务：2秒！
执行耗时任务：3秒！
程序实际执行时间为： 3.0327513217926025 秒！
```

图 14.23　使用协程执行多个耗时任务

14.7.4　协程嵌套与列表推导式

使用协程执行多个耗时任务时，还可以使用协程嵌套与列表推导式的方法来简化代码。首先需要将协程函数中的 return 换成 print，然后创建一个名称为 main 的协程函数，在该函数中通过列表推导式创建多个协程任务的列表并通过 asyncio.wait 方式挂起协程。简化后的代码如下：

```
01  import asyncio                                    # 导入 asyncio 模块
02  import time                                       # 导入时间模块
03  # 创建一个用于测试的协程任务的函数
04  async def test_task(a,b):
05      result = a+b                                  # 计算传入值的结果
06      await asyncio.sleep(result)                   # 等待结果对应的时间，模拟耗时任务
07      print("执行耗时任务：{}秒！ ".format(result))
08
09  async def main(loop):
10      # 创建多个协程任务的列表
11      tasks = [loop.create_task(test_task(0,i))for i in range(1, 4)]
```

```
12        await asyncio.wait(tasks)                    # 挂起协程任务
13    start_time = time.time()                         # 获取当前时间，记录程序开始时间
14    loop = asyncio.new_event_loop()                  # 创建事件循环
15    asyncio.set_event_loop(loop)                     # 设置事件循环对象
16    loop.run_until_complete(main(loop))              # 运行所有协程任务
17    end_time = time.time()                           # 获取当前时间，记录程序结束时间
18    print('程序实际执行时间为：',end_time-start_time,'秒！')
```

程序运行结果如图 14.24 所示。

```
执行耗时任务：1秒！
执行耗时任务：2秒！
执行耗时任务：3秒！
程序实际执行时间为： 3.0479297637939453 秒！
```

图 14.24　协程嵌套与列表推导式

14.8　实践与练习

（答案位置：资源包\TM\sl\14\实践与练习）

综合练习 1：模拟无人机指令控制程序　在编写通过 Python 控制无人机程序时，会遇到这样的情况：飞行指令被编写完成后，当无人机遇到障碍物或者出现突发情况时，不能迫降。只有发送出去的所有指令都被完成后，才可以执行其他操作，模拟效果如图 14.25 所示。

针对这种情况，可以通过开启不同线程来执行不同指令来解决。请编写 Python 程序，通过开启不同线程，实现在飞行过程中，随机可以输入迫降指令（除 1 以外的任何字符），效果如图 14.26 所示。

图 14.25　等待飞行指令执行中　　　　　　　图 14.26　飞行指令被中断

综合练习 2：模拟多人同时捐款过程的程序　某社团共有 10 名成员，现组织一次爱心捐款，将捐款金额统一存储到一张银行卡中，每完成一笔捐款，显示一次合计金额。本练习将使用多线程和互斥锁模拟该捐款过程。要求通过循环输入每一笔捐款金额。例如：

```
捐款金额：100
感谢您的爱心奉献，爱心金额 100 元
```

（提示：为了模拟可能出现的延迟问题，每次操作时，需要让线程休眠 2 s）

第 15 章

网络编程

计算机网络就是把每台计算机连接到一起，让网络中的计算机可以互相通信。网络编程就是如何在程序中实现两台计算机的通信。本章将讲解网络的基础知识，包括比较常见的 TCP 协议和 UDP 协议，以及如何使用 TCP 编程和 UDP 编程。

本章知识架构及重难点如下。

15.1 网络基础

当今的时代是一个网络的时代，网络无处不在。而我们前面学习编写的程序都是单机的，即不能和其他计算机上的程序进行通信。为了实现不同计算机之间的通信，就需要使用网络编程。下面我们来了解与网络相关的基础知识。

15.1.1 为什么要使用通信协议

计算机为了联网，就必须规定通信协议。早期的计算机网络都是由各厂商自己规定一套协议，如 IBM、Apple 和 Microsoft 都有各自的网络协议，且互不兼容，这就像一群人中有的说英语，有的说中文，有的说德语，说同一种语言的人可以交流，不同的语言之间就无法交流了，如图 15.1 所示。

为了把全世界的所有不同类型的计算机都连接起来，就必须规定

图 15.1　语言不同，无法交流

一套全球通用的协议，为了实现互联网这个目标，互联网协议簇（internet protocol suite）——通用协议标准——出现了。Internet 是由 inter 和 net 两个单词组合起来的，其英文原意就是连接"网络"的网络，有了 Internet，任何私有网络，只要支持这个协议，就可以联入互联网。

15.1.2 TCP/IP 简介

因为互联网协议包含了上百种协议标准，但是最重要的两个协议是 TCP 和 IP 协议，所以大家把互联网的协议简称 TCP/IP 协议。

1. IP 协议

通信时，通信双方必须知道对方的标识，就像发送快递必须知道对方的地址一样。互联网上每台计算机的唯一标识就是 IP 地址。IP 地址实际上是一个 32 位整数（称为 IPv4），以字符串表示的 IP 地址（如 172.16.254.1），实际上是把 32 位整数按 8 位分组后，再以数字表示，目的是便于阅读，如图 15.2 所示。

IP 协议负责把数据从一台计算机通过网络发送到另一台计算机。数据被分割成一些小块，类似于将一个大包裹拆分成几个小包裹，然后通过 IP 包发送出去。由于互联网链路复杂，两台计算机之间经常有多条线路，因此路由器就负责决定如何把一个 IP 包转发出去。IP 包的特点是按块发送，途经多个路由，但不保证都能到达，也不保证顺序到达。

2. TCP 协议

TCP 协议是建立在 IP 协议之上的。TCP 协议负责在两台计算机之间建立可靠连接，保证数据包按顺序到达。TCP 协议会通过 3 次握手建立可靠连接，如图 15.3 所示。

图 15.2 IPv4 示例

图 15.3 TCP 3 次握手

然后，对每个 IP 包编号，确保对方按顺序收到，如果包丢失了，就自动重发，如图 15.4 所示。

许多常用的更高级的协议都是建立在 TCP 协议基础上的，如用于浏览器的 HTTP 协议、发送邮件的 SMTP 协议等。一个 TCP 报文除了包含要传输的数据，还包含源 IP 地址和目标 IP 地址、源端口和目标端口。

端口有什么作用呢？在两台计算机之间进行通信时，只发 IP 地址是不够的，因为同一台计算机上运行着多个网络程序。当接收到一个 TCP 报文之后，应该交给浏览器还是 QQ，就需要端口号来区分。每个网络程序都向操作系统申请唯一的端口号，这样，当两个进程在两台计算机之间建立网络连接时，就需要各自的 IP 地址和各自的端口号。

一个进程也可能同时与多台计算机建立连接，因此它会申请很多端口。端口号不是任意使用的，而是按照一定的规定分配的。例如，80 端口分配给 HTTP 服务，21 端口分配给 FTP 服务。

图 15.4 传输数据包

15.1.3 UDP 简介

相对 TCP 协议，UDP 协议则是面向无连接的协议。使用 UDP 协议时，不需要建立连接，只需要知道对方的 IP 地址和端口号，就可以直接发送数据包。但是，无法保证数据会到达。虽然用 UDP 传输数据不可靠，但它的优点是比 TCP 协议速度快。不要求可靠到达的数据，可以使用 UDP 协议进行传输。TCP 协议和 UDP 协议的区别如图 15.5 所示。

图 15.5 TCP 协议和 UDP 协议的区别

15.1.4 socket 简介

为了让两个程序通过网络进行通信，二者均必须使用 socket 套接字。socket 的英文原意是"孔"或"插座"，通常也被称作"套接字"，用于描述 IP 地址和端口。socket 是一个通信链的句柄，可以用来实现不同虚拟机或不同计算机之间的通信，如图 15.6 所示。在 Internet 的主机上一般运行有多个服务软件，同时提供几种服务。每种服务都打开一个 socket，并将其绑定到一个端口上，不同的端口对应于不同的服务。

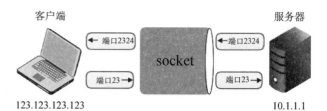

图 15.6　使用 socket 实现通信

socket 正如其英文原意那样，像一个多孔插座。一台主机犹如布满各种插座的房间，每个插座都有一个编号，这些插座有的提供 220V 交流电，有的提供 110V 交流电，还有的则提供有线电视节目。客户软件将插头插到不同编号的插座上，就可以得到不同的服务。

在 Python 中使用 socket 模块的 socket()函数就可以完成客户端与服务器的通信，其语法格式如下：

```
s = socket.socket(AddressFamily, Type)
```

函数 socket.socket()创建一个 socket，返回该 socket 的描述符，该函数带有以下两个参数。

☑　AddressFamily：可以选择 AF_INET（用于 Internet 进程间通信）或者 AF_UNIX（用于同一台机器进程间通信），实际工作中常用 AF_INET。

☑　Type：套接字类型，可以是 SOCK_STREAM（流式套接字，主要用于 TCP 协议）或者 SOCK_DGRAM（数据报套接字，主要用于 UDP 协议）。

例如，为了创建 TCP/IP 套接字，可以用下列方式调用 socket.socket()函数：

```
tcpSock = socket.socket(socket.AF_INET, socket.SOCK_STREAM)
```

同样，为了创建 UDP/IP 套接字，需要执行以下语句：

```
udpSock = socket.socket(socket.AF_INET, socket.SOCK_DGRAM)
```

创建完成后，生成一个 socket 对象，socket 对象主要的内置方法及其描述如表 15.1 所示。

表 15.1　socket 对象主要的内置方法及其描述

方　法	描　述
s.bind()	绑定地址(host,port)到套接字，在 AF_INET 中以元组(host,port)的形式表示地址
s.listen()	开始 TCP 监听。backlog 指定在拒绝连接之前，操作系统可以挂起的最大连接数量。该值至少为 1，大部分应用程序设为 5 就可以
s.accept()	被动接收 TCP 客户端连接，并且以阻塞方式等待连接的到来
s.connect()	主动初始化 TCP 服务器连接，一般 address 的格式为元组(hostname,port)，如果连接出错，则返回 socket.error 错误
s.recv()	接收 TCP 数据，数据以字符串形式返回，bufsize 指定要接收的最大数据量。flag 提供有关消息的其他信息，通常可以忽略
s.send()	发送 TCP 数据，将 string 中的数据发送到连接的套接字。返回值是要发送的字节数量，该数量可能小于 string 的字节大小
s.sendall()	完整发送 TCP 数据。将 string 中的数据发送到连接的套接字，但在返回之前会尝试发送所有数据。成功则返回 None，失败则抛出异常
s.recvfrom()	接收 UDP 数据，与 recv()类似，但返回值是(data,address)。其中，data 是包含接收数据的字符串，address 是发送数据的套接字地址

续表

方　法	描　述
s.sendto()	发送 UDP 数据，将数据发送到套接字，address 是形式为(ipaddr,port)的元组，指定远程地址。返回值是发送的字节数
s.close()	关闭套接字

15.2　TCP 编程

TCP 连接由于具有安全可靠的特性，因此得到更为广泛的应用。创建 TCP 连接时，主动发起连接的叫客户端，被动响应连接的叫服务器。例如，当我们在浏览器中访问明日学院网站时，我们自己的计算机就是客户端，浏览器会主动向明日学院的服务器发起连接。如果一切顺利，明日学院的服务器接收了我们的连接，那么一个 TCP 连接就被建立了，后面的通信就是发送网页内容了。

15.2.1　创建 TCP 服务器

创建 TCP 服务器的过程，类似于生活中接听电话的过程。如果要接听别人的来电，首先需要购买一部手机，然后安装手机卡，接下来设置手机为接听状态，最后静等对方来电。

如同上面的接听电话过程一样，在程序中，如果想要完成一个 TCP 服务器的功能，需要的流程如下。

☑　使用 socket 创建一个套接字。

☑　使用 bind 绑定 host 和 port。

☑　使用 listen 将套接字变为可以被动的连接，同时接收多少个客户端的连接申请。

☑　使用 accept 建立客户端的连接。

☑　使用 recv/send 接收/发送数据。

【例 15.1】服务器向浏览器发送 Hello World。（实例位置：资源包\TM\sl\15\01）

使用 socket 模块，通过客户端浏览器向本地服务器（IP 地址为 127.0.0.1）发起请求，服务器接收到请求，向浏览器发送 Hello World。具体代码如下：

```
01   # -*- coding:utf-8 -*-
02   import socket                                    # 导入 socket 模块
03   host = '127.0.0.1'                               # 主机 IP
04   port = 8080                                      # 端口号
05   web = socket.socket()                            # 创建 socket 对象
06   web.bind((host,port))                            # 绑定本地服务器 IP 和端口
07   web.listen(5)                                    # 设置最多连接数
08   print ('服务器等待客户端连接...')
09   # 开启死循环
10   while True:
11       conn,addr = web.accept()                     # 建立客户端连接
12       data = conn.recv(1024)                       # 获取客户端请求数据
13       print(data)                                  # 输出接收到的数据
14       conn.sendall(b'HTTP/1.1 200 OK\r\n\r\nHello World')   # 向客户端发送数据
15       conn.close()                                 # 关闭连接
```

运行上述服务器端程序，结果如图 15.7 所示。打开谷歌浏览器，输入网址 127.0.0.1:8080（服务器

IP 地址是 127.0.0.1，端口号是 8080），成功连接服务器后，浏览器显示 Hello World。运行结果如图 15.8 所示。

图 15.7　服务器接收到的请求

图 15.8　客户端接收到的响应

15.2.2　创建 TCP 客户端

TCP 的客户端要比服务器简单很多，如果说服务器是需要自己买手机、插手机卡、设置铃声、等待别人打电话流程的话，那么客户端就只需要找一个电话亭，拿起电话拨打即可，流程要少很多。

在例 15.1 中，我们使用浏览器作为客户端接收数据。下面创建一个 TCP 客户端，通过该客户端向服务器发送和接收消息。创建一个 client.py 文件，具体代码如下：

```
01    import socket                                    # 导入 socket 模块
02    s= socket.socket()                              # 创建 TCP/IP 套接字
03    host = '127.0.0.1'                              # 获取主机地址
04    port = 8080                                     # 设置端口号
05    s.connect((host,port))                         # 主动初始化 TCP 服务器连接
06    send_data = input("请输入要发送的数据：")        # 提示用户输入数据
07    s.send(send_data.encode())                     # 发送 TCP 数据
08    # 接收对方发送过来的数据，最大接收 1024 字节
09    recvData = s.recv(1024).decode()
10    print('接收到的数据为:',recvData)
```

```
11   # 关闭套接字
12   s.close()
```

误区警示

在编写 TCP 的客户端程序时，需要注意，主机地址和端口都必须与服务器端程序一致，否则将抛出"ConnectionRefusedError: [WinError 10061]由于目标计算机积极拒绝，无法连接。"异常。

打开两个"命令提示符"窗口，先运行例 15.1 中的 server.py 文件，然后运行 client.py 文件。接着，在 client.py 窗口输入 hi，此时 server.py 窗口会接收到消息，并发送 Hello World。运行结果如图 15.9 所示。

15.2.3 执行 TCP 服务器和客户端

在上述例子中，我们设置了一个服务器和一个客户端，并且实现了客户端和服务器之间的通信。根据服务器和客户端执行流程，可以总结出 TCP 通信模型，如图 15.10 所示。

图 15.9 客户端和服务器通信效果

图 15.10 TCP 客户端和服务器通信模型

【例 15.2】制作简易聊天窗口。（实例位置：资源包\TM\sl\15\02）

既然客户端和服务器可以使用 socket 进行通信，那么，客户端可以向服务器发送文字，服务器接收到消息后，显示消息内容并且输入文字返回给客户端。客户端接收到响应，显示该文字，然后继续向服务器发送消息。这样，就实现了一个简易的聊天窗口。当有一方输入 byebye 时，则退出系统，中断聊天。可以根据如下步骤实现该功能。

（1）创建 server.py 文件，作为服务器程序，具体代码如下：

```python
01  import socket                                              # 导入 socket 模块
02  host = socket.gethostname()                                # 获取主机地址
03  port = 12345                                               # 设置端口号
04  s = socket.socket(socket.AF_INET,socket.SOCK_STREAM)       # 创建 TCP/IP 套接字
05  s.bind((host,port))                                        # 绑定地址（host,port）到套接字
06  s.listen(1)                                                # 设置最多连接数量
07  sock,addr = s.accept()                                     # 被动接受 TCP 客户端连接
08  print('连接已经建立')
09  info = sock.recv(1024).decode()                            # 接收客户端数据
10  while info != 'byebye':                                    # 判断是否退出
11      if info :
12          print('接收到的内容:'+info)
13      send_data = input('输入发送内容：')                      # 发送消息
14      sock.send(send_data.encode())                          # 发送 TCP 数据
15      if send_data =='byebye':                               # 如果发送 exit，则退出
16          break
17      info = sock.recv(1024).decode()                        # 接收客户端数据
18  sock.close()                                               # 关闭客户端套接字
19  s.close()                                                  # 关闭服务器端套接字
```

（2）创建 client.py 文件，作为客户端程序，具体代码如下：

```python
01  import socket                                              # 导入 socket 模块
02  s= socket.socket()                                         # 创建 TCP/IP 套接字
03  host = socket.gethostname()                                # 获取主机地址
04  port = 12345                                               # 设置端口号
05  s.connect((host,port))                                     # 主动初始化 TCP 服务器连接
06  print('已连接')
07  info = ''
08  while info != 'byebye':                                    # 判断是否退出
09      send_data=input('输入发送内容：')                        # 输入内容
10      s.send(send_data.encode())                             # 发送 TCP 数据
11      if send_data =='byebye':                               # 判断是否退出
12          break
13      info = s.recv(1024).decode()                           # 接收服务器数据
14      print('接收到的内容:'+info)
15  s.close()                                                  # 关闭套接字
```

打开两个"命令提示符"窗口，分别运行 server.py 和 client.py 文件，如图 15.11 所示。

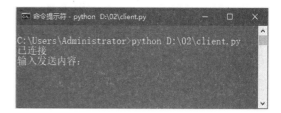

图 15.11　客户端和服务器建立连接

接下来，在 client.py 窗口中输入"天王盖地虎，小鸡炖蘑菇"，然后按 Enter 键。此时，server.py 窗口中将显示 client.py 窗口发送的消息，并提示输入发送内容，如图 15.12 所示。

图 15.12 进行对话

在 server.py 窗口发送"宝塔镇河妖，蘑菇放辣椒"后，在 client.py 窗口发送 byebye 时，结束对话，如图 15.13 所示。

图 15.13 结束对话

15.3 UDP 编程

UDP 是面向消息的协议，通信时不需要建立连接，数据的传输自然是不可靠的，UDP 一般被用于多点通信和实时的数据业务，例如：

- ☑ 语音广播。
- ☑ 视频。
- ☑ 聊天软件。
- ☑ TFTP（简单文件传送）。
- ☑ SNMP（简单网络管理协议）。
- ☑ RIP（路由信息协议，如报告股票市场、航空信息）。
- ☑ DNS（域名解释）。

和 TCP 类似，使用 UDP 的通信双方也分为客户端和服务器。

15.3.1 创建 UDP 服务器

对 UDP 服务器不需要像 TCP 服务器那样进行很多设置，因为它们不是面向连接的。除了等待传入的连接，几乎不需要做其他工作。下面我们来实现一个将摄氏温度转换为华氏温度的功能。

【例 15.3】将摄氏温度转换为华氏温度。（**实例位置：资源包\TM\sl\15\03**）

在客户端输入要转换的摄氏温度，然后发送给服务器，服务器根据转化公式，将摄氏温度转换为华氏温度，发送给客户端显示。创建 udp_server.py 文件，实现 UDP 服务器。具体代码如下：

```
01    import socket                                               # 导入 socket 模块
02
03    s = socket.socket(socket.AF_INET, socket.SOCK_DGRAM)        # 创建 UDP 套接字
04    s.bind(('127.0.0.1', 8888))                                 # 绑定地址（host,port）到套接字
05    print('绑定 UDP 到 8888 端口')
06    data, addr = s.recvfrom(1024)                               # 接收数据
07    data = float(data)*1.8 + 32                                 # 转化公式
08    send_data = '转换后的温度（单位：华氏温度）：'+str(data)
09    print('Received from %s:%s.' % addr)
10    s.sendto(send_data.encode(), addr)                          # 发送给客户端
11    s.close()                                                   # 关闭服务器端套接字
```

上述代码中使用 socket.socket()函数创建套接字，其中设置参数为 socket.SOCK_DGRAM，表明创建的是 UDP 套接字。此外，还需要注意，s.recvfrom()函数生成的 data 数据类型是 byte，不能直接对其进行四则运算，需要将其转换为 float 浮点型数据。最后在使用 sendto()函数发送数据时，发送的数据必须是 byte 类型，因此需要使用 encode()函数将字符串转换为 byte 数据类型。

运行结果如图 15.14 所示。

15.3.2 创建 UDP 客户端

创建一个 UDP 客户端程序的流程很简单，具体步骤如下。

☑ 创建客户端套接字。

☑ 发送/接收数据。

☑ 关闭套接字。

图 15.14 等待客户端连接

下面根据例 15.3，创建 udp_client.py 文件，实现 UDP 客户端，用户接收转换后的华氏温度。具体代码如下：

```
01    import socket                                               # 导入 socket 模块
02
03    s = socket.socket(socket.AF_INET, socket.SOCK_DGRAM)        # 创建 UDP 套接字
04    data = input('请输入要转换的温度（单位：摄氏温度）：')          # 输入要转换的温度
05    s.sendto(data.encode(), ('127.0.0.1', 8888))                # 发送数据
06    print(s.recv(1024).decode())                                # 输出接收数据
07    s.close()                                                   # 关闭套接字
```

在上述代码中，接收的数据和发送的数据类型都是 byte。因此：在发送时，使用 encode()函数将字符串转换为 byte 数据类型；而在输出时，使用 decode()函数将 byte 数据类型转换为字符串，方便用户阅读。

在两个"命令提示符"窗口中分别运行 udp_server.py 和 udp_client.py 文件，然后在 udp_client.py 窗口中输入要转换的摄氏温度，udp_client.py 窗口会立即显示转换后的华氏温度，如图 15.15 所示。

图 15.15 摄氏温度转换为华氏温度的效果

15.3.3　执行 UDP 服务器和客户端

在 UDP 通信模型中，在通信开始之前，不需要建立相关的链接，只需要发送数据即可，类似于生活中的"写信"。UDP 通信模型如图 15.16 所示。

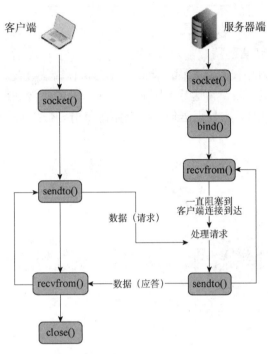

图 15.16　UDP 通信模型

15.4　实践与练习

（答案位置：资源包\TM\sl\15\实践与练习）

综合练习 1：输出本地计算机名称与 IP 地址　本练习要求输出本地计算机名称和该计算机的 IP 地址。（提示：可以使用 Socket.gethostbyname(hostname)方法根据计算机名称获取对应的 IP 地址）

综合练习 2：获取远程主机的 IP 地址　在互联网中，通过域名可以访问相应的网站，同时根据域名也可以获取到对应的 IP 地址，一个 IP 地址对应一台主机，如果我们想要知道当前域名对应的主机，可以根据域名获取其对应的 IP 地址。需要注意的是，大的互联网公司服务器主机分布在不同区域、不同机房，因此用户所在地不同，输出的 IP 地址也会有所不同。本练习要求编写一段程序，输出一些互联网公司官网（远程主机）的 IP 地址。例如，要输出的互联网公司及其对应的域名如下：

京东	www.jd.com
百度	www.baidu.com
Python 官网	www.python.com
淘宝	www.taobao.com

第 16 章

异常处理及程序调试

学习过 C 语言或者 Java 语言的用户都知道，在 C 语言或者 Java 语言中，编译器可以捕获很多语法错误。但是，在 Python 语言中，只有在程序运行后才会执行语法检查。所以，只有在运行或测试程序时，才会真正知道该程序能不能正常运行。因此，掌握一定的异常处理语句和程序调试方法是十分必要的。本章将主要介绍常用的异常处理语句，以及如何使用自带的 IDLE 和 assert 语句进行调试。

本章知识架构及重难点如下。

16.1　异 常 概 述

在程序运行过程中，经常会遇到各种各样的错误，这些错误统称为"异常"。这些异常有的是由于开发者一时疏忽将关键字输入错误导致的，这类错误多数产生的是 SyntaxError: invalid syntax（无效的语法）的异常信息，这将直接导致程序不能运行。这类异常是显式的，在开发阶段很容易被发现。此外，还有一类是隐式的，通常和使用者的操作有关。

场景模拟：在全民学编程的时代，作为程序员二代的小琦编写了一个程序，模拟幼儿园老师分苹果。老师买来 10 个苹果，今天幼儿园正好来了 10 位小朋友，当输入苹果的个数和小朋友的人数都为 10 时，程序给出的结果是每人分 1 个苹果。但是小琦的程序有一个异常。我们来看下面的例子。

【例 16.1】模拟幼儿园分苹果。(**实例位置：资源包\TM\sl\16\01**)

在 IDLE 中创建一个名称为 division_apple.py 的文件，然后在该文件中定义一个模拟分苹果的函数 division()，在该函数中，要求输入苹果的个数和小朋友的人数，然后应用除法算式计算分配的结果，最后调用 division()函数，代码如下：

```
01  def division():
02      '''功能：分苹果'''
03      print("\n==================== 分苹果了 ====================\n")
04      apple = int(input("请输入苹果的个数: "))              # 输入苹果的个数
05      children = int(input("请输入来了几位小朋友: "))        # 输入来了几位小朋友
06      result = apple//children                            # 计算每人分几个苹果
07      remain =apple-result*children                       # 计算余下几个苹果
08      if remain>0:
09          print(apple,"个苹果，平均分给",children,"位小朋友，每人分",result,
10              "个,剩下",remain,"个。")
11      else:
12          print(apple,"个苹果，平均分给",children,"位小朋友，每人分",result,"个。")
13  if __name__ == '__main__':
14      division()                                          # 调用分苹果的函数
```

运行上述代码，当输入苹果的个数和小朋友的人数都是 10 时，将显示如图 16.1 所示的结果。

如果在输入小朋友的人数时，不小心输成了 0，那么将会得到如图 16.2 所示的结果。

```
==================== 分苹果了 ====================

请输入苹果的个数: 10
请输入来了几位小朋友: 10
10 个苹果，平均分给 10 位小朋友，每人分 1 个。
```

图 16.1　正确的输出结果

```
请输入苹果的个数: 10
请输入来了几位小朋友: 0
Traceback (most recent call last):
  File "E:\tmp\division_apple.py", line 14, in <module>
    division()                                          # 调用分苹果的函数
  File "E:\tmp\division_apple.py", line 6, in division
    result = apple//children                            # 计算每人分几个苹果
ZeroDivisionError: integer division or modulo by zero
```

图 16.2　抛出了 ZeroDivisionError 的异常信息

产生 ZeroDivisionError（除数为 0 错误）异常的根源在于，算术表达式"10/0"中，0 作为除数出现，所以正在执行的程序被中断（第 6 行以后，包括第 6 行的代码都不会被执行）。

除 ZeroDivisionError 异常外，Python 中还有很多异常。表 16.1 列出了 Python 中常见的异常及其描述。

表 16.1　Python 中常见的异常及其描述

异　　常	描　　述
NameError	尝试访问一个没有声明的变量引发的错误
IndexError	索引超出序列范围引发的错误
IndentationError	缩进错误
ValueError	传入的值错误
KeyError	请求一个不存在的字典关键字引发的错误
IOError	输入输出错误（如要读取的文件不存在）
ImportError	当 import 语句无法找到模块或 from 无法在模块中找到相应的名称时，引发的错误
AttributeError	当尝试访问未知的对象属性时，引发的错误
TypeError	类型不合适引发的错误
MemoryError	内存不足
ZeroDivisionError	当除数为 0 时，引发的错误

说明

表 16.1 中的异常并不需要记住，只要简单了解即可。

16.2　异常处理语句

在程序开发时，有些错误并不是每次运行都会出现的。例如，本章的例 16.1，只要输入的数据符合程序的要求，程序就可以正常运行，否则将抛出异常并停止运行。假设在输入苹果的个数时输入了 12.5，那么程序将抛出如图 16.3 所示的异常信息。

这时，需要在开发程序时对可以出现异常的情况进行处理。下面将详细介绍 Python 中提供的异常处理语句。

```
==================== 分苹果了 ====================
请输入苹果的个数：12.5
Traceback (most recent call last):
  File "D:\division_apple.py", line 14, in <module>
    division()                 # 调用分苹果的函数
  File "D:\division_apple.py", line 4, in division
    apple = int(input("请输入苹果的个数：")) # 输入苹果的个数
ValueError: invalid literal for int() with base 10: '12.5'
```

图 16.3　抛出 ValueError 异常

16.2.1　try…except 语句

在 Python 中，提供了 try…except 语句捕获并处理异常。在使用时，把可能产生异常的代码放在 try 语句块中，把处理结果放在 except 语句块中：一旦 try 语句块中的代码出现错误，就会执行 except 语句块中的代码；但如果 try 语句块中的代码没有错误，那么将不执行 except 语句块。语法格式如下：

```
try:
    block1
except [ExceptionName [as alias]]:
    block2
```

参数说明如下。

☑　block1：表示可能出现错误的代码块。

☑　ExceptionName [as alias]：可选参数，用于指定要捕获的异常。其中，ExceptionName 表示要捕获的异常名称，如果在其右侧加上 as alias，则表示为当前的异常指定一个别名，通过该别名，可以记录异常的具体内容。

☑　block2：表示进行异常处理的代码块。在这里可以输出固定的提示信息，也可以通过别名输出异常的具体内容。

说明

在使用 try…except 语句捕获异常时，如果在 except 后面不指定异常名称，则表示捕获全部异常；使用 try…except 语句捕获异常后，当程序出错时，将输出错误信息，并且程序会继续执行。

下面将对例 16.1 进行改进，加入捕获异常功能，对除数不能为 0 的情况进行处理。

【例 16.2】模拟幼儿园分苹果（除数不能为 0）。（**实例位置：资源包\TM\sl\16\02**）

在 IDLE 中创建一个名称为 division_apple_0.py 的文件，然后将例 16.1 的代码全部复制到该文件中，并且对 "if __name__ == '__main__':" 语句下面的代码进行修改，应用 try…except 语句捕获执行 division() 函数可能抛出的 ZeroDivisionError（除数为 0）的异常信息，修改后的代码如下：

```
01  def division():
02      '''功能：分苹果'''
03      print("\n==================== 分苹果了 ====================\n")
04      apple = int(input("请输入苹果的个数："))                        # 输入苹果的个数
```

```
05          children = int(input("请输入来了几位小朋友: "))                    # 输入来了几位小朋友
06          result = apple // children                                        # 计算每人分几个苹果
07          remain = apple - result * children                                # 计算余下几个苹果
08          if remain > 0:
09              print(apple, "个苹果, 平均分给", children, "位小朋友，每人分", result,
10                  "个,剩下", remain, "个。")
11          else:
12              print(apple, "个苹果, 平均分给", children, "位小朋友，每人分", result, "个。")
13  if __name__ == '__main__':
14      try:                                                                  # 捕获异常
15          division()                                                        # 调用分苹果的函数
16      except ZeroDivisionError:                                             # 处理异常
17          print("\n 出错了 ~_~——苹果不能被 0 位小朋友分！")
```

运行上述代码，当输入苹果的个数为 10，小朋友的人数为 0 时，将不再抛出异常信息，而是显示如图 16.4 所示的结果。

目前，我们只处理了除数为 0 的情况。但是，如果将苹果的个数或小朋友的人数输成小数或者非数字，结果又当如何呢？再次运行上述例 16.2，输入苹果的个数为 2.7，将得到如图 16.5 所示的结果。

```
==================== 分苹果了 ====================

请输入苹果的个数: 10
请输入来了几位小朋友: 0

出错了 ~_~——苹果不能被0位小朋友分！
```

图 16.4　除数为 0 时重新执行程序

```
==================== 分苹果了 ====================

请输入苹果的个数: 2.7
Traceback (most recent call last):
  File "D:\division_apple.py", line 15, in <module>
    division()                                            # 调用分苹果的函数
  File "D:\division_apple.py", line 4, in division
    apple = int(input("请输入苹果的个数: "))              # 输入苹果的个数
ValueError: invalid literal for int() with base 10: '2.7'
```

图 16.5　输入的苹果个数为小数时得到的结果

从图 16.5 中可以看出，程序中要求输入整数，而实际输入的是小数，因此抛出 ValueError（传入的值错误）的异常信息。要解决该问题，需要在例 16.2 的代码中，为 try…except 语句再添加一个 except 语句，用于处理抛出 ValueError 的异常情况。修改后的代码如下：

```
01  def division():
02      '''功能: 分苹果'''
03      print("\n==================== 分苹果了 ====================\n")
04      apple = int(input("请输入苹果的个数: "))                              # 输入苹果的个数
05      children = int(input("请输入来了几位小朋友: "))                       # 输入来了几位小朋友
06      result = apple // children                                           # 计算每人分几个苹果
07      remain = apple - result * children                                   # 计算余下几个苹果
08      if remain > 0:
09          print(apple, "个苹果, 平均分给", children, "位小朋友，每人分", result,
10              "个,剩下", remain, "个。")
11      else:
12          print(apple, "个苹果, 平均分给", children, "位小朋友，每人分", result, "个。")
13  if __name__ == '__main__':
14      try:                                                                 # 捕获异常
15          division()                                                       # 调用分苹果的函数
16      except ZeroDivisionError:                                            # 处理异常
17          print("\n 出错了 ~_~——苹果不能被 0 位小朋友分！")
18      except ValueError as e:                                              # 处理 ValueError 异常
19          print("输入错误: ", e)                                           # 输出错误原因
```

再次运行上述代码，当输入苹果的个数为小数时，将不再直接抛出异常信息，而是显示友好的提示，如图 16.6 所示。

```
==================== 分苹果了 ====================

请输入苹果的个数: 2.7
输入错误:  invalid literal for int() with base 10: '2.7'
```

图 16.6　输入的苹果个数为小数时显示友好的提示

> **说明**
>
> 在捕获异常时，如果需要同时处理多个异常，也可以采用下列代码实现：
>
> ```
> 01  try:                                                    # 捕获异常
> 02      division()                                          # 调用分苹果的函数
> 03  except (ValueError,ZeroDivisionError ) as e:            # 处理异常
> 04      print("出错了，原因是：",e)                          # 显示出错原因
> ```
>
> 即在 except 语句后面使用一对小括号将可能出现的异常名称括起来，多个异常名称之间使用逗号分隔。如果想要显示具体的出错原因，那么再加上 as 指定一个别名。

16.2.2 try…except…else 语句

在 Python 中，还有另一种异常处理结构，即 try…except…else 语句，也就是在原来 try…except 语句的基础上再添加一个 else 子句，用于指定当 try 语句块中没有发现异常时要执行的语句块。当在 try 语句块中发现异常时，该语句块中的内容将不会被执行。例如，对例 16.2 进行修改，实现当 division() 函数在执行中没有抛出异常时，输出文字"分苹果顺利完成…"。修改后的代码如下：

```
01  def division():
02      '''功能：分苹果'''
03      print("\n===================== 分苹果了 =====================\n")
04      apple = int(input("请输入苹果的个数："))                    # 输入苹果的个数
05      children = int(input("请输入来了几位小朋友："))              # 输入来了几位小朋友
06      result = apple // children                                # 计算每人分几个苹果
07      remain = apple - result * children                        # 计算余下几个苹果
08      if remain > 0:
09          print(apple, "个苹果，平均分给", children, "位小朋友，每人分", result,
10              "个,剩下", remain, "个。")
11      else:
12          print(apple, "个苹果，平均分给", children, "位小朋友，每人分", result, "个。")
13  if __name__ == '__main__':
14      try:                                                      # 捕获异常
15          division()                                            # 调用分苹果的函数
16      except ZeroDivisionError:                                 # 处理异常
17          print("\n 出错了 ~_~——苹果不能被 0 位小朋友分！")
18      except ValueError as e:                                   # 处理 ValueError 异常
19          print("输入错误：", e)                                 # 输出错误原因
20      else:                                                     # 没有抛出异常时执行
21          print("分苹果顺利完成...")
```

执行上述代码，将显示如图 16.7 所示的结果。

16.2.3 try…except…finally 语句

完整的异常处理语句应该包含 finally 代码块，通常
情况下，无论程序中有无异常产生，finally 代码块中的代码都会被执行。其基本语法格式如下：

```
===================== 分苹果了 =====================
请输入苹果的个数：10      ┌─────────────────┐
请输入来了几位小朋友：5   │ else 子句的输出  │
10 个苹果，平均分给 5 位小朋友，每人分 2 个。
分苹果顺利完成...
```

图 16.7　不抛出异常时给出相应的提示信息

```
try:
    block1
except [ExceptionName [as alias]]:
    block2
finally:
    block3
```

try…except…finally 语句理解起来并不复杂，它只是比 try…except 语句多了一个 finally 子句，如果程序中有一些在任何情形中都必须执行的代码，那么可以将它们放在 finally 子句的代码块中。

说明

使用 except 子句是为了允许处理异常。无论是否引发了异常，使用 finally 子句都可以执行清理代码。如果分配了昂贵或有限的资源（如打开文件），则应将释放这些资源的代码放置在 finally 子句的代码块中。

例如，再次对例 16.2 进行修改，实现当 division() 函数在执行时无论是否抛出异常信息，都输出文字 "进行了一次分苹果操作。"。修改后的代码如下：

```
01  def division():
02      '''功能：分苹果'''
03      print("\n==================== 分苹果了 ====================\n")
04      apple = int(input("请输入苹果的个数："))                    # 输入苹果的个数
05      children = int(input("请输入来了几位小朋友："))              # 输入来了几位小朋友
06      result = apple // children                               # 计算每人分几个苹果
07      remain = apple - result * children                       # 计算余下几个苹果
08      if remain > 0:
09          print(apple, "个苹果，平均分给", children, "位小朋友，每人分", result,
10              "个,剩下", remain, "个。")
11      else:
12          print(apple, "个苹果，平均分给", children, "位小朋友，每人分", result, "个。")
13  if __name__ == '__main__':
14      try:                                                    # 捕获异常
15          division()                                          # 调用分苹果的函数
16      except ZeroDivisionError:                               # 处理异常
17          print("\n 出错了 ~_~ ——苹果不能被 0 位小朋友分！")
18      except ValueError as e:                                 # 处理 ValueError 异常
19          print("输入错误：", e)                               # 输出错误原因
20      else:                                                   # 没有抛出异常时执行
21          print("分苹果顺利完成...")
22      finally:                                                # 无论是否抛出异常都执行
23          print("进行了一次分苹果操作。")
```

执行上述代码，将显示如图 16.8 所示的运行结果。

图 16.8　抛出异常时给出的相应提示信息

至此，我们已经介绍了异常处理语句的 try…except、try…except…else 和 try…except…finally 等形式。下面通过图 16.9 说明异常处理语句的各个子句的执行关系。

16.2.4　使用 raise 语句抛出异常

如果某个函数或方法可能会产生异常，但不想在当前函数或方法中处理这个异常，则可以使用 raise

图 16.9　异常处理语句的不同子句的执行关系

语句在函数或方法中抛出异常。raise 语句的基本格式如下：

```
raise [ExceptionName[(reason)]]
```

其中，ExceptionName[(reason)]为可选参数，用于指定抛出的异常名称，以及异常信息的相关描述。如果省略，就会把当前的错误原样抛出。

说明

ExceptionName(reason)参数中的(reason)也可以省略，如果省略，则在抛出异常时，不附带任何描述信息。

例如，修改例 16.2，加入限制苹果个数必须大于或等于小朋友的人数，以便保证每位小朋友至少可以得到一个苹果。

【例 16.3】模拟幼儿园分苹果（每人至少分到一个苹果）。（**实例位置：资源包\TM\sl\16\03**）

在 IDLE 中创建一个名称为 division_apple_1.py 的文件，然后将例 16.2 的代码全部复制到该文件中，并且在第 5 行代码"children = int(input("请输入来了几位小朋友："))"的下方添加一个 if 语句，实现当苹果的个数小于小朋友的人数时，应用 raise 语句抛出一个 ValueError 异常，接下来在最后一行语句的下方添加 except 语句处理 ValueError 异常。修改后的代码如下：

```
01  def division():
02      '''功能：分苹果'''
03      print("\n==================== 分苹果了 ====================\n")
04      apple = int(input("请输入苹果的个数: "))              # 输入苹果的个数
05      children = int(input("请输入来了几位小朋友："))
06      if apple < children:
07          raise ValueError("苹果太少了，不够分...")
08      result = apple // children                         # 计算每人分几个苹果
09      remain = apple - result * children                 # 计算余下几个苹果
10      if remain > 0:
11          print(apple, "个苹果，平均分给", children, "位小朋友，每人分", result,
12                "个,剩下", remain, "个。")
13      else:
14          print(apple, "个苹果，平均分给", children, "位小朋友，每人分", result, "个。")
15  if __name__ == '__main__':
16      try:                                               # 捕获异常
17          division()                                     # 调用分苹果的函数
18      except ZeroDivisionError:                          # 处理 ZeroDivisionError 异常
19          print("\n 出错了 ~_~ ——苹果不能被 0 位小朋友分！")
20      except ValueError as e:                            # ValueError
21          print("\n 出错了 ~_~ ——",e)
```

执行上述代码，输入苹果的个数为 5，小朋友的人数为 10 时，将提示出错信息，效果如图 16.10 所示。

误区警示

在应用 raise 抛出异常时，要尽量选择合理的异常对象，而不应该抛出一个与实际内容不相关的异常。例如，在例 16.3 中，想要处理的是一个和值有关的异常，这时就不应该抛出一个 IndentationError 异常。

```
==================== 分苹果了 ============

请输入苹果的个数：5
请输入来了几位小朋友：10

出错了 ~_~ —— 苹果太少了，不够分...
```

图 16.10　苹果的个数小于小朋友的
人数时给出的提示信息

16.2.5　更清晰的错误信息

在 Python 的早期版本中，错误提示信息并不是十分明确的，会有很多错误都提示"语法错误"（SyntaxError: invalid syntax），以至于开发者不能快速找到出现问题的代码及原因，这让调试程序比较困难。从 Python 3.9 开始，Python 采用了新的 Parser（解析器），可以更人性化地提示错误。但是，在 Python 3.9 版本中，这个改变并不明显，而到了 Python 3.10 版本就有了质地飞越。例如下面的代码：

```
01    i = input('请输入一个数：')
02    print(i)
```

在 Python 3.9 下运行显示如图 16.11 所示的错误提示，在 Python 3.10 及之后的版本中运行将显示如图 16.12 所示的错误提示。

再例如下面的代码：

```
01    i = input('请输入一个数：')
02    if i < 0
03    print('请输入大于或等于 0 的数！')
```

在 Python 3.9 下运行将给出图 16.13 所示的错误提示，在 Python 3.10 及之后的版本中运行将给出图 16.14 所示的错误提示。

图 16.11　Python 3.9 给出的错误提示

图 16.12　Python 3.10 给出的错误提示

图 16.13　Python 3.9 给出的错误提示

图 16.14　Python 3.10 给出的错误提示

通过对比这些错误提示，我们可以看出在 Python 3.10 及之后的版本中更容易确定错误的原因，从而快速解决问题。

16.3　程序调试

在程序开发过程中，免不了会出现一些错误，有语法方面的，也有逻辑方面的。语法方面的错误比较容易检测，因为程序会直接停止，并且给出错误提示；而逻辑错误就不容易被发现，因为程序可能会一直执行下去，但结果是错误的。因此，作为一名程序员，掌握一定的程序调试方法，可以说是一项必备技能。

16.3.1　使用自带的 IDLE 进行程序调试

多数的集成开发工具都提供了程序调试功能。例如，我们一直在使用的 IDLE 也提供了程序调试功能。使用 IDLE 进行程序调试的基本步骤如下。

（1）打开 IDLE Shell（Python Shell）窗口，在主菜单上选择 Debug→Debugger 菜单项，将打开 Debug Control 对话框（此时该对话框是空白的），同时 IDLE Shell 窗口中将显示"[DEBUG ON]"（表示已经处于调试状态），如图 16.15 所示。

图 16.15　处于调试状态的 Python Shell

（2）在 IDLE Shell 窗口中选择 File→Open 菜单项，打开要调试的文件。这里打开本章的例 16.1 中编写的 division_apple.py 文件，然后添加需要的断点。

添加断点的方法是，在想要添加断点的行上右击，在弹出的快捷菜单中选择 Set Breakpoint 菜单项。添加断点的行将以黄色底纹标记，如图 16.16 所示。

图 16.16　添加断点

说明

断点的作用是，设置断点后，当程序执行到断点时，就会暂时中断程序的执行，并且可以随时继续执行。如果想要删除已经添加的断点，可以选中已经添加断点的行，然后右击，在弹出的快捷菜单中选择 Clear Breakpoint 菜单项。

（3）添加所需的断点（添加断点的原则是，程序执行到这个位置时，想要查看某些变量的值，就在这个位置添加一个断点）后，按 F5 键，执行程序，这时 Debug Control 对话框中将显示程序的执行信息，选中 Globals 复选框，将显示全局变量，默认只显示局部变量。此时，Debug Control 对话框如图 16.17 所示。

（4）在图 16.17 中可以看到，调试工具栏中提供了 5 个工具按钮。这里，单击 Go 按钮继续执行程序，直到执行到所设置的第一个断点处，程序才被暂停执行。由于在 division_apple.py 文件中，在第一个断点之前需要获取用户的输入，因此需要先在 Python Shell 窗口中输入苹果的个数和小朋友的人数。输入后，Debug Control 窗口中的数据将发生变化，如图 16.18 所示。

图 16.17　显示程序的执行信息

图 16.18　显示执行到第一个断点时的变量信息

说明

在调试工具栏中的 5 个按钮的作用分别如下：Go 按钮，用于执行跳至断点操作；Step 按钮，用于进入要执行的函数；Over 按钮，用于单步执行；Out 按钮，用于跳出所在的函数；Quit 按钮，用于结束调试。

在调试过程中，如果所设置的断点处有其他函数调用，还可以单击 Step 按钮进入函数内部。当确定该函数没有问题时，可以单击 Out 按钮跳出该函数；或者在调试的过程中，当需要对已经发现的问题的原因进行修改时，可以直接单击 Quit 按钮结束调试。另外，如果调试的目的不是很明确（即不确认问题的位置），也可以直接单击 Step 按钮进行单步执行，这样可以清晰地观察程序的执行过程和数据的变量，方便找出问题。

（5）继续单击 Go 按钮，将执行到下一个断点，查看变量的变化，直到全部断点均被执行完毕。调试工具栏中的按钮将变为不可用状态，如图 16.19 所示。

（6）程序调试完毕后，可以关闭 Debug Control 对话框，此时在 Python Shell 窗口中将显示 "[DEBUG OFF]"（表示已经结束调试）。

16.3.2　使用 assert 语句调试程序

在程序开发过程中，除了使用开发工具自带的调试工具进行调试，还可以在代码中通过 print() 函数把可能出现问题的变量输出，以便查看，但是这种方法会产生很多垃圾信息。所以，调试程序之后还需要删除这些垃圾信息，显然这比较麻烦。因此，Python 还提供了另外的方法，即使用 assert 语句进行调试。

assert 的中文意思是断言，它一般被用于对程序某个时刻必须满足的条件进行验证。assert 语句的基本语法格式如下：

```
assert expression [,reason]
```

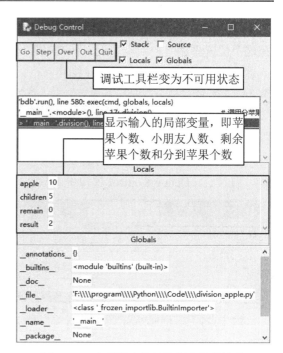

图 16.19　全部断点均被执行完毕的效果

参数说明如下。

☑　expression：条件表达式。如果该表达式的值为真，则什么都不做；如果为假，则抛出 AssertionError 异常。

☑　reason：可选参数，用于对判断条件进行描述，为了以后更好地知道哪里出现了问题。

例如，修改例 16.1，应用断言判断程序是否会出现苹果不够分的情况，如果不够分，则需要对这种情况进行处理。

【例 16.4】模拟幼儿园分苹果（应用断言调试输入的数据）。（**实例位置：资源包\TM\sl\16\04**）

在 IDLE 中创建一个名称为 division_apple_dug.py 的文件，然后将例 16.1 的代码全部复制到该文件中，并且在第 5 行代码 "children = int(input("请输入来了几位小朋友："))" 的下方添加一个 assert 语句，验证苹果的个数是否少于小朋友的人数。修改后的代码如下：

```
01    def division():
02        '''功能：分苹果'''
03        print("\n==================== 分苹果了 ====================\n")
04        apple = int(input("请输入苹果的个数: "))              # 输入苹果的个数
05        children = int(input("请输入来了几位小朋友: "))        # 输入来了几位小朋友
06        assert apple > children ,"苹果不够分"                 # 应用断言调试输入的数据
07        result = apple // children                          # 计算每人分几个苹果
08        remain = apple - result * children                  # 计算余下几个苹果
09        if remain > 0:
10            print(apple, "个苹果, 平均分给", children, "位小朋友, 每人分", result,
11                "个,剩下", remain, "个。")
12        else:
13            print(apple, "个苹果, 平均分给", children, "位小朋友, 每人分", result, "个。")
14    if __name__ == '__main__':
15        division()                                          # 调用分苹果的函数
```

执行上述代码，当输入苹果的个数为 5，小朋友的人数为 10 时，将抛出如图 16.20 所示的 AssertionError 异常。

通常情况下，assert 语句可以和异常处理语句结合使用。因此，可以将上述代码的第 15 行修改为以下内容：

```
01    try:
02        division()                                        # 调用分苹果的函数
03    except AssertionError as e:                           # 处理 AssertionError 异常
04        print("\n 输入有误：",e)
```

这样，再执行程序时将不会直接抛出异常，而是给出如图 16.21 所示的友好提示。

```
==================== 分苹果了 ====================

请输入苹果的个数: 5
请输入来了几位小朋友: 10
Traceback (most recent call last):
  File "E:\tmp\division_apple_bug.py", line 17, in <module>
    division()                    # 调用分苹果的函数
  File "E:\tmp\division_apple_bug.py", line 7, in division
    assert apple > children ,"苹果不够分"
AssertionError: 苹果不够分
```

图 16.20　苹果个数少于小朋友人数时，抛出的 AssertionError 异常

```
==================== 分苹果了 ====================

请输入苹果的个数: 5
请输入来了几位小朋友: 10

输入有误：  苹果不够分
```

图 16.21　处理抛出的 AssertionError 异常

assert 语句只在调试阶段有效。我们可以通过在执行 python 命令时加入-O（大写）参数来关闭 assert 语句。例如，在"命令提示符"窗口中输入以下代码执行 E:\program\Python\Code 目录中的 division_apple_bug.py 文件，然后关闭 division_apple_bug.py 文件中的 assert 语句：

```
01    E:
02    cd E:\program\Python\Code
03    python -O division_apple_bug.py
```

说明

division_apple_bug.py 文件的内容就是例 16.4 中的内容，其中添加了 assert 语句。

执行上述语句后，输入苹果的个数为 5，小朋友的人数为 10 时，并没有给出"输入有误：苹果不够分"的提示，如图 16.22 所示。

图 16.22　在非调试状态下执行程序，将忽略 assert 语句

16.4　实践与练习

（答案位置：资源包\TM\sl\16\实践与练习）

综合练习 1：通过异常处理实现输入验证　在编写与用户交互的程序时，通常需要对用户输入的数据进行验证，否则可能出现由于输入无效数据而导致程序出错。例如，在编写根据输入的身高和体重计算 BMI 指数并判断体重是否合理的程序时，一旦用户输入了非数值类型的数据，程序就会抛出异常并且终止执行。请编写一个根据输入的身高和体重计算 BMI 指数并判断体重是否合理的程序，要求当用户输入的身高或者体重不规范时，给出提示，并且重新要求用户输入信息。

综合练习 2：自动将输入的数值字符串转换为对应的数值类型　在进行程序开发时，有时会遇到需要将输入的数值字符串转换为对应的数据类型。如果，无论将什么都直接转换为整型或者浮点型，就可能抛出异常。因此，需要转换为对应的数据类型。本练习要求编写一段 Python 代码，实现自动将输入的数值字符串转换为对应的数值类型。

第 3 篇

项目应用

本篇详解 Python 六大热门应用方向，每个方向都在剖析技术储备之后设计并实现对应的热门项目，具体包括游戏开发与项目、爬虫开发与项目、数据可视化与项目、Web 开发与项目、Python 自动化办公、人工智能初探。通过学习本篇，读者将能够把所学的 Python 基础知识与当前的 Python 开发热点无缝对接，成就 Python 开发无限可能。

项目应用

- **游戏开发与项目**
  - Pygame游戏编程 —— 学习使用Pygame模块实现游戏开发时常用的一些功能，如窗口坐标、事件侦测等
  - 项目：推箱子游戏 —— 实现一个推箱子游戏，体验Python的游戏开发能力

- **爬虫开发与项目**
  - 网络爬虫开发 —— 学习使用Python实现网络爬虫的一些核心技术与框架
  - 项目：火车票分析助手 —— 实现一个基于Python爬虫的热门实用项目——火车票分析助手，体验Python的爬虫开发能力

- **数据可视化与项目**
  - 数据可视化 —— 掌握数据可视化的基础知识，熟悉NumPy、Pandas、Matplotlib等主流的数据处理工具
  - 项目：京东电商销售数据分析与预测 —— 实现一个热门的数据分析与可视化项目，体验Python的数据可视化开发能力

- **Web开发与项目**
  - Web编程 —— 掌握Web开发基础，了解常用的Web框架
  - Flask框架 —— 学习一个使用Python编写的轻量级Web应用框架
  - 项目：e起去旅行网站 —— 使用Flask框架实现一个主打旅游攻略的网站，体验Python的Web开发能力

- **Python自动化办公** —— 学会如何使用Python高效操作Word、Excel、PPT、电子邮件，体验Python自动化办公的魅力

- **Python人工智能初探** —— 通过简单实用的AI图像识别项目，带读者窥探Python人工智能开发的奥秘

游戏开发与项目

　　游戏开发是当下非常热门的一个行业，而 Python 针对游戏开发提供了一个非常方便的模块——Pygame。

　　本子篇将首先带着读者学习使用 Pygame 模块实现游戏开发时常用的一些功能，然后通过一个功能完善的"推箱子游戏"项目，帮助读者快速地学会使用 Pygame 模块开发游戏的核心重点，让读者短时间内可以独立完成一个游戏项目的开发。

第 17 章

Pygame 游戏编程

Python 深受广大开发者青睐的一个重要原因是，它应用领域非常广泛，其中就包括游戏开发，而使用 Python 进行游戏开发的首选模块就是 Pygame。本章将主要介绍使用 Pygame 模块实现游戏开发时常用的一些功能。

本章知识架构及重难点如下。

17.1 初识 Pygame

Pygame 是 2000 年由作者 Pete Shinners 开发的一个完全免费、开源的 Python 游戏模块，它是专门为开发和设计 2D 电子游戏而生的软件包，支持 Windows、Linux、Mac OS 等操作系统，具有良好的跨平台性。Pygame 的目标是为了让游戏开发者不再受底层语言的束缚，而是更多的关注游戏的功能与逻辑，从而使游戏开发变得更加容易与简单。Pygame 的图标如图 17.1 所示。Pygame 模块的特点如下：

图 17.1　Pygame 的图标

- ☑ 具体高可移植性。
- ☑ 开源、免费。
- ☑ 支持多个操作系统，如主流的 Windows、Linux、Mac OS 等。
- ☑ 专门用于多媒体应用（如电子游戏）的开发，包含对图像、声音、视频、事件、碰撞等的支持。

✎说明

　　Pygame 是一个在 SDL（simple directmedia layer）基础上编写的游戏库，SDL 是一套用 C 语言实现的跨平台多媒体开发库，被广泛地应用于游戏、模拟器、播放器等的开发。

17.1.1 安装 Pygame

在 Python 中，最常用的安装第三方模块的方式是使用 pip install 命令，其语法格式如下：

```
pip install 模块名 [-i 镜像地址]
```

注意

由于 Pygame 目前还不支持 Python 3.11 的版本，因此建议读者使用 Python 3.10 安装 Pygame 模块进行测试。

上面命令中的"[-i 镜像地址]"是一个可选参数，用来指定要下载模块的镜像地址。由于默认情况下，官方镜像源请求地址为"https://pypi.org/simple/"，而提供此服务的服务器地址是在国外，因此在安装第三方模块时，经常会出现连接超时、安装不成功等问题。为了解决这个问题，一些大型的企业和大学搭建了自己的镜像网站，以方便国内开发人员使用。国内常用的 Python 模块安装镜像地址如下。

- ☑ 阿里云：https://mirrors.aliyun.com/pypi/simple/
- ☑ 清华大学：https://pypi.tuna.tsinghua.edu.cn/simple
- ☑ 豆瓣：https://pypi.douban.com/simple/

说明

pip 是跟随 Python 环境部署默认安装的一个 Python 软件包管理工具，要想在任意工作目录下都使用 pip 工具，需要将其可执行文件（pip.exe）的存储目录添加到系统的 PATH 环境变量中。默认情况下，pip.exe 文件存储在 Python 安装目录下的 Scripts 文件夹中，用户只需要将该文件夹路径添加到系统的 PATH 环境变量中即可。

使用 pip install 命令安装 Pygame 模块的具体步骤如下。

（1）单击 Windows 10 系统中开始菜单右侧的搜索文本框，在其中输入 cmd 命令，在搜索结果中选中"命令提示符"，右击，选择"以管理员身份运行"菜单项，启动命令行窗口，如图 17.2 所示。

（2）在命令行窗口中输入如下命令并按 Enter 键：

```
pip install pygame -i https://mirrors.aliyun.com/pypi/simple/
```

将-i 后面的镜像地址可以替换为国内的任意一个镜像地址，但经过大量开发者的验证，发现阿里云和清华大学提供的镜像地址，下载速度比较快，而且稳定，所以推荐使用这两个镜像地址中的任意一个。安装 Pygame 模块的过程如图 17.3 所示。

说明

使用 pip 命令安装第三方模块时，有可能会出现警告信息，提醒用户需要升级 pip 工具，这时在系统的 cmd 命令窗口中输入以下命令即可：

```
pip install —upgrade pip
```

图 17.2　输入 cmd 命令

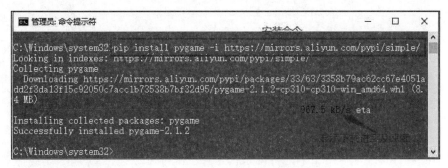

图 17.3 安装 Pygame 模块的过程

17.1.2 Pygame 常用模块

Pygame 模块采用自顶向下的方法，将一些在程序开发中能够完成特定功能的代码封装成了一个个单独的子模块，这些子模块相对独立、功能单一、结构清晰、使用简单，这种模块化的设计使得 Pygame 游戏程序的设计、调试和维护变得更加简单、容易。Pygame 模块中的常用子模块及其说明如表 17.1 所示。

表 17.1 Pygame 常用子模块及其说明

子 模 块	说 明
pygame.cdrom	访问光驱
pygame.cursors	加载光标图像，包括标准指针
pygame.display	控制显示窗口或屏幕
pygame.draw	绘制简单的数学形状
pygame.event	管理事件
pygame.font	创建和渲染 TrueType 字体
pygame.image	加载和存储图片
pygame.key	读取键盘按键
pygame.mouse	鼠标
pygame.surface	管理图像
pygame.rect	管理矩形区域
pygame.sprite	管理移动图像（精灵序列图）
pygame.time	管理时间和帧信息
pygame.math	管理向量
pygame.transform	缩放、旋转和翻转图像
pygame. mixer_music	管理音乐
pygame.joystick	管理操纵杆设备（游戏手柄等）
pygame.overlay	访问高级视频叠加
pygame.mixer	管理声音

17.2　窗口坐标系与 pygame.Rect 对象

17.2.1　窗口坐标系

在 Pygame 游戏窗口中，使用笛卡儿坐标系统来表示窗口中的点，如图 17.4 所示，游戏窗口左上角为原点(0,0)坐标，X 轴为水平方向向右，且逐渐递增，Y 轴为垂直方向竖直向下，且逐渐递增。有了窗口坐标系统，在游戏窗口中，通过 X 与 Y 轴的坐标可以精确确定在 Pygame 窗口中每一个像素点的起始位置。

图 17.4　屏幕坐标系统

17.2.2　pygame.Rect 对象

在 Pygame 游戏中，Surface 对象的大小和位置可能互不相同，为了能够更好地对其进行量化管理，Pygame 提供了一种新的数据结构：pygame.rect.Rect()对象（简称为"Rect 对象"），用于精确描述 Pygame 窗口中所有可见元素的位置，该对象又被称为矩形区域管理对象，它由 left、top、width、height 这 4 个值创建，如图 17.5 所示。

图 17.5 中，白色矩形区域表示一个 Rect 对象的区域范围，其中：(left,top)坐标点表示此 Rect 对象所确定的 Surface 对象在 Pygame 窗口中所处的起始位置，也就是左上角顶点坐标；width 表示 Rect 矩形区域的宽度；height 表示 Rect 矩形区域的高度。

图 17.5　Rect 对象

17.3　事 件 侦 测

当程序启动后，如果用户不进行任何操作，程序就会永远地运行下去，直到用户单击窗口右上角的"关闭"按钮，Pygame 才会侦听到用户的相关动作，从而根据用户的动作引发 Pygame 中的 QUIT 事件，终止程序的运行，并关闭窗口，这里提到的 QUIT 事件就是 Pygame 中的一个关闭事件，它会根据用户的相关动作来确定是否执行。

17.3.1　事件检索

事件的种类有很多，而且一个 Pygame 程序中可能有多个事件，Pygame 会将一系列的事件存储在一个队列中，然后逐个进行处理。常规的队列是由 Pygame.event.EventType 对象组成的，一个 EventType 事件对象由一个事件类型标识符和一组成员数据组成。例如前面提到的关闭窗口事件，它的事件类型标识符是 QUIT，无成员数据。Pygame 中的事件及其成员属性列表如表 17.2 所示。

表 17.2　Pygame 事件及其成员属性列表

事 件 类 型	产 生 途 径	成 员 属 性
QUIT	用户单击关闭按钮	none
ACTIVEEVENT	Pygame 被激活或者隐藏	gain, state
KEYDOWN	键盘被按下	unicode, key, mod
KEYUP	键盘被放开	key, mod
MOUSEMOTION	鼠标移动	pos, rel, buttons
MOUSEBUTTONDOWN	鼠标按下	pos, button
MOUSEBUTTONUP	鼠标放开	pos, button
JOYAXISMOTION	游戏手柄（joystick or pad）移动	joy, axis, value
JOYBALLMOTION	游戏球（joy ball）移动	joy, axis, value
JOYHATMOTION	游戏手柄（joystick）移动	joy, axis, value
JOYBUTTONDOWN	游戏手柄按下	joy, button
JOYBUTTONUP	游戏手柄放开	joy, button
VIDEORESIZE	Pygame 窗口缩放	size, w, h
VIDEOEXPOSE	Pygame 窗口部分公开（expose）	none
USEREVENT	触发一个用户事件	code

Pygame 中的 pygame.event 子模块提供了很多方法来访问事件队列中的事件对象，比如检测事件对象是否存在、从队列中获取事件对象等。pygame.event 子模块中提供的函数及其说明如表 17.3 所示。

表 17.3　pygame.event 子模块中提供的函数及其说明

函 数	说 明
pygame.event.get()	从事件队列中获取一个事件，并从队列中删除该事件
pygame.event.wait()	阻塞直至事件发生才会继续执行，若没有事件发生将一直处于阻塞状态
pygame.event.set_blocked()	控制哪些事件禁止进入队列，如果参数值为 None，则表示禁止所有事件进入
pygame.event.set_allowed()	控制哪些事件允许进入队列
pygame.event.pump()	调用该方法后，Pygame 会自动处理事件队列
pygame.event.poll()	会根据实际情形返回一个真实的事件，或者一个 None
pygame.event.peek()	检测某类型事件是否在队列中
pygame.event.clear()	从队列中清除所有的事件
pygame.event.get_blocked()	检测某一类型的事件是否被禁止进入队列
pygame.event.post()	放置一个新的事件到队列中
pygame.event.Event()	创建一个用户自定义的新事件

例如，使用下列代码来遍历所有的事件：

```
for event in pygame.event.get()
```

上面代码中用到了 get()函数，此函数用来从事件队列中获取一个事件，并从队列中删除该事件，其语法格式如下：

```
01   pygame.event.get() -> Eventlist
02   pygame.event.get(type) -> Eventlist
03   pygame.event.get(typelist) -> Eventlist
```

使用 get()函数时，如果指定一个或多个 type 参数，那么只获取并删除指定类型的事件，例如：

```
01   events = pygame.event.get(pygame.KEYDOWN)
02   events = pygame.event.get([pygame.MOUSEBUTTONDOWN, pygame.QUIT])
```

注意

如果开发者只从事件队列中获取并删除指定的类型事件，随着程序的运行，事件队列可能会被填满，导致后续的事件无法进入事件队列，并且这些事件将会被丢失。事件队列的大小限制为 128。

另外，从事件队列中获取一个事件可以使用 poll()函数或者 wait()函数，其中，poll()函数会根据当前情形返回一个真实的事件，当队列为空时，它将立刻返回类型为 pygame.NOEVENT 的事件；而 wait()函数是等到发生一个事件才继续下去，当队列为空时，它将继续等待并处于睡眠状态。poll()函数和 wait()函数的语法格式如下：

```
01   pygame.event.poll() -> EventType instance
02   pygame.event.wait() -> EventType instance
```

【例 17.1】输出所有事件。（实例位置：资源包\TM\sl\17\01）

在 Pygame 窗口中输出事件队列中的所有事件，代码如下：

```
01   import random
02   import pygame
03   import sys
04
05   SIZE = WIDTH, HEIGHT = 640, 396
06   FPS = 60
07
08   pygame.init()
09   screen = pygame.display.set_mode(SIZE, 0, 32)
10   pygame.display.set_caption("Event")
11   clock = pygame.time.Clock()
12   font = pygame.font.SysFont(None, 25)
13   font_height = font.get_linesize()              # 获取该文体单行的高度
14   event_list = []
15   line_num = SIZE[1]//font_height               # 屏幕可展示最大行数文字
16
17   running = True
18   # 主体循环
19   while running:
20       # 等待获取一个事件并删除
21       event = pygame.event.wait()
22       event_list.append(str(event))
23       # 保证 event_list 里面只保留可展示一个屏幕的文字
24       event_text = event_list[-line_num:]
25
26       if event.type == pygame.QUIT:
27           sys.exit()
```

```
28
29        screen.fill((54, 59, 64))
30
31        y = SIZE[1]-font_height
32        # 绘制事件文本
33        for text in reversed(event_list):
34            rgb = tuple((random.randint(0, 255) for i in range(3)))
35            screen.blit( font.render(text, True, rgb), (0, y))
36            y-=font_height
37
38        pygame.display.update()
```

运行程序，窗口中会显示每一个事件及其具体的成员参数值，如图 17.6 所示。

运行例 17.1 时，如果不产生任何动作（事件），则窗口中的文本是不变的，这是因为，上面代码中的第 21 行使用了 pygame.event.wait() 函数，这时，如果侦听不到动作，则程序会处于一个睡眠的状态。将第 21 行代码修改如下：

```
event = pygame.event.poll()
```

再次运行程序，效果如图 17.7 所示。

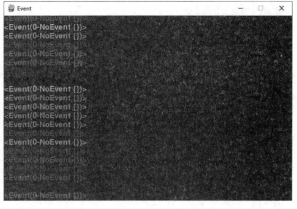

图 17.6　输出所有事件　　　　　　　图 17.7　将 wait() 函数修改为 poll() 函数后的效果

出现图 17.7 所示的效果是因为程序中使用了 pygame.event.poll() 函数，这样即使不产生任何动作，也依然会返回 pygame. NOEVENT 事件。

17.3.2　处理键盘事件

键盘事件主要涉及大量的按键操作，比如游戏中的上、下、左、右，或者人物的前进、后退等操作，这些都需要键盘来配合实现。Pygame 中将键盘上的字母键、数字键、组合键等按键以常量的方式进行了定义，表 17.4 列出了常用按键的常量。

表 17.4　Pygame 中的常用按键常量及说明

按 键 常 量	说　　　明	按 键 常 量	说　　　明
K_BACKSPACE	退格键（Backspace）	K_TAB	制表键（Tab）
K_SPACE	空格键（Space）	K_RETURN	回车键（Enter）

续表

按 键 常 量	说　　明	按 键 常 量	说　　明
K_0...K_9	0...9	K_a...Kz	a...z
K_KP0...K_KP9	0（小键盘）...9（小键盘）	K_F1...K_F15	F1...F15
K_DELETE	删除键（delete）	KMOD_ALT	同时按下 Alt 键
K_UP	向上箭头（up arrow）	K_DOWN	向下箭头（down arrow）
K_RIGHT	向右箭头（right arrow）	K_LEFT	向左箭头（left arrow）

Pygame 中的键盘事件主要有以下两个成员属性。

☑ key：按键按下或放开的键值，是一个 ASCII 码值整型数字，如 K_b 等。

☑ mod：包含组合键信息，例如，当 mod&KMOD_CTRL 为真时，表示用户同时按下了 Ctrl 键，类似的还有 KMOD_SHIFT、KMOD_ALT 等。

【例 17.2】记录键盘按下键字符。（**实例位置：资源包\TM\sl\17\02**）

设计一个 Pygame 窗口程序，当用户按下键盘上的按键时，实时在 Pygame 窗口中显示按下的键字符。具体代码如下：

```
01  import os
02  import sys
03  import pygame
04  from pygame.locals import *
05
06  SIZE = WIDTH, HEIGHT = 640, 396
07  FPS = 60
08
09  pygame.init()
10  # 窗口居中
11  os.environ['SDL_VIDEO_CENTERED'] = '1'
12  screen = pygame.display.set_mode(SIZE)
13  pygame.display.set_caption("记录键盘按下字符")
14  clock = pygame.time.Clock()
15  # 开启重复产生键盘事件功能，(延迟，间隔)，单位为毫秒
16  pygame.key.set_repeat(200, 200)
17  name = ""
18  font = pygame.font.SysFont('arial', 80)
19  group = [KMOD_LSHIFT, KMOD_RSHIFT, KMOD_LSHIFT + \
20          KMOD_CAPS, KMOD_RSHIFT + KMOD_CAPS]
21
22  while True:
23      screen.fill((0, 164, 150))
24      font_height = font.get_linesize()
25      text = font.render(name[-17:], True, (255, 255, 255))
26      height = HEIGHT/2 - font_height / 2
27      screen.blit(text, (30, height, 500, font_height))
28
29      evt = pygame.event.wait()
30      if evt.type == QUIT:
31          sys.exit()
32      # 释放按键
33      if evt.type == KEYUP:
34          if evt.mod in group:
35              pygame.key.set_repeat(200, 200)
36      # 按下按键
37      if evt.type == KEYDOWN:
```

```
38                if evt.key in [K_ESCAPE, K_q]:                      # 退出
39                    pygame.quit()
40                    sys.exit()
41
42                # 组合键若为 Shift 键，则加快回退的速度
43                if evt.mod in group:
44                    if pygame.key.get_repeat() != (50, 50):
45                        pygame.key.set_repeat(50, 50)
46                if evt.key == K_BACKSPACE:                          # 退格键
47                    name = name[:-1]
48                else:
49                    name += evt.unicode
50                if evt.key == K_RETURN:                             # 回车键，清空
51                    name = ""
52
53        pygame.display.update()
54        clock.tick(FPS)
```

上面代码中的第 16 行用到了一个 set_repeat() 函数，该函数用来控制重复响应持续按下按键的时间，其语法格式如下：

```
pygame.key.set_repeat(delay, interval) -> None
```

参数说明如下。

☑ delay：按键持续被按下时想要响应的延迟按压时间，单位为毫秒。

☑ interval：持续响应时的的间隔时间，单位为毫秒。

按照正常逻辑，当持续按下一个键时，应持续产生相同的事件并响应，但 Pygame 中默认不会重复地响应一个一直被按下的键，而只有在按键第一次被按下时才响应一次。如果需要重复响应一个按键，就需要使用 set_repeat() 函数进行设置。程序运行效果如图 17.8 所示。

图 17.8　记录键盘按下键字符

17.3.3　自定义事件

使用 Pygame 开发游戏时，其自身提供的事件类型基本都能满足游戏需求，但在遇到一些特定的需求时，就需要用户通过自定义事件来满足，比如：基于事件输出的时间定时器、基于事件输出的背景音乐自动续播等。在 Pygame 中自定义事件类型的步骤如下。

（1）使用 pygame.event.Event() 函数创造一个自定义类型的事件对象，语法格式如下：

```
01    pygame.event.Event(type, dict) -> EventType instance
02    pygame.event.Event(type, **dict) -> EventType instance
```

参数说明如下。

☑ type：事件类型，内置类型或自定义类型。

☑ dict：事件的成员属性字典。

（2）使用 pygame.event.post()函数传递事件，其语法格式如下：

```
pygame.event.post(Event) -> None
```

例如，使用上面两个步骤自定义一个基于 Pygame 内置事件类型 KEYDOWN 的事件，代码如下：

```
01   # 第 1 种方法
02   my_event = pygame.event.Event(KEYDOWN, key=K_SPACE, mod=0, unicode=u' ')
03   # 第 2 种方法
04   my_event = pygame.event.Event(KEYDOWN, {"key":K_SPACE, "mod":0, "unicode":u' '})
05   # 传递
06   pygame.event.post(my_event)
```

使用上面两个步骤自定义一个全新事件类型的事件，代码如下：

```
01   MSG = pygame.USEREVENT + 1
02   my_event = pygame.event.Event(MSG, {"status":False, "code":200, "message":"ming ri"})
03   pygame.event.post(my_event)
04   # 检索获取该事件
05   for event in pygame.event.get():
06       if event.type == MSG:
07           if event.status:
08               print(event.message)
```

17.4　位　图　图　形　

17.4.1　位图基础

位图是什么？对于刚接触 Pygame 的学习者来说，他们肯定会觉得很迷惑，但通过我们前面的学习，大家应该都注意到每个 Pygame 程序中都有如下的一行代码：

```
screen = pygame.display.set_mode((width, height))
```

使用上面代码时，如果不指定尺寸，程序会创建一个与屏幕大小相同且背景为纯黑色的 Pygame 窗口。我们看到代码中使用了一个变量 screen 来接收值。这里的 screen 被称为屏幕窗口，它本质上其实是 Pygame 中的一个类实例——pygame.Surface()。pygame.Surface()是 pygame.Surface 类的对象，而 Pygame 中的位图其实就是 Surface 对象。

17.4.2　Surface 对象

pygame.Surface 类对象表示一个矩形的 2D 图形对象，它可以是一个容器、一个载体，也可以是一个空白的矩形区域，或者是加载的任意一张图片，甚至可以把它理解成一个会刷新的画纸。对于 Pygame 游戏开发而言，开发者可以在任意一个 Surface 上对它进行涂画、变形、复制等操作，然后将此 Surface 绘制到用于显示窗口的 Surface 上。

说明

在一个 Surface 对象上绘制显示内容，要比将一个 Surface 对象绘制到计算机屏幕上效率高很多，这是因为修改计算机内存比修改显示器上的像素要快很多。

1. 创建 Surface 对象

Surface 对象的创建方式主要有以下两种。

（1）使用 pygame.Surface 类的构造方法来创建，语法格式如下：

```
01    pygame.Surface((width, height), flags=0, depth=0, masks=None) -> Surface
02    pygame.Surface((width, height), flags=0, Surface) -> Surface
```

参数说明如下。

- ☑　width：必须参数，宽度。
- ☑　height：必须参数，高度。
- ☑　flags：可选参数，显示格式。flags 参数有两种格式可选。
    - ➢　HWSURFACE：将创建的 Surface 对象存储于显存中。
    - ➢　SRCALPHA：使每个像素包含一个 alpha 通道。
- ☑　depth：可选参数，像素格式。
- ☑　masks：可选参数，像素遮罩。

由于 Surface 对象具有默认的分辨率和像素格式，因此，在创建一个新的 Surface 对象时，通常只需要指定尺寸即可。例如，下面代码将创建一个 400 像素×400 像素的 Surface 对象：

```
bland_surface = pygame.Surface((400, 400))
```

如果在创建 Surface 对象时只指定了尺寸大小，Pygame 会自动将创建的 Surface 对象设定为与当前显示器最佳匹配的效果；而如果在创建 Surface 对象时将 flags 显示格式参数设置成了 SRCALPHA，则建议将 depth 参数设置为 32。示例代码如下：

```
bland_alpha_surface = pygame.Surface((256, 256), flags=SRCALPHA, depth=32)
```

（2）从文件中加载并创建图片 Surface 对象。加载图片需要使用 Pygame 内置子模块 pygame.image 中的一个名为 load() 的方法，其语法格式如下：

```
pygame.image.load(filename) -> Surface
```

filename 参数用来指定要加载的图片文件名，其支持的图片格式如表 17.5 所示。

表 17.5　支持的图片格式

JPG	PNG	GIF	BMP
PCX	TGA	TIF	LBM
PBM	XPM		

例如，加载一个.png 格式的图片并创建一个 Surface 对象的示例代码如下：

```
Panda_sur = pygame.image.load(r'C:\Users\Desktop\plane.png')
```

2. 复制 Surface 对象

使用 copy() 函数可以对 Scrface 对象进行复制，该函数没有参数，返回值是一个与要复制的 Surface 对象具有相同尺寸、颜色等信息的新的 Surface 对象，但它们是两个不同的对象。示例代码如下：

```
01    import pygame
02
```

```
03    pygame.init()
04
05    sur_obj = pygame.Surface((200, 300))
06    new_obj = sur_obj.copy()
07    if sur_obj.get_colorkey() == new_obj.get_colorkey():
08        print("颜色值透明度相同")
09    if sur_obj.get_alpha() == new_obj.get_alpha():
10        print("图像透明度相同")
11    if sur_obj.get_size() == new_obj.get_size():
12        print("尺寸相同")
13    if sur_obj == new_obj: print("值相同")
14    else: print("值不同")
15    if sur_obj is new_obj: print("地址相同")
16    else: print("地址不同")
```

运行结果如下：

```
颜色值透明度相同
图像透明度相同
尺寸相同
值不同
地址不同
```

3. 修改 Surface 对象

为了使开发的程序具有更高的性能，通常需要对 Surface 对象进行修改，修改 Surface 对象可以分别使用 Surface 类的 convert()和 convert_alpha()函数实现，下面分别进行讲解。

（1）convert()函数可以修改 Surface 对象的像素格式，其语法格式如下：

```
01    pygame.Surface().convert(Surface) -> Surface
02    pygame.Surface().convert() -> Surface
```

创建一个新的 Surface 对象并返回，其像素格式可以自己设定也可以从一个已存在的 Surface 对象中获取。

注意

> 如果原 Surface 对象包含 alpha 通道，则转换之后的 Surface 对象将不会保留这个 alpha 通道。

（2）convert_alpha()函数用来为 Surface 对象添加 alpha 通道，以使图像具有像素透明度，其语法格式如下：

```
01    pygame.Surface().convert_alpha(Surface) -> Surface
02    pygame.Surface().convert_alpha() -> Surface
```

使用 convert_alpha()函数转换后的 Surface 对象将会专门为 alpha 通道做优化，使其可以更快速地绘制。例如，修改用于显示图片的 Surface 对象的示例代码如下：

```
01    Bg_sur = pygame.image.load(background_image_filename).convert()
02    Logo_sur = pygame.image.load(logo_image_filename).convert_alpha()
```

4. 剪裁 Surface 区域

在绘制 Surface 对象时，有时只需要绘制其中的一部分，基于这一需求，Surface 对象提供了剪裁区域的概念，它实际是定义了一个矩形，也就是说只有这个区域会被重新绘制，我们可以使用 set_clip()

函数来设定这个区域的位置，而使用 get_clip()函数可以获取这个区域的位置来获得这个区域的信息。

set_clip()函数的语法格式如下：

```
01    set_clip(rect)
02    set_clip(None)
```

参数 rect 为一个 Rect 对象，用来指定要剪裁的矩形区域，如果传入 None，表示剪切区域覆盖整个 Surface 对象。

get_clip()函数的语法格式如下：

```
get_clip() -> Rect
```

返回值为一个 Rect 对象，表示该 Surface 对象的当前剪切区域，如果该 Surface 对象没有设置剪切区域，那么将返回整个图像那么大的限定矩形。示例代码如下：

```
01    screen.set_clip(0, 400, 200, 600)
02    draw_map()
03    # 在左下角画地图
04    screen.set_clip(0, 0, 800, 60)
05    draw_panel()
06    # 在上方画菜单面板
```

5. 移动 Surface 对象

在 Pygame 中移动 Surface 对象时，Surface 对象在 Pygame 窗口中的绘制区域并不会发生改变，它只是在保留原有绘制区域像素值的基础上对图像进行剪辑和覆盖。移动 Surface 对象需要使用 scroll() 函数，其语法格式如下：

```
pygame.Surface.scroll(dx = 0, dy = 0) -> None
```

参数 dx 和 dy 分别控制 Surface 对象水平和垂直位置的偏移量，值为正表示向右（向下）偏移，值为负表示向左（向上）偏移；当 dx 和 dy 参数的值大于 Surface 对象的尺寸时，将会看不到移动结果，但程序并不会出错。

【例 17.3】通过方向键控制 Surface 对象的移动。（实例位置：资源包\TM\sl\17\03）

设计一个 Pygame 程序，首先通过加载图片创建一个 Surface 对象，然后监听键盘事件，当按方向键时，分别向往上、下、左、右这 4 个方向移动 Surface 图像，并实时查看移动效果。代码如下：

```
01    import sys
02
03    # 导入 pygame 及常量库
04    import pygame
05    from pygame.locals import *
06
07    SIZE = WIDTH, HEIGHT = 640, 396
08    FPS = 60
09
10    pygame.init()                                              # 初始化设备
11    screen = pygame.display.set_mode(SIZE)
12    pygame.display.set_caption("移动 Surface")
13    clock = pygame.time.Clock()
14    # 加载图片
15    img_sur = pygame.image.load("sprite_02.png").convert_alpha()
16    img_rect = img_sur.get_rect()                             # 获取 Rect 对象
17    # 将此 Rect 图像定位于窗口中心
```

```
18      img_rect.center = screen.get_rect().center
19      new_img_rect = img_rect.copy()                                          # 复制 Rect 对象
20
21      # 主体循环
22      while True:
23          # 1. 清屏
24          screen.fill((0, 163, 150))
25          # 2. 绘制图片 Surface 对象
26          screen.blit(img_sur, img_rect)
27          # 绘制原图边框
28          pygame.draw.rect(screen, pygame.Color("black"), new_img_rect, 2)
29
30          for event in pygame.event.get():                                    # 事件索取
31              if event.type == QUIT:                                          # 退出
32                  pygame.quit()
33                  sys.exit()
34              # 键盘事件监听
35              if event.type == KEYDOWN:
36                  if event.key == K_LEFT:                                     # 左键
37                      img_sur.scroll(-64, 0)
38                      # 原地移动 Rect 对象
39                      new_img_rect.move_ip(-64, 0)
40                  if event.key == K_RIGHT:                                    # 右键
41                      img_sur.scroll(64, 0)
42                      new_img_rect.move_ip(64, 0)
43                  if event.key == K_UP:                                       # 上键
44                      img_sur.scroll(0, -64)
45                      new_img_rect.move_ip(0, -64)
46                  if event.key == K_DOWN:                                     # 下键
47                      img_sur.scroll(0, 64)
48                      new_img_rect.move_ip(0, 64)
49
50          # 3.刷新
51          pygame.display.update()
52          clock.tick(FPS)
```

运行程序，通过按键盘上的方向键控制 Surface 对象的移动，效果如图 17.9 所示。

17.4.3 Rect 矩形对象

前面提到每一个 Surface 对象都默认匹配有一个 pygame.Rect 对象，通过使用 Rect 对象，可以在 Pygame 窗口中很方便地控制一个矩形区域，例如将一个区域等比例扩大或缩小、获取一个区域内指定的一部分区域等。本节将对 Rect 对象的操作进行详细讲解。

图 17.9　通过方向键控制 Surface 对象的移动

1. 创建 Rect 对象

pygame.Rect 对象，又称矩形区域管理对象，用于对一个矩形区域进行存储及各种操作，一般来说，就是用具体的一组数字来表示一个矩形区域范围的大小，其中，这组数字由 4 个数字组成，分别用来确定矩形的左上顶点坐标 x（left 左边框）、y（top 上边框）、宽（width）和高（height）。创建 Rect 对象的语法格式如下：

```
01    pygame.Rect(left, top, width, height) -> Rect
02    pygame.Rect((left, top), (width, height)) -> Rect
03    pygame.Rect(object) -> Rect
```

例如，下面代码创建了 4 个 Rect 对象：

```
01    tu = (200, 300, 56, 89)
02    li = [200, 56, 89, 24]
03    rect_01 = pygame.Rect(200, 30, 100, 200)
04    rect_02 = pygame.Rect((10, 0), (200, 200))
05    rect_03 = pygame.Rect(tu)                              # 传入元组
06    rect_04 = pygame.Rect(li)                              # 传入列表
```

Rect 对象提供了很多的虚拟属性，在为 get_rect() 函数传递命名参数时，就可以使用这些虚拟属性，从而让程序能够识别。Rect 对象的常用虚拟属性及其说明如表 17.6 所示。

表 17.6　Rect 对象虚拟属性及其说明

虚 拟 属 性	说　　明	虚 拟 属 性	说　　明
Rect().x	左上顶点坐标 x 值	Rect().w	Rect().width 属性的缩写
Rect().y	左上顶点坐标 y 值	Rect().h	Rect().height 属性的缩写
Rect().left	左边 x 坐标的整数值，等于 Rect().x	Rect().size	即元组(width,height)
Rect().right	右边 x 坐标的整数值	Rect().topleft	(left,top)
Rect().top	顶部 y 坐标的整数值，等于 Rect().y	Rect().topright	(right,top)
Rect().bottom	底部 y 坐标的整数值	Rect().bottomleft	(left,bottom)
Rect().centerx	中央 x 坐标整数值	Rect().bottomright	(right,bottom)
Rect().centery	中央 y 坐标整数值	Rect().midleft	(left,centery)
Rect().center	即元组 (centerx,centery)	Rect().midright	(right,centery)
Rect().width	宽度	Rect().midtop	(centerx,top)
Rect().height	高度	Rect().midbottom	(centerx,bottom)

注意

（1）重新赋值给宽度或高度会改变矩形的尺寸，所有其他赋值语句只移动矩形而不调整其大小。

（2）Rect 对象的坐标都是整数，size 的值可以是负数，但在大多数情况下被认为是非法的。

示例代码如下：

```
01    import pygame
02
03    def setting(**kwargs):
04        img_rec = img_sur.get_rect(**kwargs)
05        print(img_rec)
06        return img_rec
07    # 正确用法
08    pygame.init()
09    img_sur = pygame.Surface((200, 300))
10    setting(center = (100, 100))
11    setting(center = (100, 100),   w = 300)
12    s_01 = setting(left = 200, top = 200)
```

```
13    print("中心坐标 01 ：", s_01.center)
14    s_01.topleft = (300, 300)
15    print("中心坐标 02 ：", s_01.center)
16    s_02 = setting(midleft = (50, 100), w = 100, height = 200)
17    s_03 = setting(size = [100, 100], topleft = [100, 100])
18    s_04 = setting(size = [100, 100], topleft = [100, 100], centerx = 600)
19    s_05 = setting(size = [100, 100], centerx = 600, topleft = [100, 100])
20    s_06 = setting(w = 200.4, h = 100.9, centerx = 200.4)
21    # 错误用法 011：midleft 属性值为一个整数对(二元序列)
22    # s_02 = setting(midleft = 100, w = 100, height = 200)
```

运行结果如下：

```
<rect(0, -50, 200, 300)>
<rect(0, -50, 300, 300)>
<rect(200, 200, 200, 300)>
中心坐标 01 ：    (300, 350)
中心坐标 02 ：    (400, 450)
<rect(50, -50, 100, 200)>
<rect(100, 100, 100, 100)>
<rect(550, 100, 100, 100)>
<rect(100, 100, 100, 100)>
<rect(100, 0, 200, 100)>
```

2. 复制 Rect 对象

复制 Rect 对象需要使用 Rect 对象的 copy()函数，该函数没有参数，返回值是一个与要复制 Rect 对象具有相同尺寸的新的 Rect 对象。示例代码如下：

```
01    import pygame
02    obj = pygame.Rect(100, 100, 200, 200)
03    new_obj = obj.copy()
04    if obj == new_obj:
05        print("完全相同")
```

运行结果如下：

```
完全相同
```

3. 移动 Rect 对象

移动 Rect 对象需要使用 move()函数，其语法格式如下：

```
pygame.Rect().move(x, y) ->Rect
```

参数 x 与 y 分别表示 X 轴正方向与 Y 轴正方向的移动偏移量，可以是任何数值，当是负数时，则向坐标轴负方向移动，当是浮点数时，则自动向下取整。

在 Pygame 中，默认对 Rect 对象的位置或大小进行改变的各种操作都将返回一个被修改后的新的副本，原始的 Rect 对象并未发生任何变动，但如果想要改变原始的 Rect 对象，可以使用 xxx_ip()函数，例如，移动 Rect 对象时，如果想要改变原始的 Rect 对象，则使用 move_ip()函数，语法格式如下：

```
pygame. Rect().move_ip(x,y)   ->None
```

示例代码如下：

```
01    import pygame
02    obj = pygame.Rect(100, 200, 200, 100)
03    print("            原生移动前：", obj)
```

278

```
04    # ******** 原始的 Rect 对象不变
05    new_obj = obj.move(100, 0)
06    print("    向右移动 100 px：", new_obj)
07    new_obj = obj.move(100.6, 0)
08    print("  向右移动 100.6 px：", new_obj)
09    new_obj = obj.move(-100, 0)
10    print("    向左移动 100 px：", new_obj)
11    print("  原始的 Rect  对象为：", obj)
12    # ****** 原始的 Rect 对象改变
13    obj.move_ip(100, 100)
14    print("  使用 move_ip()方法：", obj)
```

运行结果如下：

```
        原生移动前：  <rect(100, 200, 200, 100)>
  向右移动 100 px：  <rect(200, 200, 200, 100)>
  向右移动 100.6 px：  <rect(200, 200, 200, 100)>
  向左移动 100 px：  <rect(0, 200, 200, 100)>
原始的 Rect  对象为：  <rect(100, 200, 200, 100)>
  使用 move_ip()方法：  <rect(200, 300, 200, 100)>
```

4．缩放 Rect 对象

Rect 对象的放大与缩小的操作，可以直接使用 pygame.Rect 对象的 inflate()函数，该函数将返回一个新的 Rect 对象，其缩放是以当前 Rect 表示的矩形的中心为中心按指定的偏移量改变大小的。inflate() 函数的语法格式如下：

```
pygame.Rect().inflate(x, y) ->Rect
```

参数 x 与 y 的值为正时，则表示放大矩形，为负时，则表示缩小矩形。若 x、y 为浮点数，则自动向下取整，另外，如果给定的偏移量太小（<2），则中心位置不会发生变动。示例代码如下：

```
01    import pygame
02    obj = pygame.Rect(100, 100, 400, 200)
03    print(obj)
04    print(obj.inflate(0.6, -0.5))                          # 原本不变
05    print(obj.inflate(1.3, -1.8))
06    print(obj.inflate(2, -2))
07    new_obj = obj.inflate(10, 10)
08    print(new_obj)
09    obj.inflate_ip(100, 100)                               # 原本改变
10    print(obj)
```

运行结果如下：

```
<rect(100, 100, 400, 200)>
<rect(100, 100, 400, 200)>
<rect(100, 100, 401, 199)>
<rect(99, 101, 402, 198)>
<rect(95, 95, 410, 210)>
<rect(50, 50, 500, 300)>
```

说明

上面程序中的第 9 行代码使用了 inflate_ip()函数，它的使用与 move_ip()函数类似，它会对原始 Rect 对象进行放大或者缩小。

5．Rect 对象交集运算

Rect 对象的交集运算实际上是将自身与另一个 Rect 对象的重叠部分合并为一个新的 Rect 对象并返回，这可以使用 clip()函数来实现，其语法格式如下：

```
pygame.Rect().clip(rect) ->Rect
```

参数 rect 表示要进行交集运算的 Rect 对象，该函数返回的 Rect 对象的左上顶点坐标与自身相同，另外，如果两个 Rect 对象没有重叠部分，则返回一个大小为 0 的 Rect 对象。示例代码如下：

```
01    import pygame
02    obj = pygame.Rect(100, 100, 400, 200)
03    print(obj)
04    print(obj.clip((0, 0, 100, 100)))              # 无重叠
05    print(obj.clip((10, 10, 200, 200)))            # 部分重叠
06    print(obj.clip((0, 0, 1000, 1000)))            # 完全覆盖
```

运行结果如下：

```
<rect(100, 100, 400, 200)>
<rect(100, 100, 0, 0)>
<rect(100, 100, 110, 110)>
<rect(100, 100, 400, 200)>
```

6．判断一个点是否在矩形内

判断一个像素点是否在某一个矩形范围内，需要使用 Rect 对象的 collidepoint()函数来实现，其语法格式如下：

```
01    pygame.Rect().collidepoint(x, y) ->bool
02    pygame.Rect().collidepoint((x, y)) ->bool
```

参数 x 和 y 分别表示要判断的点的 X、Y 坐标，如果给定的点在矩形内，则返回 1（True），否则返回 0（False），这里需要注意的是，处在矩形右边框（right）或下边框（bottom）上的点不被视为在矩形内。示例代码如下：

```
01    import pygame
02    obj = pygame.Rect(100, 100, 400, 200)
03    print("左边框: ", obj.collidepoint(obj.midleft))
04    print("上边框: ", obj.collidepoint(obj.midtop))
05    print("右边框: ", obj.collidepoint(obj.midright))
06    print("下边框: ", obj.collidepoint(obj.midbottom))
07    print(obj.collidepoint(obj.center))             # 内部
08    print(obj.collidepoint((1000, 1000)))           # 外部
```

运行结果如下：

```
左边框: 1
上边框: 1
右边框: 0
下边框: 0
1
0
```

7．两个矩形间的重叠检测

检测两个矩形是否重叠需要使用 Rect 对象的 colliderect()函数，其语法格式如下：

```
pygame.Rect().colliderect(rect) ->bool
```

参数 rect 表示要检测的 Rect 对象,如果两个 Rect 对象表示的矩形区域有重叠部分,则返回 1(True),否则返回 0(False)。

【例 17.4】 矩形间的重叠检测。(**实例位置:资源包\TM\sl\17\04**)

设计一个 Pygame 程序,其中创建 5 个 Rect 对象,并调用 colliderect()函数检测大矩形与另外 4 个矩形是否重叠,输出相应的检测结果;然后移动 4 个矩形,再次检测大矩形与移动后的 4 个矩形是否重叠;最后在 Pygame 窗口中使用不同颜色的线绘制创建的 5 个 Rect 对象表示的 5 个矩形,通过图形观察它们的重叠情况。代码如下:

```
01    import pygame
02
03    pygame.init()
04    screen =   pygame.display.set_mode((640, 396))
05
06    obj = pygame.Rect(100, 100, 200, 200)
07
08    obj_01 = pygame.Rect(0, 100, 101, 100)                        # 左
09    obj_02 = pygame.Rect(100, 0, 100, 101)                       # 上
10    obj_03 = pygame.Rect(299, 100, 100, 100)                     # 右
11    obj_04 = pygame.Rect(100, 299, 100, 100)                     # 下
12    # 输出检测数据
13    print(obj.colliderect(obj_01))
14    print(obj.colliderect(obj_02))
15    print(obj.colliderect(obj_03))
16    print(obj.colliderect(obj_04))
17    if obj.left == obj_01.right: print("左 == 右")
18    else: print("左 != 右")
19    if obj.top == obj_02.bottom: print("上 == 下")
20    else: print("上 != 下")
21    if obj.right == obj_03.left: print("右 == 左")
22    else: print("右 != 左")
23    if obj.bottom == obj_04.top: print("下 == 上")
24    else: print("下 != 上")
25    print("obj.left =", obj.left, "obj_01.right =", obj_01.right)
26    print("obj.top =", obj.top, "obj_02.bottom =", obj_02.bottom)
27    print("obj.right =", obj.right, "obj_01.left =", obj_03.left)
28    print("obj.bottom =", obj.bottom, "obj_01.top =", obj_04.top)
29
30    print(obj.colliderect(obj_01.move(-1, 0)))                    # 0
31    print(obj.colliderect(obj_02.move(0, -1)))                    # 0
32    print(obj.colliderect(obj_03.move(1, 0)))                     # 0
33    print(obj.colliderect(obj_04.move(0, 1)))                     # 0
34    while True:
35        screen.fill((0, 163, 150))
36        pygame.draw.rect(screen, pygame.Color("red"), obj, 1)
37        pygame.draw.rect(screen, pygame.Color("green"), obj_01, 1)
38        pygame.draw.rect(screen, pygame.Color("blue"), obj_02, 1)
39        pygame.draw.rect(screen, pygame.Color("red"), obj_03, 1)
40        pygame.draw.rect(screen, pygame.Color("white"), obj_04, 1)
41        for event in pygame.event.get(pygame.QUIT):              # 事件索取
42            if event:
43                pygame.quit()
44                exit()
45        pygame.display.update()
```

程序运行效果如图 17.10 所示。例 17.4 的输出结果如下：

```
1
1
1
1
左 != 右
上 != 下
右 != 左
下 != 上
obj.left = 100 obj_01.right = 101
obj.top = 100 obj_02.bottom = 101
obj.right = 300 obj_01.left = 299
obj.bottom = 300 obj_01.top = 299
0
0
0
0
```

图 17.10　矩形间的重叠检测

仔细观察上面的输出结果，发现虽然位于中心的大矩形正好与其四周的 4 个小矩形的边界重叠，但中心大矩形的 left、top、right、bottom 值却与四周的 4 个小矩形的 right、bottom、left、top 值不相等！这是为什么呢？要想明白这个问题，首先需要了解矩形的 4 个虚拟属性：left、top、right、bottom 的具体来源。例如，下面分别用来输出一个 Rect 对象的宽、高、left 值、top 值、right 值、bottom 值：

```
01    import pygame
02    obj = pygame.Rect(1, 1, 10, 4)
03    print("width =", obj.width)
04    print('height =', obj.height)
05    print("left =", obj.left)
06    print("top =", obj.top)
07    print("right =", obj.right)
08    print("bottom =", obj.bottom)
```

运行结果如下：

```
width = 10
height = 4
left = 1
top = 1
right = 11
bottom = 5
```

我们知道图形的绘制在 Pygame 窗口中都是一个个小的像素点的组合，也就是每一个坐标都表示一个像素点，且从 0 开始。在 Pygame 窗口中，将上面创建的矩形对象 Rect(1,1,10,4)填充绘制后，在像素级别上的表示如图 17.11 所示。

图 17.11　Rect(1,1,10,4)像素表示

结合图 17.11 和上面的输出结果，可以看出：Rect(1,1,10,4)对象的 left（1）、top（1）值包含在绘制的矩形内，而 right（11）、bottom（5）值却没有包含在绘制的矩形内。也就是说，Rect 矩形对象的属性值 left、top 代表内边界，而 right、bottom 代表外边界，即：Rect 对象覆盖的范围并不包含 right 和 bottom 指定的边缘位置。

基于上述结果，我们就可以很清楚地解释例 17.4 的输出结果了，即：虽然四周的 4 个矩形分别与

中心大矩形发生了触碰，但还没产生重叠，因此中心大矩形的 left、top、right、bottom 值与其四周的 4 个矩形的 right、bottom、left、top 值不相等。

> **技巧**
>
> 除了可以使用 colliderect() 函数检测 Rect 矩形对象是否重叠，Rect 对象还提供了其他多种情况的重叠检测函数，具体如表 17.7 所示。
>
> 表 17.7　Rect 对象提供的其他重叠检测函数
>
> | 函　　数 | 说　　明 |
> | --- | --- |
> | pygame.Rect.contains() | 检测一个 Rect 对象是否完全包含在该 Rect 对象内 |
> | pygame.Rect.collidelist() | 与列表中的一个矩形之间的重叠检测 |
> | pygame.Rect.collidelistall() | 与列表中的所有矩形之间的重叠检测 |
> | pygame.Rect.collidedict() | 检测该 Rect 对象是否与字典中的任何一个矩形有交集 |
> | pygame.Rect.collidedictall() | 检测该 Rect 对象与字典中的每个矩形是否有交集 |

17.5　音频控制

17.5.1　设备的初始化

在 Pygame 中，使用 pygame.mixer 子模块对声音的播放与通道进行管理。在具体使用 pygame.mixer 子模块时，首先应该确保当前的平台存在音频输出设备，并使用 pygame.mixer.init() 函数对声音设备进行初始化，如果不存在音频输出设备，则会报 DirectSoundCreate: No audio device found（设备未找到）错误。pygame.mixer.init() 函数的语法格式如下：

```
init(frequency=22050, size=-16, channels=2, buffer=4096) -> None
```

参数说明如下。

- ☑ frequency：声音文件的采样率。
- ☑ size：量化精度（每个音频样本使用的位数）。
- ☑ channels：立体声效果（单声道或立体声）。
- ☑ buffer：音频样本内部采样数，默认值应适用于大多数情况。缓冲区大小必须是 2 的幂（如果不是，则向上舍入到下一个最接近的 2 的幂）。

使用 pygame.mixer.init() 函数时，可以进行声音加载和播放，其默认参数可以被改变以提供特定的音频混合，要改变其参数，可以使用 pygame.mixer.pre_init() 函数来实现，该函数用来预设设备初始化参数，其语法格式如下：

```
pre_init(frequency=22050, size=-16, channels=2, buffersize=4096) -> None
```

示例代码如下：

```
01    pygame.mixer.pre_init(44100, 16, 2, 5120)
02    pygame.init()
```

17.5.2　加载声音文件

在 Pygame 中，加载声音文件需要使用 pygame.mixer.music 模块或者 pygame.mixer_music 模块中的 load()函数，其语法格式如下：

```
01    pygame.mixer.music.load(filename) ->None
02    pygame.mixer_music.load(filename) ->None
```

参数 filename 表示要加载的声音文件名，支持的文件格式包括 WAV、MP3、OGG。但由于在一些平台上 MP3 格式文件不受支持，且效率低下，因此不推荐使用，而是推荐使用 OGG 格式的音频文件。示例代码如下：

```
pygame.mixer.music.load("pygame.ogg")
```

加载一个声音文件时，除了上面所使用的文件名字符串，也可以是一个文件句柄，例如，下面代码使用 open()方法读取一个音频文件并返回一个文件句柄，然后使用 pygame.mixer_music.load()函数加载：

```
01    file_obj = open("pygame.ogg", "r")
02    pygame.mixer_music.load(file_obj)
```

说明

当 load()函数载入一个声音文件或文件句柄，并准备播放时，如果存在其他声音流正在播放，则该声音流将被立即停止，另外，加载的声音流不会立即播放，而是需要等待开始播放命令。

17.5.3　控制声音流

当一个声音文件被加载后，接下来就可以通过 pygame.mixer_music 子模块中提供的各种方法来控制该声音流，比如音量的控制、声音的播放与暂停、设置播放位置、停止播放声音等。

1. 设置与获取音量

设置与获取音量分别使用 pygame.mixer_music 模块中的 set_volume()和 get_volume()函数来实现，它们的语法格式如下：

```
01    pygame.mixer_music.set_volume(value) ->None
02    pygame.mixer_music.get_volume() ->value
```

音量的表示形式为一个 0～1（包含 0 和 1）的浮点数。当大于 1 时，被视为 1.0；当小于 0 大于-0.01 时，被视为无效，采用默认音量值 0.9921875；当小于-0.01 时，则视为 0。

获取与设置音量的示例代码如下：

```
01    pygame.mixer.music.load("pygame.ogg")
02    pygame.mixer_music.set_volume(-0.012)
03    value = pygame.mixer_music.get_volume()
04    print("value    (-0.012) = {}".format(value))
05    pygame.mixer_music.set_volume(-0.001)
```

```
06    value_01 = pygame.mixer_music.get_volume()
07    print("value_01(-0.001) = {}".format(value_01))
08    pygame.mixer_music.set_volume(0.6)
09    value_02 = pygame.mixer_music.get_volume()
10    print("value_02(0.6)     = {}".format(value_02))
11    pygame.mixer_music.set_volume(0)
12    value_03 = pygame.mixer_music.get_volume()
13    print("value_03(0)       = {}".format(value_03))
14    pygame.mixer_music.set_volume(1)
15    value_04 = pygame.mixer_music.get_volume()
16    print("value_04(1)       = {}".format(value_04))
17    pygame.mixer_music.set_volume(10)
18    value_05 = pygame.mixer_music.get_volume()
19    print("value_05(10)      = {}".format(value_05))
```

运行结果如下：

```
value    (-0.012) = 0.9921875
value_01(-0.001) = 0.0
value_02(0.6)      = 0.59375
value_03(0)        = 0.0
value_04(1)        = 1.0
value_05(10)       = 1.0
```

注意

当有新的声音文件被加载时，音量会被重置，此时需要重新设置音量。

2. 声音的播放与暂停

当要播放当前已加载的声音文件时，需要使用 pygame.mixer_music 模块中的 play()函数，其语法格式如下：

```
pygame.mixer_music.play(loops=0, start=0.0) -> None
```

参数 loops 表示重复播放的次数，例如：play(2)表示被载入的声音除了原本播放一次，还要重复播放 2 次，一共播放 3 次；而当 loops 参数为 0 或 1 时，只播放一次；当 loops 为-1 时，表示无限次重复播放。

参数 start 表示声音文件开始播放的位置，如果当前声音文件无法设置开始播放位置，则传递 start 参数后，会产生一个 NotImplementedError 错误。

说明

如果被加载的声音文件当前正在播放，则调用 play()函数时，会立即重置当前播放位置。

如果要停止、暂停、继续、重新开始播放声音，则分别调用 pygame.mixer_music 模块中的 stop()、pause()、unpause()和 rewind()函数，它们的语法格式分别如下：

```
01    pygame.mixer_music.stop() ->None
02    pygame.mixer_music.pause() ->None
03    pygame.mixer_music.unpause() ->None
04    pygame.mixer_music.rewind() ->None
```

另外，pygame.mixer_music 模块还提供了一个 fadeout()函数，用来在停止声音播放时有一个淡出的效果，而不是直接关闭，给听者一种舒适的感觉，该函数的语法格式如下：

```
pygame.mixer_music.fadeout(time) ->None
```

fadeout()函数会在调用后的一段指定长度的时间（以毫秒为单位）内不断地降低音量，并最终降至为零以结束声音的播放，这里需要说明的一点是，该函数在调用后会一直处于阻塞状态，直到声音已经淡出。

【例 17.5】开始播放音乐。（实例位置：资源包\TM\sl\17\05）

编写一个 Pygame 程序，首先加载一个音乐文件，然后监听键盘事件，根据不同的按键分别对加载的声音流做不同的操作。程序代码如下：

```
01    import pygame
02    from pygame.locals import *
03
04    SIZE = WIDTH, HEIGHT = 640, 339
05    FPS = 60
06    pygame.mixer.pre_init(44100, 16, 2, 5012)
07    pygame.init()
08    pygame.mixer.music.load("preview.ogg")
09    screen = pygame.display.set_mode(SIZE)
10    clock = pygame.time.Clock()
11    bg_sur = pygame.image.load("bg8_1.png").convert_alpha()
12    is_pause = True                                        # 暂停与继续开关
13
14    while 1:
15        screen.blit(bg_sur, (0, 0))
16        for event in pygame.event.get():
17            if event.type == QUIT:
18                pygame.quit()
19                exit()
20            if event.type == KEYDOWN:
21                if event.key == K_RETURN:                  # 开始无限播放
22                    pygame.mixer_music.play(-1, 0.0)
23                    print("开始播放 1 次")
24                if event.key == K_SPACE:                   # 暂停播放
25                    if is_pause:
26                        pygame.mixer_music.pause()
27                        is_pause = False
28                        print("暂停播放")
29                    else:
30                        pygame.mixer_music.unpause()
31                        is_pause = True
32                        print("继续播放")
33                if event.mod in [KMOD_LCTRL, KMOD_RCTRL]:
34                    if event.key == K_w:                   # 播放 10 次
35                        pygame.mixer_music.play(9, 0.0)
36                        print("开始播放 10 次")
37                    if event.key == K_z:                   # 停止播放
38                        pygame.mixer_music.stop()
39                        print("停止播放")
40                    if event.key == K_o:                   # 淡出播放
41                        pygame.mixer_music.fadeout(3000)
42                        print("淡出停止播放")
43        pygame.event.clear()
44        pygame.display.update()
45        clock.tick(FPS)
```

运行程序，按键盘按键以听取声音效果，效果如图 17.12 所示。

3. 设置与获取播放的位置

设置与获取声音文件的播放位置分别使用 pygame.mixer_music 模块中的 set_pos()和 get_pos()函数来实现，它们的语法格式如下：

图 17.12 开始播放音乐

```
01    pygame.mixer_music.set_pos(time) ->None
02    pygame.mixer_music.get_pos() ->time
```

其中，set_pos()函数中的 time 参数是一个浮点数，其具体值取决于声音文件的格式：当是 OGG 文件时，它是一个以音频开头为零点的绝对时间值（以秒为单位）；当是 MP3 文件时，它是以当前播放位置为零点的绝对时间值（以秒为单位）；该参数不支持 WAV 文件，否则会产生一个 pygame.error 错误；而如果是一种其他格式的音频文件，则会产生一个 SDLError 错误。

而对于获取播放位置的 get_pos()函数，其返回值以毫秒为单位，且仅表示声音已经播放了多长时间，而不会考虑起始播放位置；而当声音处于未开始播放状态时，该函数的返回值为-1；当声音处于暂停（pause()）播放状态时，该函数的返回值将保持不变；而当继续播放时，该函数的返回值将继续计时，直到该声音播放结束。

【例 17.6】设置与获取音乐播放位置。（实例位置：资源包\TM\sl\17\06）

编写一个 Pygame 程序，其中可以对音乐进行开始播放、暂停播放、继续播放的操作，然后调用 pygame.mixer_music 模块中的 set_pos()函数来查看音乐在不同状态下显示的播放位置。程序代码如下：

```
01    import pygame
02    from pygame.locals import *
03    SIZE = WIDTH, HEIGHT = 640, 339
04    FPS = 60
05    pygame.mixer.pre_init(44100, 16, 2, 5012)
06    pygame.init()
07    pygame.mixer.init()
08    screen = pygame.display.set_mode(SIZE)
09    clock = pygame.time.Clock()
10    pygame.mixer.music.load("megaWall.mp3")
11    bg_sur = pygame.image.load("bg8_2.png").convert_alpha()
12    is_pause = True                              # 暂停与继续开关
13    is_play = False                              # 音乐开关
14    while 1:
15        screen.blit(bg_sur, (0, 0))
16        for event in pygame.event.get():
17            if event.type == QUIT:
18                pygame.quit()
19                exit()
20            if event.type == KEYDOWN:
21                if event.key == K_RETURN:        # 开始播放（一遍）
22                    pygame.mixer_music.play(1, 0.0)
23                    is_play = True
24                if event.key == K_SPACE:         # 暂停播放
25                    if is_pause:
```

```
26                          print("暂停播放")
27                          pygame.mixer_music.pause()
28                          is_pause = False
29                      else:
30                          print("继续播放")
31                          pygame.mixer_music.unpause()
32                          is_pause = True
33                  if event.mod in [KMOD_LCTRL, KMOD_RCTRL]:
34                      if event.key == K_s:                      # 设置播放位置
35                          pygame.mixer_music.rewind()
36                          print("是否停止:", pygame.mixer_music.get_busy()," 毫秒")
37                          pygame.mixer_music.set_pos(3)
38                      if event.key == K_g:                      # 获取播放位置
39                          play_time = pygame.mixer_music.get_pos()
40                          print("已播放时长: ", play_time, " 毫秒")
41      if is_play:
42          if pygame.mixer_music.get_busy():
43              print("开始播放时间点:", pygame.time.get_ticks()," 毫秒")
44              is_play = False
45      else:
46          if not pygame.mixer_music.get_busy():
47              print("停止播放时间点:", pygame.time.get_ticks()," 毫秒")
48              is_play = True
49      pygame.display.update()
50      clock.tick(FPS)
```

说明

上面代码中，第 36 行代码使用了 get_busy() 函数，用来检查是否存在声音流正在播放声音。

程序运行效果如图 17.13 和图 17.14 所示。

图 17.13　音乐的播放

```
pygame 2.1.2 (SDL 2.0.18, Python 3.10.7)
Hello from the pygame community. https://www.pygame.org/contribute.html
停止播放时间点: 490   毫秒
开始播放时间点: 7371   毫秒
暂停播放
停止播放时间点: 8231   毫秒
继续播放
开始播放时间点: 10520   毫秒
```

图 17.14　音乐在不同状态下显示的播放位置

第 18 章

推箱子游戏

——pygame + copy+按键事件监听+栈操作实现

推箱子游戏是一个经典的桌面游戏，目的是训练人的逻辑思维能力。它的玩法非常简单，要求在一个狭小的仓库中，把木箱放到指定的位置，不小心就会出现箱子无法移动或者通道被堵塞的情况。因此，需要巧妙地利用有限的空间和通道，合理安排移动的次序和位置，才能顺利地完成任务。本章将使用 Pygame 模块设计一个推箱子游戏。

本章知识架构及重难点如下。

18.1 需求分析

推箱子游戏主要具备以下功能：

- ☑ 不同关卡游戏地图的动态绘制。
- ☑ 在通道内玩家可自由移动。
- ☑ 玩家可通过推动箱子来向前移动。
- ☑ 可记录玩家移动步数。
- ☑ 可重置本关卡重新开始游戏。
- ☑ 可最多连续撤销玩家之前移动的 5 步。
- ☑ 多关卡冲关模式。

推箱子游戏的游戏窗体效果如图 18.1 所示，提示玩家关卡通关的窗口效果如图 18.2 所示。

图 18.1　游戏初始页面运行效果图

图 18.2　提示玩家通关页面运行效果图

18.2　案　例　准　备

本程序的开发及运行环境如下。

☑　操作系统：Windows 7、Windows 8、Windows 10 等。

☑　开发版本：Python 3。

☑　开发工具：PyCharm。

☑　Python 内置模块：sys、time、random、copy。

☑　第三方模块：Pygame。

18.3　业　务　流　程

根据推箱子游戏的主要功能设计出如图 18.3 所示的系统业务流程。

图 18.3　业务流程

18.4　实　现　过　程

18.4.1　文件夹组织结构

推箱子游戏的文件夹组织结构主要分为：bin（系统主文件包）、core（业务逻辑包）、font（字体文件包）、img（图片资源包）及游戏启动文件 manage.py，详细结构如图 18.4 所示。

图 18.4　项目文件夹组织结构

18.4.2　搭建主框架

根据在开发项目时遵循的最基本代码目录结构，以及 Pygame 的最小框架代码，我们先搭建推箱子游戏的项目主框架，具体操作步骤如下。

（1）根据图 18.4 所示的文件夹组织结构图在项目目录下依次创建 bin、core、font、img 4 个 Python 包。

（2）在 bin 包中创建一个名为 main.py 的文件，作为整个项目的主文件，在该文件中创建一个名为 main() 的主函数。在这里只需要调用封装游戏逻辑代码的不同接口，整合游戏中不同的各个功能，最终实现该游戏的成功运行。在 main.py 文件中粘贴 Pygame 最小开发框架代码，具体代码如下：

```
01   import sys
02   # 导入 pygame 及常量库
03   import pygame
04   from pygame.locals import *
05
06   # 主函数
07   def main():
08       # 标题
09       title = "明日科技"
10       # 屏幕尺寸（宽，高）
11       __screen_size = WIDTH, HEIGHT = 800, 600
12       # 颜色定义
13       bg_color = (54, 59, 64)
14       # 帧率大小
15       FPS = 60
16       # 初始化
17       pygame.init()
18       # 创建游戏窗口
19       screen = pygame.display.set_mode(__screen_size)
20       # 设置窗口标题
21       pygame.display.set_caption(title)
22       # 创建管理时间对象
23       clock = pygame.time.Clock()
24       # 创建字体对象
25       font = pygame.font.Font("font/SourceHanSansSC-Bold.otf", 26)
26
```

```
27        # 程序运行主体死循环
28        while 1:
29            # 1. 清屏（窗口纯背景色画纸的绘制）
30            screen.fill(bg_color)                              # 先准备一块深灰色布
31            # 2. 绘制
32            for event in pygame.event.get():                   # 事件索取
33                if event.type == QUIT:                         # 判断单击窗口右上角 "X"
34                    pygame.quit()                              # 还原设备
35                    sys.exit()                                 # 程序退出
36
37            # 3.刷新
38            pygame.display.update()
39            clock.tick(FPS)
```

（3）在项目根目录下创建一个名为 manage.py 的文件，作为推箱子游戏的启动文件。manage.py
文件的完整代码具体如下：

```
01    __auther__ = "SuoSuo"
02    __version__ = "master_v1"
03
04    from bin.main import main
05
06    if __name__ == '__main__':
07        main()
```

（4）在 core 包下创建一个名为 handler.py 的文件，用于存储整个游戏的主要逻辑代码。在 handler.py
文件中创建一个名为 Element 的类，作为在游戏所有页面中绘制图片的精灵，Element 类实现代码如下：

```
01    class Element(pygame.sprite.Sprite):
02        """ 游戏页面图片精灵类 """
03
04        bg = "img/bg.png"
05        blank = "img/blank.png"                                # 0
06        block = "img/block.png"                                # 1
07        box = "img/box.png"                                    # 2
08        goal = "img/goal.png"                                  # 4
09        box_coss = "img/box_coss.png"                          # 6
10        # 3, 5
11        per_up, up_g = "img/up.png", "img/up_g.png"
12        per_right, right_g = "img/right.png", "img/right_g.png"
13        per_bottom, bottom_g = "img/bottom.png", "img/bottom_g.png"
14        per_left, left_g = "img/left.png", "img/left_g.png"
15        good = "img/good.png"
16
17        frame_ele = [blank, block, box, [per_up, per_right, per_bottom, per_left], \
18                    goal, [up_g, right_g, bottom_g, left_g], box_coss]
19
20        def __init__(self, path, position):
21            super(Element, self).__init__()
22            self.image = pygame.image.load(path).convert_alpha()
23            self.rect = self.image.get_rect()
24            self.mask = pygame.mask.from_surface(self.image)
25            self.rect.topleft = position
26
27        # 绘制函数
28        def draw(self, screen):
29            """ 绘制函数 """
30            screen.blit(self.image, self.rect)
```

> 💾 **说明**
>
> 　　上面代码中的第 11 行定义了两个变量，分别表示角色处于通道时的向上移动图和角色处于目的地时的向上移动图。第 12、13、14 行代码同理。

18.4.3　绘制游戏地图

　　推箱子游戏的游戏地图是在一个以二维列表存储的 8×8 的矩阵区域中绘制的，如图 18.5 所示。

　　图 18.5 中的灰色区域为 Pygame 游戏窗口，处于窗口中心的蓝色矩阵区域是要绘制的游戏地图，矩阵中方格的不同状态值代表了要绘制的不同的小图片，其中 0 代表通道，1 代表墙，2 代表箱子，3 代表角色（4 个方向 4 张小图片），4 代表目的地，5 代表角色处于目的地（4 个方向 4 张小图片），6 代表箱子处于目的地，9 代表空白。

　　另外，推箱子游戏中有多个关卡，因此使用一个字典来保存每一关的二维列表矩阵数据，其中键代表关卡等级，值是此关卡的一个二维列表矩阵数据。具体代码如下：

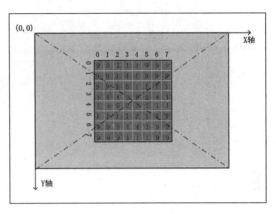

图 18.5　游戏地图

```
01    # 关卡字典
02    point = {
03        1 :[
04            [9 ,9 ,1 ,1 ,1 ,9 ,9 ,9],
05            [9 ,9 ,1 ,4 ,1 ,9 ,9 ,9],
06            [9 ,9 ,1 ,0 ,1 ,1 ,1 ,1],
07            [1 ,1 ,1 ,2 ,0 ,2 ,4 ,1],
08            [1 ,4 ,0 ,2 ,3 ,1 ,1 ,1],
09            [1 ,1 ,1 ,1 ,2 ,1 ,9 ,9],
10            [9 ,9 ,9 ,1 ,4 ,1 ,9 ,9],
11            [9 ,9 ,9 ,1 ,1 ,1 ,9 ,9]
12        ],
13        2: [
14            [9, 9, 1, 1, 1, 1, 9, 9],
15            [9, 9, 1, 4, 4, 1, 9, 9],
16            [9, 1, 1, 0, 4, 1, 1, 9],
17            [9, 1, 0, 0, 2, 4, 1, 9],
18            [1, 1, 0, 2, 3, 0, 1, 1],
19            [1, 0, 0, 2, 2, 0, 1],
20            [1, 0, 0, 0, 0, 0, 0, 1],
21            [1, 1, 1, 1, 1, 1, 1, 1]
22        ],
23        3 :[
24            [9 ,9 ,1 ,1 ,1 ,1 ,9 ,9],
25            [9 ,1 ,1 ,0 ,0 ,1 ,9 ,9],
26            [9 ,1 ,3 ,2 ,0 ,1 ,9 ,9],
27            [9 ,1 ,1 ,2 ,0 ,1 ,1 ,9],
28            [9 ,1 ,1 ,0 ,2 ,0 ,1 ,9],
29            [9 ,1 ,4 ,2 ,0 ,0 ,1 ,9],
```

```
30          [9 ,1 ,4 ,4 ,6 ,4 ,1 ,9],
31          [9 ,1 ,1 ,1 ,1 ,1 ,1 ,9]
32      ],
33      # 此处关卡省略......
34      8 :[
35          [1 ,1 ,1 ,1 ,1 ,1 ,1 ,9],
36          [1 ,4 ,4 ,2 ,4 ,4 ,1 ,9],
37          [1 ,4 ,4 ,1 ,4 ,4 ,1 ,9],
38          [1 ,0 ,2 ,2 ,2 ,0 ,1 ,9],
39          [1 ,0 ,0 ,2 ,0 ,0 ,1 ,9],
40          [1 ,0 ,2 ,2 ,2 ,0 ,1 ,9],
41          [1 ,0 ,0 ,1 ,3 ,0 ,1 ,9],
42          [1 ,1 ,1 ,1 ,1 ,1 ,1 ,9]
43      ],
44      9 :[
45          [1 ,1 ,1 ,1 ,1 ,1 ,9 ,9],
46          [1 ,0 ,0 ,0 ,0 ,1 ,9 ,9],
47          [1 ,0 ,4 ,6 ,0 ,1 ,1 ,1],
48          [1 ,0 ,4 ,2 ,4 ,2 ,0 ,1],
49          [1 ,1 ,0 ,2 ,0 ,0 ,0 ,1],
50          [9 ,1 ,1 ,1 ,1 ,0 ,3 ,1],
51          [9 ,9 ,9 ,9 ,1 ,1 ,1 ,1],
52          [9 ,9 ,9 ,9 ,9 ,9 ,9 ,9]
53      ],
54      10 :[
55          [9 ,9 ,1 ,1 ,1 ,1 ,9 ,9],
56          [9 ,1 ,1 ,0 ,3 ,0 ,1 ,9],
57          [9 ,1 ,0 ,0 ,6 ,2 ,0 ,1 ,9],
58          [9 ,1 ,2 ,0 ,4 ,0 ,2 ,1 ,9],
59          [9 ,1 ,4 ,4 ,1 ,4 ,4 ,1 ,9],
60          [1 ,1 ,2 ,0 ,6 ,0 ,0 ,1 ,1],
61          [1 ,0 ,2 ,0 ,1 ,0 ,2 ,0 ,1],
62          [1 ,0 ,0 ,0 ,1 ,0 ,0 ,0 ,1],
63          [1 ,1 ,1 ,1 ,1 ,1 ,1 ,1 ,1]
64      ],
65      # 此处关卡省略......
66  }
```

实际上每一关卡不一定都必须为 8×8 的矩阵，也可以为 9×9、10×10 等，只需要分别计算出当前关卡矩阵处于窗口中心时与窗口(0,0)坐标位置时的 X 方向偏移量和 Y 方向偏移量，如图 18.6 所示。

图 18.6 中，add_x 为 X 方向偏移量，add_y 为 Y 方向偏移量。

绘制游戏地图的具体实现步骤如下。

（1）在 core 包中创建一个名为 level.py 的文件，此类作为游戏关卡管理类，用于维护关卡矩阵中所有图片对于不同游戏操作的具体执行逻辑。level.py 文件代码如下：

图 18.6　矩阵偏移量图示

```
01  import copy
02
03  # 关卡
04  class Level:
```

```
05          """ 关卡管理类 """
06
07      # 关卡字典
08      point = {
09                                                          # 此处代码省略
10      }
11      # 矩阵元素
12      CHAN, WALL, BOX, PERSON, GOAL, HOME, REPO = 0,1,2,3,4,5,6
13      # 键盘方向键
14      UP, RIGHT, BOTTOM, LEFT = 1, 2, 3, 4
15
16      def __init__(self, screen):
17          self.game_level = 1                             # 当前关卡等级
18          # 当前关卡矩阵
19          self.frame = copy.deepcopy(self.point[self.game_level])
20          self.screen = screen                            # 窗口 Surface 对象
21          self.hero_dir = 2                               # 玩家移动的方向索引
22
23      @property
24      def level(self):
25          return self.game_level
26
27      @level.setter
28      def level(self, lev):
29          self.game_level = lev
30          self.frame = copy.deepcopy(self.point[self.game_level])
31
32      # 获取玩家位置
33      @property
34      def person_posi(self):
35          """ 获取玩家位置 """
36          for row, li in enumerate(self.frame):
37              for col, val in enumerate(li):
38                  if val in [3, 5]:
39                      return (row, col)
```

（2）在 core/handler.py 文件中创建一个名为 Manager 的类，该类为游戏全局页面管理类，用于进行页面的绘制、事件的监听，以及一些其他的游戏功能代码逻辑。handler.py 文件代码如下：

```
01  import copy
02  import sys
03
04  import pygame
05  from pygame.locals import *
06
07
08  class Manager:
09      """ 游戏管理类 """
10
11      def __init__(self, screen_size, lev_obj, font):
12          self.size = screen_size                         # 窗口尺寸
13          self.screen = pygame.display.set_mode(screen_size)
14          self.center = self.screen.get_rect().center    # 窗口中心点坐标
15          self.font = font                               # pygame 字体对象
16          self.game_level = 1                            # 游戏初始关卡等级
17          self.lev_obj = lev_obj                         # 关卡对象
18          self.frame = self.lev_obj.frame                # 矩阵元素列表
19          self.row_num = len(self.frame)                 # 矩阵行数
20          self.col_num = len(self.frame[1])              # 矩阵列数
```

```
21              self.frame_ele_len = 50                                # 矩阵元素边长
22
23        # 游戏页面绘制初始化
24        def init_page(self):
25            """ 游戏页面绘制初始化 """
26            Element(Element.bg, (0, 0)).draw(self.screen)              # 绘制背景图片
27            for row, li in enumerate(self.frame):
28                for col, val in enumerate(li):
29                    if val == 9:
30                        continue
31                    elif val in [3, 5]:
32                        Element(Element.frame_ele[val][self.lev_obj.hero_dir],
33                                            self.cell_xy(row, col)).draw(self.screen)
34                    else:
35                        Element(Element.frame_ele[val], self.cell_xy(row, col)).draw(self.screen)
36
37        # 矩阵转坐标
38        def cell_xy(self, row, col):
39            """ 矩阵转坐标 """
40            add_x = self.center[0] - self.col_num // 2 * self.frame_ele_len
41            add_y = self.center[1] - self.row_num // 2 * self.frame_ele_len
42            return (col * self.frame_ele_len + add_x, row * self.frame_ele_len + add_y)
43
44        # 坐标转矩阵
45        def xy_cell(self, x, y):
46            """ 坐标转矩阵 """
47            add_x = self.center[0] - self.col_num // 2 * self.frame_ele_len
48            add_y = self.center[1] - self.row_num // 2 * self.frame_ele_len
49            return (x - add_x / self.frame_ele_len, y - add_y / self.frame_ele_len)
```

（3）在 bin/main.py 文件的 main()游戏主函数中实例化上面创建的两个类，并根据实际需求调用其中的接口。main()函数修改后的代码如下（加粗的代码为新增代码）：

```
01    import sys
02    # 导入 pygame 及常量库
03    import pygame
04    from pygame.locals import *
05    from core.level02 import Level
06    from core.handler02 import Manager
07
08    # 主函数
09    def main():
10        # 标题
11        title = "明日科技"
12        # 屏幕尺寸（宽，高）
13        __screen_size = WIDTH, HEIGHT =800, 600
14        # 颜色定义
15        bg_color = (54, 59, 64)
16        # 帧率
17        FPS = 60
18
19        # 初始化
20        pygame.init()
21        # 创建游戏窗口
22        screen = pygame.display.set_mode(__screen_size)
23        # 设置窗口标题
24        pygame.display.set_caption(title)
25        # 创建管理时间对象
26        clock = pygame.time.Clock()
```

```
27      # 创建字体对象
28      font = pygame.font.Font("font/SourceHanSansSC-Bold.otf", 26)
29
30      # 实例化游戏模块对象
31      lev = Level(screen)
32      manager = Manager(__screen_size, lev, font)
33
34      # 程序运行主体死循环
35      while 1:
36          #1. 清屏（窗口纯背景色画纸的绘制）
37          screen.fill(bg_color)                        # 先准备一块深灰色布
38          #2. 绘制
39          manager.init_page()
40
41          for event in pygame.event.get():             # 事件索取
42              if event.type == QUIT:                   # 判断单击窗口右上角 "X"
43                  pygame.quit()                        # 还原设备
44                  sys.exit()                           # 程序退出
45
46          #3.刷新
47          pygame.display.update()
48          clock.tick(FPS)
```

运行游戏启动文件 manage.py，效果如图 18.7 所示。

18.4.4　用键盘控制角色移动

用键盘控制角色移动是推箱子游戏中的重点和难点，它的本质是监听玩家按方向键时所产生的键盘事件，然后根据角色移动方向更新游戏矩阵地图中小方格的状态值。由于角色在移动时会遭遇多种情况，而且 4 个方向原理类似，因此只需要研究一个方向会遇到哪些情况，并归纳出所有的规则和对应的算法，其他 3 个方向就可以很方便地实现。

假设玩家按左键，角色移动方向向左，如图 18.8 所示。其中，F1、F2 分别代表了角色左前方的两个小方格，F0 代表角色状态。

图 18.7　游戏地图效果

图 18.8　角色假设移动图示

通过分析图 18.8 中 F1、F2 分别可能代表的状态，可知有如下几种情况（使用伪代码说明）。

☑ 前方 F1 为墙或边界：

```
if 前方 F1 为墙或边界:
    退出规则判断, 矩阵不做任何改变
```

☑ 前方 F1 为通道：

```
if 前方 F1 为通道:
    角色进入到 F1 方格, F0 变为通道
```

☑ 前方 F1 为目的地：

```
if 前方 F1 为目的地:
    F1 修改为角色处于目的地状态, F0 变为通道
```

☑ 前方 F1 为箱子，F2 为墙或边界：

```
if 前方 F1 为箱子, F2 为墙或边界:
    退出规则判断, 矩阵不做任何改变
```

☑ 前方 F1 为箱子，F2 为通道：

```
if 前方 F1 为箱子, F2 为通道:
    先将 F2 修改为箱子, F1 修改为通道; 再将 F1 修改为角色, F0 修改为通道
```

☑ 前方 F1 为箱子，F2 为目的地：

```
if 前方 F1 为箱子, F2 为目的地:
    先将 F2 修改为箱子处于目的地, F1 修改为通道; 再将 F1 修改为角色, F0 修改为通道
```

☑ 前方 F1 为箱子处于目的地，F2 为墙或边界：

```
if 前方 F1 为箱子处于目的地, F2 为墙或边界:
    退出规则判断, 矩阵不做任何改变
```

☑ 前方 F1 为箱子处于目的地，F2 为通道：

```
if 前方 F1 为箱子处于目的地, F2 为通道:
    先将 F2 修改为箱子, F1 修改为目的地; 再将 F1 修改为角色处于目的地, F0 修改为通道
```

☑ 前方 F1 为箱子处于目的地，F2 为目的地：

```
if 前方 F1 为箱子处于目的地, F2 为目的地:
    先将 F2 修改为箱子处于目的地, F1 修改为目的地; 再将 F1 修改为角色处于目的地, F0 修改为通道
```

通过上面的分析，在推箱子游戏中实现角色移动功能的步骤如下。

（1）在 core/level.py 文件的 Level 类中定义一个名为 get_before_val()的方法，用于返回任意一个小方格在某一个方向之前的小方格的状态值，参数为一个方向值常量、小方格的位置（矩阵索引即一个二元二组）。get_before_val()方法实现代码如下：

```
01    # 获取某一元素对应方向之前的元素的值
02    def get_before_val(self, direction, posi = None):
03        """ 获取某一元素对应方向之前的元素的值 """
04        if not posi:
05            posi = self.person_posi
06        if direction == self.UP:                          # 上
07            if posi[0] >= 1:
08                return self.frame[posi[0] - 1][posi[1]]
```

```
09        elif direction == self.RIGHT:                          # 右
10            if posi[1] < len(self.frame[posi[0]]):
11                return self.frame[posi[0]][posi[1] + 1]
12        elif direction == self.BOTTOM:                          # 下
13            if posi[0] < len(self.frame):
14                return self.frame[posi[0] + 1][posi[1]]
15        elif direction == self.LEFT:                            # 左
16            if posi[1] >= 1:
17                return self.frame[posi[0]][posi[1] - 1]
18        return None
```

（2）在 Level 类中定义一个名为 set_before_val()的方法，用来对任意一个小方格在某一个方向之前的状态进行赋值，参数为一个方向常量值和小方格的位置。set_before_val()方法实现代码如下：

```
01    # 为某一元素对应方向之前的元素赋值
02    def set_before_val(self, direction, posi):
03        """ 为某一元素对应方向之前的元素赋值 """
04        now = self.frame[posi[0]][posi[1]]                      # 当前值
05        before = self.get_before_val(direction, posi)           # 前一个方格的值
06        before_val = None
07        if before == self.GOAL and now == self.PERSON:          # 人进目的地
08            before_val = self.HOME
09        elif before == self.GOAL and now == self.BOX:           # 箱子进目的地
10            before_val = self.REPO
11        elif now == self.HOME:                                  # 人出目的地
12            if before == self.GOAL:                             # 又进目的地
13                before_val = self.HOME
14            else:
15                before_val = self.PERSON
16        elif now == self.REPO:                                  # 箱子出目的地
17            if before == self.GOAL:                             # 又进目的地
18                before_val = self.REPO
19            else:
20                before_val = self.BOX
21        else:
22            before_val = now
23
24        if direction == self.UP:                                # 上
25            self.frame[posi[0] - 1][posi[1]] = before_val
26        elif direction == self.RIGHT:                           # 右
27            self.frame[posi[0]][posi[1] + 1] = before_val
28        elif direction == self.BOTTOM:                          # 下
29            self.frame[posi[0] + 1][posi[1]] = before_val
30        elif direction == self.LEFT:                            # 左
31            self.frame[posi[0]][posi[1] - 1] = before_val
```

（3）在 Level 类中定义一个名为 move_ele()的方法，实现在矩阵中将任意一个小方格状态移动到任意一个方向之前的小方格中，且根据不同情况对两个小方格的状态进行赋值，参数为一个方向常量值和要移动的小方格的位置。move_ele()方法实现代码如下：

```
01    # 移动矩阵元素
02    def move_ele(self, direction, posi = None):
03        """ 移动矩阵元素 """
04        if not posi:
05            posi = self.person_posi
06        now = self.frame[posi[0]][posi[1]]                      # 当前值
07        before = self.get_before_val(direction, posi)
08        # 为前一个位置赋值
```

```
09          self.set_before_val(direction, posi)
10          # 为原先的位置赋值
11          if now == self.HOME or now == self.REPO:                # 人出目的地和箱子出目的地
12              self.frame[posi[0]][posi[1]] = self.GOAL
13          elif before == self.GOAL:                                # 人进目的地
14              if now == self.HOME:                                 # 从家进的
15                  self.frame[posi[0]][posi[1]] = self.GOAL
16              else:
17                  self.frame[posi[0]][posi[1]] = self.CHAN
18          elif before == self.GOAL:                                # 箱子进目的地
19              if now == self.REPO:                                 # 从仓库进的
20                  self.frame[posi[0]][posi[1]] = self.GOAL
21              else:
22                  self.frame[posi[0]][posi[1]] = self.CHAN
23          else:
24              self.frame[posi[0]][posi[1]] = before                # 通道
```

（4）在 Level 类中定义一个名为 operate()的方法，用来作为键盘操作角色的接口，该方法只有一个参数，表示角色的移动方向常量值。operate()方法实现代码如下：

```
01      # 矩阵操作维护
02      def operate(self, direction,):
03          """ 矩阵操作维护 """
04          self.hero_dir = direction - 1                            # 改变玩家的方向
05          if direction == self.UP:                                 # 上
06              before = (self.person_posi[0] - 1, self.person_posi[1])
07          elif direction == self.RIGHT:                            # 右
08              before = (self.person_posi[0], self.person_posi[1] + 1)
09          elif direction == self.BOTTOM:                           # 下
10              before = (self.person_posi[0] + 1, self.person_posi[1])
11          elif direction == self.LEFT:                             # 左
12              before = (self.person_posi[0], self.person_posi[1] - 1)
13          # 开始判断然后相应移动
14          if self.get_before_val(direction) == self.WALL:         # 墙
15              pass
16          elif self.get_before_val(direction) == self.CHAN:       # 通道
17              self.move_ele(direction)
18          elif self.get_before_val(direction) == self.GOAL:       # 目的地
19              self.move_ele(direction)
20          elif self.get_before_val(direction) in [self.BOX, self.REPO]:   # 箱子和仓库
21              if self.get_before_val(direction, before) == self.WALL:     # 墙
22                  pass
23              elif self.get_before_val(direction, before) == self.CHAN:   # 通道
24                  self.move_ele(direction, before)
25                  self.move_ele(direction)
26              elif self.get_before_val(direction, before) == self.GOAL:   # 目的地
27                  self.move_ele(direction, before)
28                  self.move_ele(direction)
```

（5）在 core/handler.py 文件中的 Manager 类中定义一个名为 listen_event()的方法，用于监听玩家产生的键盘事件，在该方法中，根据不同的移动方向调用 Level 类中的 operate()方法，实现对角色移动后的关卡矩阵数据进行实时更新。listen_event()方法实现代码如下：

```
01      # 事件监听
02      def listen_event(self, event):
03          """ 事件监听 """
04          if event.type == KEYDOWN:
05              if event.key == K_ESCAPE:
```

```
06            sys.exit()
07        """{上: 1,  右: 2,  下: 3,  左: 4}"""
08        if event.key in [K_UP, K_w, K_w - 62]:
09            self.lev_obj.operate(1)
10        if event.key in [K_RIGHT, K_d, K_d - 62]:
11            self.lev_obj.operate(2)
12        if event.key in [K_DOWN, K_s, K_s - 62]:
13            self.lev_obj.operate(3)
14        if event.key in [K_LEFT, K_a, K_a - 62]:
15            self.lev_obj.operate(4)
```

（6）在游戏主函数中的 Pygame 主逻辑循环中获取 Pygame 事件，并调用 Manager 类中的事件监听方法 listen_event()。main()函数修改后的代码如下（加粗的代码为新增代码）：

```
01    # 主函数
02    def main():
03        # 标题
04        title = "明日科技"
05        # 屏幕尺寸（宽，高）
06        __screen_size = WIDTH, HEIGHT =800, 600
07        # 颜色定义
08        bg_color = (54, 59, 64)
09        # 帧率
10        FPS = 60
11
12        # 初始化
13        pygame.init()
14        # 创建游戏窗口
15        screen = pygame.display.set_mode(__screen_size)
16        # 设置窗口标题
17        pygame.display.set_caption(title)
18        # 创建管理时间对象
19        clock = pygame.time.Clock()
20        # 创建字体对象
21        font = pygame.font.Font("font/SourceHanSansSC-Bold.otf", 26)
22
23        # 实例化游戏模块对象
24        lev = Level(screen)
25        manager = Manager(__screen_size, lev, font)
26
27        # 程序运行主体死循环
28        while 1:
29            #1. 清屏（窗口纯背景色画纸的绘制）
30            screen.fill(bg_color)                          # 先准备一块深灰色布
31            #2. 绘制
32            manager.init_page()
33
34            for event in pygame.event.get():               # 事件索取
35                if event.type == QUIT:                     # 判断单击窗口右上角 "X"
36                    pygame.quit()                          # 还原设备
37                    sys.exit()                             # 程序退出
38
39            # 监听游戏页面事件
40            manager.listen_event(event)
41
42            #3.刷新
43            pygame.display.update()
44            clock.tick(FPS)
```

18.4.5　判断游戏是否通关

在推箱子游戏中，每个关卡矩阵数据中的箱子与目的地的数量是一样的，因此玩家在通过游戏的每一个关卡时，需要将所有箱子都推入目的地中，然后才能进入下一个关卡。由此可知，要检测本关卡是否通关，只需要遍历关卡矩阵中每一个小方格的状态值，只要存在有一个小方格的状态值为箱子，就可以直接判定当前关卡未通关。这里将该功能实现逻辑封装在 Level 类的 is_success() 方法中，代码如下：

```
01    # 检查是否通关
02    def is_success(self):
03        """ 检测是否通关 """
04        for row, li in enumerate(self.frame):
05            for col, val in enumerate(li):
06                if val == 2:                                    # 存在箱子
07                    return False
08        return True
```

18.4.6　记录步数

要实现记录步数的功能，首先需要判断在玩家每一次按键盘上的方向键时，角色是否成功移动。如果在移动方向前方是墙或边界，则角色步数不变；如果在移动方向前方是通道或目的地，则角色会成功移动到前一个小方格中，并且将角色的步数加一。

实现记录角色步数功能的具体步骤如下。

（1）分别在 Level 类中的 __init__() 构造方法和 operate() 方法中定义一个名为 old_frame 的实例变量，其初始值为关卡矩阵。该变量用来记录角色在每次移动趋势之前的关卡矩阵二维列表数据，代码如下：

```
self.old_frame = copy.deepcopy(self.frame)                      # 在移动之前记录关卡矩阵
```

（2）在 Level 类中定义一个 is_move() 方法，用来判断角色是否移动成功，代码如下：

```
01    # 检测是否移动
02    def is_move(self):
03        """ 检测是否移动 """
04        if self.old_frame != self.frame:                        # 比较值
05            return True
06        return False
```

（3）在 Level 类的 __init__() 构造方法中定义一个名为 step 的实例变量，其初始值为零。该变量用来表示角色在本关卡的移动步数。代码如下：

```
self.step = 0                                                   # 玩家移动步数
```

（4）在 Level 类中定义一个 add_step() 方法，用于更新角色的移动步数，代码如下：

```
01    # 记录玩家移动步数
02    def add_step(self):
03        """ 记录玩家移动步数 """
04        if self.is_move():
05            self.step += 1
```

（5）在使角色移动的 operate() 方法中调用记录玩家移动步数的 add_step() 方法。

（6）将角色的移动步数和当前关卡的等级数实时绘制在游戏窗口中，以便向玩家实时展示游戏数据。在 Manager 类的 init_page()方法中添加如下代码：

```
01    # 绘制游戏关卡等级
02    self.font = pygame.font.Font("font/SourceHanSansSC-Bold.otf", 26)
03    reset_font = self.font.render("Level: %d" % self.game_level, False, (0, 88, 77))
04    self.screen.blit(reset_font, (35, 24))
05    # 绘制移动步数
06    step_font = self.font.render(" Step: %d" % self.lev_obj.step, False, (0, 88, 77))
07    self.screen.blit(step_font, (615, 24))
```

18.4.7　撤销角色已移动功能

推箱子游戏的撤销角色已移动功能使用了栈的方法来实现。每当角色移动成功时，将对此次移动之前的关卡矩阵二维列表数据进行压栈，而当要撤销时，就将关卡矩阵二维列表数据更换为栈中弹出的矩阵二维列表数据。另外，还可以给栈设置一个大小，假设它为 5，表示此栈在当前关卡中最多可以保存玩家的连续 5 次移动所形成的矩阵数据。在推箱子游戏中实现撤销角色已移动功能的步骤如下。

（1）在 core 包中新建一个 stack.py 文件，用于存储自定义的撤销栈类，在 stack.py 文件中创建一个名为 Stack 的类，用来封装栈的各种操作。Stack 类代码如下：

```
01    class Stack:
02        """ 自定义栈类 """
03        def __init__(self, limit=5):
04            self.stack = []                              # 存储元素
05            self.limit = limit                           # 栈容量极限
06
07        # 向栈推送元素
08        def push(self, data):
09            """ 向栈推送元素 """
10            # 判断栈是否溢出
11            if len(self.stack) >= self.limit:
12                del self.stack[0]
13                self.stack.append(data)
14            else:
15                self.stack.append(data)
16
17        # 弹出栈顶元素
18        def pop(self):
19            """ 弹出栈顶元素 """
20            if self.stack:
21                return self.stack.pop()
22            # 空栈不能被弹出
23            else:
24                return None
25
26        # 查看堆栈的顶部的元素
27        def peek(self):
28            """ 查看堆栈的顶部的元素 """
29            if self.stack:
30                return self.stack[-1]
31
32        # 判断栈是否为空
33        def is_empty(self): #
34            """ 判断栈是否为空 """
```

```
35              return not bool(self.stack)
36
37      # 判断栈是否满
38      def is_full(self):
39              """ 判断栈是否满 """
40              return   len(self.stack) == 5
41
42      # 返回栈的元素数量
43      def size(self):
44              """ 返回栈的元素数量 """
45              return len(self.stack)
46
47      # 清空栈元素
48      def clear(self):
49              """ 清空栈元素 """
50              self.stack.clear()
```

（2）在 level.py 文件头部使用 from 语句导入上面自定义的撤销栈类，代码如下：

```
from core.stack import Stack
```

（3）在 Level 类的 __init__()构造方法中定义一个名为 undo_stack 的实例变量，使用自定义的 Stack 类对其进行实例化，代码如下：

```
self.undo_stack = Stack(5)                                      # 撤销栈类实例
```

（4）在 Level 类中定义一个 record_frame()方法，用于封装每次角色移动成功时，对移动前的矩阵二维列表数据进行压栈的代码逻辑。record_frame()方法实现代码如下：

```
01      # 记录玩家移动前的矩阵
02      def record_frame(self):
03          """ 记录玩家移动前的矩阵 """
04          if self.is_move():
05              self.undo_stack.push(copy.deepcopy(self.old_frame))
```

（5）在使角色移动的 operate()方法中调用 record_frame()方法。record_frame()方法可以自动对矩阵数据进行压栈。

（6）在 Manager 类中创建一个 undo_one_step()方法，用于封装每当触发撤销角色移动操作时，对当前矩阵数据进行重新赋值的代码逻辑。undo_one_step()方法实现代码如下：

```
01      # 撤销栈回退一步
02      def undo_one_step(self):
03          """ 撤销栈回退一步 """
04          frame = self.lev_obj.undo_stack.pop()
05          if frame:
06              self.lev_obj.frame[:] = copy.deepcopy(frame) # important
07              self.lev_obj.step -= 1
```

（7）当触发撤销操作时，调用 Manager 类中的 undo_one_step()方法，由于本游戏设计的为按键触发，因此在 Manager 类的事件监听方法 listen_event()中添加如下代码：

```
01      # 撤销回退一步
02      if event.key == K_BACKSPACE:
03          if event.mod in [KMOD_LCTRL, KMOD_RCTRL]:
04              self.undo_one_step()
```

18.4.8　重玩此关的实现

重玩此关实际上就是复位关卡矩阵二维列表数据，并清空角色的移动步数和撤销栈，其具体实现步骤如下。

（1）在 Manager 类中定义一个 again_head()方法，用于封装当触发重玩操作时的具体逻辑代码。again_head()方法实现代码如下：

```
01    # 本关重置
02    def again_head(self):
03        """ 本关重置 """
04        self.lev_obj.frame[:] = copy.deepcopy(self.lev_obj.point[self.game_level])
05        self.lev_obj.step = 0                                    # 步数归零
06        self.lev_obj.undo_stack.clear()                         # 清空撤销回退栈
```

（2）当监听到触发动作时，调用 again_head()方法实现重玩功能，由于该功能被设计为按键触发，因此在 Manager 类的事件监听方法 listen_event()中添加如下代码：

```
01    # 本关卡重置, 快捷键（Ctrl + Enter）
02    if event.key == K_KP_ENTER or event.key == K_RETURN:
03        if event.mod in [KMOD_LCTRL, KMOD_RCTRL]:
04            self.again_head()
```

18.4.9　游戏进入下一关

实现游戏是否进入下一关功能时，首先需要判断当前关卡是否通关，其具体实现步骤如下。

（1）在 Manager 类的__init__()构造方法中定义一个名为 next_frame_switch 的实例变量，表示游戏关卡晋级的开关，其初始值为布尔值 False，代码如下：

```
self.next_frame_switch = False                                  # 下一关卡开关
```

（2）在 Manager 类中定义一个 next_reset()方法，用于封装当游戏通关时所要执行的逻辑代码，主要包括通关时用于提示玩家此关已成功通关的页面绘制、当玩家触发游戏进入下一关操作时的相关游戏属性的重置与更新，该方法有一个 Pygame 事件变量参数，默认为 None。next_reset()方法实现代码如下：

```
01    # 下一关重置
02    def next_reset(self, event = None):
03        """ 游戏下一关数据重置 """
04        # 绘制下一关提示页面
05        if not event:
06            Element(Element.good, (0, 0)).draw(self.screen)
07        # 下一关页面事件监听
08        else:
09            if event.type == KEYDOWN:
10                # 下一关, 快捷键（Ctrl + N）
11                if event.key in [K_n, K_n - 62]:
12                    if event.mod in [KMOD_LCTRL, KMOD_RCTRL]:
13                        self.game_level += 1
14                        self.lev_obj.level = self.game_level
15                        self.frame = self.lev_obj.frame             # 矩阵元素列表
16                        self.next_frame_switch = False
17                        self.row_num = len(self.frame)              # 矩阵行数
```

```
18              self.col_num = len(self.frame[1])                          # 矩阵列数
19              self.ori_frame = copy.deepcopy(self.frame)                 # 保存记录本关矩阵元素
20              self.lev_obj.old_frame = copy.deepcopy(self.frame)        # 移动之前，记录关卡矩阵
21              self.font = pygame.font.Font("font/SourceHanSansSC-Bold.otf", 30)
22              self.lev_obj.step = 0                                     # 步数归零
23              self.lev_obj.undo_stack.clear()                          # 清空撤销回退栈
24
25          # 退出，快捷键（Ctrl + Q）
26          if event.key in [K_q, K_n - 62]:
27              if event.mod in [KMOD_LCTRL, KMOD_RCTRL]:
28                  sys.exit()
```

（3）在 Manager 类的 init_page()方法中更新游戏进入下一关的开关，并通过判断此开关确定是否需要绘制下一关页面，代码如下：

```
01  # 判断下一关页面是否绘制
02  self.next_frame_switch = self.lev_obj.is_success()
03  if self.next_frame_switch:
04      self.next_reset()
```

（4）在 Manager 类的事件监听方法 listen_event()中判断游戏的下一关开关，当未通关时，监听游戏冲关页面的事件代码，否则，监听提示玩家进入下一关页面的事件代码。listen_event()方法修改后的代码如下（加粗的代码为新增代码）：

```
01  # 事件监听
02  def listen_event(self, event):
03      """ 事件监听 """
04      if not self.next_frame_switch:
05          if event.type == KEYDOWN:
06              if event.key == K_ESCAPE:
07                  sys.exit()
08              """ {上：1，右：2，下：3，左：4 } """
09              if event.key in [K_UP, K_w, K_w - 62]:
10                  self.lev_obj.operate(1)
11              if event.key in [K_RIGHT, K_d, K_d - 62]:
12                  self.lev_obj.operate(2)
13              if event.key in [K_DOWN, K_s, K_s - 62]:
14                  self.lev_obj.operate(3)
15              if event.key in [K_LEFT, K_a, K_a - 62]:
16                  self.lev_obj.operate(4)
17                  print("manag frame = ", self.frame)
18
19              if event.key in [K_z, K_z - 62]:
20                  if event.mod in [KMOD_LCTRL, KMOD_RCTRL]:
21                      print("level frame = ", self.lev_obj.frame)
22                      print("manag frame = ", self.frame)
23
24                  # 撤销回退一步
25              if event.key == K_BACKSPACE:
26                  if event.mod in [KMOD_LCTRL, KMOD_RCTRL]:
27                      self.undo_one_step()
28
29                  # 本关卡重置，快捷键（Ctrl + Enter）
30              if event.key == K_KP_ENTER or event.key == K_RETURN:
31                  if event.mod in [KMOD_LCTRL, KMOD_RCTRL]:
32                      self.again_head()
33      else:
34          self.next_reset(event)
```

爬虫开发与项目

目前，大数据已经成为重要的生产因素，相关应用已经渗透到每一个行业当中。随着各行业不断地对海量数据进行挖掘与运用，爬虫工程师会在互联网行业中占据的地位也越来越重要。Python 对网络爬虫开发的支持非常好，而且提供了多种实用的网络爬虫框架供开发者选择，于是网络爬虫一直是 Python 开发的一个方向。

本子篇将首先围绕 Python 网络爬虫中经常使用的技术展开讲解，然后通过一个"火车票分析助手"的爬虫项目带领读者体验爬虫程序的开发过程，从而帮助读者提升综合解决问题的能力。

第 19 章

网络爬虫开发

随着大数据时代的来临，网络信息量也随之增长，网络爬虫在互联网中的地位将越来越重要。本章将介绍通过 Python 语言实现网络爬虫的常用技术，以及常见的网络爬虫框架。

本章知识架构及重难点如下。

19.1 初识网络爬虫

19.1.1 网络爬虫概述

网络爬虫（又被称作网络蜘蛛、网络机器人，在某社区中经常被称为网页追逐者），可以按照指定的规则（网络爬虫的算法）自动浏览或抓取网络中的信息，通过 Python 可以很轻松地编写爬虫程序或者脚本。

在生活中网络爬虫经常出现，搜索引擎就离不开网络爬虫。例如，百度搜索引擎的爬虫名字叫作百度蜘蛛（baiduspider）。百度蜘蛛是百度搜索引擎的一个自动程序。它每天都会在海量的互联网信息中爬取、收集并整理互联网中的网页、图片、视频等信息。然后，当用户在百度搜索引擎中输入对应的关键词时，百度将从收集的网络信息中找出相关的内容，并按照一定的顺序将信息展现给用户。百度蜘蛛在工作的过程中，搜索引擎会构建一个调度程序来调度百度蜘蛛的工作，这些调度程序都是需要使用一定的算法来实现的，采用不同的算法，爬虫的工作效率会有所不同，爬取的结果也会有所差异。因此，在学习爬虫时，不仅需要了解爬虫的实现过程，还需要了解一些常见的爬虫算法。在特定的情况下，开发者需要自己制定相应的算法。

19.1.2 网络爬虫的分类

网络爬虫按照实现的技术和结构可以分为通用网络爬虫、聚焦网络爬虫、增量式网络爬虫、深层网络爬虫等类型。实际的网络爬虫通常是这几类爬虫的组合体。

1．通用网络爬虫

通用网络爬虫（general purpose web crawler）又叫作全网爬虫（scalable web crawler），通用网络爬虫的爬行范围和数量巨大，正是由于其爬取的数据是海量数据，因此对于爬行速度和存储空间要求较高。通用网络爬虫在爬行页面的顺序方面要求相对较低，同时待刷新的页面太多，通常采用并行工作方式，所以需要较长时间才可以刷新一次页面。因此，存在着一定的缺陷，这种网络爬虫主要应用于大型搜索引擎中，有非常高的应用价值。通用网络爬虫主要由初始 URL 集合、URL 队列、页面爬行模块、页面分析模块、页面数据库、链接过滤模块等构成。

2．聚焦网络爬虫

聚焦网络爬虫（focused web crawler）也叫作主题网络爬虫（topical web crawler），是指按照预先定义好的主题，有选择地进行相关网页爬取的一种爬虫。它和通用网络爬虫相比，不会将目标资源定位在整个互联网中，而是将爬取的目标网页定位在与主题相关的页面中。这极大地节省了硬件和网络资源，保存速度也由于页面数量少而更快，聚焦网络爬虫主要应用在对特定信息的爬取，为某一类特定的人群提供服务。

3．增量式网络爬虫

增量式网络爬虫（incremental web crawler），所谓增量式，对应着增量式更新。增量式更新指的是在更新时只更新改变的地方，而未改变的地方则不更新，所以增量式网络爬虫，在爬取网页时，只会在需要时爬行新产生或发生更新的页面，对于没有发生变化的页面则不会爬取。这样可有效减少数据下载量，减少时间和空间上的耗费，但是在爬行算法上需要增加一些难度。

4．深层网络爬虫

在互联网中，Web 页面按存在方式可以分为表层网页（surface web）和深层网页（deep web）。表层网页是指不需要提交表单，使用静态的超链接就可以直接访问的静态页面；深层网页是指那些大部分内容被隐藏在搜索表单后面，不能通过静态链接来获取，只有用户提交一些关键词才能获得的 Web 页面。深层页面需要访问的信息数量是表层页面信息数量的几百倍，所以深层页面是主要的爬取对象。

深层网络爬虫主要由 6 个基本功能的模块（爬行控制器、解析器、表单分析器、表单处理器、响应分析器、LVS 控制器）和两个爬虫内部数据结构（URL 列表、LVS 表）等部分构成。其中，LVS（label value set）表示标签/数值集合，用来表示填充表单的数据源。

19.1.3　网络爬虫的基本原理

一个通用的网络爬虫基本工作流程如图 19.1 所示。

网络爬虫的基本工作流程如下。

图 19.1　通用的网络爬虫基本工作流程

（1）获取初始的 URL 地址，该 URL 地址是用户自己制定的初始爬取的网页。

（2）爬取对应 URL 地址的网页，获取新的 URL 地址。

（3）抽取新的 URL 地址放入 URL 队列中。

（4）从 URL 队列中读取新的 URL，然后依据新的 URL 下载网页，同时从新的网页中获取新的 URL 地址，重复上述的爬取过程。

（5）设置停止条件，如果没有设置停止条件，爬虫会一直爬取下去，直到无法获取新的 URL 地址。设置了停止条件后，爬虫将会在满足停止条件时停止爬取。

19.2　网络爬虫的常用技术

19.2.1　Python 的网络请求

在 19.1 节中多次提到了 URL 地址与下载网页，这两项是网络爬虫必备而又关键的功能，说到这两个功能必然离不开与 HTTP 打交道。本节将介绍在 Python 中实现 HTTP 网络请求常见的 3 种方式，即 urllib、urllib3 和 requests。

1. urllib 模块

urllib 是 Python 自带模块，该模块中提供了一个 urlopen()方法，通过该方法指定 URL 发送网络请求来获取数据。urllib 模块提供了多个子模块，具体的子模块名称及其描述如表 19.1 所示。

表 19.1　urllib 模块中的子模块名称及其描述

子模块名称	描　　述
urllib.request	该模块定义了打开 URL（主要是 HTTP）的方法和类，如身份验证、重定向、cookie 等
urllib.error	该模块中主要包含异常类，基本的异常类是 URLError
urllib.parse	该模块定义的功能分为两大类，即 URL 解析和 URL 引用
urllib.robotparser	该模块用于解析 robots.txt 文件

通过 urllib.request 模块实现发送请求并读取网页内容的简单示例如下：

```
01   import urllib.request                                      # 导入模块
02
03   # 打开指定需要爬取的网页
04   response = urllib.request.urlopen('http://www.baidu.com')
05   html = response.read()                                     # 读取网页代码
06   print(html)                                                # 输出读取内容
```

上述示例通过 get 请求方式获取百度的网页内容。下面通过使用 urllib.request 模块的 post 请求实现获取网页信息的内容，示例如下：

```
01   import urllib.parse
02   import urllib.request
03
04   # 使用 urlencode 编码对数据进行处理后，再使用 encoding 将处理后的数据设置为 UTF-8 编码
05   data = bytes(urllib.parse.urlencode({'word': 'hello'}), encoding='utf8')
06   # 打开指定需要爬取的网页
```

```
07    response = urllib.request.urlopen('http://httpbin.org/post', data=data)
08    html = response.read()                                              # 读取网页代码
09    print(html)                                                         # 输出读取内容
```

说明

这里通过 http://httpbin.org/post 网站进行演示，该网站可以模拟各种请求操作。

2．urllib3 模块

urllib3 是一个功能强大，条理清晰，用于 HTTP 客户端的 Python 库，许多 Python 的原生系统已经开始使用 urllib3。urllib3 提供了很多 Python 标准库里所没有的重要特性，具体如下：

☑　线程安全。
☑　连接池。
☑　客户端 SSL/TLS 验证。
☑　使用多部分编码上传文件。

☑　Helpers 用于重试请求并处理 HTTP 重定向。
☑　支持 gzip 和 deflate 编码。
☑　支持 HTTP 和 SOCKS 代理。
☑　100% 的测试覆盖率。

通过 urllib3 模块实现发送网络请求的示例代码如下：

```
01    import urllib3                                                      # 导入模块 urllib3
02
03    # 创建 PoolManager 对象，用于处理与线程池的连接以及线程安全的所有细节
04    http = urllib3.PoolManager()
05    # 向需要爬取的网页发送请求
06    response = http.request('GET','https://www.baidu.com/')
07    print(response.data)                                               # 输出读取内容
```

post 请求实现获取网页信息的内容，关键代码如下：

```
01    # 向需要爬取的网页发送请求
02    response = http.request('POST',
03                            'http://httpbin.org/post'
04                            ,fields={'word': 'hello'})
```

注意

在使用 urllib3 模块前，需要通过 pip install urllib3 代码在 Python 中安装该模块。

3．requests 模块

requests 是 Python 中实现 HTTP 请求的一种方式，requests 是第三方模块，该模块在实现 HTTP 请求时要比 urllib 模块简化很多，操作更加人性化。在使用 requests 模块前，需要通过执行 pip install requests 代码安装该模块。requests 功能特性如下。

☑　Keep-Alive & 连接池。
☑　国际化域名和 URL。
☑　带持久 Cookie 的会话。
☑　浏览器式的 SSL 认证。
☑　自动内容解码。
☑　基本/摘要式的身份认证。
☑　优雅的 key/value Cookie。

☑　自动解压。
☑　Unicode 响应体。
☑　HTTP(S) 代理支持。
☑　文件分块上传。
☑　流下载。
☑　连接超时。
☑　分块请求。

☑　支持.netrc。

以 GET 请求方式输出多种请求信息，示例代码如下：

```
01   import requests                                                   # 导入模块 requests
02
03   response = requests.get('http://www.baidu.com')
04   print(response.status_code)                                       # 输出状态码
05   print(response.url)                                               # 输出请求 url
06   print(response.headers)                                           # 输出头部信息
07   print(response.cookies)                                           # 输出 cookies 信息
08   print(response.text)                                              # 以文本形式输出网页源码
09   print(response.content)                                           # 以字节流形式输出网页源码
```

以 POST 请求方式发送 HTTP 网络请求，示例代码如下：

```
01   import requests
02
03   data = {'word': 'hello'}                                          # 表单参数
04   response = requests.post('http://httpbin.org/post', data=data)    # 向需要爬取的网页发送请求
05   print(response.content)                                           # 以字节流形式输出网页源码
```

requests 模块不仅提供了以上两种常用的请求方式，还提供了以下多种网络请求的方式，代码如下：

```
01   requests.put('http://httpbin.org/put',data = {'key':'value'})     # PUT 请求
02   requests.delete('http://httpbin.org/delete')                      # DELETE 请求
03   requests.head('http://httpbin.org/get')                           # HEAD 请求
04   requests.options('http://httpbin.org/get')                        # OPTIONS 请求
```

如果发现请求的 URL 地址中的参数跟在 "?"（问号）后面，如 httpbin.org/get?key= value，则这种是 URL 的查询参数。requests 模块提供了传递参数的方法，允许用户使用 params 关键字参数，以一个字符串字典形式来提供这些参数。例如，用户想传递 key1=value1 和 key2=value2 到 httpbin.org/get 中，可以使用如下代码：

```
01   import requests
02
03   payload = {'key1': 'value1', 'key2': 'value2'}                    # 传递的参数
04   # 向需要爬取的网页发送请求
05   response = requests.get("http://httpbin.org/get", params=payload)
06   print(response.content)                                           # 以字节流形式输出网页源码
```

19.2.2　请求 headers 处理

有时在请求一个网页内容时，发现无论通过 GET 或者 POST 以及其他请求方式，都会出现 403 错误。这种现象多数为服务器拒绝了您的访问，那是因为这些网页为了防止恶意采集信息，使用了反爬虫设置。此时可以通过模拟浏览器的头部信息来实现访问，这样就能解决以上反爬设置的问题。下面以 requests 模块为例介绍请求头部 headers 的处理，具体步骤如下。

（1）通过浏览器的网络监视器查看头部信息，首先通过火狐浏览器打开对应的网页地址，然后按 Shift+Ctrl+E 快捷键打开网络监视器，最后刷新当前页面，网络监视器将显示如图 19.2 所示的数据变化。

（2）选中第一条信息，右侧的消息头面板中将显示请求头部信息，然后复制该信息，如图 19.3 所示。

图 19.2　网络监视器的数据变化

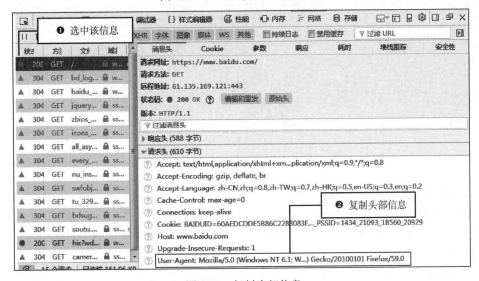

图 19.3　复制头部信息

（3）实现代码，首先创建一个需要爬取的 url 地址，然后创建 headers 头部信息，再发送请求等待响应，最后输出网页的代码信息。实现代码如下：

```
01    import requests
02    url = 'https://www.baidu.com/'                                      # 创建需要爬取网页的地址
03    # 创建头部信息
04    headers = {'User-Agent':'Mozilla/5.0(Windows NT 6.1;W...) Gecko/20100101 Firefox/59.0'}
05    response    = requests.get(url, headers=headers)                      # 发送网络请求
06    print(response.content)                                              # 以字节流形式输出网页源码
```

19.2.3　网络超时

在访问一个网页时，如果该网页长时间未响应，系统就会判断该网络超时，所以无法打开网页。下列示例通过代码来模拟一个网络超时的现象，代码如下：

```
01    import requests
02    # 循环发送请求 50 次
03    for a in range(0, 50):
04        try:                                                            # 捕获异常
05            # 设置超时为 0.5 s
06            response = requests.get('https://www.baidu.com/', timeout=0.5)
```

```
07          print(response.status_code)                    # 输出状态码
08      except Exception as e:                              # 捕获异常
09          print('异常'+str(e))                            # 输出异常信息
```

输出结果如图 19.4 所示。

```
200
200
200
异常HTTPSConnectionPool(host='www.baidu.com', port=443): Read timed out.  (read timeout=1)
200
200
200
```

图 19.4　异常信息

说明

上述代码模拟了 50 次循环请求，并且设置超时时间为 0.5 s。如果在 0.5 s 内服务器未做出响应，则将视为超时，并将超时信息输出到控制台上。根据以上模拟测试结果，可在不同情况下设置不同的 timeout 值。

说起网络异常信息，requests 模块同样提供了 3 种常见的网络异常类，示例代码如下：

```
01  import requests
02  # 导入 requests.exceptions 模块中的 3 种异常类
03  from requests.exceptions import ReadTimeout,HTTPError,RequestException
04  # 循环发送请求 50 次
05  for a in range(0, 50):
06      try:                                           # 捕获异常
07          # 设置超时为 0.5 s
08          response = requests.get('https://www.baidu.com/', timeout=0.5)
09          print(response.status_code)                # 输出状态码
10      except ReadTimeout:                            # 超时异常
11          print('timeout')
12      except HTTPError:                              # HTTP 异常
13          print('httperror')
14      except RequestException:                       # 请求异常
15          print('reqerror')
```

19.2.4　代理服务

在爬取网页的过程中，经常会出现不久前可以爬取的网页现在无法爬取了，这是因为您的 IP 地址被爬取网站的服务器屏蔽了。此时，代理服务可以为您解决这一麻烦，设置代理时，首先需要找到代理地址，如 122.114.31.177，对应的端口号为 808，完整的格式为 http://150.138.253.72:808 或者 https://150.138.253.72:808。示例代码如下：

```
01  import requests
02
03  proxy = {'http': 'http://150.138.253.72:808',
04           'https': 'https://150.138.253.72:808'}        # 设置代理 IP 与对应的端口号
05  # 向需要爬取的网页发送请求
06  response = requests.get('http://www.baidu.com', proxies=proxy)
07  print(response.content)                                # 以字节流形式输出网页源码
```

由于示例中代理 IP 是免费的，因此使用的时间不固定，当超出使用的时间范围时，该地址将失效。在地址失效或者地址错误时，控制台将显示如图 19.5 所示的错误信息。

```
File "H:\Python\Python311\Lib\site-packages\requests\adapters.py", line 553, i
n send
    raise ConnectTimeout(e, request=request)
requests.exceptions.ConnectTimeout: HTTPConnectionPool(host='150.138.253.72', po
rt=808): Max retries exceeded with url: http://www.baidu.com/ (Caused by Connect
TimeoutError(<urllib3.connection.HTTPConnection object at 0x0000021EC26307D0>,
Connection to 150.138.253.72 timed out. (connect timeout=None)'))
```

图 19.5　代理地址失效或错误时提示的信息

误区警示

在指定代理地址时，需要加上 http://或者 https://。尽管前面已经写了 http 或者 https，但是这里还需要在它们的后面添加 http://或者 https://。如果不添加，则会抛出 "requests.exceptions.InvalidURL: Proxy URL had no scheme, should start with http:// or https://" 的异常信息。

19.2.5　HTML 解析之 BeautifulSoup

BeautifulSoup 是一个用于从 HTML 和 XML 文件中提取数据的 Python 库。BeautifulSoup 提供了一些简单的函数，用来处理导航、搜索、修改分析树等功能。BeautifulSoup 模块中的查找提取功能非常强大，而且非常便捷，它通常可以节省程序员数小时或数天的工作时间。

BeautifulSoup 自动将输入文档转换为 Unicode 编码，输出文档转换为 UTF-8 编码。用户不需要考虑编码方式，除非文档没有指定一个编码方式。这时，BeautifulSoup 不能自动识别编码方式，用户只需要说明原始编码方式。

1. BeautifulSoup 的安装

BeautifulSoup 3 已经停止开发，当前推荐使用 BeautifulSoup 4，不过它已经被移植到 bs4 中，因此需要使用 from bs4 import BeautifulSoup 从 bs4 中导入 BeautifulSoup。安装 BeautifulSoup 有以下 3 种方式。

☑ 如果使用的是最新版本的 Debian 或 Ubuntu Linux，则可以使用系统软件包管理器安装 BeautifulSoup。安装命令为 apt-get install python-bs4。

☑ BeautifulSoup 4 是通过 PyPi 发布的，它可以通过 easy_install 或 pip 来安装。包名是 beautifulsoup 4，安装命令为 easy_install beautifulsoup4 或者 pip install beautifulsoup4。

☑ 如果当前的 BeautifulSoup 不是想要的版本，则可以通过下载源码的方式来安装它，源码的下载地址为 https://www.crummy.com/software/BeautifulSoup/bs4/download/，然后在控制台中打开源码的指定路径，输入命令 python setup.py install 即可，如图 19.6 所示。

BeautifulSoup 支持 Python

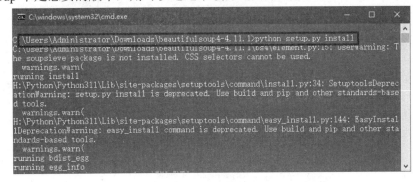

图 19.6　通过源码安装 BeautifulSoup

315

标准库中包含的 HTML 解析器，但它也支持许多第三方 Python 解析器，其中包含 lxml 解析器。根据不同的操作系统，用户可以使用以下命令之一安装 lxml。

- ☑ apt-get install python-lxml。
- ☑ easy_install lxml。
- ☑ pip install lxml。

注意

由于 lxml 目前还不支持 Python 3.11 的版本，因此本章内容建议读者使用 Python 3.10 版本进行测试。

另一个解析器是 html5lib，它是一个 Python 库，用于以与 Web 浏览器相同的方式解析 HTML。用户可以使用以下命令之一安装 html5lib。

- ☑ apt-get install python-html5lib。
- ☑ easy_install html5lib。
- ☑ pip install html5lib。

表 19.2 总结了每个解析器的用法及其优缺点。

表 19.2　解析器的用法及其优缺点

解　析　器	用　　法	优　　点	缺　　点
Python 标准库	BeautifulSoup(markup, "html.parser")	Python 标准库 执行速度适中	（在 Python 2.7.3 或 3.2.2 之前的版本中）文档容错能力差
lxml 的 HTML 解析器	BeautifulSoup(markup, "lxml")	速度快 文档容错能力强	需要安装 C 语言库
lxml 的 XML 解析器	BeautifulSoup(markup, "lxml-xml") BeautifulSoup(markup, "xml")	速度快 唯一支持 XML 的解析器	需要安装 C 语言库
html5lib	BeautifulSoup(markup, "html5lib")	最好的容错性 以浏览器的方式解析文档，并生成 HTML5 格式的文档	速度慢，不依赖外部扩展

2．BeautifulSoup 的使用

安装完 BeautifulSoup 后，下面将介绍如何通过 BeautifulSoup 库进行 HTML 的解析工作，具体示例步骤如下。

（1）从 bs4 中导入 BeautifulSoup 库，然后创建一个模拟 HTML 代码的字符串，代码如下：

```
01    from bs4 import BeautifulSoup                    # 从 bs4 中导入 BeautifulSoup 库
02
03    # 创建用于模拟 HTML 代码的字符串
04    html_doc = """
05    <html><head><title>The Dormouse's story</title></head>
06    <body>
07    <p class="title"><b>The Dormouse's story</b></p>
08
```

```
09    <p class="story">Once upon a time there were three little sisters; and their names were
10    <a href="http://example.com/elsie" class="sister" id="link1">Elsie</a>,
11    <a href="http://example.com/lacie" class="sister" id="link2">Lacie</a> and
12    <a href="http://example.com/tillie" class="sister" id="link3">Tillie</a>;
13    and they lived at the bottom of a well.</p>
14
15    <p class="story">...</p>
16    """
```

（2）创建 BeautifulSoup 对象，并指定解析器为 lxml，最后将解析的 HTML 代码输出到控制台中，代码如下：

```
01    # 创建一个 BeautifulSoup 对象，获取页面正文
02    soup = BeautifulSoup(html_doc, features="lxml")
03    print(soup)      # 输出解析的 HTML 代码
```

运行结果如图 19.7 所示。

```
<html><head><title>The Dormouse's story</title></head>
<body>
<p class="title"><b>The Dormouse's story</b></p>
<p class="story">Once upon a time there were three little sisters; and their names were
<a class="sister" href="http://example.com/elsie" id="link1">Elsie</a>,
<a class="sister" href="http://example.com/lacie" id="link2">Lacie</a> and
<a class="sister" href="http://example.com/tillie" id="link3">Tillie</a>;
and they lived at the bottom of a well.</p>
<p class="story">...</p>
</body></html>
```

图 19.7　显示解析后的 HTML 代码

> **说明**
>
> （1）如果将 html_doc 字符串中的代码保存在 index.html 文件中，可以通过打开 HTML 文件的方式进行代码的解析，并且可以通过 prettify()方法进行代码的格式化处理，代码如下：
>
> ```
> 01    # 创建 BeautifulSoup 对象打开需要解析的 html 文件
> 02    soup = BeautifulSoup(open('index.html'),'lxml')
> 03    print(soup.prettify())      # 输出格式化后的代码
> ```
>
> （2）在运行上述代码前，需要先使用命令 pip install lxml 安装 lxml 模块。

19.3　网络爬虫开发常用框架 Scrapy

使用 requests 与其他 HTML 解析库实现的爬虫程序，只是满足了爬取数据的需求。如果想要更加规范地爬取数据，则需要使用爬虫框架。Scrapy 框架是一套比较成熟的 Python 爬虫框架，简单轻巧，并且非常方便，可以高效率地爬取 Web 页面并从页面中提取结构化的数据。Scrapy 是一套开源的框架，所以在使用时没有收费问题。

19.3.1　安装 Scrapy 爬虫框架

由于 Scrapy 爬虫框架需要依赖的库比较多，尤其是在 Windows 系统中，至少需要依赖的模块有 Twisted、lxml、pyOpenSSL 以及 pywin32。因此在安装时步骤比较烦琐，需要耐心操作。安装 Scrapy 爬虫框架的具体步骤如下。

1．安装 Twisted 模块

打开"命令提示符"窗口，然后输入 pip install Twisted 命令，安装 Twisted 模块。如果没有出现异常或错误信息，则表示 Twisted 模块安装成功，如图 19.8 所示。

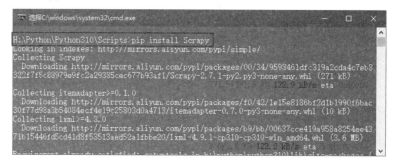

图 19.8　安装 Twisted 模块

2．安装 Scrapy 框架

打开"命令提示符"窗口，然后输入 pip install Scrapy 命令，安装 Scrapy 框架。如果没有出现异常或错误信息，则表示 Scrapy 框架安装成功。

图 19.9　安装 Scrapy 框架

说明

在安装 Scrapy 框架的过程中，同时会将 lxml 与 pyOpenSSL 模块也安装在 Python 环境中。

3．安装 pywin32

打开"命令提示符"窗口，然后输入 pip install pywin32 命令，安装 pywin32 模块。安装完成后，在"命令提示符"窗口中输入 import pywin32_system32 命令，如果没有提示错误信息，则表示 pywin32 模块安装成功。

19.3.2　创建 Scrapy 项目

在任意路径下创建一个保存项目的文件夹，例如，首先在 F:\PythonProjects 文件夹内运行"命令提示符"窗口，然后输入 scrapy startproject scrapyDemo 命令即可创建一个名称为 scrapyDemo 的项目，如图 19.10 所示。

项目创建完成后，可以看到如图 19.11 所示的项目的目录结构。

目录结构中的文件说明如下。

☑　spiders（文件夹）：用于创建爬虫文件，编写爬虫规则。

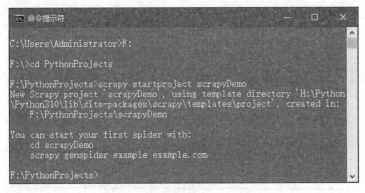

图 19.10　创建 Scrapy 项目

图 19.11　项目的目录结构

☑　__init__.py 文件：初始化文件。

☑　items.py 文件：用于数据的定义，可以寄存处理后的数据。

☑　middlewares.py 文件：定义爬取时的中间件，其中包括 SpiderMiddleware（爬虫中间件）、DownloaderMiddleware（下载中间件）。

☑　pipelines.py 文件：用于实现清洗数据、验证数据、保存数据。

☑　settings.py 文件：整个框架的配置文件，主要包含配置爬虫信息，如请求头、中间件等。

☑　scrapy.cfg 文件：项目部署文件，其中定义了项目的配置文件路径等相关信息。

19.3.3　创建爬虫

在创建爬虫时，首先需要创建一个爬虫模块文件，该文件需要放置在 spiders 文件夹中。爬虫模块是用于从一个网站或多个网站中爬取数据的类，它需要继承自 scrapy.Spider 类，scrapy.Spider 类中提供了 start_requests()方法实现初始化网络请求，然后通过 parse()方法解析返回的结果。

【例 19.1】爬取网页代码并保存 html 文件。（**实例位置：资源包\TM\sl\19\01**）

下面以爬取如图 19.12 所示的网页为例，实现爬取网页后将网页的代码以 html 文件形式保存至项目文件夹中。

在 spiders 文件夹中创建一个名称为 crawl.py 的爬虫文件，在该文件中，首先创建 QuotesSpider 类，该类需要继承自 scrapy.Spider 类，然后重写 start_requests()方法实现网络的请求工作，接着重写 parse()方法实现向文件中写入获取的 html 代码。本例对应的代码如下：

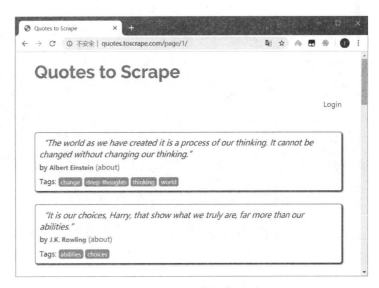

图 19.12　爬取的目标网页

319

```
01    import scrapy                                               # 导入框架
02
03
04    class QuotesSpider(scrapy.Spider):
05        name = "quotes"                                          # 定义爬虫名称
06
07        def start_requests(self):
08            # 设置爬取目标的地址
09            urls = [
10                'http://quotes.toscrape.com/page/1/',
11                'http://quotes.toscrape.com/page/2/',
12            ]
13            # 获取所有地址，有几个地址发送几次请求
14            for url in urls:
15                # 发送网络请求
16                yield scrapy.Request(url=url, callback=self.parse)
17
18        def parse(self, response):
19            # 获取页数
20            page = response.url.split("/")[-2]
21            # 根据页数设置文件名称
22            filename = 'quotes-%s.html' % page
23            # 以写入文件模式打开文件，如果没有该文件，则将创建该文件
24            with open(filename, 'wb') as f:
25                # 向文件中写入获取的 html 代码
26                f.write(response.body)
27            # 输出保存文件的名称
28            self.log('Saved file %s' % filename)
```

在运行 Scrapy 创建的爬虫项目时，需要在创建的爬虫文件所在目录中右击，在弹出的快捷菜单中选择"在此处打开 Powershell 窗口"菜单项，启动 Windows Powershell 命令窗口，在该窗口中输入 scrapy crawl quotes 命令，其中 quotes 是自己定义的爬虫名称。运行完成后，将显示如图 19.13 所示的信息。程序运行完成后，将在 crawl.py 文件的同级目录中自动生成两个 .html 文件，如图 19.14 所示。

图 19.13　显示启动爬虫后的信息

图 19.14　自动生成 .html 文件

第 20 章

火车票分析助手

——requests+json+sys+time 实现

虽然现在的出行方式非常便捷，但是在购买火车票时如果遇到出行的高峰期，此时购买火车票将是一件非常困难的事情。本章将通过 Python 实现一个"火车票分析助手"应用项目。

本章知识架构及重难点如下。

20.1 需 求 分 析

为了让用户更加轻松地购买到适合自己的火车票，该工具将具备以下功能：

☑ 查询全国各地各种车次的火车票信息。

☑ 查询高铁、动车以外车次中，卧铺票的销售紧张程度（五天内）。

☑ 显示卧铺车票数量走势图（五天内）。

☑ 查询车票起售时间（填写起售车站）。

火车票分析助手主窗体运行效果如图 20.1 所示。卧铺售票分析窗体运行效果如图 20.2 所示。查询车票起售时间窗体运行效果如图 20.3 所示。

图 20.1　火车票分析助手主窗体运行效果

图 20.2　卧铺售票分析窗体

图 20.3　查询车票起售时间窗体

20.2　案 例 准 备

本程序的开发及运行环境如下。

- ☑ 操作系统：Windows 7、Windows 8、Windows 10 等。
- ☑ 开发版本：Python 3。
- ☑ 开发工具：PyCharm。
- ☑ Python 内置模块：sys、time、datetime、os、json、re。
- ☑ 第三方模块：PyQt5、pyqt5-tools、requests、matplotlib。

20.3　业 务 流 程

在开发火车票分析助手的应用程序时，需要先思考该程序的业务流程。根据需求分析与功能结构，设计出如图 20.4 所示的系统业务流程。

图 20.4　系统业务流程

20.4　主窗体的 UI 设计

20.4.1　主窗体的布局

在创建"火车票分析助手"的主窗体时，首先需要创建主窗体中使用的图片资源，通过 Qt Designer

编辑的图片资源如图 20.5 所示。

接下来需要设计 3 个区域，分别用于显示车票查询区域、卧铺售票分析区域、车票起售时间区域。考虑到这 3 个区域需要切换显示，所以需要使用 QTabWidget 控件来实现在主窗体中切换 3 个区域的显示功能。

图 20.5　编辑图片资源

1. 车票查询区域

通过 Qt Designer 设计的车票查询区域预览效果如图 20.6 所示。

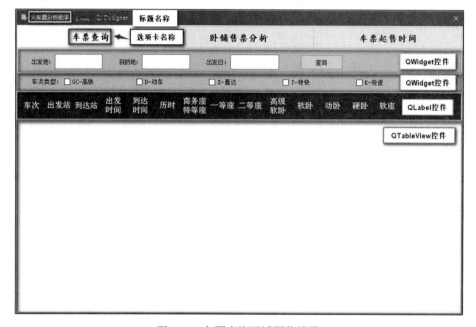

图 20.6　车票查询区域预览效果

车票查询区域中的各控件的对象名称以及属性设置如表 20.1 所示。

表 20.1　车票查询区域中的控件

对 象 名 称	控 件 名 称	属　　　　性	描　　　述
MainWindow	Q MainWindow	minimumSize：宽度 960 高度 600 maximumSize：宽度 960 高度 600 windowTitle：火车票分析助手	该控件是主窗体控件
tabWidget	QTabWidget	X：0、Y：0 宽度：960、高度：600 font：　字体族（楷体） 　　　　点大小（16） 　　　　粗体 stylesheet： （QTabBar::tab{width:320;height:50;}） currentTabText：车票查询	该控件是选项卡（用于切换车票查询、卧铺售票分析、车票起售时间 3 个区域的显示）

对 象 名 称	控 件 名 称	属　　性	描　　述
tab_query	QWidget	X：0、Y：0 宽度：954、高度：545	选项卡（车票查询区域）标签，所有控件的容器
widget_query	QWidget	X：0、Y：0 宽度：960、高度：51 stylesheet： QWidget#widget_query{background-color: rgb(212, 212, 212);}	该控件用于查询区域的容器
textEdit	QTextEdit	X：80、Y：10 宽度：104、高度：31 font：点大小（13）	该控件用于输入出发地（该控件在widget_query 对象中）
textEdit_2	QTextEdit	X：270、Y：10 宽度：104、高度：31 font：点大小（13）	该控件用于输入目的地（该控件在widget_query 对象中）
textEdit_3	QTextEdit	X：460、Y：10 宽度：104、高度：31 font：点大小（13）	该控件用于输入出发日（该控件在widget_query 对象中）
pushButton	QPushButton	X：610、Y：10 宽度：91、高度：31 text：查询	该控件用于负责执行查询的按钮（该控件在 widget_query 对象中）
widget_checkBox	QWidget	X：0、Y：50 宽度：960、高度：35 stylesheet： QWidget#widget_checkBox{background- color: rgb(212, 212, 212);}	该控件作为车次类型选择区域内，所有控件的容器
checkBox_G	QCheckBox	X：100、Y：9 宽度：70、高度：17 font：点大小（10） text：GC-高铁	该控件用于选择显示高铁信息（该控件在 widget_checkBox 对象中）
checkBox_D	QCheckBox	X：258、Y：9 宽度：63、高度：17 font：点大小（10） text：D-动车	该控件用于选择显示动车信息（该控件在 widget_checkBox 对象中）
checkBox_Z	QCheckBox	X：415、Y：9 宽度：63、高度：17 font：点大小（10） text：Z-直达	该控件用于选择显示直达车信息（该控件在 widget_checkBox 对象中）
checkBox_T	QCheckBox	X：572、Y：9 宽度：63、高度：17 font：点大小（10） text：T-特快	该控件用于选择显示特快车信息（该控件在 widget_checkBox 对象中）
checkBox_K	QCheckBox	X：730、Y：9 宽度：63、高度：17 font：点大小（10） text：K-快速	该控件用于选择显示快速车信息（该控件在 widget_checkBox 对象中）

对 象 名 称	控 件 名 称	属　　性	描　　述
label_train_img	QLabel	X：0、Y：86 宽度：960、高度：62 pixmap：指定图片资源（table_img.png）	该控件用于显示车次信息表格中的信息列（该控件在 tab_query 对象中）
tableView	QTableView	X：0、Y：145 宽度：960、高度：401	该控件是表格控件,用于显示所有的车票查询信息（该控件在 tab_query 对象中）

在主窗体中，车票查询区域中的各控件的嵌套结构如图 20.7 所示。

图 20.7　车票查询区域中的各控件的嵌套结构

2. 卧铺售票分析区域

使用 Qt Designer 设计的卧铺售票分析区域预览效果如图 20.8 所示。

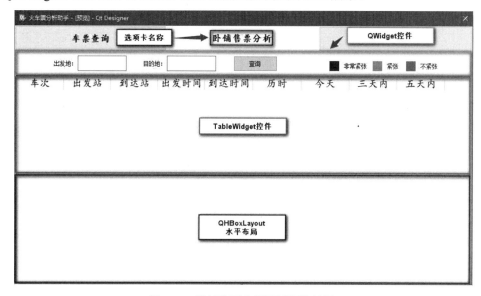

图 20.8　卧铺售票分析区域预览效果

卧铺售票分析区域中的各控件的对象名称以及属性设置如表 20.2 所示。

表 20.2　卧铺售票分析区域中的控件

对象名称	控件名称	属性	描述
tab_analysis	QWidget	X：0、Y：0 宽度：954、高度：545	选项卡（卧铺售票分析）标签，所有控件的容器
scrollArea_2	QScrollArea	X：0、Y：290 宽度：955、高度：255	该控件用于添加折线图中的滚动条
widget_query_2	QWidget	X：0、Y：0 宽度：960、高度：51	该控件用于查询区域的容器
textEdit_analysis_from	QTextEdit	X：130、Y：10 宽度：104、高度：31 font：点大小（13）	该控件用于输入出发地（该控件在 widget_query_2 对象中）
textEdit_analysis_to	QTextEdit	X：320、Y：10 宽度：104、高度：31 font：点大小（13）	该控件用于输入目的地（该控件在 widget_query_2 对象中）
pushButton_analysis_query	QPushButton	X：460、Y：10 宽度：91、高度：31 text：查询	该控件用于负责执行查询的按钮（该控件在 widget_query_2 对象中）
tableWidget	QTableWidget	X：0、Y：50 宽度：953、高度：241 列名：（车次、出发站、到达站、出发时间、到达时间、历时、今天、三天内、五天内。） stylesheet： QHeaderView{font:16pt '楷体';};;	该控件是表格控件，用于显示五天内卧铺车票信息与紧张度提示（该控件在 tab_analysis 对象中）
horizontalLayout	QHBoxLayout	无	该控件为水平布局，用于显示卧铺车票数量走势图（该控件在 scrollArea_2 对象中）

在主窗体中，卧铺售票分析区域中的各控件的嵌套结构如图 20.9 所示。

图 20.9　卧铺售票分析区域中的各控件的嵌套结构

3. 车票起售时间区域

使用 Qt Designer 设计的车票起售时间区域预览效果如图 20.10 所示。

图 20.10　车票起售时间区域预览效果

车票起售时间区域中的各控件的对象名称以及属性设置如表 20.3 所示。

表 20.3　车票起售时间区域中的控件

对 象 名 称	控 件 名 称	属　性	描　述
tab_time	QWidget	X：0、Y：0 宽度：954、高度：545	选项卡中（车票起售时间）标签
widget_time	QWidget	X：0、Y：0 宽度：960、高度：551 stylesheet： QWidget#widget_time{background -image: url(:/png/time_bg.png);}	车票起售时间标签容器
lineEdit_station	QLineEdit	X：110、Y：150 宽度：113、高度：30	该控件用于输入起售车站（该控件在 widget_time 对象中）
pushButton_time_query	QPushButton	X：250、Y：150 宽度：75、高度：30 text：查询	该控件用于负责执行查询的按钮（该控件在 widget_time 对象中）
scrollArea	QScrollArea	X：0、Y：200 宽度：951、高度：361	该控件用于实现上下滚动的控件

续表

对 象 名 称	控 件 名 称	属 性	描 述
scrollAreaWidgetContents	QWidget	X：0、Y：200 宽度：949、高度：359	该控件为 QScrollArea 控件的容器，创建 QScrollArea 控件时默认生成
gridLayout	Q GridLayout	无	该控件为网格布局控件，用于显示车票起售时间的信息（该控件在 scrollAreaWidgetContents 对象中）

在主窗体中，车票起售时间区域中的各控件的嵌套结构如图 20.11 所示。

图 20.11　车票起售时间区域中的各控件的嵌套结构图

20.4.2　主窗体显示效果

窗体设计完成以后，将其保存为 window.ui 文件，然后将该文件转换为 window.py 文件。因为主窗体中使用的是图片资源文件，所以需要将图片资源文件 img.qrc 转换为 img_rc.py 文件。

在项目文件夹中创建一个名为 show_window.py 的文件，该文件用于窗体的控制与显示功能。show_window.py 文件创建完成以后，首先需要在该文件中导入主窗体的 UI 类与显示主窗体的相关模块，然后创建主窗体初始化类与显示主窗体的 show_MainWindow()方法，最后在程序入口调用显示主窗体方法。代码如下：

```
01    from window import Ui_MainWindow              # 导入主窗体 UI 类
02    # 导入 PyQt5
03    from PyQt5 import QtCore, QtGui, QtWidgets
04    from PyQt5.QtCore import Qt
05    from PyQt5.QtWidgets import *
06    from PyQt5.QtGui import *
07    import sys                                     # 导入系统模块
08    # 窗体初始化
09    class Main(QMainWindow, Ui_MainWindow):
10
11        def __init__(self):
12            super(Main, self).__init__()
13            self.setupUi(self)
14
15    def show_MainWindow():
16        app = QApplication(sys.argv)               # 创建 QApplication 对象，作为 GUI 主程序入口
17        main = Main()                              # 创建主窗体对象
18        main.show()                                # 显示主窗体
19        sys.exit(app.exec_())                      # 循环中等待退出程序
20
```

```
21    if __name__ == '__main__':
22        show_MainWindow()                              # 调用显示窗体的方法
```

运行 show_window.py 文件将显示如图 20.12 所示的主窗体界面。

图 20.12　主窗体界面

20.5　爬 取 数 据

20.5.1　获取请求地址与参数

在实现查询所有车票信息的网络请求时，首先需要确认查询车票信息的网络请求地址，然后查看地址中都需要哪些必要的参数，如果没有确定必要的网络请求参数，将无法获取所有的车票信息。获取网络请求地址与必要参数的具体步骤如下。

（1）使用火狐浏览器打开 12306 官方网站（https://www.12306.cn/index/），填写出发地、到达地、出发日期，然后单击"查询"按钮，如图 20.13 所示。

（2）单击"查询"按钮后，将打开显示车票查询信息的页面，然后按 Shift+Ctrl+E 快捷键打开网络监视器，最后单击网页中的"查询"按钮，在网络监视器中将显示查询按钮对应的网络请求，如图 20.14 所示。

（3）单击网络请求将显示请求细节的页面，在该页面中默认会显示消息头的相关数据，此处可以获取完整的请求地址，如图 20.15 所示。

图 20.13　12306 车票查询首页

图 20.14　获取网络请求

图 20.15　获取完整的请求地址

注意

随着 12306 官方网站的更新，请求地址会发生改变，要以当时获取的地址为准。

（4）展开消息头中的请求地址，将显示该请求地址中的必要参数，如图 20.16 所示。

图 20.16　查询查票信息请求地址中的必要参数

20.5.2　下载数据文件

1．下载站名文件

得到了请求地址与请求参数后，可以发现请求参数中的出发地与目的地均为车站名的英文缩写。而这个英文缩写的字母是通过输入中文车站名转换而来的，所以需要在网页中仔细查找是否有将车站名自动转换为英文缩写的请求信息，下载站名文件的业务流程如图 20.17 所示。

图 20.17　下载站名文件的业务流程

说明

由于下载站名文件的业务流程与下载车票起售时间文件的业务流程相同，只是下载地址与分析数据的方式不同，因此在实现下载车票起售时间文件时参考图 20.17 所示的业务流程即可。

下载站名文件的具体步骤如下。

（1）关闭并重新打开网络监视器，然后按 F5 键进行余票查询网页的刷新，此时在网络监视器中搜索与 station 车站名相关的网络请求地址，如图 20.18 所示。

图 20.18　获取与车站名相关的网络请求地址

（2）选中与车站名相关的网络请求，在请求细节中找到该请求的完整地址，然后在浏览器中打开该地址，测试返回的数据，如图 20.19 所示。

图 20.19　返回车站名英文缩写信息

（3）在项目文件夹中创建 get_stations.py 文件，然后在该文件中分别导入 requests、re 以及 os 模块，再创建 get_station()方法，该方法用于发送获取地址信息的网络请求，并将返回的数据转换为需要的类型。关键代码如下：

```
01   import re                                                    # 导入 re 模块，用于正则表达式
02   import requests                                              # 导入网络请求模块
03   import os                                                    # 导入 os 模块，用于获取路径
04   import json                                                  # 处理 json 数据
05
06   def get_station():
07       # 发送请求获取所有车站名称，通过输入的车站名称转换查询地址的参数
08       # url = 'https://kyfw.12306.cn/otn/resources/js/framework/station_name.js?station_version=1.9050'
09       url = 'https://kyfw.12306.cn/otn/resources/js/framework/station_name.js?station_version=1.9240'
10       response = requests.get(url, verify=True)               # 请求并进行验证
11       stations = re.findall('([\u4e00-\u9fa5]+)\|([A-Z]+)', response.text)   # 获取需要的车站名称
12       stations = dict(stations)                               # 转换为 dic
13       stations = str(stations)                                # 转换为字符串类型，否则无法写入文件
14       write(stations, 'stations.text')                       # 调用 write()方法
```

（4）分别创建 write()、read()和 is_stations()方法，分别用于写入文件、读取文件以及判断车站文件是否存在，代码如下：

```
01    def write(stations,file_name):
02        file = open(file_name, 'w', encoding='utf_8_sig')          # 以写模式打开文件
03        file.write(stations)                                        # 写入文件
04        file.close()
05    def read(file_name):
06        file = open(file_name, 'r', encoding='utf_8_sig')          # 以读模式打开文件
07        data = file.readline()                                      # 读取文件
08        file.close()
09        return data
10
11    def is_stations(file_name):
12        is_stations = os.path.exists(file_name)                    # 将文件名称作为方法的参数，判断文件是否存在
13        return is_stations
```

（5）打开 show_window.py 文件，首先导入 get_stations 文件中的所有方法，然后在程序入口处进行判断，如果没有车站名称文件就下载该文件，修改后代码如下：

```
01    from get_stations import *                                      # 导入 get_stations 文件中的所有方法
02    if __name__ == '__main__':
03        if is_stations('stations.text') == False:
04            get_station()                                           # 下载所有车站名称文件
```

（6）运行 show_window.py 文件，在项目文件夹中将自动下载 stations.text（车站名称）文件，如图 20.20 所示。

2．下载车票起售时间文件

在实现查询车票起售时间前，需要下载车票起售时间的文件，该文件将以字典形式提供所有站名对应的车票的起售时间。下载车票起售时间文件的具体步骤如下。

（1）打开 12306 官网首页地址，依次选择"常用查询"→"起售时间"，填写"起售日期"和"起售车站"（如北京），单击"查询"按钮，如图 20.21 所示。

图 20.20　下载车站名称文件

图 20.21　查询起售时间

334

（2）单击"查询"按钮后，将打开显示北京各车站的起售时间信息，在该页面中打开"网络监视器"，然后按 F5 键刷新该页面，依次选择"网络"→JS，然后选择文件名为"qss.js"的网络请求，最后在"消息头"中获取查询起售时间的网络地址，如图 20.22 所示。

图 20.22　获取查询起售时间的网络地址

（3）在浏览器中打开图 20.22 中的网络地址，然后测试返回的数据，如图 20.23 所示。

图 20.23　返回站名对应车票的起售时间

说明

在查询车票起售时间时，避免多次向 12306 官网后台发送网络请求，因此将图 20.23 中的信息下载到文件中，然后直接在该文件中进行查找。

（4）打开 get_stations.py 文件，在该文件中创建 get_selling_time()方法，用于下载车票起售时间文件。代码如下：

```
01    def get_selling_time():
02        url = 'https://www.12306.cn/index/script/core/common/qss.js'
03        response = requests.get(url, verify=True)            # 请求并进行验证
04        json_str = re.findall('{[^}]+}', response.text)       # 匹配括号中的所有内容
05        time_js = json.loads(json_str[0])                    # 解析 json 数据
06        write(str(time_js), 'time.text')                     # 调用 write()方法
```

（5）打开 show_window.py 文件，首先在该文件顶部创建一个 messageDialog()方法，用于显示消息提示框内容。代码如下：

```
01    # 显示消息提示框，参数 title 为提示框标题文字，message 为提示信息
02    def messageDialog(title, message):
03        msg_box = QMessageBox(QMessageBox.Warning, title, message)
04        msg_box.exec_()
```

（6）修改程序入口代码，以判断是否有车站名与起售时间的文件，如果没有，则下载这两个文件。如果两个文件都存在就直接显示窗体。代码如下：

```
01  if __name__ == '__main__':
02      # 判断是否有车站名与起售时间的文件，如果没有，就下载这两个文件
03      if is_stations('stations.text') == False and is_stations('time.text')==False:
04          get_station()                                    # 下载所有车站文件
05          get_selling_time()                               # 下载起售时间文件
06      # 判断两个文件存在时，显示窗体
07      if is_stations('stations.text') == True and is_stations('time.text')==True:
08          show_MainWindow()                                # 调用显示窗体的方法
09      else:
10          messageDialog('警告','车站文件或起售时间文件出现异常！')
```

（7）删除已经下载的stations.text 文件，然后重新运行 show_window.py 文件，项目文件夹中将自动下载 stations.text 和 time.text 文件，如图 20.24 所示。然后将自动打开主窗体。

图 20.24　下载 stations.text 和 time.text 文件

20.5.3　查询所有车票信息

在前面已经得到了获取车票信息的网络请求地址，然后又分析出请求地址的必要参数以及由车站名称转换的文件。接下来需要发送查询车票的网络请求，然后对返回的数据信息进行解析，查询所有车票信息的业务流程如图 20.25 所示。

图 20.25　查询所有车票信息的业务流程

实现查询所有车票信息的具体步骤如下。

（1）在浏览器中根据 20.5.1 小节的查询步骤，查看"查询"请求的"响应"信息如图 20.26 所示。

图 20.26　返回加密的车票信息

说明

　　找到加密信息后，先分析数据中是否含有可用的信息，例如，网页中的车次与时间。在图 20.26 中的加密信息内含有 G23 的字样，以及时间信息。然后对照浏览器中余票查询的页面，查找对应车次信息，如图 20.27 所示。此时，可以确定返回的 json 信息确实含有可用数据。

图 20.27　对照可用数据

　　（2）找到可用数据后，在项目中创建 query_request.py 文件，在该文件中首先导入 get_stations 文件下的所有方法，然后创建名称为 data 和 type_data 的列表（list）分别用于保存整理好的车次信息与分类后的车次信息。代码如下：

```
01    from get_stations import *
02    import json                                              # 导入 json 模块
03    from fake_useragent import UserAgent                     # 导入请求头模块
04
05    data = []                                                # 用于保存整理好的车次信息
06    type_data = []                                           # 保存车次分类后最后的数据
07
08    headers = {"User-Agent": UserAgent().random,
09               'Cookie': '_uab_collina=16644303433715638528
4201; '
10               'JSESSIONID=DC318C08CDFD975ED82CF3D583860E6B; '
11               'RAIL_EXPIRATION=1676279629617;'
12               ' RAIL_DEVICEID=i0_ronvmSx_B9Bc7D1MqXYOC19NqtV4Mc-QHk8L7lYr35T'
13               's-voGqR9-XeLjX3NEuci_NzMFvsS2X2VPwz62iLKMY3z_-eZda6YF-Xo5xjcjz'
14               'IMBDrG3o1Q8H4I6Ef-lXo5xmgdwnlAPIxsNM-hyOSD9uN0xVxLly; '
15               '_jc_save_fromStation=%u5317%u4EAC%2CBJP;'
16               '_jc_save_toStation=%u4E0A%u6D77%2CSHH;'
17               '_jc_save_fromDate=2023-02-10; _jc_save_toDate=2023-02-10;'
18               '_jc_save_wfdc_flag=dc; BIGipServerotn=1089470986.38945.0000;'
19               'guidesStatus=off; highContrastMode=defaltMode; cursorStatus=off;'
20               'BIGipServerpassport=820510986.50215.0000; fo=p7gy8kmitrnecj143N-'
21               'udSBHT_HulptyySaUVnbIsLgZiAJQNZ7NRdPt0Hk0ySE_lwS5mD1YvvATXc'
22               'Q7Q5KEM_XSpjT1JJcwi9ODZ-i7d1yYM4hbsirab-B2zF96L6MpRyYENlku1'
23               'RjQEf1oPT5ENijardXcPNtgxP4dlACg9YcOoe0DRfU8V5NcX2k;'
24               ' route=9036359bb8a8a461c164a04f8f50b252'}   # 随机生成浏览器头部信息
```

说明

　　从返回的加密信息中可以看出，信息很乱，因此需要创建 data = [] 列表（list）来保存后期整理好的车次信息。然后需要将车次进行分类，如高铁、动车等，因此需要创建 type_data = [] 列表（list）来保存分类后的车次信息。

　　（3）创建 query() 方法，在调用该方法时需要 3 个参数，分别为出发日期、出发地以及目的地。然后创建查询请求的完整地址，并通过 format() 方法对地址进行格式化。再将返回的 json 数据转换为字典类型。最后通过字典类型键值的方法取出对应的数据并进行整理与分类。代码如下：

```
01    def query(date, from_station, to_station):
02        data.clear()                                         # 清空数据
03        type_data.clear()                                    # 清空车次分类保存的数据
```

```
04
05          # 查询请求地址
06          url = 'https://kyfw.12306.cn/otn/leftTicket/' \
07              'queryZ?leftTicketDTO.train_date={}&leftTicketDTO.from_station={}' \
08              '&leftTicketDTO.to_station={}&purpose_codes=ADULT'.format(
09              date, from_station, to_station)
10          # 发送查询请求
11          response = requests.get(url, headers=headers)
12          # 将 json 数据转换为字典类型，通过键值对取数据
13          result = response.json()
14          result = result['data']['result']
15          # 判断车站文件是否存在
16          if is_stations('stations.text') == True:
17              stations = eval(read('stations.text'))          # 读取所有车站文件并将其转换为 dic 类型
18              if len(result) != 0:                            # 判断返回数据是否为空
19                  for i in result:
20                      # 分割数据并添加到列表中
21                      tmp_list = i.split('|')
22                      # 因为出发站和到达站为站名的缩写字母，所以需要在车站库中找到对应的车站名称
23                      from_station = list(stations.keys())[list(stations.values()).index(tmp_list[6])]
24                      to_station = list(stations.keys())[list(stations.values()).index(tmp_list[7])]
25                      # 创建座位数组，由于返回的座位数据中含有空字符串""，因此将空字符串""改成--，以便轻松识别
26                      seat = [tmp_list[3], from_station, to_station, tmp_list[8], tmp_list[9], tmp_list[10]
27                          , tmp_list[32], tmp_list[31], tmp_list[30], tmp_list[21]
28                          , tmp_list[23], tmp_list[33], tmp_list[28], tmp_list[24], tmp_list[29], tmp_list[26]]
29                      newSeat = []
30                      # 循环将座位信息中的空字符串""改成--，以便轻松识别
31                      for s in seat:
32                          if s == "":
33                              s = "--"
34                          else:
35                              s = s
36                          newSeat.append(s)                   # 保存新的座位信息
37                      data.append(newSeat)
38          return data                                         # 返回整理好的车次信息
```

 说明

由于返回的 json 信息顺序比较乱，因此在获取指定的数据时只能通过分割后的 tmp_list 列表与浏览器余票查询页面中的数据逐个进行对比，才能找出数据所对应的位置。对比后找到的数据位置如下：

```
1       '''5-7 目的地 3  车次 6  出发地 8  出发时间 9  到达时间 10 历时 26 无坐 29 硬座
2           24 软座 28 硬卧 33 动卧 23 软卧 21 高级软卧 30 二等座 31 一等座 32 商务座特等座
3       '''
```

数据前面的数字为数据分割后 tmp_list 列表中的索引值。

由于本章内容页码有限，本节将不会介绍车次分类查询的部分代码，读者可以在源码中进行查看。

20.5.4　卧铺票的查询与分析

在实现卧铺票的查询与分析时，首先需要考虑分别获取今天、未来三天内与未来五天内的卧铺票信息。然后需要筛选车次的类型，将高铁、动车以及 C 开头的车次进行排除。接下来需要将排除后的

信息分为两类：一类是已经处理是否有票的信息，用于显示某车次是否还有卧铺车票以及分析车票的紧张程度；另一类是未处理是否有票的信息，此类信息用于计算并显示卧铺车票数量的折线图。实现卧铺票查询与分析的业务流程如图 20.28 所示。

图 20.28　实现卧铺票查询与分析的业务流程

实现卧铺票查询与分析的具体步骤如下。

（1）在 query_request.py 文件中创建用于保存处理后与未处理的信息列表。代码如下：

```
01  today_car_list = []                                          # 保存今天列车信息，已经处理是否有票
02  three_car_list = []                                          # 保存三天列车信息，已经处理是否有票
03  five_car_list = []                                           # 保存五天列车信息，已经处理是否有票
04
05  today_list=[]                                                # 保存今天列车信息，未处理是否有票
06  three_list = []                                              # 保存三天列车信息，未处理是否有票
07  five_list = []                                               # 保存五天列车信息，未处理是否有票
```

（2）创建 is_ticket()方法，用于判断某趟列车是否还有卧铺车票。代码如下：

```
01  # 判断某趟列车是否有高级软卧、软卧、硬卧票
02  def is_ticket(tmp_list,from_station, to_station):
03      # 如果判断高级软卧、软卧、硬卧中的任何一个有票，则说明该趟列车有卧铺票
04      if tmp_list[21]=='有' or tmp_list[23]=='有' or tmp_list[28]=='有':
05          tmp_tem = '有'
06      else:
07          # 如果判断高级软卧、软卧、硬卧对应的是数字，则也说明该趟列车有卧铺票，其他为无票
08          if tmp_list[21].isdigit() or tmp_list[23].isdigit() or tmp_list[28].isdigit():
09              tmp_tem = '有'
10          else:
11              tmp_tem = '无'
12
13      # 创建新的座位列表，显示某趟列车是否有卧铺票
14      new_seat = [tmp_list[3], from_station, to_station, tmp_list[8], tmp_list[9], tmp_list[10],tmp_tem ]
15      return new_seat                                          # 返回该列表
```

（3）创建 query_ticketing_analysis()方法，在该方法中首先发送查票请求，然后分别对今天、三天

内以及五天内的车票信息进行处理与分类。代码如下：

```
01   # 查询卧铺售票数据并对该数据进行分析
02   def query_ticketing_analysis(date, from_station, to_station, which_day):
03       # 查询请求地址
04       url = 'https://kyfw.12306.cn/otn/leftTicket/' \
05             'queryZ?leftTicketDTO.train_date={}' \
06             '&leftTicketDTO.from_station={}' \
07             '&leftTicketDTO.to_station={}' \
08             '&purpose_codes=ADULT'.format(date, from_station, to_station)
09       # 发送查询请求
10       response = requests.get(url, headers=headers)
11       # 将 json 数据转换为字典类型，通过键值对取数据
12       result = response.json()
13       result = result['data']['result']
14       # 判断车站文件是否存在
15       if is_stations('stations.text') == True:
16           stations = eval(read('stations.text'))              # 读取所有车站并转换为 dic 类型
17           if len(result) != 0:                                # 判断返回数据是否为空
18               for i in result:
19                   # 分割数据并将其添加到列表中
20                   tmp_list = i.split('|')
21                   # 因为出发站和到达站为站名的缩写字母，所以需要在车站库中找到对应的车站名称
22                   from_station = list(stations.keys())[list(stations.values()).index(tmp_list[6])]
23                   to_station = list(stations.keys())[list(stations.values()).index(tmp_list[7])]
24                   # 创建座位数组，其中包含高级软卧、软卧、硬卧
25                   seat = [tmp_list[3], from_station, to_station, tmp_list[8], tmp_list[9],
26                           tmp_list[10], tmp_list[21], tmp_list[23], tmp_list[28]]
27                   if which_day == 1:                          # 判断今天的车次信息
28                       # 排除高铁、动、C 开头的车次
29                       if seat[0].startswith('G') == False and seat[0].startswith('D') == \
30                           False and seat[0].startswith('C') == False:
31                           today_list.append(seat)             # 将高级软卧、软卧、硬卧未处理信息添加至列表中
32                           new_seat = is_ticket(tmp_list, from_station, to_station)    # 判断某车次是否有票
33                           today_car_list.append(new_seat)     # 将判断后的车次信息添加至对应的列表中
34                   if which_day == 3:                          # 判断三天的车次信息
35                       # 排除高铁、动、C 开头的车次
36                       if seat[0].startswith('G') == False and seat[0].startswith('D') == \
37                           False and seat[0].startswith('C') == False:
38                           three_list.append(seat)             # 将高级软卧、软卧、硬卧未处理信息添加至列表中
39                           new_seat = is_ticket(tmp_list, from_station, to_station)    # 判断某车次是否有票
40                           three_car_list.append(new_seat)     # 将判断后的车次信息添加至对应的列表中
41                   if which_day == 5:                          # 判断五天内的车次信息
42                       # 排除高铁、动、C 开头的车次
43                       if seat[0].startswith('G') == False and seat[0].startswith('D') == \
44                           False and seat[0].startswith('C') == False:
45                           five_list.append(seat)              # 将高级软卧、软卧、硬卧未处理信息添加至列表中
46                           new_seat = is_ticket(tmp_list, from_station, to_station)    # 判断某车次是否有票
47                           five_car_list.append(new_seat)      # 将判断后的车次信息添加至对应的列表中
```

20.5.5 查询车票起售时间

在实现查询车票起售时间时，同样需要使用浏览器的"网络监视器"来获取查询请求的网络地址。由于请求的方式为 post 请求，因此需要填写对应的表单参数。网络请求发送成功后将返回一条 json 信息，其中包含"起售车站"的所有站名，最后需要根据站名在已经下载的"车票起售时间文件"中查找站名对应的起售时间。实现查询车票起售时间的业务流程如图 20.29 所示。

图 20.29　查询车票起售时间的业务流程

实现查询车票起售时间的具体步骤如下。

（1）以查询"北京"站起售时间为例，打开查询起售时间的页面地址（https://www.12306.cn/index/view/infos/sale_time.html?station_name=%E5%8C%97%E4%BA%AC&station_code=BJP，该地址需要根据 12306 官网不定期的进行更新），然后打开浏览器的网络监视器，在起售车站对应的编辑框中选择热门城市"北京"，如图 20.30 所示。

图 20.30　选择起售车站

（2）起售车站选择完成以后，在网络监视器中找到查询"北京"起售时间对应的网络请求地址，如图 20.31 所示。

图 20.31　获取网络请求地址

341

（3）由于该网络请求的类型为 post 类型，因此需要在"请求"选项中查找请求参数，如图 20.32 所示。

图 20.32　查找请求参数

说明

　　找到请求参数后，可以发现该参数为站名"北京"的英文缩写。因此只要根据输入的中文"北京"，然后在之前已经下载的"stations.text"站名文件中查找到该中文对应的英文缩写，就可以将该英文缩写作为查询车票起售时间的网络请求参数。

（4）在 query_request.py 文件中，首先创建两个列表，分别用于保存车站名称与起售时间，然后创建 query_time()方法，用于发送查询车票起售时间的网络请求，并将返回的信息添加至对应的列表中，最后返回列表信息。代码如下：

```
01   station_name_list = []                                    # 保存起售车站名称列表
02   station_time_list = []                                    # 保存起售车站对应的时间列表
03
04   def query_time(station):
05       station_name_list.clear()                             # 清空数据
06       station_time_list.clear()                             # 清空数据
07       stations = eval(read('time.text'))                    # 读取所有车站并将其转换为 dic 类型
08       url = 'https://www.12306.cn/index/otn/index12306/queryScSname'   # 请求地址
09       # 表单参数，station 参数为需要搜索车站的英文缩写
10       form_data = {"station_telecode": station}
11       response = requests.post(url, data=form_data, verify=True)      # 请求并进行验证
12       response.encoding = 'utf-8'                           # 对请求所返回的数据进行编码
13       json_data = json.loads(response.text)                # 解析 json 数据
14       data = json_data.get('data')                         # 获取 json 中可用数据，也就是查询车站对应的站名
15       for i in data:                                       # 遍历查询车站对应的所有站名
16           if i in stations:                                # 在站名时间文件中，判断是否存在该站名
17               station_name_list.append(i)                  # 有该站名就将该站名添加至列表中
18       for name in station_name_list:                       # 遍历筛选后的站名
19           time = stations.get(name)                        # 通过站名获取对应的时间
20           station_time_list.append(time)                   # 将时间保存至列表中
21       return station_name_list, station_time_list          # 返回列表信息
```

20.6　窗体的数据显示

20.6.1　车票查询区域的数据显示

在实现车票查询区域的数据显示时，首先需要创建 on_click()方法作为查询按钮的事件处理方法，然后在该方法中对请求参数信息进行审核，当该请求参数信息符合发送请求的条件时，调用已经写好

的网路请求方法 query()，最后将返回的车票信息显示在表格中。实现车票查询区域数据显示的业务流程如图 20.33 所示。

图 20.33　车票查询区域数据显示的业务流程图

实现车票查询区域数据显示的具体步骤如下。

（1）在 show_window.py 文件中创建 on_click()方法，在该方法中首先获取主窗体中输入的查询参数，然后对该参数进行审核，最后将查询结果显示在主窗体的表格中。关键代码如下：

```
01    def on_click(self):
02        get_from = self.textEdit.toPlainText()                          # 获取出发地
03        get_to = self.textEdit_2.toPlainText()                          # 获取目的地
04        get_date = self.textEdit_3.toPlainText()                        # 获取出发日期
05        # 判断车站文件是否存在
06        if is_stations('stations.text') == True:
07            stations = eval(read('stations.text'))                      # 读取所有车站并将其转换为 dic 类型
08            # 判断所有参数（出发地、目的地、出发日期）是否为空
09            if get_from != "" and get_to != "" and get_date != "":
10                # 判断输入的车站名称是否存在，以及时间格式是否正确
11                if get_from in stations and get_to in stations and self.is_valid_date(get_date):
12                    # 计算时间差
13                    time_difference = self.time_difference(self.get_time(), get_date).days
14                    # 当判断时间差为 0 时，这证明查询的是当前的车票和 29 天以后的车票
15                    # 12306 官方要求只能查询 30 天以内的车票
16                    if time_difference >= 0 and time_difference <= 29:
17                        # 在所有车站文件中找到对应的参数，即出发地和目的地
18                        from_station = stations[get_from]                # 出发地
19                        to_station = stations[get_to]                    # 目的地
20                        # 发送查询请求，并获取返回的信息
21                        data = query(get_date, from_station, to_station)
22                        self.checkBox_default()
23                        if len(data) != 0:                               # 判断返回的数据是否为空
24                            # 如果不是空的数据，就将车票信息显示在表格中
25                            self.displayTable(len(data), 16, data)
26                        else:
27                            messageDialog('警告', '没有返回的网络数据！ ')
28                    else:
29                        messageDialog('警告', '超出查询日期的范围内,'
                                       '不可查询昨天的车票信息,以及 29 天以后的车票信息！ ')
```

```
30              else:
31                  messageDialog('警告', '输入的站名不存在,或日期格式不正确！')
32          else:
33              messageDialog('警告', '请填写车站名称！')
34      else:
35          messageDialog('警告', '未下载车站查询文件！')
```

（2）创建 displayTable()方法，用于实现将车票信息显示在主窗体的表格中。关键代码如下：

```
01  # 显示车次信息的表格
02  # train 参数为共有多少趟列车，该参数作为表格的行
03  # info 参数为每趟列车的具体信息，如有座、无座、卧铺等。该参数作为表格的列
04  def displayTable(self, train, info, data):
05      self.model.clear()
06      for row in range(train):
07          for column in range(info):
08              # 添加表格内容
09              item = QStandardItem(data[row][column])
10              # 向表格存储模式中添加表格具体信息
11              self.model.setItem(row, column, item)
12      # 设置表格存储数据的模式
13      self.tableView.setModel(self.model)
```

运行 show_window.py 文件，在主窗体中依次输入出发地、目的地以及出发时间，然后单击"查询"按钮，将显示如图 20.34 所示的车票信息。

车次	出发站	到达站	出发时间	到达时间	历时	商务座特等座	一等座	二等座	高级软卧	软卧	动卧	硬卧	软座	硬座	无座
G151	北京南	上海虹桥	15:49	22:12	06:23	无	无	无	--	--					
G19	北京南	上海虹桥	16:00	20:28	04:28	无	无	无							
G153	北京南	上海虹桥	16:30	22:27	05:57	无	无	无							
G157	北京南	上海虹桥	16:53	23:13	06:20	无	无	无							
G21	北京南	上海虹桥	17:00	21:18	04:18	无	无	无							
G159	北京南	上海虹桥	17:19	23:18	05:59	10	有	无							
G161	北京南	上海虹桥	17:33	23:32	05:59	10	有	有							
G23	北京南	上海	18:00	22:43	04:43	无	无	无						无.	
G25	北京南	上海虹桥	18:04	22:58	04:54	无	无	无							
G27	北京南	上海	19:00	23:29	04:29	无	无	无							
Z281	北京丰台	上海南	19:17	09:46	14:29	--	--	--	无		无		无	无	
D709	北京南	上海	19:36	07:54	12:18	--	无	无		无		无			
T109	北京	上海	20:05	11:00	14:55	--	--	--	无		无		无	无	

图 20.34　车票查询区域的数据显示

20.6.2　卧铺售票分析区域的数据显示

在实现卧铺售票分析区域数据显示时，首先需要发送网络请求，分别获取今天、三天内、五天内的卧铺票信息。然后需要对相同车次的信息进行整合，筛选出所有的车次信息。再将筛选后的车次信

息显示在主窗体的表格中，最后根据卧铺票的积分来判断某车次卧铺票的紧张程度。实现卧铺售票分析区域数据显示的业务流程如图 20.35 所示。

图 20.35　卧铺售票分析区域数据显示的业务流程

实现卧铺售票分析区域数据显示的具体步骤如下。

（1）在 show_window.py 文件中创建 query_ticketing_analysis_click()方法，作为卧铺售票分析查询按钮的事件处理方法。在该方法中分别发送查询今天、三天内以及五天内卧铺车票信息的网络请求。关键代码如下：

```
01   # 判断所有参数（出发地、目的地）是否为空
02   if get_from != "" and get_to != "" :
03       # 判断输入的车站名称是否存在，以及时间格式是否正确
04       if get_from in stations and get_to in stations :
05           from_station = stations[get_from]          # 在所有车站文件中找到对应的参数，即出发地
06           to_station = stations[get_to]              # 目的地
07           today = datetime.datetime.now()            # 获取今天的日期
08           three_set = datetime.timedelta(days=+2)    # 三天内偏移天数
09           five_set = datetime.timedelta(days=+4)     # 五天内偏移天数
10           three_day = (today + three_set).strftime('%Y-%m-%d')  # 三天格式化后的日期
11           five_day = (today + five_set).strftime('%Y-%m-%d')    # 五天格式化后的日期
12           today = today.strftime('%Y-%m-%d')         # 今天格式化后的日期
13           # 发送查询今天卧铺票信息的网络请求，并获取返回的信息
14           query_ticketing_analysis(today, from_station, to_station,1)
15           # 发送查询三天内卧铺票信息的网络请求，并获取返回的信息
16           query_ticketing_analysis(three_day, from_station, to_station,3)
17           # 发送查询五天内卧铺票信息的网络请求，并获取返回的信息
18           query_ticketing_analysis(five_day, from_station, to_station,5)
```

（2）在 query_ticketing_analysis_click()方法中，对所有车次信息进行整合及筛选。关键代码如下：

```
01   info_set=set()                                 # 创建筛选车次集合，并对相同车次进行整合，以查看共有几趟列车
02   for i in today_car_list+three_car_list+five_car_list:
03       # 由于在集合中的数据必须是字符串，因此将车次信息转换为字符串类型，以方便对车次进行整合
04       info_set.add(str(i[0:6]))
05   for info in info_set:                          # 遍历车次信息
06       info = eval(info)                          # 将车次信息再次转换成列表
07       is_today_ture = False                      # 判断今天是否存在某趟列车的标记
08       for i in today_car_list:                   # 遍历今天的车次信息，该车次信息是没有经过筛选的信息
09           if info[0] in i:                       # 判断整合后的车次，在今天的车次信息中是否存在
10               is_today_ture= True                # 存在，就进行标记
```

```
11              # 如果存在，就将车次信息中有卧铺的信息添加至整合后的车次信息中
12              info.append(i[6])
13              break                                      # 跳出循环
14          if is_today_ture==False:                       # 如果今天没有某一趟列车，就标记为'--'
15              info.append('--')
16          is_three_ture = False                          # 判断三天是否存在某趟列车的标记
17          for i in three_car_list:                       # 遍历三天的车次信息，该车次信息是没有经过筛选的信息
18              if info[0] in i:                           # 判断整合后的车次，在三天的车次信息中是否存在
19                  is_three_ture = True                   # 存在，就进行标记
20              # 如果存在，就将车次信息中有卧铺的信息添加至整合后的车次信息中
21                  info.append(i[6])
22                  break                                  # 跳出循环
23          if is_three_ture==False:                       # 如果三天没有某一趟列车，就标记为'--'
24              info.append('--')
25          is_five_ture = False                           # 判断五天是否存在某趟列车的标记
26          for i in five_car_list:                        # 遍历五天的车次信息，该车次信息是没有经过筛选的信息
27              if info[0] in i:                           # 判断整合后的车次，在五天的车次信息中是否存在
28                  is_five_ture = True                    # 存在，就进行标记
29              # 如果存在，就将车次信息中有卧铺的信息添加至整合后的车次信息中
30                  info.append(i[6])
31                  break                                  # 跳出循环
32          if is_five_ture==False:                        # 如果五天没有某一趟列车，就标记为'--'
33              info.append('--')
34          self.info_table.append(info)                   # 将最后结果添加至窗体表格的列表中
```

（3）在 query_ticketing_analysis_click()方法中，将已经筛选好的车次信息与对应卧铺是否有票的信息显示在主窗体的表格中，然后对车次与卧铺信息进行积分计算。关键代码如下：

```
01  self.tableWidget.setRowCount(len(self.info_table))     # 设置表格行数
02  self.tableWidget.setColumnCount(9)                     # 设置表格列数
03  # 设置表格内容文字大小
04  font = QtGui.QFont()
05  font.setPointSize(12)
06  self.tableWidget.setFont(font)
07  # 根据窗体大小拉伸表格
08  self.tableWidget.horizontalHeader().setSectionResizeMode(
09  QtWidgets.QHeaderView.Stretch)
10  # 循环遍历最终的信息
11  for row in range(len(self.info_table)):
12      fraction = 0                                       # 分数，根据该分数判断列车的紧张程度
13      for column in range(9):
14          if column==6:                                  # 如果某趟列车今天是无票
15              if self.info_table[row][column]=='无'or self.info_table[row][column]=='--':
16                  fraction+=3                            # 计 3 分
17          if column==7:                                  # 如果某趟列车三天内是无票
18              if self.info_table[row][column]=='无'or self.info_table[row][column]=='--':
19                  fraction+=2                            # 计 2 分
20          if column == 8:                                # 如果某趟列车五天内是无票
21              if self.info_table[row][column] == '无'or self.info_table[row][column]=='--':
22                  fraction += 1                          # 计 1 分
```

（4）在 query_ticketing_analysis_click()方法中，根据分数的值，判断车次卧铺信息是否紧张，并在表格中按照颜色定义紧张程度。关键代码如下：

```
01              # 判断分数大于或等于 5 分的车次为红色，说明该车次卧铺非常紧张
02              if fraction>=5:
03                  # 定位是哪趟车次符合该条件，遍历该车次信息
04                  for i in range(len(self.info_table[row])):
05                      # 表格列中的信息
```

```
06                      item = QtWidgets.QTableWidgetItem(self.info_table[row][i])
07                      item.setBackground(QColor(255, 0, 0));          # 设置该车次背景颜色
08                      self.tableWidget.setItem(row, i, item)          # 设置表格显示的内容
09              # 判断分数大于 1 与分数小于或等于 4 的车次为橙色，说明该车次卧铺紧张
10              if fraction>=1 and fraction<=4:
11                  for i in range(len(self.info_table[row])):
12                      item = QtWidgets.QTableWidgetItem(self.info_table[row][i])
13                      item.setBackground(QColor(255, 170, 0))
14                      self.tableWidget.setItem(row, i, item)          # 设置表格显示的内容
15              # 判断分数等于 0 的车次为绿色，说明该车次卧铺不紧张
16              if fraction ==0:
17                  for i in range(len(self.info_table[row])):
18                      item = QtWidgets.QTableWidgetItem(self.info_table[row][i])
19                      item.setBackground(QColor(85, 170, 0));
20                      self.tableWidget.setItem(row, i, item)          # 设置表格显示的内容
```

运行 show_window.py 文件，在主窗体（卧铺售票分析）的选项卡中，输入需要查询的"出发地"
与"目的地"，然后单击"查询"按钮将显示如图 20.36 所示的卧铺售票分析数据。

图 20.36　查询卧铺售票分析数据

20.6.3　卧铺车票数量走势图的显示

在实现卧铺车票数量走势图的显示时，首先需要设计一个用于显示卧铺车票数量的折线图，然后统
计每个车次对应的今天、三天内以及五天内卧铺车票剩余的数量，最后将统计后的卧铺车票数量以及车
次作为参数传送给显示折线图的方法中。实现卧铺车票数量走势图显示的业务流程如图 20.37 所示。

图 20.37　卧铺车票数量走势图显示的业务流程

实现卧铺车票数量走势图显示的具体步骤如下。

（1）在项目文件夹中创建 chart.py 文件，并在该文件中创建 PlotCanvas 类，在该类中首先通过 __init__()方法进行初始化工作，然后创建 broken_line()方法，用于显示车票走势的折线图。关键代码如下：

```
01    class PlotCanvas(FigureCanvas):
02
03        def __init__(self, parent=None, width=0, height=0, dpi=100):
04            # 避免中文乱码
05            matplotlib.rcParams['font.sans-serif'] = ['SimHei']
06            matplotlib.rcParams['axes.unicode_minus'] = False
07            # 创建图形
08            fig = plt.figure(figsize=(width, height), dpi=dpi)
09            # 初始化图形画布
10            FigureCanvas.__init__(self, fig)
11            self.setParent(parent)                          # 设置父类
12
13        # 折线图
14        def broken_line(self,number,train_list):
15            '''
16            linewidth: 折线的宽度
17            marker: 折点的形状
18            markerfacecolor: 折点实心颜色
19            markersize: 折点大小
20            '''
21            day_x = ['今天', '三天内', '五天内']               # X 轴折线点
22            for index, n in enumerate(number):
23                # 绘制折线
24                plt.plot(day_x, n, linewidth=1, marker='o',
25                         markerfacecolor='blue', markersize=8, label=train_list[index])
26            plt.legend(bbox_to_anchor=(-0.03,1))            # 让图例生效，并设置图例显示位置
27            plt.title('卧铺车票数量走势图')                     # 标题名称
```

（2）在 show_window.py 文件中创建 statistical_quantity()方法，用于统计车票数量。关键代码如下：

```
01    def statistical_quantity(self,msg):
02        number = 0                                          # 车票初始值
03        for i in msg:
04            if i=='有':                                       # 如果车票数量是有，就增加 20 张车票
05                number+=20
06            if i=='无'or i=='':                               # 如果车票数量是无或者是空，就增加 0 张车票
07                number+=0
08            if i.isdigit():                                   # 如果车票数量是数字，就直接增加对应的数字
09                number+=int(i)
10        return number                                       # 返回计算后的车票数量
```

（3）在 show_window.py 文件中创建 show_broken_line()方法，用于显示卧铺车票数量的折线图。在该方法中首先对所有车次的信息进行筛选，关键代码如下：

```
01    # 遍历车次信息
02    for train_number in self.info_table:
03        number_list = []                                    # 临时保存车票数量
04        if self.horizontalLayout.count() !=0:               # 判断水平布局内是否为空
05            # 每次循环删除管理器的组件
06            while self.horizontalLayout.count():
07                # 获取第一个组件
08                item = self.horizontalLayout.takeAt(0)
09                # 删除组件
10                widget = item.widget()
```

```
11              widget.deleteLater()
12      is_today_ture = False                                    # 判断今天是否存在某趟列车的标记
13      for today in today_list:
14          # 判断今天的车次信息中是否有该车次
15          if train_number[0] in today:
16              is_today_ture = True                             # 如果存在，就进行标记
17              number = self.statistical_quantity(today[6:9])   # 调用统计车票数量的方法
18              number_list.append(number)                       # 将车票数量添加至临时列表中
19              break
20      if is_today_ture == False:                               # 如果今天没有某一趟列车，则说明该车次无票
21          number_list.append(0)                                # 向列表中添加 0 张车票
22      is_three_ture = False                                    # 判断三天内是否存在某趟列车的标记
23      for three_day in three_list:
24          if train_number[0] in three_day:
25              is_three_ture = True                             # 如果存在，就进行标记
26              number = self.statistical_quantity(three_day[6:9]) # 调用统计车票数量的方法
27              number_list.append(number)                       # 将车票数量添加至临时列表中
28              break
29      if is_three_ture == False:                               # 如果三天内没有某一趟列车，则说明该车次无票
30          number_list.append(0)                                # 向列表中添加 0 张车票
31      is_five_ture = False                                     # 判断五天是否存在某趟列车的标记
32      for five_day in five_list:
33          if train_number[0] in five_day:
34              is_five_ture = True                              # 如果存在，就进行标记
35              number = self.statistical_quantity(five_day[6:9]) # 调用统计车票数量的方法
36              number_list.append(number)                       # 将车票数量添加至临时列表中
37              break
38      if is_five_ture == False:                                # 如果五天内没有某一趟列车，则说明该车次无票
39          number_list.append(0)                                # 向列表中添加 0 张车票
40      tickets_number_list.append(number_list)                  # 添加车票数量列表
41      train_number_list.append(train_number[0])                # 添加车次列表
```

（4）在 show_broken_line()方法中，首先判断当车次信息量大时，添加滚动条扩大折线图高度。然后创建自定义的画布对象，再调用 broken_line()方法实现折线图的绘制，最后将折线图显示在主窗体的水平布局中。关键代码如下：

```
01  # 车次信息大时，添加滚动条扩大折线图高度
02  if len(train_number_list)>=9:
03      self.scrollAreaWidgetContents_2.setMinimumHeight(len(train_number_list) * 30)
04      self.horizontalLayoutWidget.setGeometry(QtCore.QRect(0, 0,
05  951,(len(train_number_list)*30)))
06  # 创建画布对象
07  line = PlotCanvas()
08  line.broken_line(tickets_number_list,train_number_list)      # 调用折线图方法
09  self.horizontalLayout.addWidget(line)                        # 将折线图添加至底部水平布局中
```

运行 show_window.py 文件，在主窗体（卧铺售票分析）的选项卡中，输入需要查询的"出发地"与"目的地"，然后单击"查询"按钮，将显示如图 20.38 所示的卧铺车票数量走势图。

20.6.4　查询车票起售时间的数据显示

在实现查询车票起售时间的数据显示时，首先需要发送查询车票起售时间的网络请求，然后根据返回的数据信息，在窗体中实现动态加载数据并显示。实现查询车票起售时间数据显示的业务流程如图 20.39 所示。

图 20.38　显示卧铺车票数量走势图

图 20.39　查询车票起售时间数据显示的业务流程

实现查询车票起售时间数据显示的具体步骤如下。

（1）在 show_window.py 文件中创建 query_time_click()方法，用于查询并显示车票起售时间。在该方法中首先查询起售车站对应的站名与起售时间，然后将主窗体中的网格布局清空。关键代码如下：

```
01    # 车票起售时间查询按钮的事件处理
02    def query_time_click(self):
03        station = self.lineEdit_station.text()              # 获取需要查询的起售车站
04        stations_time = eval(read('time.text'))             # 读取所有车站与起售时间并将其转换为 dic 类型
05        stations = eval(read('stations.text'))              # 读取所有车站并将其转换为 dic 类型
06        if station in stations_time:                        # 判断要搜索的站名是否存在
07            # 查询起售车站对应的站名与起售时间
08            name_lit, time_list = query_time(stations.get(station))
09            if self.gridLayout.count() !=0:
10                # 每次点循环删除管理器的控件
11                while self.gridLayout.count():
12                    # 获取第一个控件
13                    item = self.gridLayout.takeAt(0)
14                    # 删除控件
15                    widget = item.widget()
16                    widget.deleteLater()
```

（2）在 query_time_click()方法中，根据起售时间信息的数量创建对应的控件并为控件设置属性，最后将所有显示起售时间信息的控件添加至主窗体的网格布局中。关键代码如下：

```
01    # 行数标记
02    i = -1
```

```
03    for n in range(len(name_lit)):
04        # x 确定每行显示的个数 0、1、2、3，每行 4 个
05        x = n % 4
06        # 当 x 为 0 时设置换行，行数+1
07        if x == 0:
08            i += 1
09        # 创建布局
10        self.widget = QtWidgets.QWidget()
11        # 给布局命名
12        self.widget.setObjectName("widget" + str(n))
13        # 设置布局样式
14        self.widget.setStyleSheet('QWidget#' + "widget" + str(
15            n) + "{border:2px solid rgb(175, 175, 175);background-color: rgb(255, 255, 255);}")
16        # 创建一个 Qlabel 控件用于显示图片，并设置控件在 QWidget 中
17        self.label = QtWidgets.QLabel(self.widget)
18        self.label.setAlignment(QtCore.Qt.AlignCenter)
19        # 设置大小
20        self.label.setGeometry(QtCore.QRect(10, 10, 210, 65))
21        font = QtGui.QFont()                                    # 创建字体对象
22        font.setPointSize(11)                                   # 设置字体大小
23        font.setBold(True)                                      # 开启粗体属性
24        font.setWeight(75)                                      # 设置文字粗细
25        self.label.setFont(font)                                # 设置字体
26        self.label.setText(name_lit[n]+'        '+time_list[n]) # 设置显示站名与起售时间
27        # 把动态创建的 widget 布局添加到 gridLayout 中。i 和 x 分别代表行数以及每行的个数
28        self.gridLayout.addWidget(self.widget, i, x)
29    # 设置高度为动态高度，并根据行数确定高度，每行 300
30    self.scrollAreaWidgetContents.setMinimumHeight((i+1) * 100)
31    # 设置网格布局，用于控制控件动态高度
32    self.gridLayoutWidget.setGeometry(QtCore.QRect(0, 0, 950, ((i+1) * 100)))
```

运行 show_window.py 文件，在主窗体（车票起售时间）的选项卡中，输入起售车站，然后单击"查询"按钮，将显示如图 20.40 所示的车票起售时间。

图 20.40　显示查询车票起售时间

数据可视化与项目

随着大数据技术的不断发展，数据分析将应用于各个行业，而数据可视化技术的出现，则缓解了专业数据分析人才的缺乏，微软、IBM 等互联网巨头纷纷加入数据可视化的阵营当中。数据可视化在降低数据分析门槛的同时，还可以为分析结果提供更加炫丽的展示效果。

Python 提供了大量的模块来实现数据分析与数据可视化工作，其中：NumPy 模块中包含了大量的数值计算函数；Pandas 模块可以实现数据的处理及操作；Matplotlib 模块则是 Python 中最常用的数据可视化模块，其功能非常强大，可以很方便地绘制柱形图、折线图、散点图等。

本子篇将首先对数据分析及数据可视化的三大模块（NumPy、Pandas、Matplotlib）展开讲解，通过各种简单易懂的示例帮助读者快速学会每个模块的使用方法。然后通过一个"京东电商销售数据分析与预测"的项目案例，带领读者体验数据可视化项目开发的实际过程。

第 21 章

数据可视化

现如今，网络信息技术已经与我们的日常生活息息相关，生活中各项网络数据都在不断地增长，仅靠人工处理这些生活数据已经远远不够。因此，通过现有的科技水平，我们可以使用计算机来分析和处理数据，这些处理后的数据可以通过图表更加清晰地显示出来，这就是数据可视化。本章将带领读者了解什么是数据可视化，以及数据的计算、处理、图表显示等内容。

本章知识架构及重难点如下。

21.1 初识数据可视化

21.1.1 什么是数据可视化

数据可视化主要旨在借助图形化手段，清晰有效地传达与沟通信息。而现如今，大数据人工智能时代，数据可视化是指通过绘图工具和方法将数据集中的数据以图形图像的形式表现出来，并利用数据分析发现其中未知信息的处理过程。

例如，在数据分析的过程中，会对大量的数据（见图 21.1）进行统计分析，然后通过绘图工具绘制出一张精美的图表（见图 21.2）并展现出来，这个过程就是数据可视化。

21.1.2 数据可视化的作用

数据可视化的作用，不仅能够直观地展示数据，更能够体现数据之间隐藏的关系。数据可视化更加直观、生动和具体，比数据表更有表现力。它将复杂的统计数据变得简单化、通俗化、形象化，使人一目了然，便于理解和比较。数据可视化将数据以图形、图表的形式展示出来，使我们能够快速、直观地了解数据变化趋势、数据比较结果、数据所占比例等。因此，数据可视化对数据分析、数据挖掘起到了关键性的作用。

买家实际支付金额	
订单付款时间	
2018-01	23369.0
2018-02	10130.0
2018-03	24732.0
2018-04	20485.0
2018-05	11848.0
2018-06	29828.0
2018-07	39434.0
2018-08	1896.0
2018-09	3613.0
2018-10	15231.0
2018-11	15395.0
2018-12	22753.0

图 21.1　数据展示

图 21.2　数据可视化

21.1.3　数据可视化常用工具

工欲善其事，必先利其器，选择一款合适的数据可视化工具尤为重要。数据可视化工具非常多，如最常见的 Matplotlib、Pandas 内置绘图大全、Seaborn 图表、第三方图表 Pyecharts、Plotly 图表等。这些工具各有特点，在日常工作中，可以配合使用。

☑ Matplotlib：Maplotlib 是最基础的 Python 可视化库。学习 Python 数据可视化，应首先从 Maplotlib 学起，然后学习其他库作为拓展。

☑ Pandas 内置绘图大全：Pandas 是 Python 数据分析中最重要的库，它不仅可以处理数据、分析数据，而且还内置了绘图函数，可以像 Matplotlib 一样实现数据可视化，绘制各种图表。它的优点就是方便快捷，因为 Pandas 内置绘图函数可以直接跟着数据处理结果，例如 groupby 对数据进行分组统计后直接绘制折线图。Pandas 内置绘图函数简单快捷，如果想快速出图，使用它就可以了。

☑ Seaborn 图表：Seaborn 是一个基于 Matplotlib 的高级可视化效果库，偏向于统计图表。因此，主要是针对数据挖掘和机器学习中的变量特征的选取。相比 Matplotlib，Seaborn 的语法相对简单，绘制图表不需要花很多功夫来修饰，但是它绘图方式比较局限，不够灵活。

☑ 第三方图表 Pyecharts：Pyecharts 是一个用于生成 Echarts 图表的类库。Echarts 是百度开源的一个数据可视化 JS 库。用 Echarts 生成的图的可视化效果非常好，而 Pyecharts 则是专门为了与 Python 衔接，方便在 Python 中直接使用的可视化数据分析图表。使用 Pyecharts 可以生成独立的网页格式的图表，还可以在 flask、django 中直接使用，非常方便。

☑ Plotly 图表：Plotly 是一个基于 JavaScript 的动态绘图模块，因此绘制出来的图表可以与 Web 应用集成。该模块不仅提供了丰富而又强大的绘图库，还支持各种类型的绘图方案，绘图的种类丰富、效果美观、方便保存和分享。

21.2　NumPy 数值计算

Numeric 模块是 NumPy 模块的前身，在 1995 年由 Jim Hugunin 与其他协作者共同开发。随后又出现了 Numarray 模块，该模块与 Numeric 模块相似都用于数组计算，但是这两个模块都有着各自的优势，对于开发者来说，需要根据不同的需求选择开发效率更高的模块。

2006 年，Travis Oliphant 在 Numeric 模块中结合了 Numarray 模块的优点，并加入了其他扩展而开发了 NumPy 模块的第一个版本。NumPy 为开放源代码，使用了 BSD 许可证授权，并且由众多开发者共同维护开发。

21.2.1　安装 NumPy

由于 NumPy 模块为第三方模块，因此 Python 官网中的发行版本是不包含该模块的。在 Windows 系统下可以通过以下两种方式安装 NumPy 模块。

如果使用 pip 的安装方式，则在安装 NumPy 模块时，需要先进入 cmd 窗口，然后在 cmd 窗口中执行如下代码：

```
python -m pip install numpy
```

NumPy 模块安装完成以后，在 Python 窗口中输入以下代码，测试是否可以正常导入已经安装的 NumPy 模块。

```
import numpy
```

21.2.2　NumPy 的数据类型

Numpy 支持的数据类型有很多，要比 Python 内置的数据类型还要多。表 21.1 列举了 Numpy 模块常用的数据类型。

表 21.1　Numpy 模块支持的数据类型

数 据 类 型	描　　　述
np.bool	布尔值（True 或 False）
np.int_	默认的整数类型（与 C 语言中的 long 相同，通常为 int32 或 int64）
np.intc	与 C 的 int 类型一样（通常为 int32 或 int 64）
np.intp	用于索引的整数类型（与 C 中的 size_t 相同，通常为 int32 或 int64）
np.int8	字节（−128～127）
np.int16	整数（−32768～32767）
np.int32	整数（−2147483648～2147483647）
np.int64	整数（−9223372036854775808～9223372036854775807）
np.uint8	无符号整数（0～255）
np.uint16	无符号整数（0～65535）

数　据　类　型	描　　述
np.uint32	无符号整数（0～4294967295）
np.uint64	无符号整数（0～18446744073709551615）
np.half/np.float16	半精度浮点数：1 个符号位，5 位指数位，10 位小数部分
np.float32	单精度浮点数，1 个符号位，8 个指数位，23 位小数部分
np.float64/np.float_	双精度浮点数，1 个符号位，11 个指数位，52 位小数部分
np.complex64	复数，表示两个 32 位浮点数（实数部分和虚数部分）
np.complex128/np.complex_	复数，表示两个 64 位浮点数（实数部分和虚数部分）

21.2.3　ndarray 数组对象

ndarray 对象是 NumPy 模块的基础对象，用于存放同类型元素的多维数组。ndarray 数组中的每个元素在内存中都有相同存储大小的区域，而数据类型是由 dtype()对象指定的，每个 ndarray 数组只有一种 dtype 类型。

数组有一个比较重要的属性是 shape，数组的维数与元素的数量就是通过 shape 来确定的。数组的形状（shape）是由 N 个正整数组成的元组来指定的，其中元组的每个元素对应每一维的大小。数组在创建时被指定大小后将不会再发生改变，而 Python 中的列表大小是可以改变的，这也是数组与列表区别较大的地方。

创建一个 ndarray 数组只需调用 NumPy 的 array()函数即可，语法格式如下：

```
numpy.array(object, dtype=None, copy=True, order='K', subok=False, ndmin=0)
```

array()函数的参数说明如表 21.2 所示。

表 21.2　array()函数的参数说明

参　数　名　称	说　　明
object	数组或嵌套序列的对象
dtype	数组所需的数据类型
copy	是否需要复制对象
order	指定数组的内存布局，C 为行方向排列，F 为列方向排列，A 为任意方向（默认）
subok	默认返回一个与基类类型一致的数组
ndmin	指定生成数组的最小维度

【例 21.1】创建 ndarray 数组对象。（**实例位置：资源包\TM\sl\21\01**）

使用 array()函数创建一个 ndarray 数组对象时，需要用 Python 列表作为参数，而列表中的元素即是 ndarray 数组对象的元素。代码如下：

```
01    a = np.array([1,2,3,4,5])                # 定义 ndarray 数组对象
02    print('数组内容为：',a)                   # 输出数组内容
03    print('数组类型为：',a.dtype)             # 输出数组类型
04    print('数组的形状为：',a.shape)           # 输出数组的形状
05    print('数组的维为：',a.ndim)              # 输出数组的维数
06    print('数组的长度为：',a.size)            # 输出数组的长度
```

运行结果如下：

```
数组内容为：  [1 2 3 4 5]
数组类型为：  int32
数组的形状为：  (5,)
数组的维数为：  1
数组的长度为：  5
```

NumPy 的数组中除了以上实例使用的属性，还有几个比较重要的属性，如表 21.3 所示。

表 21.3　ndarray 对象的其他属性

属 性 名 称	说　　　明
ndarray.itemsize	ndarray 对象中每个元素的大小，以字节为单位
ndarray.flags	ndarray 对象的内存信息
ndarray.real	ndarray 元素的实部
ndarray.imag	ndarray 元素的虚部
ndarray.data	包含实际数组元素的缓冲区，由于一般通过数组的索引来获取元素，因此通常不需要使用这个属性

21.2.4　dtype 数据类型对象

数据类型对象是 numpy.dtype 类的实例，用来描述与数组对应的内存区域。dtype 对象是使用以下语法构造的：

```
numpy. dtype(obj[, align, copy])
```

- ☑　object 参数是要转换的数据类型对象。
- ☑　align 参数如果为 True，则填充字段使其类似 C 的结构体。
- ☑　copy 参数是要复制的 dtype 对象，如果为 False，则是对内置数据类型对象的引用。

例如，当查看数组类型时，可以使用如下代码：

```
01    a = np.random.random(4)                        # 生成随机浮点类型数组
02    print(a.dtype)                                 # 查看数组类型
```

运行结果如下：

```
float64
```

每个 ndarray 对象都有一个相关联的 dtype 对象，例如需要定义一个复数数组时，可以通过数组相关联的 dtype 对象，指定数据的类型，代码如下：

```
01    a = np.array([[1,2,3,4,5],[6,7,8,9,10]],dtype=complex)    # 创建复数数组
02    print('数组内容为：',a)                          # 输出数组内容
03    print('数组类型为：',a.dtype)                     # 输出数组类型
```

运行结果如下：

```
数组内容为：  [[ 1.+0.j   2.+0.j   3.+0.j   4.+0.j   5.+0.j]
 [ 6.+0.j   7.+0.j   8.+0.j   9.+0.j  10.+0.j]]
数组类型为：  complex128
```

21.2.5　数组的基本操作

1. 创建数组的多种方法

NumPy 模块中除了使用 ndarray 构造函数来创建数组，还提供了几个函数能够生成包含初始值的 *N*

维数组，数组中的元素根据使用的函数来决定。

（1）zeros()函数：zeros()函数可以创建一个通过 shape 参数来指定数组形状与元素均为 0 的数组。

【例 21.2】 使用 zeros()函数创建元素均为 0 的数组。（实例位置：**资源包\TM\sl\21\02**）

```
01    import numpy as np                          # 导入 numpy 模块
02
03    a = np.zeros(4)                             # 默认为浮点类型
04    print('数组 a 内容为：',a)                    # 输出数组内容
05    print('数组 a 类型为：',a.dtype)              # 输出数组类型
06    print('数组 a 形状为：',a.shape)              # 输出数组形状
07    print('数组 a 维数为：',a.ndim)               # 输出数组维数
08    print('--------------------')
09    b = np.zeros(4, dtype=np.int)                # 设置类型为整数
10    print('数组 b 内容为：',b)                    # 输出数组内容
11    print('数组 b 类型为：',b.dtype)              # 输出数组类型
12    print('--------------------')
13    c = np.zeros((3,3))                          # 生成 3×3 二维数组
14    print('数组 c 内容为：\n',c)                  # 输出数组内容
15    print('数组 c 形状为：',c.shape)              # 输出数组形状
16    print('数组 c 维数为：',c.ndim)               # 输出数组维数
```

运行结果如下：

```
数组 a 内容为：  [0. 0. 0. 0.]
数组 a 类型为：  float64
数组 a 形状为：  (4,)
数组 a 维数为：  1
--------------------
数组 b 内容为：  [0 0 0 0]
数组 b 类型为：  int32
--------------------
数组 c 内容为：
[[0. 0. 0.]
 [0. 0. 0.]
 [0. 0. 0.]]
数组 c 形状为：  (3, 3)
数组 c 维数为：  2
```

 说明

> 还有一个与 zeros()函数类似的函数叫作 ones()，该函数用于创建元素全部为 1 的数组。

（2）arange()函数：arange()函数与 Python 中的 range()函数类似，需要通过指定起始值、终止值与步长来创建一个一维数组，在创建的数组中并不包含终止值。使用 arange()函数创建指定数值范围的一维数组，示例代码如下：

```
01    import numpy as np                          # 导入 numpy 模块
02
03    a = np.arange(0,10,1)                        # 创建数值 0～10 的数组步长为 1
04    print('数组内容为：',a)                      # 输出数组内容
```

运行结果如下：

```
数组内容为：  [0 1 2 3 4 5 6 7 8 9]
```

（3）linspace()函数：linspace()函数用于通过指定起始值、终止值和元素个数来创建一个一维数组。

它的特点是在默认设置的情况下数组中包含终止值，此处需要与 arange()函数区分开。使用 linspace()函数创建指定数值范围的一维数组，示例代码如下：

```
01    import numpy as np                          # 导入 numpy 模块
02
03    a = np.linspace(0,1,10)                      # 创建数值 0~1 的数组，数组长度为 10
04    print('数组内容为： \n',a)                     # 输出数组内容
05    print('数组长度为： ',a.size)                   # 输出数组长度
```

运行结果如下：

```
数组内容为：
 [0.          0.11111111 0.22222222 0.33333333 0.44444444 0.55555556
 0.66666667 0.77777778 0.88888889 1.          ]
数组长度为： 10
```

（4）logspace()函数：logspace()函数与 linspace()函数类似，不同之处在于 logspace()函数用于创建等比数列。其中，起始值与终止值均为 10 的幂，并且元素个数不变。如果需要将基数修改为其他数字，可以通过指定 base 参数来实现。

【例 21.3】使用 logspace ()函数创建的一维数组。（实例位置：资源包\TM\sl\21\03）

```
01    import numpy as np                          # 导入 numpy 模块
02
03    a = np.logspace(0,9,10)                      # 创建数值 10 的 0~9 幂，数组长度为 10
04    print('数值 10 的 0~9 幂')
05    print('数组内容为： \n',a)                     # 输出数组内容
06    print('数组长度为： ',a.size)                   # 输出数组长度
07    print('------------------')
08    b = np.logspace(0,9,10,base=2)               # 创建数值 2 的 0~9 幂，数组长度为 10
09    print('数值 2 的 0~9 幂')
10    print('数组内容为： \n',b)                     # 输出数组内容
11    print('数组长度为： ',b.size)                   # 输出数组长度
```

运行结果如下：

```
数值 10 的 0~9 幂
数组内容为：
 [1.e+00 1.e+01 1.e+02 1.e+03 1.e+04 1.e+05 1.e+06 1.e+07 1.e+08 1.e+09]
数组长度为： 10
------------------
数值 2 的 0~9 幂
数组内容为：
 [  1.   2.   4.   8.  16.  32.  64. 128. 256. 512.]
数组长度为： 10
```

（5）eye()函数：eye()函数用于生成对角线元素为 1，其他元素为 0 的数组，类似于对角矩阵。使用 eye()函数创建数组，示例代码如下：

```
01    import numpy as np                          # 导入 numpy 模块
02    a = np.eye(3)                                # 创建 3×3 数组
03    print('数组内容为： \n',a)                     # 输出数组内容
```

运行结果如下：

```
数组内容为：
[[1. 0. 0.]
 [0. 1. 0.]
 [0. 0. 1.]]
```

（6）diag()函数：diag()函数与 eye()函数类似，可以指定对角线中的元素，可以是 0 或其他值，对角线以外的其他元素均为 0。使用 diag()函数创建数组，示例代码如下：

```
01   import numpy as np                      # 导入 numpy 模块
02
03   a = np.diag([1,2,3,4,5])                 # 创建 5×5 数组
04   print('数组内容为： \n',a)              # 输出数组内容
```

运行结果如下：

```
数组内容为：
[[1 0 0 0 0]
 [0 2 0 0 0]
 [0 0 3 0 0]
 [0 0 0 4 0]
 [0 0 0 0 5]]
```

2. 生成随机数

NumPy 模块中提供了一个 random 的子模块，通过该子模块可以很轻松地创建随机数数组。random 子模块中包含多种产生随机数的函数。常见函数用法如下。

（1）rand()函数：rand()函数用于生成一个任意维数的数组，数组的元素取自 0～1 上的均分布，如果没有设置参数的情况下，则生成一个数。

【例 21.4】使用 rand()函数创建一个随机数组。（**实例位置：资源包\TM\sl\21\04**）

```
01   import numpy as np                      # 导入 numpy 模块
02
03   a = np.random.rand(2,3,2)               # 创建随机数组
04   print('数组内容为： \n',a)              # 输出数组内容
05   print('数组形状为： ',a.shape)          # 输出数组形状
06   print('数组维数为： ',a.ndim)           # 输出数组维数
```

运行结果如下：

```
数组内容为：
[[[0.73907586 0.87176277]
  [0.42022933 0.77297553]
  [0.47148362 0.48561028]]

 [[0.86624807 0.78783422]
  [0.3208552  0.52580099]
  [0.31325425 0.94394843]]]
数组形状为： (2, 3, 2)
数组维数为： 3
```

（2）randint()函数：randint()函数用于生成指定范围的随机数，语法格式如下：

```
numpy.random.randint(low, high=None, size=None, dtype='l')
```

其中，low 和 high 为区间值，low 为最小值，high 为最大值。在没有设置最大值（high）时，则取值区间为 0～low，size 参数为数组的形状（shape）。

【例 21.5】使用 randint()函数创建一个随机数组。（**实例位置：资源包\TM\sl\21\05**）

```
01   import numpy as np                      # 导入 numpy 模块
02
03   a = np.random.randint(2,10, size=(2,2,3))  # 创建随机数组
04   print('数组内容为： \n',a)              # 输出数组内容
05   print('数组形状为： ',a.shape)          # 输出数组形状
```

运行结果如下：

```
数组内容为：
[[[6 5 9]
  [2 9 4]]

 [[6 4 5]
  [5 6 8]]]
数组形状为： (2, 2, 3)
```

（3）random()函数：random()函数同样是一个生成 0～1 的浮点型随机数的数组，只是如果在 random()函数中填写单个数字时将随机生成对应数量的元素数组，在指定数组形状时需要通过元组的形式为数组设置形状。

【例 21.6】使用 random()函数创建一个随机数组。（实例位置：资源包\TM\sl\21\6）

```
01   import numpy as np                      # 导入 numpy 模块
02
03   a = np.random.random(5)                 # 创建随机数组
04   b = np.random.random()                  # 创建无参数随机数组
05   c = np.random.random((2,3))             # 创建指定外形的随机数组
06   print('数组 a 内容为： \n',a)            # 输出数组 a 内容
07   print('数组 b 内容为： \n',b)            # 输出数组 b 内容
08   print('数组 c 内容为： \n',c)            # 输出数组 c 内容
```

运行结果如下：

```
数组 a 内容为：
 [0.12690107 0.63469113 0.70120584 0.0513001  0.99727611]
数组 b 内容为：
 0.6376227636726965
数组 c 内容为：
 [[0.12586269 0.7142219  0.24781609]
 [0.31794615 0.92605066 0.19554479]]
```

3．切片与索引

ndarray 对象中的内容是可以通过索引或切片来访问和修改的，它与 Python 中列表（list）的切片操作相同。ndarray 对象中元素的索引也是基于 0～n 的下标进行索引的，设置数组中对应索引的起始值、终止值以及步长即可从原数组中切割出一个新的数组。

【例 21.7】通过索引访问一维数组。（实例位置：资源包\TM\sl\21\7）

```
01   import numpy as np                               # 导入 numpy 模块
02
03   a = np.arange(10)                                # 创建数组
04   print('数组 a 内容为： ',a)                       # 输出数组 a 内容
05   print('索引为 3 的结果： ',a[3])                   # 输出索引为 3 的结果
06   print('指定索引范围与步长的结果： ',a[2:5:2])      # 输出从索引 2 开始到索引 5 停止，步长为 2
07   print('指定索引范围的结果： ',a[2:5])             # 输出从索引 2 开始到索引 5 停止的结果
08   print('索引为 2 以后的结果： ',a[2:])             # 输出索引为 2 以后的结果
09   print('索引为 5 以前的结果： ',a[:5])             # 输出索引为 5 以前的结果
10   print('索引为-2 的结果： ',a[-2])                 # 输出索引为-2 的结果，-2 表示从数组最后往前数的第二个元素
11   a[1] = 2                                          # 修改指定索引的元素值
12   print('修改指定索引元素值： ',a)                   # 输出修改指定索引元素值以后的数组内容
```

运行结果如下：

```
数组 a 内容为： [0 1 2 3 4 5 6 7 8 9]
索引为 3 的结果： 3
```

指定索引范围与间隔的结果：[2 4]
指定索引范围的结果：[2 3 4]
索引为 2 以后的结果：[2 3 4 5 6 7 8 9]
索引为 5 以前的结果：[0 1 2 3 4]
索引为-2 的结果：8
修改指定索引元素值：[0 2 2 3 4 5 6 7 8 9]

【例 21.8】通过索引访问多维数组。（实例位置：资源包\TM\sl\21\8）

```
01  import numpy as np                          # 导入 numpy 模块
02
03  a = np.array([[1,2,3],[4,5,6],[7,8,9]])      # 创建多维数组
04  print('数组 a 内容为：\n',a)                   # 输出数组 a 内容
05  print('指定索引结果：',a[1])                    # 输出指定索引结果
06  print('指定索引范围的结果：\n',a[1:])           # 输出 1 行以后的元素
07  print('指定行列结果：',a[0,1:4])                # 输出第 1 行中第 2、3 列元素
08  print('获取第 2 列元素：',a[...,1])             # 输出第 2 列所有元素
09  print('获取第 2 行元素：',a[1,...])             # 输出第 2 行所有元素
10  print('获取第 2 列及以后的元素：\n',a[...,1:])   # 输出第 2 列及以后的元素
```

运行结果如下：

```
数组 a 内容为：
[[1 2 3]
 [4 5 6]
 [7 8 9]]
指定索引结果：[4 5 6]
指定索引范围的结果：
[[4 5 6]
 [7 8 9]]
指定行列结果：[2 3]
获取第 2 列元素：[2 5 8]
获取第 2 行元素：[4 5 6]
获取第 2 列及以后的元素：
[[2 3]
 [5 6]
 [8 9]]
```

21.3 pandas 数据处理

pandas 是一个开源的并且通过 BSD 许可的库，主要为 Python 语言提供了高性能、易于使用的数据结构和数据分析工具。在安装 pandas 模块时可以使用 pip 的安装方式，首先需要进入 cmd 窗口，然后在 cmd 窗口中执行如下代码：

```
python -m pip install --upgrade pandas
```

pandas 模块安装完成以后，在 Python 窗口中输入以下代码，测试是否可以正常导入已经安装的 pandas 模块即可。

```
import pandas
```

21.3.1 pandas 数据结构

pandas 的数据结构中有两大核心，分别是 Series 与 DataFrame。其中 Series 是一维数组和 Numpy

中的一维数组类似。这两种一维数组与 Python 中基本数据结构 List 相近，Series 可以保存多种数据类型的数据，如布尔值、字符串、数字类型等。DataFrame 是一种以表格形式的数据结构类似于 Excel 表格一样，是一种二维的表格型数据结构。

1．Series 对象

1）创建 Series 对象

在创建 Series 对象时，只需要将数组形式的数据传入 Series() 构造函数中即可。示例代码如下：

```
01    import pandas                              # 导入 pandas 模块
02
03    data = ['A','B','C']                       # 创建数据数组
04
05    series = pandas.Series(data)               # 创建 Series 对象
06    print(series)                              # 输出 Series 对象内容
```

运行结果如图 21.3 所示。

说明

在图 21.3 所示的输出结果中，左侧数字为索引列，右侧的字母列为索引对应的元素。Series 对象在没有指定索引时，将默认生成从 0 开始依次递增的索引值。

在创建 Series 对象时，可以指定索引项，如指定索引项为 a、b、c。示例代码如下：

```
01    import pandas                              # 导入 pandas 模块
02
03    data = ['A','B','C']                       # 创建数据数组
04    index = ['a','b','c']                      # 创建索引数组
05    series = pandas.Series(data,index=index)   # 创建指定索引的 Series 对象
06    print(series)                              # 输出指定索引的 Series 对象内容
```

运行结果如图 21.4 所示。

```
0    A
1    B
2    C
dtype: object
```

图 21.3　输出 Series 对象内容

```
a    A
b    B
c    C
dtype: object
```

图 21.4　输出指定索引的 Series 对象内容

2）访问数据

在访问 Series 对象中的数据时，可以单独访问索引数组或者元素数组。实现单独访问索引数组或者元素数组的示例代码如下：

```
01    print('索引数组为：',series.index)         # 输出索引数组
02    print('元素数组为：',series.values)        # 输出元素数组
```

运行结果如下：

```
索引数组为：  Index(['a', 'b', 'c'], dtype='object')
元素数组为：  ['A' 'B' 'C']
```

如果需要获取指定下标的数组元素，可以直接通过 "Series 对象[下标]" 的方式获取数组元素，数组下标从 0 开始。实现指定索引获取对应的数组元素的示例代码如下：

```
01    print('指定下标的数组元素为: ',series[1])          # 输出指定下标的数组元素
02    print('指定索引的数组元素为: ',series['a'])         # 输出指定索引的数组元素
```

运行结果如下：

```
指定下标的数组元素为：  B
指定索引的数组元素为：  A
```

如果需要获取多个下标对应的 Series 对象时，可以指定下标范围。示例代码如下：

```
01    # 输出下标为 0、1、2 对应的 Series 对象
02    print('获取多个下标对应的 Series 对象: \n',series[0:3])
```

运行结果如下：

```
获取多个下标对应的 Series 对象：
a    A
b    B
c    C
dtype: object
```

不仅可以通过指定下标范围的方式获取 Series 对象，还可以通过指定多个索引的方式获取 Series 对象。实现通过指定多个索引的方式获取 Series 对象的示例代码如下：

```
01    # 输出索引为 a、b 对应的 Series 对象
02    print('获取多个索引对应的 Series 对象:\n',series[['a','b']])
```

运行结果如下：

```
获取多个索引对应的 Series 对象：
a    A
b    B
dtype: object
```

3）修改元素值

在实现修改 Series 对象的元素值时，同样可以通过指定下标或者指定索引的方式来实现。实现修改 Series 对象的元素值的示例代码如下：

```
01    series[0] = 'D'                                   # 修改下标为 0 的元素值
02    print('修改下标为 0 的元素值: \n',series)          # 输出修改元素值以后的 Series 对象
03    series['b'] = 'A'                                 # 修改索引为 b 的元素值
04    print('修改索引为 b 的元素值: \n',series)          # 输出修改元素值以后的 Series 对象
```

运行结果如下：

```
修改下标为 0 的元素值：
a    D
b    B
c    C
dtype: object
修改索引为 b 的元素值：
a    D
b    A
c    C
dtype: object
```

2．DataFrame 对象

在创建 DataFrame 对象时，需要通过字典来创建 DataFrame 对象。其中，每列的名称为键，而每

个键对应的是一个数组，这个数组作为值。示例代码如下：

```
01    import pandas                                    # 导入 pandas 模块
02
03    data = {'A': [1, 2, 3, 4, 5],
04            'B': [6, 7, 8, 9, 10],
05            'C':[11,12,13,14,15]}
06    data_frame = pandas.DataFrame(data)              # 创建 DataFrame 对象
07    print(data_frame)                                # 输出 DataFrame 对象内容
```

运行结果如图 21.5 所示。

```
      A   B   C
0     1   6   11
1     2   7   12
2     3   8   13
3     4   9   14
4     5   10  15
```

图 21.5　输出创建的
DataFrame 对象内容

说明

　　在图 21.5 所示的输出结果中，左侧单独的数字为索引列，在没有指定特定的索引时，DataFrame 对象默认的索引将从 0 开始递增。右侧 A、B、C 列名为键，列名对应的值为数组。

DataFrame 对象同样可以单独指定索引名称，指定方式与 Series 对象类似。示例代码如下：

```
01    import pandas                                    # 导入 pandas 模块
02
03    data = {'A': [1, 2, 3, 4, 5],
04            'B': [6, 7, 8, 9, 10],
05            'C':[11,12,13,14,15]}
06    index = ['a','b','c','d','e']                    # 自定义索引
07    data_frame = pandas.DataFrame(data,index = index)  # 创建自定义索引 DataFrame 对象
08    print(data_frame)                                # 输出 DataFrame 对象内容
```

运行结果如下：

```
   A   B   C
a  1   6   11
b  2   7   12
c  3   8   13
d  4   9   14
e  5   10  15
```

如果数据中含有不需要的数据列时，可以在创建 DataFrame 对象时指定需要的数据列名来创建 DataFrame 对象。示例代码如下：

```
01    import pandas                                    # 导入 pandas 模块
02
03    data = {'A': [1, 2, 3, 4, 5],
04            'B': [6, 7, 8, 9, 10],
05            'C':[11,12,13,14,15]}
06    data_frame = pandas.DataFrame(data,columns=['B','C'])  # 创建指定列名的 DataFrame 对象
07    print(data_frame)                                # 输出 DataFrame 对象内容
```

运行结果如下：

```
   B   C
0  6   11
1  7   12
2  8   13
3  9   14
4  10  15
```

21.3.2 读写数据

1. 读、写文本文件

csv 文件是文本文件的一种，该文件中每一行数据的多个元素之间是使用逗号进行分隔的。pandas 提供了 read_csv() 函数用于 csv 文件的读取工作。read_csv() 函数中常用的参数及其含义如表 21.4 所示。

表 21.4　read_csv() 函数常用参数及其含义

参 数 名	参 数 含 义
filepath_or_buffer	表示文件路径的字符串
sep	str 类型，表示分隔符，默认为逗号 ","
header	表示将哪一行数据作为列名
names	为读取后的数据设置列名，默认为 None
index_col	通过列索引指定列的位置，默认为 None
skiprows	int 类型，需要跳过的行号，从文件内数据的开始处算起
skipfooter	int 类型，需要跳过的行号，从文件内数据的末尾处算起
na_values	将指定的值设置为 NaN
nrows	int 类型，设置需要读取数据中的前 n 行数据
encoding	str 类型，用于设置文本编码格式。例如，"utf-8" 表示用 UTF-8 编码
squeeze	设置为 True，表示如果解析的数据只包含一列，则返回一个 Series。默认为 False
engine	表示数据解析的引擎，可以指定为 c 或 python，默认为 c

在实现一个简单的读取 csv 文件时，直接调用 pandas.read_csv() 函数，然后指定文件路径即可。实现通过 pandas.read_csv() 函数读取 csv 文件内容的示例代码如下：

```
01   import pandas                                    # 导入 pandas 模块
02
03   data = pandas.read_csv('test.csv')              # 读取 csv 文件信息
04   print('读取的 csv 文件内容为：\n',data)            # 输出读取的文件内容
```

运行结果如下：

```
读取的 csv 文件内容为：
   A  B  C  D  E
0  1  2  3  4  5
1  3  4  2  8  7
2  5  6  4  9  3
```

说明

> 如果读取的结果中出现乱码现象，则可以根据原文件的编码方式进行编码读取。

在实现 csv 文件的写入工作时，pandas 提供了 to_csv() 方法，该方法中的常用参数及其含义如表 21.5 所示。

表 21.5　to_csv() 方法常用参数及其含义

参 数 名	参 数 含 义
filepath_or_buffer	表示文件路径的字符串

续表

参　数　名	参　数　含　义
sep	str 类型，表示分隔符，默认为逗号","
na_rep	str 类型，用于替换缺失值，默认为""空
float_format	str 类型，指定浮点数据的格式，例如，'%.2f表示保留两位小数
columns	表示指定写入哪列数据的列名，默认为 None
header	表示是否写入数据中的列名，默认为 False，表示不写入
index	表示是否将行索引写入文件中，默认为 True
mode	str 类型，表示写入模式默认为"w"
encoding	str 类型，表示写入文件的编码格式

【例 21.9】实现将读取出来的数据中的指定列写入新的文件中。（**实例位置：资源包\TM\sl\21\9**）

```
01   import pandas                                      # 导入 pandas 模块
02
03   data = pandas.read_csv('test.csv')                 # 读取 csv 文件信息
04   # 将读取的信息中的指定列写入新的文件中
05   data.to_csv('new_test.csv',columns=['D','E'],index=False)
06   new_data = pandas.read_csv('new_test.csv')         # 读取新写入的 csv 文件信息
07   print('读取新的 csv 文件内容为：\n',new_data)        # 输出新文件信息
```

运行结果如下：

```
读取新的 csv 文件内容为：
     D  E
0    4  5
1    8  7
2    9  3
```

2．读、写 Excel 文件

Excel 文件是一个大家都比较熟悉的文件，该文件主要用于办公的表格文件。Excel 是微软公司推出 Microsoft Office 办公软件中的一个组件。目前 Excel 文件的扩展名有两种：一种为.xls，另一种为.xlsx。Excel 文件的扩展名主要由 Microsoft Office 办公软件的版本决定。

pandas 提供了 read_excel()函数用于 Excel 文件的读取工作，该函数中常用的参数及其含义如表 21.6 所示。

表 21.6　read_excel()函数的常用参数及其含义

参　数　名	参　数　含　义
io	表示文件路径的字符串
sheet_name	表示指定 Excel 文件内的分表位置，返回多表可以使用 sheet_name =[0,1]，默认为 0
header	表示指定哪一行数据作为列名，默认为 0
skiprows	int 类型，需要跳过的行号，从文件内数据的开始处算起
skipfooter	int 类型，需要跳过的行号，从文件内数据的末尾处算起
index_col	通过列索引指定列的位置，默认为 None
names	指定列的名字

在没有特殊的要求下，读取 Excel 文件的内容与读取 csv 文件的内容相同，直接调用 pandas.read_excel()函数即可。通过 pandas.read_excel()函数读取 Excel 文件内容的示例代码如下：

```
01    import pandas                                          # 导入 pandas 模块
02
03    # 读取 Excel 文件内容
04    data = pandas.read_excel('test.xlsx')
05    print('读取的 Excel 文件内容为：\n', data)
```

运行结果如下：

```
读取的 Excel 文件内容为：
   A  B  C  D  E
0  1  2  3  4  5
1  6  7  8  9  10
```

在实现 Excel 文件的写入工作时，通过 DataFrame 的数据对象直接调用 to_excel() 方法即可。to_excel() 方法的参数含义与 to_csv() 方法类似。

【例 21.10】通过 to_excel() 方法向 Excel 文件内写入信息。（**实例位置：资源包\TM\sl\21\10**）

```
01    import pandas                                          # 导入 pandas 模块
02
03    # 读取 Excel 文件内容
04    data = pandas.read_excel('test.xlsx')
05    # 将读取的信息中的指定列写入新的文件中
06    data.to_excel('new_test.xlsx',columns=['A','B'],index=False)
07    new_data = pandas.read_excel('new_test.xlsx',)          # 读取新写入的 Excel 文件信息
08    print('读取新的 Excel 文件内容为：\n',new_data)
```

运行结果如下：

```
读取新的 Excel 文件内容为：
   A  B
0  1  2
1  6  7
```

3. 读、写数据库数据

通过 pandas 实现数据库数据的读、写操作时，首先需要进行数据库的连接，然后通过调用 pandas 提供的数据库读、写函数和方法来实现对数据库中的数据执行读、写操作。在实现数据库连接时可以根据不同的数据库安装相应的数据库操作模块，这里将以 MySQL 数据库为例，进行 pandas 数据库读、写数据的讲解。

1）读取数据库信息

pandas 提供了 3 个函数用于实现数据库信息的读取操作，具体函数如下。

☑ read_sql_query() 函数：可以实现对数据库的查询操作，但是不能直接读取数据库中的某个表，需要在 sql 语句中指定查询命令与数据表的名称。

☑ read_sql_table() 函数：只能实现读取数据库中的某一个表内的数据，并且该函数需要在 SQLAlchemy 模块的支持下才可以使用。

☑ read_sql() 函数：该函数则是一个比较全能的函数，既可以实现读取数据库中某一个表的数据，也可以实现具体的查询操作。

以上 3 个数据库读取函数的语法格式如下：

```
01    read_sql_query(sql, con, index_col=None, coerce_float=True, params=None,
02                       parse_dates=None, chunksize=None)
03    read_sql_table(table_name, con, schema=None, index_col=None,
```

```
04                          coerce_float=True, parse_dates=None, columns=None,
05                          chunksize=None)
06          read_sql(sql, con, index_col=None, coerce_float=True, params=None,
07                          parse_dates=None, columns=None, chunksize=None)
```

以上 3 个函数比较常用的参数及其含义如表 21.7 所示。

表 21.7　读取数据库信息函数中常用的参数及其含义

参　数　名	参　数　含　义
sql	str 类型，表示需要执行的 sql 查询语句或表名
table_name	str 类型，表示数据库中数据表的名称
con	表示数据库连接
index_col	str 类型或 str 类型的列表，指定数据列为数据行的索引
coerce_float	boolean 类型，将数据中 decimal 类型的值转换为浮点类型，默认为 True
columns	list 类型，表示需要读取数据的列名

【例 21.11】实现数据库信息的读取操作。（实例位置：资源包\TM\sl\21\11）

```
01   import pandas                                   # 导入 pandas 模块
02   import pymysql                                  # 导入操作 mysql 模块
03   import sqlalchemy                               # 导入 sqlalchemy 数据库操作模块
04
05   # 使用 pymysql 连接数据库
06   pymysql_db = pymysql.connect(host="localhost", user="root",
07                                password="root", db="jd_data", port=3306, charset="utf8")
08   # sql 查询语句，查询数据表中前 5 条书名信息
09   sql = "select book_name from sales_volume_rankings where id<=5"
10   # 通过 read_sql_query()函数读取数据库信息
11   sql_query_data = pandas.read_sql_query(sql=sql,con=pymysql_db)
12   print('通过 read_sql_query()函数读取数据库信息如下： \n', sql_query_data)
13
14   # 使用 sqlalchemy 连接数据库，依次设置
15   # （数据库产品名称+数据库操作模块名://数据库用户名:密码@数据库 ip 地址：数据库端口号/数据库名称）
16   sqlalchemy_db = sqlalchemy.create_engine\
17       ("mysql+pymysql://root:root@localhost:3306/jd_data")
18   # 通过 read_sql_table()函数读取数据库信息
19   sql_table_data = pandas.read_sql_table\
20       (table_name='sales_volume_rankings', con=sqlalchemy_db)
21   print('\n 通过 read_sql_table()函数读取数据库信息长度为： ', len(sql_table_data))
22
23   # 通过 read_sql()函数读取数据库信息
24   read_sql_data = pandas.read_sql(sql=sql,con=sqlalchemy_db)
25   print('\n 通过 read_sql()函数读取数据库信息如下： \n', read_sql_data)
```

运行结果如下：

```
通过 read_sql_query()函数读取数据库信息如下：
                book_name
0        Python 编程 从入门到实践
1             数学之美（第二版）
2     Python 从入门到项目实践（全彩版）
3        Excel 高效办公应用与技巧大全
4   机器学习【首届京东文学奖-年度新锐入围作品】

通过 read_sql_table()函数读取数据库信息长度为： 100

通过 read_sql()函数读取数据库信息如下：
```

```
                      book_name
0        Python 编程 从入门到实践
1                数学之美（第二版）
2     Python 从入门到项目实践（全彩版）
3        Excel 高效办公应用与技巧大全
4     机器学习【首届京东文学奖-年度新锐入围作品】
```

说明

在实现例 21.11 前需要提前安装 pymysql 与 sqlalchemy 数据库操作模块，并且需要保证 MySQL 数据库的正常使用。

2）写入数据库信息

pandas 只提供了一个 to_sql()方法用于实现数据库数据的写入工作，该方法只需要通过 DataFrame 数据对象直接调用即可，to_sql()方法同样也需要 SQLAlchemy 模块的支持。to_sql()方法的语法格式如下：

```
to_sql(self, name, con, schema=None, if_exists='fail', index=True,
       index_label=None, chunksize=None, dtype=None, method=None)
```

to_sql()方法比较常用的参数及其含义如表 21.8 所示。

表 21.8 to_sql()方法中常用的参数及其含义

参　数　名	参　数　含　义
name	str 类型，表示数据表名称
con	表示数据库连接
if_exists	该参数提供了 3 个属性：fail 表示如果数据表已经存在，就不执行写入操作；replace 表示如果数据表已经存在，就删除原来的数据表，重新创建数据表后再写入数据；append 表示向原有的数据表中添加数据。默认属性为 fail
index	表示是否将行索引写入数据表中，默认为 True

【例 21.12】实现数据库信息的写入与读取。（**实例位置：资源包\TM\sl\21\12**）

```
01  import pandas                                    # 导入 pandas 模块
02  import sqlalchemy                                # 导入 sqlalchemy 数据库操作模块
03
04  # 使用 sqlalchemy 连接数据库
05  sqlalchemy_db = sqlalchemy.create_engine\
06      ("mysql+pymysql://root:root@localhost:3306/jd_data")
07  # sql 查询语句
08  sql = "select * from to_sql_demo "
09  # 模拟写入数据库中的数据
10  data = {'A': [1, 2, 3, 4, 5],
11          'B': [6, 7, 8, 9, 10],
12          'C':[11,12,13,14,15]}
13  data__frame = pandas.DataFrame(data)             # 创建 DataFrame 对象
14  # 向数据库中写入模拟数据 data
15  data__frame.to_sql('to_sql_demo',sqlalchemy_db,if_exists='append')
16  # 通过 read_sql()函数读取数据库信息
17  read_sql_data = pandas.read_sql(sql=sql,con=sqlalchemy_db)
18  print('\n 通过 read_sql()函数读取数据库信息如下：\n', read_sql_data)
```

运行结果如下：

通过 read_sql()函数读取数据库信息如下：

```
   index   A    B    C
0      0    1    6    11
1      1    2    7    12
2      2    3    8    13
3      3    4    9    14
4      4    5   10    15
```

21.3.3　数据操作

DataFrame 对象是 pandas 模块中最常用的对象，该对象所呈现出的数据与 Excel 表格相似。因此，在实现数据的统计与分析前，需要了解 DataFrame 对象中的各种数据的操作方法，如数据的增、删、改、查等操作。

1．增添数据

如果需要为 DataFrame 对象添加一列数据，可以先创建列名，然后为其赋值数据。示例代码如下：

```
01    import pandas                              # 导入 pandas 模块
02
03    data = {'A': [1, 2, 3, 4, 5],
04    'B': [6, 7, 8, 9, 10],
05    'C':[11,12,13,14,15]}
06    data__frame = pandas.DataFrame(data)        # 创建 DataFrame 对象
07    data__frame['D'] = [10,20,30,40,50]         # 增加 D 列数据
08    print(data__frame)                          # 输出 DataFrame 对象内容
```

运行结果如下：

```
   A    B    C    D
0  1    6    11   10
1  2    7    12   20
2  3    8    13   30
3  4    9    14   40
4  5   10    15   50
```

2．删除数据

pandas 模块提供了 drop()函数，用于删除 DataFrame 对象中的某行或某列数据。该函数提供了多个参数，其中比较常用的参数及其含义如表 21.9 所示。

表 21.9　drop()函数常用的参数及其含义

参　数　名	参　数　含　义
labels	需要删除的行或列的标签，接收 string 或 array。
axis	该参数默认为 0，表示删除行，当 axis=1 时，表示删除列
index	指定需要删除的行索引
columns	指定需要删除的列
inplace	如果设置为 False，则不改变原数据，并返回一个执行删除后的新 DataFrame 对象；如果设置为 True，则将对原数据进行删除操作。

实现删除 DataFrame 对象原数据中指定列与指定索引的行数据，示例代码如下：

```
01    data__frame.drop([0],inplace=True)                    # 删除原数据中索引为 0 的那行数据
02    data__frame.drop(labels='A',axis=1,inplace=True)      # 删除原数据中列名为 A 的那列数据
```

```
03    print(data__frame)                                    # 输出 DataFrame 对象内容
```

运行结果如下：

```
   B    C
1  7   12
2  8   13
3  9   14
4  10  15
```

说明

> 在实现删除 DataFrame 对象中指定列名的数据时，也可以通过 del 关键字来实现，例如删除原数据中列名为 A 的数据，即可使用 del data__frame['A']代码。

drop()函数除了可以删除指定的列或者是行数据，还可以指定行索引的范围实现删除多行数据。指定行索引的范围实现删除多行数据的示例代码如下：

```
01    # 删除原数据中行索引从 0 至 2 的前三行数据
02    data__frame.drop(labels=range(0,3),axis=0,inplace=True)
03    print(data__frame)                                    # 输出 DataFrame 对象内容
```

运行结果如下：

```
   A   B    C
3  4   9   14
4  5   10  15
```

3. 修改数据

如果需要修改 DataFrame 对象中某一列中的某个元素，则需要通过赋值的方式来修改元素。示例代码如下：

```
01    data__frame['A'][2] = 10                              # 将 A 列中第三行数据修改为 10
02    print(data__frame)                                    # 输出 DataFrame 对象内容
```

运行结果如下：

```
   A    B    C
0  1    6   11
1  2    7   12
2  10   8   13
3  4    9   14
4  5    10  15
```

在修改 DataFrame 对象中某一列的所有数据时，需要了解当前修改列名对应的元素数组中包含多少个元素，然后根据原有元素的个数进行对应元素的修改。代码如下：

```
01    data__frame['B'] = [5,4,3,2,1]                        # 修改 B 列中的所有数据
02    print(data__frame)                                    # 输出 DataFrame 对象内容
```

运行结果如下：

```
   A   B    C
0  1   5   11
1  2   4   12
2  3   3   13
```

```
3    4    2    14
4    5    1    15
```

 说明

（1）如果在修改 B 列中所有数据时，修改的元素数量与原有的元素数量不匹配，则会出现如图 21.6 所示的错误信息。

```
Traceback (most recent call last):
  File "D:\PythonProject\demo.py", line 8, in <module>
    data__frame['B'] = [5,4,3]         # 修改 B 列中的所有数据
  File "H:\Python\Python311\Lib\site-packages\pandas\core\frame.py", line 3978,
in __setitem__
    self._set_item(key, value)
  File "H:\Python\Python311\Lib\site-packages\pandas\core\frame.py", line 4172,
in _set_item
    value = self._sanitize_column(value)
  File "H:\Python\Python311\Lib\site-packages\pandas\core\frame.py", line 4912,
in _sanitize_column
    com.require_length_match(value, self.index)
  File "H:\Python\Python311\Lib\site-packages\pandas\core\common.py", line 561,
in require_length_match
    raise ValueError(
ValueError: Length of values (3) does not match length of index (5)
```

图 21.6　修改元素数量不匹配

（2）如果为某一列赋值为单个元素，如 data__frame['B'] = 1，那么此时 B 列对应的数据都将被修改为 1。

4．查询数据

在获取 DataFrame 对象中某一列的数据时，可以通过直接指定列名或者是直接调用列名的属性来获取指定列的数据。示例代码如下：

```
01  import pandas                                 # 导入 pandas 模块
02
03  data = {'A': [1, 2, 3, 4, 5],
04          'B': [6, 7, 8, 9, 10],
05          'C':[11,12,13,14,15]}
06  data__frame = pandas.DataFrame(data)          # 创建 DataFrame 对象
07  print('指定列名的数据为：\n',data__frame['A'])
08  print('指定列名属性的数据为：\n',data__frame.B)
```

运行结果如下：

```
指定列名的数据为：
0    1
1    2
2    3
3    4
4    5
Name: A, dtype: int64
指定列名属性的数据为：
0    6
1    7
2    8
3    9
4    10
Name: B, dtype: int64
```

在获取 DataFrame 对象从第 1 行至第 3 行范围内的数据时，可以通过指定行索引范围的方式来获取数据。行索引从 0 开始，行索引 0 对应的是 DataFrame 对象中的第 1 行数据。查询指定行索引范围的数据，代码如下：

```
print('获取指定行索引范围的数据：',data__frame[0:3])
```

运行结果如下：

```
   A  B   C
0  1  6  11
1  2  7  12
2  3  8  13
```

说明

在获取指定行索引范围的示例代码中，0 为起始行索引，3 为结束行索引的位置，因此此次获取内容并不包含行索引为 3 的数据。

在获取 DataFrame 对象中某一列中的某个元素时，可以通过依次指定列名称、行索引来获取数据。示例代码如下：

```
print('获取指定列中的某个数据：',data__frame['B'][2])
```

运行结果如下：

```
获取指定列中的某个数据： 8
```

5. NaN 数据处理

1）将元素修改为 NaN

NaN 数据在 numpy 模块中用于表示空缺数据，因此在数据分析中偶尔会需要将数据结构中的某个元素修改为 NaN，这时只需要调用 numpy.NaN 为需要修改的元素赋值即可实现修改元素的目的。示例代码如下：

```
01    data__frame['A'][0] = numpy.nan          # 将数据中列名为 A、行索引为 0 的元素修改为 NaN
02    print(data__frame)                        # 输出 DataFrame 对象内容
```

运行结果如下：

```
     A    B   C
0  NaN    6  11
1  2.0    7  12
2  3.0    8  13
3  4.0    9  14
4  5.0   10  15
```

2）统计 NaN 数据

pandas 提供了两个可以快速识别数据中的空缺值非空缺值的方法：isnull()方法用于识别数据中是否有空缺值，该方法如果检测到有空缺值，则将返回 True；notnull()方法用于识别数据中是否有非空缺值，该方法如果检测到有非空缺值，则将返回 True。通过这两个方法和统计函数的方法即可获取数据中空缺值与非空缺值的具体数量。示例代码如下：

```
01    print('每列空缺值数量为：\n',data__frame.isnull().sum())      # 输出数据中空缺值数量
02    print('每列非空缺值数量为：\n',data__frame.notnull().sum())    # 输出数据中非空缺值数量
```

运行结果如下：

```
每列空缺值数量为:
A    1
B    0
C    0
dtype: int64
每列非空缺值数量为:
A    4
B    5
C    5
dtype: int64
```

3）筛选 NaN 元素

在实现数据中 NaN 元素的筛选时，需要使用 dropna()函数来实现，例如，删除包含 NaN 元素所在的整行数据。示例代码如下：

```
01    data__frame.dropna(axis=0,inplace=True)       # 删除包含 NaN 元素所在的整行数据
02    print(data__frame)                            # 输出 DataFrame 对象内容
```

运行结果如下：

```
     A    B    C
1    2.0   7   12
2    3.0   8   13
3    4.0   9   14
4    5.0  10   15
```

说明

如果需要删除数据中包含 NaN 元素所在的整列数据，则可以将 axis 参数设置为 1。

dropna()函数提供了一个 how 参数，如果将该参数设置为 all，那么 dropna()函数将会删除某行或者某列中所有元素全部为 NaN 的值。代码如下：

```
01    import pandas                                   # 导入 pandas 模块
02    import numpy
03
04    data = {'A': [1, 2, 3, 4, 5],
05            'B': [6, 7, 8, 9, 10],
06            'C':[11,12,13,14,15]}
07    data__frame = pandas.DataFrame(data)           # 创建 DataFrame 对象
08    data__frame['A'][0] = numpy.nan                # 将数据中列名为 A、行索引为 0 的元素修改为 NaN
09    data__frame['A'][1] = numpy.nan                # 将数据中列名为 A、行索引为 1 的元素修改为 NaN
10    data__frame['A'][2] = numpy.nan                # 将数据中列名为 A、行索引为 2 的元素修改为 NaN
11    data__frame['A'][3] = numpy.nan                # 将数据中列名为 A、行索引为 3 的元素修改为 NaN
12    data__frame['A'][4] = numpy.nan                # 将数据中列名为 A、行索引为 4 的元素修改为 NaN
13    data__frame.dropna(how='all',axis=1,inplace=True)  # 删除包含 NaN 元素对应的整列数据
14    print(data__frame)                             # 输出 DataFrame 对象内容
```

运行结果如下：

```
     B    C
0    6   11
1    7   12
2    8   13
3    9   14
4   10   15
```

说明

由于 axis 的默认值为 0，这意味着 dropna() 函数只删除行数据，而所有元素都为 NaN 值的是列，因此在指定 how 参数时，还需要指定删除目标为列，即 axis=1。

4）NaN 元素的替换

当处理数据中的 NaN 元素时，为了避免删除数据中比较重要的参考数据。因此可以使用 fillna() 函数将数据中 NaN 元素替换为同一个元素，这样在实现数据分析时可以很清楚地知道哪些元素无用即为 NaN 元素。示例代码如下：

```
01    import pandas                              # 导入 pandas 模块
02
03    data = {'A': [1, None, 3, 4, 5],
04            'B': [6, 7, 8, None, 10],
05            'C': [11, 12, None, 14, None]}
06    data_frame = pandas.DataFrame(data)        # 创建 DataFrame 对象
07    data_frame.fillna(0, inplace=True)         # 将数据中所有 NaN 元素修改为 0
08    print(data_frame)                          # 输出 DataFrame 对象内容
```

运行结果如下：

```
      A     B     C
0   1.0   6.0  11.0
1   0.0   7.0  12.0
2   3.0   8.0   0.0
3   4.0   0.0  14.0
4   5.0  10.0   0.0
```

如果需要将不同列中的 NaN 元素修改为不同的元素值，则可以通过字典的方式对每列进行依次修改。示例代码如下：

```
01    import pandas                              # 导入 pandas 模块
02
03    data = {'A': [1, None, 3, 4, 5],
04            'B': [6, 7, 8, None, 10],
05            'C': [11, 12, None, 14, None]}
06    data_frame = pandas.DataFrame(data)        # 创建 DataFrame 对象
07    print(data_frame)                          # 输出修改前的 DataFrame 对象的内容
08    # 将数据 A 列中的 NaN 元素修改为 0，B 列中的 NaN 元素修改为 1，C 列中的 NaN 元素修改为 2
09    data_frame.fillna({'A':0,'B':1,'C':2}, inplace=True)
10    print(data_frame)                          # 输出修改后的 DataFrame 对象的内容
```

修改前运行结果如图 21.7 所示，修改后结果如图 21.8 所示。

```
      A     B     C
0   1.0   6.0  11.0
1   NaN   7.0  12.0
2   3.0   8.0   NaN
3   4.0   NaN  14.0
4   5.0  10.0   NaN
```

图 21.7 修改前结果

```
      A     B     C
0   1.0   6.0  11.0
1   0.0   7.0  12.0
2   3.0   8.0   2.0
3   4.0   1.0  14.0
4   5.0  10.0   2.0
```

图 21.8 修改后结果

21.4　Matplotlib 绘制常用图表

Matplotlib 是一个 Python 2D 绘图库，常用于数据可视化。它能够以多种硬复制格式和跨平台的交互式环境生成出版物质量的图形。

Matplotlib 的功能非常强大，它将容易的事情变得更容易，困难的事情变得可能。Matplotlib 只需几行代码就可以游刃有余地绘制各种各样的图表，如柱形图、折线图、散点图、饼形图等。

21.4.1　绘制柱形图

柱形图，又称长条图、柱状图、条状图等，是一种以长方形的长度为变量的统计图表。柱形图用来比较两个或以上的数据（不同时间或者不同条件），只有一个变量，通常用于较小的数据集分析。

Matplotlib 绘制柱形图主要使用 bar()函数，语法格式如下：

```
matplotlib.pyplot.bar(x,height,width,bottom=None,*,align='center',data=None,**kwargs)
```

参数说明如下。

- ☑ x：x 轴数据。
- ☑ height：柱子的高度，也就是 y 轴数据。
- ☑ width：浮点型，柱子的宽度，默认值为 0.8，可以指定固定值。
- ☑ bottom：标量或数组，可选参数，柱形图的 y 坐标，默认值为 None。
- ☑ *：星号本身不是参数。星号表示其后面的参数为命名关键字参数，命名关键字参数必须传入参数名，否则程序会出现错误。
- ☑ align：对齐方式，如 center（居中）和 edge（边缘），默认值为 center。
- ☑ data：data 关键字参数。如果给定一个数据参数，所有位置和关键字参数将被替换。
- ☑ **kwargs：关键字参数，其他可选参数，如 color（颜色）、alpha（透明度）、label（每个柱子显示的标签）等。

【例 21.13】绘制线上图书销售额分析图。（实例位置：资源包\TM\sl\21\13）

使用 bar()函数绘制"2013—2019 年线上图书销售额分析图"，程序代码如下：

```
01    import pandas as pd                                # 导入 pandas 模块
02    import matplotlib.pyplot as plt                    # 导入 matplotlib.pyplot 模块
03    df = pd.read_excel('../../datas/books.xlsx')       # 读取 Excel 文件
04    plt.rcParams["font.sans-serif"]=['SimHei']         # 解决中文乱码
05    x=df['年份']                                        # x 轴数据
06    height=df['销售额']                                 # 柱子的高度
07    plt.grid(axis="y", which="major")                  # 生成虚线网格
08    #x、y 轴标签
09    plt.xlabel('年份')
10    plt.ylabel('线上销售额（元）')
11    # 图表标题
12    plt.title('2013—2019 年线上图书销售额分析图')
13    # 绘制柱形图，width 柱子宽度，align 居中对齐，color 为柱子颜色，alpha 为透明度
14    plt.bar(x,height,width = 0.5,align='center',color = 'b',alpha=0.5)
15    # 设置每个柱子的文本标签，format(b,',')格式化销售额为千位分隔符格式，ha 居中对齐，va 垂直底部对齐
```

```
         # color 为字体颜色，alpha 为透明度
16    for a,b in zip(x,height):
17         plt.text(a, b,format(b,','), ha='center', va= 'bottom',fontsize=9,color = 'b',alpha=0.9)
18    plt.legend(['销售额'])                                        # 设置图例
19    plt.show()                                                   # 显示图表
```

运行程序，输出结果如图 21.9 所示。

21.4.2 绘制折线图

折线图可以显示随时间变化的连续数据，因
此非常适用于显示在相等时间间隔下数据的趋
势。如基础体温曲线图、学生成绩走势图、股票
月成交量走势图、月销售统计分析图，以及微博、
公众号、网站访问量统计图等都可以用折线图体
现。在折线图中，类别数据沿水平轴均匀分布，
所有值数据沿垂直轴均匀分布。Matplotlib 主要使
用 plot()函数绘制折线图，语法格式如下：

图 21.9 基本柱形图

```
matplotlib.pyplot.plot(x,y,format_string,**kwargs)
```

参数说明如下。

☑ x：x 轴数据。

☑ y：y 轴数据。

☑ format_string：控制曲线格式的字符串，包括颜色、线条样式和标记样式。

☑ **kwargs：附加参数，用于设置自动图例、线宽、标记颜色等。

【例 21.14】绘制学生语数外各科成绩分析图。（实例位置：资源包\TM\sl\21\14）

下面使用 plot()函数绘制多折线图。例如，绘制学生语数外各科成绩分析图，程序代码如下：

```
01    import pandas as pd                                          # 导入 pandas 模块
02    import matplotlib.pyplot as plt                              # 导入 matplotlib.pyplot 模块
03    df1=pd.read_excel('../../datas/data.xls')                    # 读取 Excel 文件
04    # 绘制多折线图
05    x1=df1['姓名']
06    y1=df1['语文']
07    y2=df1['数学']
08    y3=df1['英语']
09    plt.rcParams['font.sans-serif']=['SimHei']                   # 解决中文乱码
10    plt.rcParams['xtick.direction'] = 'out'                      # x 轴的刻度线向外显示
11    plt.rcParams['ytick.direction'] = 'in'                       # y 轴的刻度线向内显示
12    plt.title('语数外成绩大比拼',fontsize='18')                   # 图表标题
13    # 绘制语文成绩折线图，maker 为标记样式
14    plt.plot(x1,y1,label='语文',color='r',marker='p')
15    # 绘制数学成绩折线图，maker 为标记样式，mfc 为标记填充颜色，ms 为标记大小，alpha 为透明度
16    plt.plot(x1,y2,label='数学',color='g',marker='.',mfc='r',ms=8,alpha=0.7)
17    # 绘制英语成绩折线图
18    plt.plot(x1,y3,label='英语',color='b',linestyle='-.',marker='*')
19    plt.grid(axis='y')                                           # 显示网格关闭 y 轴
20    plt.ylabel('分数')                                           # y 轴标签
21    plt.yticks(range(50,150,10))                                 # y 轴刻度值范围
22    plt.legend(['语文','数学','英语'])                           # 设置图例
23    plt.show()                                                   # 显示图表
```

运行程序，输出结果如图 21.10 所示。
上述举例，用到了几个参数，下面进行说明。

- ☑ label：数据标签。
- ☑ color：折线颜色。
- ☑ marker：标记样式。
- ☑ linestyle：折线样式。
- ☑ mfc：标记填充颜色。
- ☑ ms：标记大小。
- ☑ alpha：透明度，设置该参数可以改变颜色的深浅。

图 21.10 多折线图

21.4.3 绘制散点图

散点图主要用来查看数据的分布情况或相关性，一般用在线性回归分析中，以查看数据点在坐标系平面上的分布情况。散点图表示因变量随自变量而变化的大致趋势，据此可以选择合适的函数对数据点进行拟合。

散点图与折线图类似，它也是由一个个点构成的。但不同之处在于，散点图的各点之间不会按照它们前后关系用线条连接起来。

Matplotlib 绘制散点图使用 plot()和 scatter()函数都可以实现，本节使用 scatter()函数绘制散点图。scatter()函数专门用于绘制散点图，它的使用方式和 plot()函数类似，区别在于前者具有更高的灵活性，可以单独控制每个散点与数据匹配，并让每个散点具有不同的属性。scatter()函数的语法格式如下：

```
matplotlib.pyplot.scatter(x,y,s=None,c=None,marker=None,cmap=None,norm=None,vmin=None,vmax=None,alpha=None,
linewidths=None,verts=None,edgecolors=None,data=None, **kwargs)
```

参数说明如下。

- ☑ x，y：数据。
- ☑ s：标记大小，以平方磅为单位的标记面积，设置值如下。
  - ➢ 数值标量：以相同的大小绘制所有标记。
  - ➢ 行或列向量：使每个标记具有不同的大小。x、y 和 sz 中的相应元素确定每个标记的位置和面积。sz 的长度必须等于 x 和 y 的长度。
  - ➢ []：使用 36 平方磅的默认面积。
- ☑ c：标记颜色，可选参数，默认值为'b'，表示蓝色。
- ☑ marker：标记样式，可选参数，默认值为'o'。
- ☑ cmap：颜色地图，可选参数，默认值为 None。
- ☑ norm：可选参数，默认值为 None。
- ☑ vmin，vmax：标量，可选，默认值为 None。
- ☑ alpha：透明度，可选参数，0～1 的数，表示透明度，默认值为 None。
- ☑ linewidths：线宽，标记边缘的宽度，可选参数，默认值为 None。
- ☑ verts：(x,y) 的序列，可选参数，如果参数 marker 为 None，则这些顶点将用于构建标记。标记的中心位置为（0,0）。
- ☑ edgecolors：轮廓颜色，和参数 c 类似，可选参数，默认值为 None。

☑ data：data 关键字参数。如果给定一个数据参数，所有位置和关键字参数将被替换。

☑ **kwargs：关键字参数，其他可选参数。

【例 21.15】散点图分析销售收入与广告费的相关性（实例位置：资源包\TM\sl\21\15）

绘制销售收入与广告费散点图，用以观察销售收入与广告费的相关性，关键代码如下：

```
01  # x 为广告费用，y 为销售收入
02  x=pd.DataFrame(dfCar_month['支出'])
03  y=pd.DataFrame(dfData_month['金额'])
04  plt.title('销售收入与广告费散点图')        # 图表标题
05  plt.scatter(x, y,   color='red')        # 真实值散点图
```

运行程序，输出结果如图 21.11 所示。

21.4.4 绘制饼形图

饼形图常用来显示各个部分在整体所占的比例。例如，在工作中如果遇到需要计算总费用或金额的各个部分构成比例的情况，一般通过各个部分与总额相除来计算，而且这种比例表示方法很抽象，而通过饼形图将直接显示各个组成部分所占比例，一目了然。

Matplotlib 绘制饼形图主要使用 pie()函数，语法格式如下：

图 21.11 销售收入与广告费散点图

```
matplotlib.pyplot.pie(x,explode=None,labels=None,colors=None,autopct=None,pctdistance=0.6,shadow=False,labeldistance=
1.1,startangle=None,radius=None,counterclock=True,wedgeprops=None,textprops=None,center=(0, 0), frame=False, rotatelabels=
False, hold=None, data=None)
```

参数说明如下。

☑ x：每一块饼图的比例，如果 sum(x)＞1，则会使用 sum(x)归一化。

☑ explode：每一块饼图离中心的距离。

☑ labels：每一块饼图外侧显示的说明文字。

☑ autopct：设置饼图百分比，可以使用格式化字符串或 format 函数。如'%1.1f'保留小数点前后 1 位。

☑ pctdistance：类似于 labeldistance 参数，指定百分比的位置刻度，默认值为 0.6。

☑ shadow：在饼图下面画一个阴影，默认值为 False，即不画阴影。

☑ labeldistance：标记的绘制位置，相对于半径的比例，默认值为 1.1，如＜1 则绘制在饼图内侧。

☑ startangle：起始绘制角度，默认是从 x 轴正方向逆时针画起的。如果设置值为 90，则从 y 轴正方向画起。

☑ radius：饼图半径，默认值为 1，半径越大饼图越大。

☑ counterclock：指定指针方向，布尔型，可选参数。默认值为 True 表示逆时针；如果值为 False，则表示顺时针。

☑ wedgeprops：字典类型，可选参数，默认值为 None。字典被传递给 wedge 对象，用来画一个饼图。例如，wedgeprops={'linewidth':2}，表示将 wedge 的线宽设置为 2。

☑ textprops：设置标签和比例文字的格式，字典类型，可选参数，默认值为 None。传递给 text 对象的字典参数。

☑　center：浮点类型的列表，可选参数，默认值为(0,0)，表示图表中心位置。

☑　frame：布尔型，可选参数。默认值为 False，不显示轴框架（也就是网格）；如果值为 True，则显示轴框架，与 grid()函数配合使用。实际应用中建议使用默认设置，因为显示轴框架会干扰饼形图效果。

☑　rotatelabels：布尔型，可选参数。默认值为 False；如果值为 True，则旋转每个标签到指定的角度。

【例 21.16】 通过饼形图分析各省销量占比情况。（**实例位置：资源包\TM\sl\21\16**）

下面通过饼形图分析 2020 年 1 月各省销量占比情况，代码如下：

```
01  import pandas as pd                                          # 导入 pandas 模块
02  from matplotlib import pyplot as plt                         # 导入 pyplot 模块
03  df1 = pd.read_excel('../../datas/data3.xls')                 # 读取 Excel 文件
04  plt.rcParams['font.sans-serif']=['SimHei']                   # 解决中文乱码
05  plt.figure(figsize=(5,3))                                    # 设置画布大小
06  labels = df1['省']                                           # 饼图标签
07  sizes = df1['销量']                                          # 饼图数据
08  # 设置饼图中每个扇形的颜色
09  colors = ['red', 'yellow', 'slateblue', 'green','magenta','cyan','darkorange','lawngreen','pink','gold']
10  plt.pie(sizes,                                               # 饼图数据
11          labels=labels,                                       # 添加区域水平标签
12          colors=colors,                                       # 设置饼图的自定义填充色
13          labeldistance=1.02,                                  # 设置各扇形标签（图例）与圆心的距离
14          autopct='%.1f%%',                                    # 设置百分比的格式，这里保留一位小数
15          startangle=90,                                       # 设置饼图的初始角度
16          radius = 0.5,                                        # 设置饼图的半径
17          center = (0.2,0.2),                                  # 设置饼图的原点
18          textprops = {'fontsize':9, 'color':'k'},             # 设置文本标签的属性值
19          pctdistance=0.6)                                     # 设置百分比标签与圆心的距离
20  # 设置 x, y 轴刻度一致，保证饼图为圆形
21  plt.axis('equal')
22  plt.title('2020 年 1 月各省、区、市销量占比情况分析')           # 图表标题
23  plt.show()                                                    # 显示图表
```

运行程序，输出结果如图 21.12 所示。

图 21.12　基础饼图

第 22 章

京东电商销售数据分析与预测

随着我国市场经济的不断发展，电商营销行业拔地而起，改变了传统的营销模式，打造了一站式的购物服务平台。

随着电商行业的激烈竞争，电商平台推出了各种数字营销方案，付费广告也是花样繁多。那么电商投入这些广告后，究竟能给企业增加多少销售收入，对销售收入的影响究竟有多大，是否达到了企业预期效果。针对这类问题企业将如何处理，而不是凭直觉妄加猜测。

例如，京东电商投入了几个月的广告费，收益还不错，因此，该企业计划未来 6 个月多投入一些广告，那么老板让你估算多投入些广告费未来能给企业带来多少收益，你该怎么办？

本章将通过 Python 结合数据分析方法对京东电商的销售收入和广告费数据进行分析与预测，首先探索以往销售收入和广告费两组数据间的关系，然后进行销售收入的预测。

本章知识架构及重难点如下。

22.1 需求分析

为了让用户更加轻松地查看京东电商销售数据分析与预测的状况，该案例将具备以下功能。

☑ 日期数据的统计和显示。

☑ 销售收入分析。

☑ 销售收入与广告费相关性分析。

☑ 销售收入预测。

☑ 预测评分。

京东电商销售数据分析与预测的预览效果如图 22.1～图 22.4 所示。

图 22.1　销售收入分析

图 22.2　销售收入和广告费相关性分析

图 22.3　销售收入和广告费散点图

图 22.4　销售收入和广告费线性拟合图

22.2　案例准备

本程序的开发及运行环境如下。

☑　操作系统：Windows 7、Windows 8、Windows 10 等。

☑　开发版本：Python 3。

☑　开发工具：PyCharm。

☑　第三方模块：pandas（0.24.1）、xlrd（1.2.0）、xlwt（1.3.0）、scipy（1.2.1）、numpy（1.16.1）、matplotlib（3.0.2）、scikit-learn（0.21.2）。

22.3　业务流程

在开发京东电商销售数据分析与预测时，需要先思考该程序的业务流程。根据需求分析与功能结构，设计出如图 22.5 所示的系统业务流程。

图 22.5　系统业务流程

22.4　分　析　方　法

经过对京东电商销售收入和广告费数据的分析得知，这两组数据存在一定的线性关系。因此，我们采用线性回归的分析方法对未来 6 个月的销售收入进行预测。

线性回归包括一元线性回归和多元线性回归。

- ☑ 一元线性回归：当只有一个自变量和一个因变量，且二者的关系可用一条直线近似表示时，称为一元线性回归。（研究因变量 Y 和一个自变量 X 之间的关系）
- ☑ 多元线性回归：当自变量有两个或多个时，则称为多元线性回归（研究因变量 Y 和多个自变量 $1x$，$2x$，…，nx 之间的关系）。

说明

被预测的变量叫作因变量，被用来进行预测的变量叫作自变量。

简单地说：当研究一个因素（广告费）影响销售收入时，可以使用一元线性回归；当研究多个因素（广告费、用户评价、促销活动、产品介绍、季节因素等）影响销售收入时，可以使用多元线性回归。

本章通过对京东电商每月销售收入和广告费的分析，判断销售收入和广告费存在一定的线性关系，因此就可以通过线性回归公式求得销售收入的预测值，公式如下：

$$y=bx+k$$

其中，y 为预测值（因变量），x 为特征（自变量），b 为斜率，k 为截距。

上述公式的求解过程主要使用最小二乘法，所谓"二乘"就是平方的意思，最小二乘法也称最小平方和，其目的是通过最小化误差的平方和，使得预测值与真值无限接近。

这里对求解过程不做过多介绍，我们主要使用 scikit-learn 线性模型（linear_model）中的 LinearRegression 对象实现销售收入的预测。

22.5　实　现　过　程

用 Python 编写程序实现京东电商销售收入的预测，首先分析京东电商销售收入和广告费数据，然后通过折线图、散点图判断销售收入和广告费两组数据的相关性，最后实现销售收入的预测。

22.5.1　日期数据统计并显示

京东电商存在两组历史数据——销售收入数据和广告费数据——分别存储在两个 Excel 文件中。在分析预测前，首先要对这些数据进行处理，并提取与数据分析相关的数据。

例如，销售收入分析只需要"日期"和"销售码洋"，关键代码如下：

```
df=df[['日期','销售码洋']]
```

为了便于分析每天和每月的销售收入数据，需要按天、按月统计 Excel 表中的销售收入数据，这里主要使用 Pandas 中 DataFrame 对象的 resample()方法。首先将 Excel 表中的日期转换为 datetime，然后将日期设置为索引，最后使用 resample()方法和 to_period()方法来实现日期数据的统计和显示，效果如图 22.6 和 22.7 所示。

1	日期	销售码洋
2	2022-01-01 00:00:00	20673.4
3	2022-01-02 00:00:00	17748.6
4	2022-01-03 00:00:00	17992.6
5	2022-01-04 00:00:00	31944.4
6	2022-01-05 00:00:00	37875
7	2022-01-06 00:00:00	22400.2
8	2022-01-07 00:00:00	21861.6
9	2022-01-08 00:00:00	19516
10	2022-01-09 00:00:00	26330.6
11	2022-01-10 00:00:00	24406.4
12	2022-01-11 00:00:00	23858.6
13	2022-01-12 00:00:00	23208
14	2022-01-13 00:00:00	22199.8
15	2022-01-14 00:00:00	35673.8
16	2022-01-15 00:00:00	37140.4
17	2022-01-16 00:00:00	42839
18	2022-01-17 00:00:00	28760.4
19	2022-01-18 00:00:00	38567.4
20	2022-01-19 00:00:00	31018.6
21	2022-01-20 00:00:00	31745.6

图 22.6　按天统计销售数据（部分数据）

1	日期	销售码洋
2	2022-01-01 00:00:00	958763.6
3	2022-02-01 00:00:00	900500.2
4	2022-03-01 00:00:00	1144057
5	2022-04-01 00:00:00	911718.8
6	2022-05-01 00:00:00	1014848
7	2022-06-01 00:00:00	1515419
8	2022-07-01 00:00:00	1433418
9	2022-08-01 00:00:00	1185811
10	2022-09-01 00:00:00	1138865
11	2022-10-01 00:00:00	1848853
12	2022-11-01 00:00:00	2347063
13	2022-12-01 00:00:00	1560960

图 22.7　按月统计销售数据

关键代码如下：

```
01  df['日期'] = pd.to_datetime(df['日期'])              # 将日期转换为日期格式
02  df1= df.set_index('日期',drop=True)                 # 将日期设置为索引
03  # 按天统计销售数据
04  df_d=df1.resample('D').sum().to_period('D')
05  print(df_d)
06  # 按月统计销售数据
07  df_m=df1.resample('M').sum().to_period('M')
08  print(df_m)
```

22.5.2　销售收入分析

销售收入分析实现了按天和按月分析销售收入数据，并通过图表进行显示，效果更加清晰直观，如图 22.8 所示。

图 22.8　销售收入分析

这里使用 DataFrame 对象本身提供的绘图方法来实现图表的绘制，其中主要使用 subplots() 函数来实现子图的绘制。首先，使用 subplots() 函数创建坐标系对象 axes，然后在绘制图表中指定 axes 对象，关键代码如下：

```
01  # 图表字体为黑体，字号为 10
02  plt.rc('font', family='SimHei',size=10)
03  # 绘制子图
04  fig = plt.figure(figsize=(9,5))
05  ax=fig.subplots(1,2)                      # 创建 axes 对象
06  # 分别设置图表标题
07  ax[0].set_title('按天分析销售收入')
08  ax[1].set_title('按月分析销售收入')
09  df_d.plot(ax=ax[0],color='r')            # 第一个图折线图
10  df_m.plot(kind='bar',ax=ax[1],color='g') # 第二个图柱形图
11  # 调整图表距上部和底部的空白
12  plt.subplots_adjust(top=0.95,bottom=0.15)
13  plt.show()
```

22.5.3　销售收入与广告费相关性分析

在使用线性回归方法预测销售收入前，需要对相关数据进行分析。那么，单纯从数据的角度很难发现其中的趋势和联系，但将数据绘制成图表后，趋势和联系就会变得清晰起来。

下面通过折线图和散点图来看一看销售收入与广告费的相关性。

绘制图表前，最重要的是我们需要有数据，数据很重要，销售收入和广告费数据分别如图 22.9 和图 22.10 所示。（由于数据较多，这里只显示部分数据）

1	日期	商品名称	成交件数	销售码洋
2	2022-1-1	Python从入门到项目实践（全彩版）	36	3592.8
3	2022-1-1	零基础学Python（全彩版）	28	2234.4
4	2022-1-1	零基础学C语言（全彩版）	20	1396
5	2022-1-1	零基础学Java（全彩版）	26	1814.8
6	2022-1-1	SQL即查即用（全彩版）	12	597.6
7	2022-1-1	零基础学C#（全彩版）	10	798
8	2022-1-1	Java项目开发实战入门（全彩版）	12	717.6
9	2022-1-1	JavaWeb项目开发实战入门（全彩版）	8	558.4
10	2022-1-1	C++项目开发实战入门（全彩版）	7	488.6
11	2022-1-1	零基础学C++（全彩版）	12	957.6
12	2022-1-1	零基础学HTML5+CSS3（全彩版）	8	638.4
13	2022-1-1	C#项目开发实战入门（全彩版）	8	558.4
14	2022-1-1	Java精彩编程200例（全彩版）	16	1276.8
15	2022-1-1	案例学Web前端开发（全彩版）	3	149.4
16	2022-1-1	零基础学JavaScript（全彩版）	7	558.6
17	2022-1-1	C#精彩编程200例（全彩版）	6	538.8
18	2022-1-1	C语言精彩编程200例（全彩版）	7	558.6
19	2022-1-1	C语言项目开发实战入门（全彩版）	5	299
20	2022-1-1	ASP.NET项目开发实战入门（全彩版）	3	209.4
21	2022-1-1	零基础学Android（全彩版）	5	449
22	2022-1-1	零基础学PHP（全彩版）	2	159.6
23	2022-1-1	PHP项目开发实战入门（全彩版）	2	139.6

图 22.9　销售收入（部分数据）

1	投放日期	支出
2	2022-1-1	810
3	2022-1-1	519
4	2022-1-1	396
5	2022-1-1	278
6	2022-1-1	210
7	2022-1-1	198
8	2022-1-1	164
9	2022-1-1	162
10	2022-1-1	154
11	2022-1-1	135
12	2022-1-1	134
13	2022-1-1	132
14	2022-1-1	125
15	2022-1-1	107
16	2022-1-1	93
17	2022-1-1	92
18	2022-1-1	82
19	2022-1-1	81
20	2022-1-1	59
21	2022-1-1	54
22	2022-1-1	47
23	2022-1-1	43

图 22.10　广告费（部分数据）

首先读取数据，并对数据进行大致浏览，程序代码如下：

```
01  import pandas as pd
02  import matplotlib.pyplot as plt
03  df1= pd.read_excel('.\data\广告费.xlsx')
04  df2= pd.read_excel('.\data\销售表.xlsx')
05  print(df1.head())
06  print(df2.head())
```

运行程序，输出结果如图 22.11 所示。

图 22.11　部分数据

1．折线图

从图 22.11 中不难看出，销售收入数据有明显的时间维度，那么，首先选择使用折线图分析。

为了更清晰地对比广告费与销售收入这两组数据的变化和趋势，我们使用双 Y 轴折线图，其中主 Y 轴用来绘制广告费数据，次 Y 轴用来绘制销售收入数据。通过折线图可以发现，广告费和销售收入两组数据的变化和趋势大致相同，从整体的大趋势来看，广告费和销售收入两组数据都呈现增长趋势。

从规律性来看，广告费和销售收入数据每次的最低点都出现在同一个月。从细节来看，两组数据的短期趋势的变化也基本一致，如图 22.12 所示。

关键代码如下：

```
01  # x 为广告费，y 为销售收入
02  y1=pd.DataFrame(df_x['支出'])
03  y2=pd.DataFrame(df_y['销售码洋'])
04  fig = plt.figure()
05  # 图表字体为黑体，字号为 11
06  plt.rc('font', family='SimHei',size=11)
07  ax1 = fig.add_subplot(111)                               # 添加子图
08  plt.title('京东电商销售收入与广告费分析折线图')            # 图表标题
09  # 图表 x 轴标题
10  x=[0,1,2,3,4,5,6,7,8,9,10,11]
11  plt.xticks(x,['1 月','2 月','3 月','4 月','5 月','6 月','7 月','8 月','9 月','10 月','11 月','12 月'])
12  ax1.plot(x,y1.values,color='orangered',linewidth=2,linestyle='-',marker='o',mfc='w',label='广告费')
13  plt.legend(loc='upper left')
14  ax2 = ax1.twinx()                                        # 添加一条 y 轴坐标轴
15  ax2.plot(x,y2.values,color='b',linewidth=2,linestyle='-',marker='o',mfc='w',label='销售收入')
16  plt.subplots_adjust(right=0.85)
17  plt.legend(loc='upper center')
18  plt.show()
```

2. 散点图

对比折线图，散点图更加直观。散点图去除了时间维度的影响，只关注广告费和销售收入两组数据间的关系。在绘制散点图之前，我们将广告费设置为 x，也就是自变量，将销售收入设置为 y，也就是因变量。下面根据每个月销售收入和广告费数据绘制散点图，x 轴是自变量广告费数据，y 轴是因变量销售收入数据。从数据点的分布情况可以发现，自变量 x 和因变量 y 有着相同的变化趋势，当广告费增加后，销售收入也随之增加，如图 22.13 所示。

图 22.12　销售收入与广告费折线图

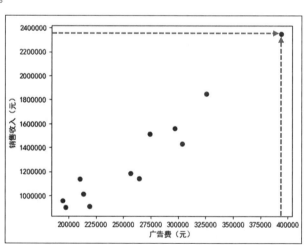

图 22.13　销售收入与广告费散点图

关键代码如下：

```
01  # x 为广告费，y 为销售收入
02  x=pd.DataFrame(df_x['支出'])
03  y=pd.DataFrame(df_y['销售码洋'])
```

```
04    # 图表字体为黑体，字号为 11
05    plt.rc('font', family='SimHei',size=11)
06    plt.figure("京东电商销售收入与广告费分析散点图")
07    plt.scatter(x, y,color='r')                              # 真实值散点图
08    plt.xlabel(u'广告费（元）')
09    plt.ylabel(u'销售收入（元）')
10    plt.subplots_adjust(left=0.15)                          # 图表距画布右侧之间的空白
11    plt.show()
```

折线图和散点图清晰地展示了广告费和销售收入两组数据，让我们直观地发现了数据之间隐藏的关系，为接下来的决策做出重要的引导。经过分析折线图和散点图后，我们就可以对销售收入进行预测，并做出科学的决策，而不是模棱两可，大概差不多。

22.5.4　销售收入预测

2022 年上半年计划投入广告费，如图 22.14 所示。那么，根据上述分析，采用线性回归分析方法对未来 6 个月的销售收入进行预测，主要使用 scikit-learn 提供的线性模型 linear_model 模块。

1月	2月	3月	4月	5月	6月
120,000.00	130,000.00	150,000.00	180,000.00	200,000.00	250,000.00

图 22.14　计划投入广告费

首先，将广告费设置为 x，也就是自变量，将销售收入设置为 y，也就是因变量，将计划广告费设置为 $x0$，预测值为 $y0$，然后拟合线性模型，获取回归系数和截距。通过给定的计划广告费 $x0$ 和线性模型预测销售收入 $y0$，关键代码如下：

```
01    clf=linear_model.LinearRegression()                     # 创建线性模型
02    # x 为广告费，y 为销售收入
03    x=pd.DataFrame(df_x['支出'])
04    y=pd.DataFrame(df_y['销售码洋'])
05    clf.fit(x,y)                                            # 拟合线性模型
06    k=clf.coef_                                             # 获取回归系数
07    b=clf.intercept_                                        # 获取截距
08    # 未来 6 个月计划投入的广告费
09    x0=np.array([120000,130000,150000,180000,200000,250000])
10    x0=x0.reshape(6,1)                                     # 数组重塑
11    # 预测未来 6 个月的销售收入（y0）
12    y0=clf.predict(x0)
13    print('预测销售收入：')
14    print(y0)
```

运行程序，输出结果如图 22.15 所示。

接下来，为了直观地观察真实数据与预测数据之间的关系，下面在散点图中加入预测值（预测回归线）绘制线性拟合图，效果如图 22.16 所示。

将散点图与折线图进行结合以形成线性拟合图。散点图体现真实数据，而折线图为预测数据，关键代码如下：

```
01    # 使用线性模型预测 y 值
02    y_pred =clf.predict(x)
03    # 图表字体为华文细黑，字号为 10
04    plt.rc('font', family='SimHei',size=11)
```

```
05    plt.figure("京东电商销售数据分析与预测")
06    plt.scatter(x, y,color='r')                                    # 真实值散点图
07    plt.plot(x.values,y_pred, color='blue', linewidth=1.5)          # 预测回归线
08    plt.ylabel(u'销售收入（元）')
09    plt.xlabel(u'广告费（元）')
10    plt.subplots_adjust(left=0.2)                                   # 设置图表距画布左边的空白
11    plt.show()
```

预测销售收入：
[[343161.02820353]
 [412384.58984301]
 [550831.71312199]
 [758502.39804046]
 [896949.52131943]
 [1243067.32951688]]

图 22.15　预测销售收入

图 22.16　线性拟合图

22.5.5　预测评分

评分算法为准确率，准确率越高，说明预测的销售收入效果越好。

下面使用 scikit-learn 提供的评价指标函数 metrics 来实现回归模型的评估，主要包括以下 4 种方法。

☑　explained_variance_score：回归模型的方差得分，取值范围为 0～1。

☑　mean_absolute_error：平均绝对误差。

☑　mean_squared_error：均方差。

☑　r2_score：判定系数，解释回归模型的方差得分，取值范围为 0～1。

下面使用 r2_score() 方法评估回归模型，为预测结果评分。如果评分结果是 0，则说明预测结果跟瞎猜差不多；如果评分结果是 1，则说明预测结果非常准；如果评分结果是 0～1 的数，则说明预测结果的好坏程度；如果结果是负数，则说明预测结果还不如瞎猜，数据没有线性关系。

假设未来 6 个月实际销售收入分别是 360000、450000、600000、800000、920000、1300000，程序代码如下：

```
01    from sklearn.metrics import r2_score
02    y_true = [360000,450000,600000,800000,920000,1300000]          # 真实值
03    score=r2_score(y_true,y0)                                        # 预测评分
04    print(score)
```

运行程序，输出结果为 0.9839200886906198，这说明预测结果非常好。

Web 开发与项目

　　互联网发展到如火如荼的今天，大家已经对网页都不陌生了，看新闻、刷微博、上淘宝等操作都是在浏览网页。Python 为 Web 开发提供了大量的第三方框架，如 Django、Flask 等框架。国内的豆瓣、搜狐，国外的 Reddit、YouTube 等公司都选择使用 Python 作为 Web 开发的编程语言。

　　本子篇将首先带领读者学习 Web 编程的基础知识，接着详细讲解 Flask 框架，最后通过一个"e 起去旅行网站"项目为读者打开 Python Web 开发的明亮之路。

第 23 章

Web 编程

由于 Python 简洁易懂，可维护性好，因此越来越多的互联网公司使用 Python 进行 Web 开发，如豆瓣、知乎等网站。本章将介绍 Web 基础，包括 HTTP 协议、Web 服务器以及前端基础。此外，本章还将重点介绍 WSGI 接口，最后介绍常用的 Web 开发框架。

本章知识架构及重难点如下。

23.1　Web 基础

当用户想要浏览明日学院官网时，他们需要打开浏览器，并输入网址 www.mingrisoft.com，然后按 Enter 键，浏览器就会显示明日学院官网的内容。在这个看似简单的用户行为背后，到底隐藏了什么呢？

23.1.1　HTTP 协议

在用户输入网址访问明日学院网站的例子中，用户浏览器被称为客户端，而明日学院网站被称为服务器。这个过程实质上就是客户端向服务器发起请求，服务器接收请求后，将处理后的信息（也称为响应）传给客户端。这个过程是通过超文本传输协议（hypertext transfer protocol，HTTP）实现的。

HTTP 是互联网上应用最为广泛的一种网络协议。HTTP 是利用 TCP 在两台计算机（通常是 Web 服务器和客户端）之间传输信息的协议。客户端使用 Web 浏览器发起 HTTP 请求给 Web 服务器，Web 服务器发送被请求的信息给客户端。

23.1.2　Web 服务器

当用户在浏览器中输入 URL 后，浏览器会先请求 DNS 服务器，获得请求站点的 IP 地址（即根据 URL 地址 www.mingrisoft.com 获取其对应的 IP 地址，如 101.201.120.85），然后发送一个 HTTP 请求给拥有该 IP 的主机（明日学院的阿里云服务器），接着就会接收到服务器返回的 HTTP 响应，浏览器经过渲染后，以一种较好的效果呈现给用户。HTTP 基本原理如图 23.1 所示。

图 23.1　HTTP 基本原理

我们重点来看 Web 服务器。Web 服务器的工作原理可以概括为如下 4 个步骤。

（1）建立连接：客户端通过 TCP/IP 协议建立与服务器的 TCP 连接。

（2）请求过程：客户端向服务器发送 HTTP 请求包，请求服务器里的资源文档。

（3）应答过程：服务器向客户端发送 HTTP 应答包，如果请求的资源包中包含动态语言的内容，那么服务器会调用动态语言的解释引擎负责处理"动态内容"，并将处理后得到的数据返回给客户端。由客户端解释 HTML 文档，在客户端屏幕上渲染图形结果。

（4）关闭连接：客户端与服务器断开。

在步骤（2）中，当客户端向服务器端发起请求时，常用的请求方法及其描述如表 23.1 所示。

表 23.1　HTTP 协议常用的请求方法及其描述

方　　法	描　　述
GET	请求指定的页面信息，并返回实体主体
POST	向指定资源提交数据（如提交表单或者上传文件）以处理请求。数据被包含在请求体中。POST 请求可能会导致新的资源的建立和/或已有资源的修改
HEAD	类似于 GET 请求，只不过返回的响应中没有具体的内容，用于获取报头
PUT	从客户端向服务器传送的数据取代指定的文档的内容
DELETE	请求服务器删除指定的页面
OPTIONS	允许客户端查看服务器的性能

在步骤（3）中，服务器返回给客户端的状态码可以分为 5 种类型，并用它们的第一位数字表示，如表 23.2 所示。

表 23.2　HTTP 状态码及其含义

状　态　码	含　　义
1**	信息，请求收到，继续处理
2**	成功，行为被成功地接收、理解和采纳
3**	重定向，为了完成请求，必须进一步执行的动作
4**	客户端错误，请求包含语法错误或者请求无法实现
5**	服务器错误，服务器不能实现一种明显无效的请求

例如，状态码为 200，表示请求成功；状态码为 404，表示服务器找不到给定的资源。

下面我们用浏览器访问明日学院官网，查看请求和响应的流程，步骤如下。

（1）在浏览器中输入网址 www.mingrisoft.com，按 Enter 键，进入明日学院官网。

（2）按 F12 键（或右击，选择"检查"菜单项），审查页面元素。运行效果如图 23.2 所示。

图 23.2　打开谷歌浏览器调试工具

（3）单击浏览器调试工具的 Network 按钮，按 F5 键（或手动刷新页面），单击调试工具中 Name 栏目下的 www.mingrisoft.com，查看请求与响应的信息，如图 23.3 所示。

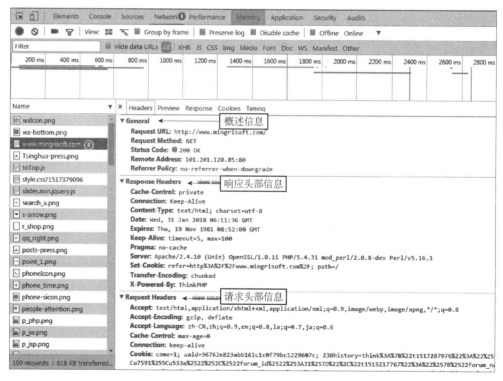

图 23.3　请求和响应信息

图 23.3 中的 General 概述关键信息如下。

☑　Request URL：请求的 URL 地址，也就是服务器的 URL 地址。

☑　Request Method：请求方式是 GET。

☑　Status Code：状态码是 200，即成功返回响应。

☑　Remote Address：服务器 IP 地址是 101.201.120.85，端口号是 80。

23.1.3　前端基础

Web 开发通常被分为前端（front-end）和后端（back-end）。"前端"是与用户直接交互的部分，包括 Web 页面的结构、Web 的外观视觉表现以及 Web 层面的交互实现；"后端"更多的是与数据库进行交互以处理相应的业务逻辑，对于后端，需要考虑的是如何实现功能、数据的存取、平台的稳定性与性能等。后端的编程语言包括 Python、Java、PHP、ASP.NET 等，而前端编程语言主要包括 HTML、CSS 和 JavaScript。

对于浏览网站的普通用户而言，更多的是关注网站前端的美观程度和交互效果，很少考虑后端的实现，如图 23.4 所示。因此使用 Python 进行 Web 开发，需要具备一定的前端基础。

1. HTML 简介

HTML 是用来描述网页的一种语言。HTML 指的是超文本标记语言（hyper text markup language），它不是一种编程语言，而是一种标记语言。标记语言是一套标记标签，这种标记标签通常被称为 HTML 标签，它们是由尖括号包围的关键词，如<html>。HTML 标签通常是成对出现的，如<h1>和</h1>。标签对中的第一个标签是开始标签，第二个标签是结束标签。Web 浏览器的作用是读取 HTML 文档，并以网页的形式显示它们。浏览器不会显示 HTML 标签，而是使用标签来解释页面的内容，如图 23.5 所示。

```
<!DOCTYPE html>
<html>
<head>
<meta charset="utf-8">
</head>
<body>

<h1>我的第一个标题</h1>
<p>我的第一个段落。</p>

</body>
</html>
```

我的第一个标题

我的第一个段落。

图 23.4　前端与后端对比　　　　　　　　　图 23.5　显示页面内容

在图 23.5 中，左侧显示的是 HTML 代码，右侧显示的是页面内容。HTML 代码中，第 1 行<!DOCTYPE html>表示使用的是 HTML5（最新 HTML 版本），其余的标签都是成对出现的，并且在右侧的页面中，只显示标签中的内容，而不显示标签。

说明

更多 HTML 知识，请查阅相关教程。作为 Python Web 初学者，只要求掌握基本的 HTML 知识。

2. CSS 简介

CSS 是 cascading style sheets（层叠样式表）的缩写。CSS 是一种标记语言，用于为 HTML 文档中定义布局。例如，CSS 涉及字体、颜色、边距、高度、宽度、背景图像、高级定位等方面。运用 CSS 样式可以让页面变得更美观，就像化妆前和化妆后的效果一样，如图 23.6 所示。

图 23.6　使用 CSS 前后效果对比

说明

更多 CSS 知识，请查阅相关教程。作为 Python Web 初学者，只要求掌握基本的 CSS 知识。

3．JavaScript 简介

通常，我们说的前端就是指 HTML、CSS 和 JavaScript 3 项技术。

☑　HTML：定义网页的内容。

☑　CSS：描述网页的样式。

☑　JavaScript：描述网页的行为。

JavaScript 是一种可以被嵌入 HTML 代码中，由客户端浏览器运行的脚本语言。在网页中使用 JavaScript 代码，不仅可以实现网页特效，还可以响应用户请求，实现动态交互的功能。例如，在用户注册页面中，需要对用户输入信息的合法性进行验证，包括是否填写了"邮箱"和"手机号"，填写的"邮箱"和"手机号"格式是否正确等。JavaScript 验证邮箱是否为空的效果如图 23.7 所示。

图 23.7　JavaScript 验证为空

关于更多 JavaScript 知识，读者可查阅相关教程。作为 Python Web 初学者，只要求掌握基本的 JavaScript 知识。

23.1.4　静态服务器

在第 19 章使用 socket 实现服务器和浏览器通信时，我们通过浏览器访问服务器，服务器会发送 Hello World 给浏览器。而对于 Web 开发，我们需要让用户在浏览器中看到完整的 Web 页面（也就是 HTML）。

在 Web 中，纯粹 HTML 格式的页面通常被称为"静态页面"，早期的网站通常都是由静态页面组成的。例如，马云早期的创业项目"中国黄页"网站就是由静态页面组成的静态网站，如图 23.8 所示。

下面通过例子结合 Python 网络编程和 Web 编程知识，创建一个静态服务器。通过该服务器，可以访问包含两个静态页面的明日学院网站。

图 23.8　早期的中国黄页

【例 23.1】创建"明日学院"网站静态服务器。（**实例位置：资源包\TM\sl\23\01**）

创建一个"明日学院"官方网站，当用户输入网址 127.0.0.1:8000 或 127.0.0.1:8000/index.html 时，访问网站首页；当用户输入网址 127.0.0.1:8000/contact.html 时，访问"联系我们"页面。可以按照如下步骤实现该功能。

（1）创建 Views 文件夹，然后在该文件夹中创建 index.html 页面作为"明日学院"的首页。index.html 页面关键代码如下：

```
01    <!DOCTYPE html>
02    <html lang="UTF-8">
03    <head>
04    <title>
05        明日科技
06    </title>
07    </head>
08      <body class="bs-docs-home">
09      <!-- Docs master nav -->
10      <header class="navbar navbar-static-top bs-docs-nav" id="top">
11      <div class="container">
12        <div class="navbar-header">
13          <a href="/" class="navbar-brand">明日学院</a>
14        </div>
15        <nav id="bs-navbar" class="collapse navbar-collapse">
16          <ul class="nav navbar-nav">
17            <li>
18              <a href="http://www.mingrisoft.com/selfCourse.html" >课程</a>
19            </li>
20            <li>
21              <a href="http://www.mingrisoft.com/book.html">读书</a>
22            </li>
23            <li>
24              <a href="http://www.mingrisoft.com/bbs.html">社区</a>
25            </li>
26            <li>
27              <a href="http://www.mingrisoft.com/servicecenter.html">服务</a>
28            </li>
```

```
29                    <li>
30                      <a href="/contact.html">联系我们</a>
31                    </li>
32                  </ul>
33                </nav>
34              </div>
35            </header>
36              <!-- Page content of course! -->
37              <main class="bs-docs-masthead" id="content" tabindex="-1">
38              <div class="container">
39              <span class="bs-docs-booticon bs-docs-booticon-lg bs-docs-booticon-outline">MR</span>
40              <p class="lead">明日学院，是吉林省明日科技有限公司倾力打造的在线实用技能学习平台，该平台于
41            2016 年正式上线，主要为学习者提供海量、优质的课程，课程结构严谨，用户可以根据自身的学习程度，自主
42            安排学习进度。我们的宗旨是，为编程学习者提供一站式服务，培养用户的编程思维。</p>
43              <p class="lead">
44              <a href="/contact.html" class="btn btn-outline-inverse btn-lg">联系我们</a>
45              </p>
46              </div>
47            </main>
48          </body>
49        </html>
```

（2）在 Views 文件夹中创建 contact.html 文件，作为明日学院的"联系我们"的页面。关键代码如下：

```
01  <div class="bs-docs-header" id="content" tabindex="-1">
02      <div class="container">
03        <h1> 联系我们 </h1>
04          <div class="lead">
05            <address>
06                电子邮件：<strong>mingrisoft@mingrisoft.com</strong>
07                <br>地址：吉林省长春市南关区财富领域
08                <br>邮政编码：<strong>131200</strong>
09                <br><abbr title="Phone">联系电话:</abbr> 0431-84978981
10            </address>
11          </div>
12      </div>
13  </div>
```

（3）在 Views 文件夹所在的同级目录中创建 web_server.py 文件，用于实现客户端和服务器端的 HTTP 通信，具体代码如下：

```
01  # coding:utf-8
02  import socket                                      # 导入 socket 模块
03  import re                                          # 导入 re 正则模块
04  from multiprocessing import Process                # 导入 Process 类
05
06  HTML_ROOT_DIR = "./Views"                          # 设置静态文件根目录
07
08  class HTTPServer(object):
09      def __init__(self):
10          """初始化方法"""
11          self.server_socket = socket.socket(socket.AF_INET, socket.SOCK_STREAM) # 创建 socket 实例
12      def start(self):
13          """开始方法"""
14          self.server_socket.listen(128)            # 设置最多连接数
15          print ('服务器等待客户端连接...')
16          # 执行死循环
17          while True:
```

```
18              client_socket, client_address = self.server_socket.accept() # 建立客户端连接
19              print("[%s, %s]用户连接上了" % client_address)
20              # 实例化进程类
21              handle_client_process = Process(target=self.handle_client, args=(client_socket,))
22              handle_client_process.start()                    # 开启线程
23              client_socket.close()                            # 关闭客户端 socket
24
25      def handle_client(self, client_socket):
26          """处理客户端请求"""
27          # 获取客户端请求数据
28          request_data = client_socket.recv(1024)             # 获取客户端请求数据
29          print("request data:", request_data)
30          request_lines = request_data.splitlines()           # 按照行（'\r', '\r\n', \n'）分隔
31          # 输出每行信息
32          for line in request_lines:
33              print(line)
34          request_start_line = request_lines[0]               # 解析请求报文
35          print("*" * 10)
36          print(request_start_line.decode("utf-8"))
37          # 使用正则表达式，提取用户请求的文件名
38          file_name = re.match(r"\w+ +(/[^ ]*) ", request_start_line.decode("utf-8")).group(1)
39          # 如果文件名是根目录，则设置文件名为 file_name
40          if "/" == file_name:
41              file_name = "/index.html"
42          # 打开文件，读取内容
43          try:
44              file = open(HTML_ROOT_DIR + file_name, "rb")
45          except IOError:
46              # 如果存在异常，则返回 404
47              response_start_line = "HTTP/1.1 404 Not Found\r\n"
48              response_headers = "Server: My server\r\n"
49              response_body = "The file is not found!"
50          else:
51              # 读取文件内容
52              file_data = file.read()
53              file.close()
54              # 构造响应数据
55              response_start_line = "HTTP/1.1 200 OK\r\n"
56              response_headers = "Server: My server\r\n"
57              response_body = file_data.decode("utf-8")
58          # 拼接返回数据
59          response = response_start_line + response_headers + "\r\n" + response_body
60          print("response data:", response)
61          client_socket.send(bytes(response, "utf-8"))         # 向客户端返回响应数据
62          client_socket.close()                                # 关闭客户端连接
63
64      def bind(self, port):
65          """绑定端口"""
66          self.server_socket.bind(("", port))
67
68  def main():
69      """主函数"""
70      http_server = HTTPServer()                               # 实例化 HTTPServer 类
71      http_server.bind(8000)                                   # 绑定端口
72      http_server.start()                                      # 调用 start()方法
73
74  if __name__ == "__main__":
75      main()                                                   # 执行 main()函数
```

上述代码中定义了一个 HTTPServer 类。其中：__init__()初始化方法用于创建 Socket 实例；start()方法用于建立客户端连接，开启线程；handle_client()方法用于处理客户端请求，主要功能是通过正则表达式提取用户请求的文件名。如果用户输入 127.0.0.1:8000，则读取 Views/index.html 文件，否则访问具体的文件名。例如，用户输入 127.0.0.1:8000/contact.html，读取 Views/contact.html 文件内容，将其作为响应的主体内容。如果读取的文件不存在，则将 The file is not found!作为响应主体内容。最后，拼接数据并返回客户端。

误区警示

在绑定端口时，一定要选择一个没有被使用的端口，否则将抛出 "OSError: [WinError 10013] 以一种访问权限不允许的方式做了一个访问套接字的尝试。" 的异常。可以通过以下命令在 "命令提示符" 窗口中查看已经被使用的端口号。

```
netstat -a
```

运行 web_server.py 文件，然后使用谷歌浏览器访问 127.0.0.1:8000，运行效果如图 23.9 所示。

图 23.9　明日学院主页

单击 "联系我们" 按钮，页面跳转至 127.0.0.1:8000/contact.html，运行效果如图 23.10 所示。尝试访问一个不存在的文件，例如在浏览器中访问 127.0.0.1:8000/test.html，运行效果如图 23.11 所示。

图 23.10　"联系我们" 的页面效果

图 23.11　访问文件不存在时的页面效果

23.2　WSGI 接口

23.2.1　CGI 简介

例 23.1 中实现了一个静态服务器，但是当今 Web 开发已经很少使用纯静态页面，更多的是使用动态页面，如网站的登录和注册功能等。当用户登录网站时，需要输入用户名和密码，然后提交数据。Web 服务器不能处理表单中传递过来的与用户相关的数据，这不是 Web 服务器的职责。

通用网关接口（common gateway interface，CGI）是一段程序，运行在服务器上。Web 服务器将请求发送给 CGI 应用程序，再将 CGI 应用程序动态生成的 HTML 页面发送回客户端。CGI 在 Web 服务器和应用之间充当了交互作用，这样才能够处理用户数据，生成并返回最终的动态 HTML 页面。CGI 的工作方式如图 23.12 所示。

图 23.12　CGI 工作概述

CGI 有明显的局限性，例如，CGI 进程针对每个请求进行创建，使用结束就被抛弃。如果应用程序接收数千个请求，就会创建大量的语言解释器进程，这将导致服务器停机，于是 CGI 的加强版 FastCGI（fast common gateway interface）应运而生。

FastCGI 使用进程/线程池来处理一连串的请求。这些进程/线程由 FastCGI 服务器管理，而不是 Web 服务器。FastCGI 致力于减少网页服务器与 CGI 程序之间交互的开销，从而使服务器可以同时处理更多的网页请求。

23.2.2　WSGI 简介

FastCGI 的工作模式实际上没有什么太大缺陷，但是在 FastCGI 标准下写异步的 Web 服务仍然不方便，因此服务器网关接口（web server gateway interface，WSGI）就被创造出来了。

WSGI 是 Web 服务器和 Web 应用程序或框架之间的一种简单而通用的接口。从层级上来讲要比 CGI/FastCGI 高级。WSGI 中存在两种角色，即接收请求的 Server（服务器）和处理请求的 Application

（应用），它们的底层是通过 FastCGI 沟通的。当 Server 接收到一个请求后，当 Server 收到一个请求后，可以通过 application 回调函数把 environ（存储与 HTTP 请求相关的所有内容）和 start_response 回调函数传递给 Application，而 Application 在完成页面组装后，通过 start_response 函数把将状态码、响应头等信息返回给 Server 服务器，最后 Server 服务器再将响应返回给 Client 客户端。WSGI 工作概述如图 23.13 所示。

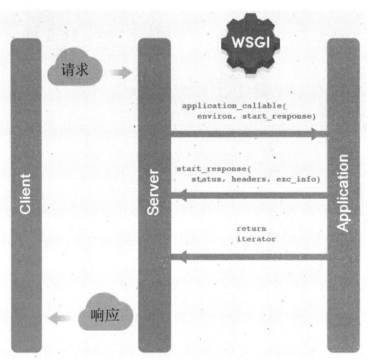

图 23.13　WSGI 工作概述

23.2.3　定义 WSGI 接口

WSGI 接口的定义非常简单，它只要求 Web 开发者实现一个函数，就可以响应 HTTP 请求。我们来看一个最简单的 Web 版本的 Hello World!，代码如下：

```
01    def application(environ, start_response):
02        start_response('200 OK', [('Content-Type', 'text/html')])
03        return [b'<h1>Hello, World!</h1>']
```

上面的 application()函数就是符合 WSGI 标准的一个 HTTP 处理函数，它接收以下两个参数。

☑　environ：一个包含所有 HTTP 请求信息的字典对象。

☑　start_response：一个发送 HTTP 响应的函数。

整个 application()函数本身没有涉及任何解析 HTTP 的部分，也就是说，把底层 Web 服务器解析部分和应用程序逻辑部分进行了分离，这样开发者就可以专心做一个领域了。

可是要如何调用 application()函数呢？environ 和 start_response 这两个参数都需要从服务器上获取，所以 application()函数必须由 WSGI 服务器来调用。现在，很多服务器都符合 WSGI 规范，如 Apache

服务器和 Nginx 服务器等。此外，Python 还内置了一个 WSGI 服务器，这就是 wsgiref 模块，它是用 Python 编写的 WSGI 服务器的参考实现。所谓"参考实现"，是指该实现完全符合 WSGI 标准，但是不考虑任何运行效率，仅供开发和测试使用。

23.2.4　运行 WSGI 服务

使用 Python 的 wsgiref 模块可以不用考虑服务器和客户端的连接、数据的发送和接收等问题，而专注于业务逻辑的实现。下面通过一个例子来看看如何应用 wsgiref 模块为"明日学院"网站创建一个课程页面。

【例 23.2】创建"明日学院"网站的课程页面。（**实例位置：资源包\TM\sl\23\02**）

创建"明日学院"网站的课程页面，当用户输入网址 127.0.0.1:8000/courser.html 时，访问课程介绍页面。可以按照如下步骤实现该功能。

（1）复制例 23.1 的 Views 文件夹，在该文件夹中创建 course.html 页面作为"明日学院"课程页面。course.html 页面关键代码如下：

```
01    <!DOCTYPE html>
02    <html lang="UTF-8">
03    <head>
04    <meta http-equiv="Content-Type" content="text/html; charset=UTF-8">
05    <meta http-equiv="X-UA-Compatible" content="IE=edge">
06    <meta name="viewport" content="width=device-width, initial-scale=1">
07    <title>
08          明日科技
09    </title>
10    <!-- Bootstrap core CSS -->
11    <link rel="stylesheet" href="https://cdn.bootcss.com/bootstrap/3.3.7/css/bootstrap.min.css"
12    </head>
13      <body class="bs-docs-home">
14        <!-- Docs master nav -->
15      <header class="navbar navbar-static-top bs-docs-nav" id="top">
16      <div class="container">
17        <div class="navbar-header">
18          <a href="/" class="navbar-brand">明日学院</a>
19        </div>
20        <nav id="bs-navbar" class="collapse navbar-collapse">
21          <ul class="nav navbar-nav">
22            <li>
23              <a href="/course.html" >课程</a>
24            </li>
25            <li>
26              <a href="http://www.mingrisoft.com/book.html">读书</a>
27            </li>
28            <li>
29              <a href="http://www.mingrisoft.com/bbs.html">社区</a>
30            </li>
31            <li>
32              <a href="http://www.mingrisoft.com/servicecenter.html">服务</a>
33            </li>
34            <li>
35              <a href="/contact.html">联系我们</a>
36            </li>
37          </ul>
```

```
38          </nav>
39        </div>
40      </header>
41          <!-- Page content of course! -->
42          <main class="bs-docs-masthead" id="content" tabindex="-1">
43          <div class="container">
44            <div class="jumbotron">
45              <h1 style="color: #573e7d">明日课程</h1>
46              <p style="color: #573e7d">海量课程，随时随地，想学就学。有多名专业讲师精心打造精品课程，
47                              让学习创造属于你的生活</p>
48              <p><a class="btn btn-primary btn-lg" href="http://www.mingrisoft.com/selfCourse.html"
49                  role="button">开始学习</a></p>
50            </div>
51          </div>
52      </main>
53    </body>
54  </html>
```

（2）在 Views 同级目录中创建 application.py 文件，用于实现 Web 应用程序的 WSGI 处理函数，具体代码如下：

```
01  def app(environ, start_response):
02      start_response('200 OK', [('Content-Type', 'text/html')])        # 响应信息
03      file_name = environ['PATH_INFO'][1:] or 'index.html'             # 获取 URL 参数
04      HTML_ROOT_DIR = './Views/'                                       # 设置 HTML 文件目录
05      try:
06          file = open(HTML_ROOT_DIR + file_name, "rb")                # 打开文件
07      except IOError:
08          response = "The file is not found!"                         # 如果异常，则返回 404
09      else:
10          file_data = file.read()                                     # 读取文件内容
11          file.close()                                                # 关闭文件
12          response = file_data.decode("utf-8")                        # 构造响应数据
13
14      return [response.encode('utf-8')]                               # 返回数据
```

上述代码中使用 app()函数接收两个参数，即 environ 字典对象和 start_response()函数。通过 environ 字典对象来获取 URL 中的文件扩展名，如果为"/"，则读取 index.html 文件。如果不存在，则返回"The file is not found!"。

（3）在 Views 文件夹所在的同级目录中创建 web_server.py 文件，用于启动 WSGI 服务器，加载 app()函数，具体代码如下：

```
01  # 从 wsgiref 模块中导入 make_server 函数
02  from wsgiref.simple_server import make_server
03  # 从 application 中导入编写的函数 app
04  from application import app
05
06  # 创建一个服务器，IP 地址为空，端口是 8000，处理函数是 app
07  httpd = make_server('', 8000, app)
08  print('Serving HTTP on port 8000...')
09  # 开始监听 HTTP 请求
10  httpd.serve_forever()
```

运行 web_server.py 文件，当显示"Serving HTTP on port 8000..."时，在浏览器的地址栏中输入网址 127.0.0.1:8000，访问"明日学院"首页，运行结果如图 23.14 所示。然后单击顶部导航栏的"课程"按钮，将进入明日学院的课程页面，运行效果如图 23.15 所示。

图 23.14　明日学院首页

图 23.15　明日学院课程页面

23.3　Web 框架

你如果要从零开始建立一些网站，那么可能会注意到你不得不一次又一次地解决一些相同的问题。这样做是令人厌烦的，并且违反了良好编程的核心原则之一——DRY（不要重复自己）。

有经验的 Web 开发人员在创建新站点时也会遇到类似的问题。当然，总有一些特殊情况会因网站而异，但在大多数情况下，开发人员通常需要处理四项任务——数据的创建、读取、更新和删除，也称为 CRUD。幸运的是，开发人员通过使用 Web 框架解决了这些问题。

23.3.1　什么是 Web 框架

Web 框架是用来简化 Web 开发的软件框架。框架的存在是为了避免用户"重新发明轮子"，并且在创建一个新的网站时帮助减少一些开销。典型的框架提供了如下常用功能。

- ☑　管理路由。
- ☑　访问数据库。
- ☑　管理会话。

☑ 创建模板来显示 HTML。

☑ 促进代码的重用。

事实上，框架根本就不是什么新的东西，它只是一些能够实现常用功能的 Python 文件。我们可以把框架看作工具的集合，而不是特定的东西。框架的存在使得建立网站更快、更容易。此外，框架还促进了代码的重用。

23.3.2　Python 中常用的 Web 框架

前面我们学习了 WSGI（服务器网关接口），它是 Web 服务器和 Web 应用程序或框架之间的一种简单而通用的接口。也就是说，只要遵循 WSGI 接口规则，就可以自主开发 Web 框架。因此，各种开源 Web 框架至少有上百种，关于 Python 框架优劣的讨论也仍在继续。作为初学者，应该选择一些主流的框架来学习使用。这是因为主流框架文档齐全，技术积累较多，社区繁盛，并且能得到更好的支持。下面介绍 Python 的几种主流 Web 框架。

1．Django

Django 可能是最广为人知和使用最广泛的 Python Web 框架了。Django 有世界上最大的社区和最多的包之一。Django 的文档非常完善，并且提供了一站式的解决方案，包括缓存、ORM、管理后台、验证、表单处理等，使得开发复杂的数据库驱动的网站变得简单。但是，Django 系统耦合度较高，替换掉内置的功能比较麻烦，因此学习曲线也相当陡峭。

2．Flask

Flask 是一个轻量级 Web 应用框架。它的名字暗示了它的含义，它基本上就是一个微型的胶水框架。Flask 把 Werkzeug 和 Jinja 黏合在一起，因此它很容易被扩展。Flask 有许多扩展可以供用户使用，还有一群忠诚的粉丝和不断增加的用户群。Flask 有一份很完善的文档，甚至还有一份唾手可得的常见范例。Flask 很容易使用，用户只需要几行代码就可以写出"Hello World!"。

3．Bottle

Bottle 框架相对来说比较新。Bottle 才是名副其实的微框架——它只有大约 4500 行代码。Bottle 除 Python 标准库外，没有其他的依赖，甚至还有自己独特的模板语言。Bottle 的文档很详细并且抓住了事物的实质。Bottle 很像 Flask，也使用了装饰器来定义路径。

4．Tornado

Tornado 不仅是一个框架，还是一个 Web 服务器。Tornado 最初是为 FriendFeed 开发的，后来在 2009 年也供 Facebook 使用。Tornado 是为了解决实时服务而诞生的。为了做到这一点，Tornado 使用了异步非阻塞 IO，因此它的运行速度非常快。

以上 4 种框架各有优劣，使用时需要根据自身的应用场景选择适合自己的 Web 框架。在第 21 章，我们将学习其中的一个，即 Flask 框架。

第 24 章

Flask 框架

第 23 章介绍了如何使用 WSGI 进行 Web 开发，还介绍了 Python 常用的 4 种 Web 框架，本章将详细介绍如何使用 Flask 框架。通过对比 WSGI，读者将会发现使用 Flask 框架开发 Web 应用程序更加简单和高效。

本章知识架构及重难点如下。

24.1　Flask 简介

Flask 依赖两个外部库，即 Werkzeug 和 Jinja2。Werkzeug 是一个 WSGI（在 Web 应用和多种服务器之间的标准 Python 接口）工具集，Jinja2 负责渲染模板。因此，在安装 Flask 之前，需要安装这两个外部库，而最简单的方式就是使用 Virtualenv 创建虚拟环境。

24.1.1　安装虚拟环境

安装 Flask 最便捷的方式是使用虚拟环境。Virtualenv 为每个不同项目提供一份 Python 安装。它并没有真正安装多个 Python 副本，但是它确实提供了一种巧妙的方式来让各项目环境保持独立。

1. 安装 Virtualenv

Virtualenv 的安装非常简单，可以使用如下命令进行安装：

```
pip install virtualenv
```

安装完成后，可以使用如下命令检测 Virtualenv 版本：

```
virtualenv --version
```

如果运行效果如图 24.1 所示，则说明安装成功。

图 24.1　查看 Virtualenv 版本

2．创建虚拟环境

使用 virtualenv 命令，可在当前文件夹中创建 Python 虚拟环境。该命令只有一个必需参数，即虚拟环境名字（一般为 venv）。创建虚拟环境后，当前文件夹中会出现一个子文件夹，名字就是上述命令中指定的参数，与虚拟环境相关的文件都被保存在这个子文件夹中。创建虚拟环境的命令如下：

```
virtualenv venv
```

例如，在"命令提示符"窗口中，将当前目录切换到 D:\python 目录中，执行上述命令，将在 D:\python 目录中会新增一个 venv 文件夹（见图 24.2），该文件夹中存储了一个全新的虚拟环境，其中有一个私有的 Python 解释器。

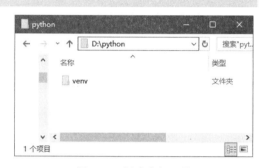

3．激活虚拟环境

在使用这个虚拟环境之前，需要先"激活"它。可以通过下列命令激活这个虚拟环境：

```
venv\Scripts\activate
```

图 24.2　创建虚拟环境

激活虚拟环境后的效果如图 24.3 所示。

4．退出虚拟环境

可以使用下列命令退出已经激活的虚拟环境：

```
venv\Scripts\deactivate
```

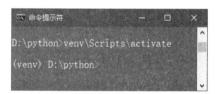

图 24.3　激活虚拟环境后的效果

24.1.2　安装 Flask

大多数 Python 包都是使用 pip 工具安装的。使用 Virtualenv 创建虚拟环境时，会自动安装 pip，激活虚拟环境后，pip 所在的路径会被添加到 PATH 中。使用下列 pip 命令可安装 Flask。

```
pip install flask
```

运行效果如图 24.4 所示。

安装完成以后，可以通过如下命令查看所有安装包：

```
pip list --format columns
```

运行结果如图 24.5 所示。从该图中可以看出，已经成功安装了 Flask，并且也安装了 Flask 的两个外部依赖库，即 Werkzeug 和 Jinja2。

图 24.4　安装 Flask

图 24.5　查看所有安装包

24.1.3　第一个 Flask 程序

一切准备就绪，现在我们开始编写第一个 Flask 程序。由于是第一个 Flask 程序，因此要从最简单的 "Hello World!" 开始。

【例 24.1】输出 "Hello World!"。（**实例位置：资源包\TM\sl\24\01**）

在 venv 同级目录中创建一个 hello.py 文件，代码如下：

```
01    from flask import Flask
02    app = Flask(__name__)
03
04    @app.route('/')
05    def hello_world():
06        return 'Hello World!'
07
08    if __name__ == '__main__':
09        app.run()
```

误区警示

创建的.py 文件一定要放在与 venv 同级的目录中，否则将提示[Errno 2] No such file or directory 错误。

运行 hello.py 文件，运行效果如图 24.6 所示。

然后在浏览器中输入网址 http://127.0.0.1:5000/，运行效果如图 24.7 所示。

图 24.6　运行 hello.py 文件

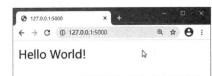

图 24.7　输出 "Hello World!"

那么，这段代码做了什么？

（1）导入 Flask 类。这个类的实例将会是我们的 WSGI 应用程序。

（2）创建一个该类实例，第一个参数是应用模块或包的名称。如果使用的是单一模块（如本例），则应使用__name__，因为模块名称会因其作为单独应用被启动还是作为模块被导入而有所不同（'__main__'或实际的导入名）。这是必需的，这样 Flask 才知道到哪儿去找模板、静态文件等。

（3）使用@app.route()装饰器告诉 Flask 什么样的 URL 能触发我们的函数。

（4）函数名字在生成 URL 时被特定函数采用，并返回想要显示在用户浏览器中的信息。

（5）用 run()方法让应用运行在本地服务器上。其中，"if__name__=='__main__':"的作用是确保服务器仅在该脚本中被 Python 解释器直接执行时运行，而不是模块被导入时运行。

 说明

当关闭服务器时，可按 Ctrl+C 快捷键。

24.2　Flask 基础

24.2.1　开启调试模式

虽然 run()方法适用于启动本地的开发服务器，但是用户在每次修改代码后都需要手动重启它。这样并不够优雅，而且 Flask 可以做到更好。如果你启用了调试支持，那么服务器将会在代码被修改后自动重新载入，并在发生错误时提供一个相当有用的调试器。

有两种途径来启用调试模式。一种是直接在应用对象上设置，代码如下：

```
app.debug = True
app.run()
```

另一种是作为 run()方法的一个参数传入，代码如下：

```
app.run(debug=True)
```

上述两种方法的效果完全相同。

24.2.2　路由

客户端（如 Web 浏览器）把请求发送给 Web 服务器，Web 服务器再把请求发送给 Flask 程序实例。程序实例需要知道为每个 URL 请求运行哪些代码,因此它保存了一个 URL 到 Python 函数的映射关系。处理 URL 和函数之间关系的程序称为路由。

在 Flask 程序中定义路由的最简便方式，是使用程序实例提供的@app.route()装饰器把修饰的函数注册为路由。下列示例说明如何使用这个装饰器来声明路由：

```
01    @app.route('/')
02    def index():
03    return '<h1>Hello World!</h1>'
```

说明

装饰器是 Python 语言的标准特性，它可以使用不同的方式修改函数的行为。惯常用法是使用装饰器把函数注册为事件的处理程序。

但是，不仅如此！你可以构造含有动态部分的 URL，也可以在一个函数上附着多个规则。

1．变量规则

要给 URL 添加变量部分，你需要把这些特殊的字段标记为<variable_name>，这个部分将会被作为命名参数传递到你的函数中。规则可以用<converter:variable_name>指定一个可选的转换器。

【例 24.2】根据参数输出相应信息。（**实例位置：资源包\TM\sl\24\02**）

创建 02.py 文件，以例 24.1 的代码为基础，添加如下代码：

```
01  @app.route('/user/<username>')
02  def show_user_profile(username):
03      # 显示该用户名的用户信息
04      return 'User %s' % username
05
06  @app.route('/post/<int:post_id>')
07  def show_post(post_id):
08      # 根据 ID 显示文章，ID 是整型数据
09      if post_id == 10:
10          content = '腹有读书气自华'
11      else:
12          content = '文章不存在！'
13      return 'ID【 %d 】内容为：%s' % (post_id,content)
```

上述代码中使用了转换器。它有下面 3 种。

☑　int：接收整数。

☑　float：同 int，但是接收浮点数。

☑　path：和默认的相似，但也接收斜线。

运行 02.py 文件：在浏览器的地址栏中输入"http://127.0.0.1:5000/user/无语"，传递用户名，运行结果如图 24.8 所示；输入"http://127.0.0.1:5000/post/10"，传递文章 ID，运行结果如图 24.9 所示。

图 24.8　获取用户信息

图 24.9　获取文章信息

2．构造 URL

Flask 如果能匹配 URL，那么可以生成它们吗？当然可以。你可以用 url_for()函数来给指定的函数构造 URL。url_for()函数接收函数名作为第一个参数，也接收对应 URL 规则的变量部分的命名参数。未知变量部分会被添加到 URL 末尾作为查询参数。

【例 24.3】使用 url_for()函数来构造 URL 信息并返回。（**实例位置：资源包\TM\sl\24\03**）

创建 03.py 文件，以例 24.2 为基础添加如下代码：

```
01    from flask import Flask , url_for
02    app = Flask(__name__)
03
04    # 省略其余代码
05
06    @app.route('/url/')
07    def get_url():
08        # 显示 URL 信息
09        return url_for('show_post',post_id=10)
10
11    if __name__ == '__main__':
12        app.run(debug=True)
```

上述代码中设置了"/url/"路由，访问该路由时，返回 show_post 函数的 URL 信息。运行结果如图 24.10 所示。

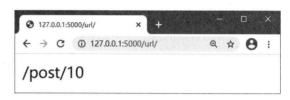

3. HTTP 方法

HTTP（与 Web 应用会话的协议）有许多不同的访问 URL 方法。默认情况下，路由只回应 GET 请求，但是通过@app.route()装饰器传递 methods 参数可以改变这个行为。例如，下列代码：

图 24.10　使用 url_for()函数构造 URL 信息的效果

```
01    @app.route('/login', methods=['GET', 'POST'])
02    def login():
03        if request.method == 'POST':
04            do_the_login()
05        else:
06            show_the_login_form()
```

HTTP 方法（也经常被叫作"谓词"）告知服务器，客户端想对请求的页面做些什么。常用的 HTTP 方法及其说明如表 24.1 所示。

表 24.1　常用的 HTTP 方法及其说明

方　　法	说　　明
GET	浏览器告知服务器，只获取页面上的信息并发给我。这是最常用的方法
HEAD	浏览器告诉服务器，像处理 GET 请求一样获取信息，但是只关心消息头，不分发实际内容。此项操作在 Flask 中完全无须人工干预，底层的 Werkzeug 库已经替你处理好了
POST	浏览器告诉服务器，想在 URL 上发布新信息。服务器必须确保数据已被存储且仅存储一次。这是 HTML 表单通常发送数据到服务器的方法
PUT	类似 POST，但是服务器可能触发了存储过程多次，多次覆盖掉旧值。你可能会问这有什么用，当然这是有原因的。考虑到传输中连接可能会丢失，在这种情况下浏览器和服务器之间的系统可以安全地第二次接收请求，而不破坏其他东西。因为 POST 只触发一次，所以用 POST 是不可能的
DELETE	删除给定位置的信息
OPTIONS	给客户端提供一个敏捷的途径，以了解这个 URL 支持哪些 HTTP 方法。从 Flask 0.6 开始，实现了自动处理

24.2.3　静态文件

动态 Web 应用也需要静态文件，通常是 CSS 和 JavaScript 文件。理想情况下，你已经配置好 Web 服务器来提供静态文件，但是在开发中，Flask 也可以做到这一点。只需在你的包中或模块所在的目录中创建一个名为 static 的文件夹，并在应用中使用/static 来访问该文件夹。

要为静态文件生成 URL，需要使用特殊的"static"端点名，代码如下：

```
url_for('static', filename='style.css')
```

这个文件应该存储在文件系统的 static/style.css 中。

24.2.4　蓝图

Flask 使用蓝图（blueprint）的概念来创建应用程序组件，并支持应用程序内或跨应用程序的通用模式。蓝图可以很好地简化大型应用程序的工作方式，并为 Flask 扩展注册应用程序上的操作提供一种中心方法。Blueprint 对象的工作方式类似于 Flask 应用程序对象，但它实际上不是一个应用程序，而是如何构造或扩展应用程序的蓝图。

Flask 中的蓝图为如下这些情况而设计。

☑ 把一个应用分解为一个蓝图的集合。这对大型应用是理想的。一个项目可以实例化一个应用对象，初始化几个扩展，并注册一个集合的蓝图。

☑ 以 URL 前缀和/或子域名在应用上注册一个蓝图。URL 前缀/子域名中的参数即成为这个蓝图中的所有视图函数的共同的视图参数（默认情况下）。

☑ 在一个应用中用不同的 URL 规则多次注册一个蓝图。

☑ 通过蓝图提供模板过滤器、静态文件、模板和其他功能。一个蓝图不一定要实现应用或者视图函数。

☑ 当初始化 Flask 扩展时，在应用程序中注册一个蓝图。

☑ Flask 中的蓝图不是一个可插入的应用程序，因为它实际上并不是一个应用程序——它是一组可以在应用程序上注册（甚至可以多次注册）的操作。这里之所以不使用多个应用程序对象，是因为我们编写的应用程序将具有单独的配置，并且将在 WSGI 层中进行管理。

24.3　模　　板

模板是一个包含响应文本的文件，其中包含用占位变量表示的动态部分，其具体值只在请求的上下文中才能知道。使用真实值替换变量，再返回最终得到的响应字符串，这一过程称为渲染。为了渲染模板，Flask 使用了一个名为 Jinja2 的强大模板引擎。

24.3.1　渲染模板

默认情况下，Flask 在程序文件夹的 templates 子文件夹中寻找模板。下面通过一个例子来学习如何渲染模板。

【例 24.4】使用 url_for()函数获取 URL 信息。（**实例位置：资源包\TM\sl\24\04**）

在 venv 文件夹的同级目录中创建一个 templates 文件夹，然后在该文件夹中创建两个文件，并分别命名为 index.html 和 user.html。接着在 venv 文件夹中创建 04.py 文件，并且在该文件中渲染 index.html

和 user.html 两个模板。目录结构如图 24.11 所示。

templates\index.html 模板的代码如下：

```
01    <!DOCTYPE html>
02    <html lang="en">
03        <head>
04            <meta charset="UTF-8">
05            <title></title>
06        </head>
07        <body>
08            <h1>Hello World!</h1>
09        </body>
10    </html>
```

图 24.11　目录结构

templates\user.html 模板的代码如下：

```
01    <!DOCTYPE html>
02    <html lang="en">
03        <head>
04            <meta charset="UTF-8">
05            <title>Title</title>
06        </head>
07        <body>
08            <h1>Hello, {{ name }}!</h1>
09        </body>
10    </html>
```

04.py 文件的代码如下：

```
01    from flask import Flask,render_template
02    app = Flask(__name__)
03
04    @app.route('/')
05    def hello_world():
06        return render_template('index.html')
07
08    @app.route('/user/<username>')
09    def show_user_profile(username):
10        # 显示该用户名的用户信息
11        return render_template('user.html', name=username)
12
13    if __name__ == '__main__':
14        app.run(debug=True)
```

Flask 提供的 render_template()函数把 Jinja2 模板引擎集成到了程序中。render_template()函数的第一个参数是模板的文件名，随后的参数都是"键-值对"，表示模板中变量对应的真实值。在这段代码中，第二个模板收到一个名为 username 的变量。前例中的 name=username 是关键字参数，这类关键字参数很常见。但是，你如果不熟悉它们的话，则可能会觉得迷惑且难以理解。其中：左边的 name 表示参数名，就是模板中使用的占位符；右边的 username 是当前作用域中的变量，表示同名参数的值。

运行效果如图 24.12 所示。

图 24.12　运行效果

24.3.2　变量

例 24.4 在模板中使用的{{ name }}结构表示一个变量，它是一种特殊的占位符，告诉模板引擎这个位置的值从渲染模板时使用的数据中获取。Jinja2 能识别所有类型的变量，甚至是一些复杂的类型，如列表、字典和对象。在模板中使用变量的一些示例如下：

```
<p>从字典中取一个值: {{ mydict['key'] }}.</p>
<p>从列表中取一个值: {{ mylist[3] }}.</p>
<p>从列表中取一个带索引的值: {{ mylist[myintvar] }}.</p>
<p>从对象的方法中取一个值: {{ myobj.somemethod() }}.</p>
```

使用过滤器修改变量的方法是，将过滤器名添加在变量名之后，并在它们中间使用竖线进行分隔。例如，下述模板以首字母大写形式显示变量 name 的值：

```
Hello, {{ name|capitalize }}
```

Jinja2 提供的部分常用过滤器及其说明如表 24.2 所示。

表 24.2　常用过滤器及其说明

过滤器	说　　明	过滤器	说　　明
safe	渲染值时不转义	title	将值中每个单词的首字母都转换成大写
capitalize	将值的首字母转换成大写，其他字母转换成小写	trim	将值的首尾空格去掉
lower	将值转换成小写形式	striptags	渲染之前，将值中所有的 HTML 标签都删掉
upper	将值转换成大写形式		

safe 过滤器值得特别说明，默认情况下，出于安全考虑，Jinja2 会转义所有变量。例如，如果一个变量的值为 '<h1>Hello</h1>'，那么 Jinja2 会将其渲染成'<h1>Hello</h1>'，浏览器能显示这个 h1 元素，但不会进行解释。很多情况下需要显示变量中存储的 HTML 代码，这时就可以使用 safe 过滤器。

24.3.3　控制结构

Jinja2 提供了多种控制结构，可用来改变模板的渲染流程。下面介绍其中最有用的控制结构。

下列示例代码展示了如何在模板中使用条件控制语句：

```
01    {% if user %}
02    Hello, {{ user }}!
03    {% else %}
04    Hello, Stranger!
05    {% endif %}
```

另一种常见需求是在模板中渲染一组元素。下列示例展示了如何使用 for 循环实现这一需求：

```
01    <ul>
02    {% for comment in comments %}
03    <li>{{ comment }}</li>
04    {% endfor %}
05    </ul>
```

Jinja2 还支持宏。宏类似于 Python 代码中的函数。例如：

```
01    {% macro render_comment(comment) %}
02    <li>{{ comment }}</li>
03    {% endmacro %}
04    <ul>
05    {% for comment in comments %}
06    {{ render_comment(comment) }}
07    {% endfor %}
08    </ul>
```

为了重复使用宏，我们需要将它们保存在单独的文件中，然后在需要使用的模板中导入它们。示例代码如下：

```
01    {% import 'macros.html' as macros %}
02    <ul>
03    {% for comment in comments %}
04    {{ macros.render_comment(comment) }}
05    {% endfor %}
06    </ul>
```

可以将需要在多处被重复使用的模板的代码片段写入单独的文件中，然后包含在所有模板中，以避免重复。示例代码如下：

```
{% include 'common.html' %}
```

另一种重复使用代码的强大方式是模板继承，它类似于 Python 代码中的类继承。首先，创建一个名为 base.html 的基模板，示例代码如下：

```
01    <html>
02    <head>
03    {% block head %}
04    <title>{% block title %}{% endblock %} - My Application</title>
05    {% endblock %}
06    </head>
07    <body>
08    {% block body %}
09    {% endblock %}
10    </body>
11    </html>
```

block 标签定义的元素可在衍生模板中修改。在本例中，我们定义了名为 head、title 和 body 的块。注意，title 包含在 head 中。下列这个示例是基模板的衍生模板：

```
01    {% extends "base.html" %}
02    {% block title %}Index{% endblock %}
03    {% block head %}
04    {{ super() }}
05    <style>
06    </style>
07    {% endblock %}
08    {% block body %}
09    <h1>Hello, World!</h1>
10    {% endblock %}
```

extends 指令声明这个模板衍生自 base.html。在 extends 指令之后，基模板中的 3 个块被重新定义，模板引擎会将它们插入适当的位置处。注意新定义的 head 块，在基模板中其内容不是空的，因此使用

super()函数获取原来的内容。

24.4　Web 表单

表单是允许用户与你的 Web 应用进行交互的基本元素。Flask 自己不会帮你处理表单,但 Flask-WTF 插件允许用户在 Flask 应用中使用著名的 WTForms 包。这个包使得定义表单和处理表单功能变得轻松。WTForms 的安装非常简单,使用如下命令即可安装:

```
pip install flask-wtf
```

安装完成后,使用如下命令查看所有安装包:

```
pip list --format columns
```

一旦安装成功,列表中就会有 Flask-WTF 及其依赖包 WTForms,如图 24.13 所示。

24.4.1　CSRF 保护和验证

CSRF 全称是 cross-site request forgery,即跨站请求伪造。CSRF 通过第三方伪造表单数据,以将 POST 请求发送到应用服务器上。例如,假设明日学院网站允许用户通过提交一个表单来注销账户。这个表单发送一个 POST 请求到明日学院服务器的注销页面上,如果用户已经登录,明日学院服务器就可以注销该用户的账户。如果黑客在他

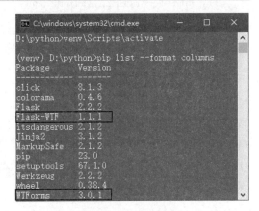

图 24.13　查看安装包

自己的网站中创建一个会发送到明日学院服务器的同一个注销页面的表单,现在,假如有个用户单击了黑客设置的网站中表单的"提交"按钮,同时这个用户又登录了邮件账号,那么他的账户就会被明日学院服务器注销。

所以,我们怎样判断一个 POST 请求是否来自网站自己的表单呢?WTForms 在渲染每个表单时生成一个独一无二的 token,它使得这一切变得可能。这个 token 将在 POST 请求中随表单数据一起传递,并且会在表单被接收之前进行验证。关键在于,token 的值取决于存储在用户的会话(cookies)中的一个值,而且会在一定时长(默认 30 min)之后过时。这样,只有登录了页面的用户才能提交一个有效的表单,而且仅仅是在登录页面 30 min 之内才能这么做。

默认情况下,Flask-WTF 能保护所有表单免受跨站请求伪造的攻击。一旦恶意网站把请求发送到被攻击者已登录的其他网站上,就会引发 CSRF 攻击。为了实现 CSRF 保护,使用 Flask-WTF 时,需要在程序中设置一个密钥。Flask-WTF 使用这个密钥生成加密令牌,再用令牌验证请求中表单数据的真伪。设置密钥的方法如下:

```
app = Flask(__name__)
app.config['SECRET_KEY'] = 'mrsoft'
```

app.config 字典可用来存储框架、扩展和程序本身的配置变量。使用标准的字典句法就能把配置值

添加到 app.config 对象中。这个对象还提供了一些方法，可以从文件或环境中导入配置值。

　　SECRET_KEY 配置变量是通用密钥，可在 Flask 和多个第三方扩展中使用。如其名所示，加密的强度取决于变量值的机密程度。不同的程序要使用不同的密钥，而且要保证其他人不知道你使用的字符串。

24.4.2　表单类

　　使用 Flask-WTF 时，每个 Web 表单都由一个继承自 Form 的类表示。这个类定义表单中的一组字段，每个字段都用对象表示。字段对象可附属一个或多个验证函数。验证函数用来验证用户提交的输入值是否符合要求。例如，使用 Flask-WTF 创建包含一个文本字段、密码字段和一个提交按钮的简单的 Web 表单，代码如下：

```
01    from flask_wtf import FlaskForm
02    from wtforms import StringField, PasswordField,SubmitField
03    from wtforms.validators import Required
04    class NameForm(FlaskForm):
05        name = StringField('请输入姓名', validators=[Required()])
06        password = PasswordField('请输入密码', validators=[Required()])
07        submit = SubmitField('Submit')
```

　　这个表单中的字段都被定义为类变量，类变量的值是相应字段类型的对象。在这个示例中，NameForm 表单中有一个名为 name 的文本字段、一个名为 password 的密码字段和一个名为 submit 的提交按钮。StringField 类表示属性为 type="text"的<input>元素。SubmitField 类表示属性为 type="Submit"的<input>元素。字段构造函数的第一个参数是把表单渲染成 HTML 使用的标号。StringField 构造函数中的可选参数 validators 指定一个由验证函数组成的列表，在接收用户提交的数据之前验证数据。验证函数 Required()确保提交的字段不为空。

说明

　　Form 基类是由 Flask-WTF 扩展定义的，所以它是从 flask.ext.wtf 中导入的，而字段和验证函数可以直接从 WTForms 包中导入。

　　上述代码中只使用了 3 个 HTML 标准字段，WTForms 还支持很多其他的 HTML 标准字段，如表 24.3 所示。

表 24.3　WTForms 支持的 HTML 标准字段及其说明

字 段 类 型	说　明	字 段 类 型	说　明
StringField	文本字段	BooleanField	复选框，值为 True 和 False
TextAreaField	多行文本字段	RadioField	一组单选框
PasswordField	密码文本字段	SelectField	下拉列表
HiddenField	隐藏文本字段	SelectMultipleField	下拉列表，可选择多个值
DateField	文本字段，值为 datetime.date 格式	FileField	文件上传字段
DateTimeField	文本字段，值为 datetime.datetime 格式	SubmitField	表单提交按钮
IntegerField	文本字段，值为整数	FormField	把表单作为字段嵌入另一个表单中
DecimalField	文本字段，值为 decimal.Decimal	FieldList	一组指定类型的字段
FloatField	文本字段，值为浮点数		

WTForms 内置的验证函数及其说明如表 24.4 所示。

表 24.4　WTForms 内置的验证函数及其说明

验 证 函 数	说　　明	验 证 函 数	说　　明
Email	验证电子邮件地址	Optional	无输入值时跳过其他验证函数
EqualTo	比较两个字段的值，常用于要求输入两次密码进行确认的情况	Required	确保字段中有数据
IPAddress	验证 IPv4 网络地址	Regexp	使用正则表达式验证输入值
Length	验证输入字符串的长度	URL	验证 URL
NumberRange	验证输入的值在数字范围内	AnyOf	确保输入值在可选值列表中

24.4.3　把表单渲染成 HTML

表单字段是可调用的，在模板中调用后会被渲染成 HTML。假设视图函数把一个 NameForm 实例通过参数 form 传入某个模板中，在这个模板中就可以生成一个简单的表单。

【例 24.5】使用 url_for()函数获取 URL 信息。（**实例位置：资源包\TM\sl\24\05**）

创建 05.py 文件，在该文件中定义一个 LoginForm 类。LoginForm 类有 3 个属性，分别是 name（用户名）、password（密码）和 submit（提交按钮）。具体代码如下：

```
01  from flask import Flask , render_template
02  from flask_wtf import FlaskForm
03  from wtforms import StringField, PasswordField,SubmitField
04  from wtforms.validators import DataRequired
05
06  class LoginForm(FlaskForm):
07      name = StringField(label='用户名', validators=[DataRequired("用户名不能为空")])
08      password = PasswordField(label='密　码', validators=[DataRequired("密码不能为空")])
09      submit = SubmitField(label="提交")
10
11  app = Flask(__name__)
12  app.config['SECRET_KEY'] = 'mrsoft'
13
14  @app.route('/', methods=['GET', 'POST'])
15  def index():
16      form = LoginForm()
17      data = {}
18      if form.validate_on_submit():
19          data['name'] = form.name.data
20          data['password'] = form.password.data
21      return render_template('index.html', form=form,data=data)
22
23  if __name__ == '__main__':
24      app.run(debug=True)
```

上述代码中，@app.route()装饰器中添加的 methods 参数告诉 Flask 在 URL 映射中把这个视图函数注册为 GET 和 POST 请求的处理程序。如果没指定 methods 参数，就只把视图函数注册为 GET 请求的处理程序。把 POST 加入方法列表很有必要，因为将提交表单作为 POST 请求进行处理更加便利。表单也可作为 GET 请求提交，不过 GET 请求没有主体，提交的数据以查询字符串的形式附加到 URL 中，可在浏览器的地址栏中看到。基于这种情况以及其他各种情况，提交表单大都作为 POST 请求进行处理。

局部变量 name 和 password 分别用来存储表单中输入的有效用户名和密码，如果没有输入用户名，则其值为 None。如上述代码所示，在视图函数中创建一个 LoginForm 类实例用于表示表单。提交表单后，如果数据能被所有验证函数接收，那么 validate_on_submit() 方法的返回值为 True，否则返回 False。这个函数的返回值决定是重新渲染表单还是处理表单提交的数据。

修改 templates 目录中的 index.html 文件，在该文件中定义一个表单，使用 flask-wtf 渲染表单，具体代码如下：

```
01  <!DOCTYPE html>
02  <html lang="en">
03  <head>
04  <meta charset="UTF-8">
05  </head>
06  <body>
07  <div class="container">
08  <h1>Hello World!</h1>
09  <form action="" method="post" novalidate>
10  <div>
11          {{ form.name.label }}
12          {{ form.name }}
13  </div>
14          {% for err in form.name.errors %}
15  <div class="col-md-12">
16  <p style="color: red">{{ err }}</p>
17  </div>
18          {% endfor %}
19  <div>
20          {{ form.password.label }}
21          {{ form.password }}
22          {% for err in form.password.errors %}
23  <div>
24  <p style="color: red">{{ err }}</p>
25  </div>
26          {% endfor %}
27  </div>
28          {{ form.csrf_token }}
29          {{ form.submit }}
30  </form>
31      {% if data    %}
32  您输入的用户名为：{{ data['name'] }}
33  <br>
34  您输入的密码为：{{ data['password'] }}
35      {% endif %}
36      </div>
37  </body>
38  </html>
```

运行 05.py 文件，在浏览器中输入网址 127.0.0.1:5000。当用户第一次访问程序时，服务器会收到一个没有表单数据的 GET 请求，因此 validate_on_submit() 方法将返回 False。这时，if 语句的内容将被跳过，程序通过渲染模板处理 GET 请求，并在浏览器中显示表单。运行效果如图 24.14 所示。

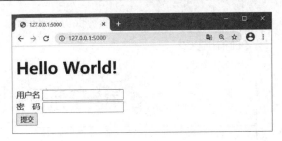

图 24.14　显示表单页面

当用户在提交表单之前没有输入用户名或密码时，Required()验证函数会捕获这个错误，如图 24.15 所示；当用户填写了用户名和密码并单击"提交"按钮时，运行结果如图 24.16 所示。

图 24.15　验证提交字段效果

图 24.16　显示提交内容

第 25 章

e 起去旅行网站

第 24 章介绍了 Flask 框架的基本使用方法，本章我们将应用 Flask 框架实现一个介绍旅游景区以及旅游攻略的网站——e 起去旅行网站。e 起去旅行网站是一个包括前台和后台的完整网站。前台主要包括用户注册、登录以及景区内容的展现等；而后台主要包括景区管理、游记管理、日志管理等内容的增、删、改、查。

本章知识架构及重难点如下。

25.1 系统功能设计

25.1.1 系统功能结构

e 起去旅行网站包括前台和后台两部分。前台主要负责页面的展示，包括首页推荐景区、推荐地区、搜索景区、收藏景区以及查看游记等，网站的前台功能模块如图 25.1 所示；而后台则主要负责数据的增、删、改、查，包括添加地区、添加景区、添加游记等，网站的后台功能模块如图 25.2 所示。

图 25.1　网站的前台功能模块

图 25.2　网站的后台功能模块

25.1.2　系统业务流程

e 起去旅行网站涉及的角色主要有两个，即管理员和用户。管理员负责后台数据的增、删、改、查，而用户则可以通过浏览网页访问前台信息。具体流程如图 25.3 所示。

图 25.3　系统业务流程

25.2 系统开发必备

25.2.1 系统开发环境

本系统的软件开发及运行环境具体如下。

☑ 操作系统：Windows 10 及以上。

☑ 虚拟环境：virtualenv。

☑ 数据库：MySQL 8.0。

☑ 开发工具：PyCharm/Sublime Text 3 等。

☑ 第三方模块：Flask、Flask-WTF、Flask-Migrate、Flask-Script、PyMySQL 和 email-validator。

☑ 浏览器：Google Chrome 浏览器。

25.2.2 文件夹组织结构

在进行网站开发前，首先要规划网站的架构。也就是说，建立多个文件夹对各个功能模块进行划分，实现统一管理，这样做易于网站的开发、管理和维护。不同于大多数其他的 Web 框架，Flask 并不强制要求大型项目使用特定的组织方式，程序结构的组织方式完全由开发者决定。在 e 起去旅行网站项目中使用包和模块方式组织程序。文件夹组织结构如图 25.4 所示。

在图 25.4 的文件夹组织结构中，有下列 3 个顶级文件夹。

```
Travel E:\Python\Travel
  app ───────────────── 包名
    admin ───────────── 后台文件
      __init__.py ───── 初始化文件
      forms.py ──────── 后台表单文件
      views.py ──────── 后台路由文件
    home ────────────── 前台文件
      __init__.py ───── 初识化文件
      forms.py ──────── 前台表单文件
      views.py ──────── 前台路由文件
    static ──────────── 静态资源文件
    templates ───────── 模板文件
    __init__.py ─────── 初始化文件
    models.py ───────── 模型文件
  migrations ────────── 迁移文件
  venv library root ─── 虚拟环境
  config.py ─────────── 配置文件
  manage.py ─────────── 启动文件
  requirements.txt ──── 依赖包文件
```

图 25.4 文件夹组织结构

☑ app：Flask 程序的包名，一般都命名为 app。该文件夹中还包含两个包，即 admin（后台）和 home（前台）。每个包中又包含 3 个文件，即__init__.py（初始化文件）、forms.py（表单文件）和 views（路由文件）。

☑ migrations：数据库迁移脚本。

☑ venv：Python 虚拟环境。

同时还创建了一些新文件，具体如下。

☑ requirements.txt：列出了所有依赖包，便于在其他计算机中重新生成相同的虚拟环境。

☑ config.py：存储配置。

☑ manage.py：用于启动程序以及其他的程序任务。

在本项目中，使用 Flask-Script 扩展以命令行方式生成数据库表和启动服务。生成数据表的命令如下：

```
python manage.py db init       # 创建迁移仓库，首次使用
python manage.py db migrate    # 创建迁移脚本
python manage.py db upgrade    # 把迁移应用到数据库中
```

启动服务的命令如下：

```
python  manage.py  runserver
```

25.3　数据库设计

25.3.1　数据库概要说明

本项目采用 MySQL 数据库，数据库名称为 travel，其中包含 10 张数据表，具体的数据表名称及其含义和作用如表 25.1 所示。

表 25.1　数据表名称及其含义和作用

表　名　称	含　　义	作　　用
admin	管理员表	用于存储管理员用户信息
adminlog	管理员登录日志表	用于存储管理员登录后台的日志信息
user	用户表	用于存储用户的信息
user_log	用户登录日志表	用于存储用户登录后台的日志信息
oplog	操作日志	用于后台操作信息
area	地区表	用于存储地区信息
scenic	景区表	用于存储景区信息
collect	收藏表	用于存储收藏的景区信息
travels	游记表	用于存储景区游记信息
suggestion	意见建议表	用于存储用户的意见建议信息

25.3.2　数据表模型

本项目中使用 SQLAlchemy 进行数据库操作，将所有的模型放置到一个单独的 models 模块中，以使程序的结构更加清晰。SQLAlchemy 是一个常用的数据库抽象层和数据库关系映射包（ORM），并且需要一些设置才可以使用，因此使用 Flask-SQLAlchemy 扩展来操作它。

由于篇幅有限，这里只给出 models.py 模型文件中比较重要的代码。关键代码如下：

（代码位置：资源包\TM\sl\25\Travel\app\models.py）

```
01    from . import db
02    from datetime import datetime
03
04    # 地区
05    class Area(db.Model):
06        __tablename__ = "area"
07        id = db.Column(db.Integer, primary_key=True)          # 编号
08        name = db.Column(db.String(100), unique=True)          # 标题
09        addtime = db.Column(db.DateTime, index=True, default=datetime.now)     # 添加景区时间
10        is_recommended = db.Column(db.Boolean(), default=0)          # 是否推荐
```

```
11        introduction = db.Column(db.Text)                                    # 景区简介
12        scenic = db.relationship("Scenic", backref='area')                   # 外键关系关联
13
14        def __repr__(self):
15            return "<Area %r>" % self.name
16
17  # 景区
18  class Scenic(db.Model):
19        __tablename__ = "scenic"
20        id = db.Column(db.Integer, primary_key=True)                         # 编号
21        title = db.Column(db.String(255), unique=True)                       # 标题
22        star   = db.Column(db.Integer)                                       # 星级
23        logo = db.Column(db.String(255), unique=True)                        # 封面
24        introduction = db.Column(db.Text)                                    # 景区简介
25        content = db.Column(db.Text)                                         # 景区内容描述
26        address = db.Column(db.Text)                                         # 景区地址
27        is_hot   = db.Column(db.Boolean(), default=0)                        # 是否热门
28        is_recommended = db.Column(db.Boolean(), default=0)                  # 是否推荐
29        area_id = db.Column(db.Integer, db.ForeignKey('area.id'))            # 所属标签
30        addtime = db.Column(db.DateTime, index=True, default=datetime.now)   # 添加时间
31        collect = db.relationship("Collect", backref='scenic')              # 收藏外键关系关联
32        travels = db.relationship("Travels", backref='scenic')              # 游记外键关系关联
33
34        def __repr__(self):
35            return "<Scenic %r>" % self.title
36
37  # 游记
38  class Travels(db.Model):
39        __tablename__ = "travels"
40        id = db.Column(db.Integer, primary_key=True)                         # 编号
41        title = db.Column(db.String(255),unique=True)                        # 标题
42        author = db.Column(db.String(255))                                   # 作者
43        content = db.Column(db.Text)                                         # 游记内容
44        scenic_id = db.Column(db.Integer, db.ForeignKey('scenic.id'))        # 所属景区 ID
45        addtime = db.Column(db.DateTime, index=True, default=datetime.now)   # 添加时间
46
47
48  # 景区收藏
49  class Collect(db.Model):
50        __tablename__ = "collect"
51        __table_args__ = {"useexisting": True}
52        id = db.Column(db.Integer, primary_key=True)                         # 编号
53
54        scenic_id = db.Column(db.Integer, db.ForeignKey('scenic.id'))        # 所属景区
55        user_id = db.Column(db.Integer, db.ForeignKey('user.id'))            # 所属用户
56        addtime = db.Column(db.DateTime, index=True, default=datetime.now)   # 添加时间
57
58        def __repr__(self):
59            return "<Collect %r>" % self.id
```

25.3.3 数据表关系

本项目中主要数据表的关系为：一个地区（area 表）对应多个景区（scenic 表）；一个景区对应多个游记（travels 表）；一个用户（user 表）可以有多个收藏（collect 表）；一个景区（scenic 表）可以被收藏（collect 表）多次。使用 ER 图来直观地展现数据表之间的关系，如图 25.5 所示。

图 25.5　主要数据表关系

25.4　前台用户模块设计

25.4.1　会员注册功能实现

会员注册模块主要用于实现新用户注册成为网站会员的功能。在会员注册页面中，用户需要填写满足条件的如下信息。

- ☑　用户名：不能为空。
- ☑　邮箱：不能为空，需要满足邮箱格式，并且每个用户只能使用唯一的一个邮箱。
- ☑　密码：不能为空。
- ☑　确认密码：不能为空，并且与"密码"保持一致。

如果满足以上条件，并且用户注册成功，则用户填写的会员信息将被保存到数据库中，否则注册失败，并给出错误提示。会员注册页面路由的关键代码如下：

（代码位置：资源包\TM\sl\25\Travel\app\Home\views.py）

```
01    # _*_ coding: utf-8 _*_
02    from . import home
03    from app import db
04    from app.home.forms import LoginForm,RegisterForm,SuggetionForm
05    from app.models import User ,Area,Scenic,Travels,Collect,Suggestion,Userlog
06    from flask import render_template, url_for, redirect, flash, session, request
07    from werkzeug.security import generate_password_hash
08    from sqlalchemy import and_
09    from functools import wraps
10
11    @home.route("/register/", methods=["GET", "POST"])
```

```
12    def register():
13        """
14        注册功能
15        """
16        form = RegisterForm()                                                  # 导入注册表单
17        if form.validate_on_submit():                                          # 提交注册表单
18            data = form.data                                                   # 接收表单数据
19            # 为 User 类属性赋值
20            user = User(
21                username = data["username"],                                   # 为用户名赋值
22                email = data["email"],                                         # 为邮箱赋值
23                pwd = generate_password_hash(data["pwd"]),                     # 对密码进行加密并为其赋值
24            )
25            db.session.add(user)                                               # 添加数据
26            db.session.commit()                                                # 提交数据
27            flash("注册成功！", "ok")                                          # 使用 flask 存储成功信息
28        return render_template("home/register.html", form=form)               # 渲染模板
```

上述代码中，包括了显示用户注册页面和提交用户注册信息两部分功能。当 if 语句条件 form.validate_on_submit 不为 True 时，即用户使用 GET 方式访问路由时，只渲染模板并显示注册页面；当 if 语句条件 form.validate_on_submit 为 True 时，即用户使用 POST 方式访问路由时，提交注册表单并执行用户注册的业务逻辑。下面分别介绍这两种情况。

1. 显示注册页面

用户使用浏览器访问 127.0.0.1:5000/register，将其与路由@home.route("/register/")进行匹配，并执行 register()函数。首先实例化 RegisterForm 类，该类是从 app.home.forms 模块中导入的。关键代码如下：

（代码位置：资源包\TM\sl\25\Travel\app\Home\forms.py）

```
01    # _*_ coding: utf-8 _*_
02    from flask_wtf import FlaskForm
03    from wtforms import StringField, PasswordField, SubmitField, FileField, TextAreaField
04    from wtforms.validators import DataRequired, Email, Regexp, EqualTo, ValidationError
05    from app.models import User
06
07    class RegisterForm(FlaskForm):
08        """
09        用户注册表单
10        """
11        username = StringField(
12            validators=[
13                DataRequired("用户名不能为空！"),
14            ],
15            description="用户名",
16            render_kw={
17                "placeholder": "请输入用户名！",
18            }
19        )
20        email = StringField(
21            validators=[
22                DataRequired("邮箱不能为空！"),
23                Email("邮箱格式不正确！")
24            ],
25            description="邮箱",
26            render_kw={
27                "type": "email",
28                "placeholder": "请输入邮箱！",
```

```
29              }
30          )
31      pwd = PasswordField(
32          validators=[
33              DataRequired("密码不能为空！")
34          ],
35          description="密码",
36          render_kw={
37              "placeholder": "请输入密码！",
38          }
39      )
40      repwd = PasswordField(
41          validators=[
42              DataRequired("请输入确认密码！"),
43              EqualTo('pwd', message="两次密码不一致！")
44          ],
45          description="确认密码",
46          render_kw={
47              "placeholder": "请输入确认密码！",
48          }
49      )
50      submit = SubmitField(
51          '注册',
52          render_kw={
53              "class": "btn btn-primary",
54          }
55      )
56
57      def validate_email(self, field):
58          """
59          检测注册邮箱是否已经存在
60          :param field: 字段名
61          """
62          email = field.data
63          user = User.query.filter_by(email=email).count()
64          if user == 1:
65              raise ValidationError("邮箱已经存在！")
```

　　上述代码中定义了一个 RegisterForm 类，该类继承自 FlaskForm 类。FlaskForm 类是一个 Python 的扩展，可以实现表单的创建和验证。接下来，定义 RegisterForm 类的相关属性和方法，包括 username、email、pwd、repwd、submit 和 validate_email()。以 email 为例，在 user 表中，email 字段是字符串型数据，因此使用 StringField()方法来定义。在 StringField()方法中定义 username 的验证规则、描述信息和渲染页面的相关属性。此外，还需要使用 validate_email()方法来验证该邮箱是否已经被注册。

误区警示

　　在使用 WTForms 库时，当 Flask-WTF 版本高于 2.2.x 时，会出现**raise Exception("Install 'email_validator' for email validation support.")**错误，解决的方法是安装 email-validator 模块，对应的命令如下：

```
pip install email-validator
```

　　接下来，回到 views.py 文件的 register()函数中。实例化 RegisterForm 类后，使用 render_template() 函数渲染模板 home\register.html，并传递 form 变量。register.html 关键代码如下：
　　（代码位置：资源包\TM\sl\25\Travel\app\Templates\home\register.html）

```
01  {% block content %}
02  <div id="login" class="login-container">
```

```
03    <form role="form" method="POST" action=""    novalidate>
04        {% for msg in get_flashed_messages(category_filter=["err"]) %}
05            <p class="login-box-msg" style="color: red">{{ msg }}</p>
06        {% endfor %}
07        {% for msg in get_flashed_messages(category_filter=["ok"]) %}
08            <p class="login-box-msg">{{ msg }}请去<a href="\login\">登录！</a></p>
09        {% endfor %}
10        <div class="form-control">
11          {{ form.username }}
12        </div>
13        {% for err in form.username.errors %}
14            <div class="form-control">
15              <ul class="errors">
16                  <li>{{ err }}</li>
17              </ul>
18            </div>
19        {% endfor %}
20        <div class="form-control">
21          {{ form.email }}
22        </div>
23        {% for err in form.email.errors %}
24            <div class="form-control">
25              <ul class="errors">
26                  <li>{{ err }}</li>
27              </ul>
28            </div>
29        {% endfor %}
30        <div class="form-control">
31            {{ form.pwd }}
32        </div>
33        {% for err in form.pwd.errors %}
34            <div class="form-control">
35              <ul class="errors">
36                  <li>{{ err }}</li>
37              </ul>
38            </div>
39        {% endfor %}
40        <div class="form-control">
41            {{ form.repwd }}
42        </div>
43        {% for err in form.repwd.errors %}
44            <div class="form-control">
45              <ul class="errors">
46                  <li>{{ err }}</li>
47              </ul>
48            </div>
49        {% endfor %}
50        {% for msg in get_flashed_messages(category_filter=["err"]) %}
51            <div class="form-control">
52              <ul class="errors">
53                  <li>{{ msg }}</li>
54              </ul>
55            </div>
56        {% endfor %}
57        <div class="form-control">
58            {{ form.csrf_token }}
59            {{ form.submit }}
60        </div>
61    </form>
62    <div>
```

```
63        <p class="change-form">已有账号，直接去 <a href="\login\" >登录</a></p>
64      </div>
65    </div>
66    {% endblock %}
```

上述代码中，使用 form.username 输出表单中的 username
信息，使用 form.username.errors 输出验证 username 的错误信息。
这里，form 对象是在 register()函数中通过 render_template
("home/register.html", form=form)传递过来的变量。

此外需要注意的是，form.csrf_token 生成一个隐藏字段，其
内容是 CSRF 令牌，该令牌需要和表单中的数据一起提交。CSRF
是一种通过伪装来自受信任用户的请求，以发送恶意攻击的方
法。FlaskForm 通过使用 CSRF 令牌方式避免 CSRF 攻击。

在浏览器中访问 127.0.0.1:5000/register/，注册页面运行效果
如图 25.6 所示。

图 25.6　注册页面效果图

2．提交注册信息

当用户填写完注册信息提交表单时，首先验证表单，然后
将注册信息存入数据库中。具体流程如下。

（1）验证表单。在 forms.py 文件中对表单中的每个字段进行验证。以 email 字段为例。注册信息时，
要求 email 不能为空，符合邮箱格式，并且邮箱唯一。在 RegisterForm 类中，关键代码如下：

（代码位置：资源包\TM\sl\25\Travel\app\Home\forms.py）

```
01    class RegisterForm(FlaskForm):
02        """
03        用户注册表单
04        """
05        email = StringField(
06            validators=[
07                DataRequired("邮箱不能为空！"),
08                Email("邮箱格式不正确！")
09            ],
10            description="邮箱",
11            render_kw={
12                "type": "email",
13                "placeholder": "请输入邮箱！",
14            }
15        )
16        # 省略部分代码
17        def validate_email(self, field):
18            """
19            检测注册邮箱是否已经存在
20            param field: 字段名
21            """
22            email = field.data
23            user = User.query.filter_by(email=email).count()
24            if user == 1:
25                raise ValidationError("邮箱已经存在！")
```

上述代码中，StringField()方法在向 RegisterForm 类的 email 属性赋值时，使用了 validators 对该值
进行验证。validators 是一个列表，它有两个值：一个是 DataRequired()，用于检测输入是否为空；另一

个是 Email()，用于检测是否符合邮箱格式。此外，对于某些特殊验证，如邮箱是否被注册，则可以使用自定义验证。在 RegisterForm 类中定义一个方法，并将该方法命名为"validate_字段名"，也就是说，如果要验证用户名，则需要定义一个 validate_username() 方法，如果要验证密码，则需要定义一个 validate_pwd() 方法。在自定义方法中，可以实现具体的验证逻辑。

当验证用户输入不符合要求时，则会将错误信息写入 form.email.errors 中。form.email.errors 是一个列表，可以在 register.html 模板中迭代输出错误信息，关键代码如下：

（代码位置：资源包\TM\sl\25\Travel\app\Templates\home\register.html）

```
01    <div class="form-control">
02       {{ form.email }}
03    </div>
04    {% for err in form.email.errors %}
05          <div class="form-control">
06              <ul class="errors">
07                  <li>{{ err }}</li>
08              </ul>
09          </div>
10    {% endfor %}
```

图 25.7　验证字段不能为空

在浏览器中访问 127.0.0.1:5000/register/，注册页面的运行效果如图 25.7 所示。当不输入用户信息，直接提交时，运行效果如图 25.8 所示；当输入的"密码"和"确认密码"不一致时，运行效果如图 25.9 所示；当输入一个已存在的邮箱时，运行效果如图 25.10 所示。

图 25.8　验证邮箱格式

图 25.9　验证密码是否一致

图 25.10　验证邮箱是否已经存在

（2）将注册信息存入数据库中。当验证通过后，开始接收表单数据，然后将其存入数据库中。register() 函数的关键代码如下：

（代码位置：资源包\TM\sl\25\Travel\app\Home\views.py）

```
01    data = form.data                          # 接收表单数据
02    # 为 User 类属性赋值
03    user = User(
04        username = data["username"],           # 为用户名赋值
```

```
05        email = data["email"],                      # 为邮箱赋值
06        pwd = generate_password_hash(data["pwd"]),  # 对密码进行加密并为其赋值
07    )
08    db.session.add(user)                            # 添加数据
09    db.session.commit()                             # 提交数据
10    flash("注册成功！", "ok")                       # 使用 flask 存储成功信息
```

上述代码中，首先通过 form.data 来接收用户在表单中提交的数据。例如，用户输入的用户名，可以用 form.data.username 来接收。为了保护用户的隐私安全，必须对用户输入的密码进行加密，可以使用 werkzeug.security 的 generate_password_hash() 方法来实现密码的加密功能。然后，使用 db.session.add(user) 添加数据，使用 db.session.commit() 提交数据。最后使用 flask 存储添加成功的信息。

添加成功后，需要提示用户添加成功。成功信息已经被写入 flash 中，可以通过 get_flashed_messages() 函数获取信息，然后输出到模板中。在 register.html 模板中，输出已添加成功的信息。关键代码如下：

```
01    {% for msg in get_flashed_messages(category_filter=["ok"]) %}
02        <p class="login-box-msg">{{ msg }}请去<a href="\login\">登录！</a></p>
03    {% endfor %}
```

运行结果如图 25.11 所示。

25.4.2　会员登录功能实现

会员登录模块主要用于实现网站的会员登录功能。由于用户邮箱是唯一的，因此使用邮箱和密码作为登录凭证。在登录页面中，填写用户邮箱和密码，单击"登录"按钮，即可实现会员登录。如果没有输入邮箱、密码，或者账号密码不匹配，则都将给予错误提示。

图 25.11　注册成功提示

会员登录功能与会员注册功能的业务逻辑相似，会员登录页面路由的关键代码如下：

（代码位置：资源包\TM\sl\25\Travel\app\Home\views.py）

```
01    @home.route("/login/", methods=["GET", "POST"])
02    def login():
03        """
04        登录
05        """
06        form = LoginForm()                           # 实例化 LoginForm 类
07        if form.validate_on_submit():                # 如果提交
08            data = form.data                         # 接收表单数据
09            # 判断用户名和密码是否匹配
10            user = User.query.filter_by(email=data["email"]).first()   # 获取用户信息
11            if not user :
12                flash("邮箱不存在！", "err")          # 输出错误信息
13                return redirect(url_for("home.login"))   # 跳转到登录页
14            if not user.check_pwd(data["pwd"]):      # 调用 check_pwd() 方法，检测用户名和密码是否匹配
15                flash("密码错误！", "err")            # 输出错误信息
16                return redirect(url_for("home.login"))   # 跳转到登录页
17            session["user_id"] = user.id             # 将 user_id 写入 session 中，用于以后判断用户是否登录
18            # 将用户登录信息写入 Userlog 表中
```

```
19          userlog = Userlog(
20              user_id=user.id,
21              ip=request.remote_addr
22          )
23          db.session.add(userlog)               # 存入数据
24          db.session.commit()                   # 提交数据
25          return redirect(url_for("home.index")) # 登录成功，跳转到首页
26      return render_template("home/login.html", form=form) # 渲染登录页面模板
```

上述代码中，首先实例化 LoginForm 表单，如果以 GET
方式访问路由，则执行渲染页面的功能；如果以 POST 方
式访问路由，即填写登录信息登录，则执行表单验证功能
（与注册页面表单验证功能相同），如图 25.12 所示。然后，
执行登录流程，根据用户输入的邮箱，获取 User 对象。如
果 User 对象不存在，则提示"邮箱不存在！"。调用 User
对象的 check_pwd() 方法，检测密码是否正确。如果密码错
误，则提示"密码错误！"；如果密码正确，则将 user_id 写
入 session 中，为后续判断用户是否登录做准备。最后将用
户登录信息写入数据表中，并进行页面跳转。

25.4.3 会员退出功能实现

图 25.12 登录验证

退出功能的实现比较简单，主要是清空用户在登录时的 session 中的 user_id。可以使用 session.pop()
函数来实现该功能。具体代码如下：

（代码位置：资源包\TM\sl\25\Travel\app\Home\views.py）

```
01  @home.route("/logout/")
02  def logout():
03      """
04      退出登录
05      """
06      # 重定向到 home 模块下的登录
07      session.pop("user_id", None)
08      return redirect(url_for('home.login'))
```

当用户单击"退出"按钮时，执行 logout() 方法，并且跳转到登录页面。

25.5　前台首页模块设计

当用户访问 e 起去旅行网站时，首先进入的是前台首页。前台首页是对整个网站总体内容的概述。
在本项目的前台首页中，主要包含以下内容。

☑　推荐景区模块：显示在后台设置为推荐的景区。
☑　推荐地区模块：显示在后台设置为推荐的地区，以及该地区的所有景区。
☑　景区搜索模块：根据地区和星级搜索景区。
首页运行效果如图 25.13 所示。

图 25.13　前台首页效果

25.5.1 推荐景区功能实现

首页作为网站浏览量最多的页面，必然要向用户展示最重要的信息，但由于一个页面可以展示的信息量有限，因此通常在网站后台都有设置推荐选项，只有被推荐的产品才会显示在首页。e 起去旅行网站首页推荐景区部分也是显示被推荐的景区。

1. 获取推荐景区数据

当用户访问网站的根目录即 127.0.0.1:50000 时，页面跳转至首页。在前台路由文件 views.py 中，显示首页的关键代码如下：

（代码位置：资源包\TM\sl\25\Travel\app\Home\views.py）

```
01  @home.route("/")
02  def index():
03      """
04      首页
05      """
06      area = Area.query.all()                                    # 获取所有地区
07      hot_area = Area.query.filter_by(is_recommended = 1).limit(2).all()    # 获取热门区域
08      scenic = Scenic.query.filter_by(is_hot = 1).all()          # 热门景区
09      # 渲染模板
10      return render_template('home/index.html',area=area,hot_area=hot_area,scenic=scenic)
```

上述代码中，使用 SQLAlchemy 获取 area 表中的所有地区，为搜索区域的地区下拉列表提供数据。然后分别获取热门区域和热门景区的数据。在获取热门景区时，使用 filter_by() 条件查询来筛选 is_hot字段为 1 的所有数据，即所有推荐的景区。最后，使用 render_template() 函数来渲染模板并传递数据。

2. 渲染模板

获取完热门景区数据后，接下来就需要渲染模板显示数据了。由于热门数据是一个可迭代对象，因此使用 for 标签遍历数据。关键代码如下：

（代码位置：资源包\TM\sl\25\Travel\app\templates\home\index.html）

```
01  <div class="carousel main">
02    <ul>
03      {% for v in scenic %}
04      <li>
05        <div class="popular">
06          <div class="popular_inner">
07            <figure>
08              <img src="{{url_for('static',filename='uploads/'+v.logo)}}" >
09              <div class="over">
10                <div class="v1">{{v.title}}<span>{{v.area.name}}</span></div>
11              <div class="v2">{{v.introduction.replace(v.introduction[100:],'...')}}</div>
12              </div>
13            </figure>
14            <div class="caption">
15              <div class="txt1"><span>{{v.title}}</span> {{v.area.name}}</div>
16              <div class="txt2">{{v.address}}</div>
17              <div class="txt3 clearfix">
18              <div class="stars1">
19                  {% for i in range(5) %}
20                  {% if i < v.star %}
```

436

```
21                              <img src="{{url_for('static',filename='base/images/star1.png')}}" >
22                          {% else %}
23                              <img src="{{url_for('static',filename='base/images/star2.png')}}" >
24                          {% endif %}
25                      {% endfor %}
26                  </div>
27                  <div class="right_side"><a href="{{url_for('home.info',id=v.id)}}"
28                          class="btn-default btn1">查看</a>
29                  </div>
30              </div>
31          </div>
32      </div>
33      </div>
34      </li>
35      {% endfor %}
36  </ul>
37 </div>
```

上面代码中，使用 for 标签将变量 scenic 赋值给变量 v。然后使用 "v." 属性方式获取景区表 scenic 的字段值，如 v.title 的值就是景区的名称，v.logo 的值就是景区的封面图片名称。为了在 HTML 页面中显示图片内容，需要设置<img>标签的 src 属性，其属性值可以使用 url_for()函数来生成。

值得注意的是，scenic 表和 area 表是一对多的关系，由于使用了 SQLAlchemy，通过 v.area 就可以很容易地获取该景区所对应的地区对象。v.area.name 就是这个地区的名称。

对于景区的星级最多为 5 颗星。如某个景区的星级为 4 星，那么可以使用 for 标签和 if 标签来显示 4 颗实心星和 1 颗空心星。运行结果如图 25.14 所示。

图 25.14　显示热门景区

25.5.2　推荐地区功能实现

推荐地区的功能与推荐景区类似，首先根据条件获取所有推荐的景区。前台路由文件 views.py 中有如下代码：

```
hot_area = Area.query.filter_by(is_recommended = 1).limit(2).all()        # 获取热门区域
```

即从 area 表中筛选 is_recommended 字段为 1 的数据，并限定只筛选出两条数据。接下来渲染视图。关键代码如下：

（代码位置：资源包\TM\sl\25\Travel\app\templates\home\index.html）

```
01  {% for v in hot_area %}
02  <div id="team1">
03    <div class="container">
04      <h2 class="animated">{{ v.name }}</h2>
05      <div class="title1 animated">{{v.introduction}}</div>
06      <br>
07      <div class="row">
08        {% for vv in v.scenic %}
09          <div class="col-sm-4">
10            <div class="thumb3 animated" data-animation="flipInY" data-animation-delay="300">
11              <div class="thumbnail clearfix">
12                <figure class="">
13                  <a href="{{url_for('home.info',id=vv.id)}}">
14                    <img src="{{url_for('static',filename='uploads/'+vv.logo)}}" >
15                    <div class="over">{{vv.title}}</div>
16                  </a>
17                </figure>
18                <div class="caption">
19                  <div class="txt1">{{vv.title}}</div>
20                  <div class="txt2">{{vv.address}}</div>
21                </div>
22              </div>
23            </div>
24          </div>
25        {% endfor %}
26      </div>
27    </div>
28  {% endfor %}
```

上述代码中，使用 for 标签将变量 hot_area 依次赋值给变量 v，变量 v 是地区对象，通过"v."属性的方式获取相应的属性值。但是，推荐地区内容除获取地区外，还要获取该地区的景区，v.scenic 即为该地区下的所有景区。因此，再次使用 for 标签遍历每个景区。运行结果如图 25.15 所示。

25.5.3　搜索景区功能实现

首页的搜索区域可以根据地区和星级搜索景区，由于在景区模块中也会应用搜索功能，因此将搜索区域作为通用部分，并通过使用 include 标签在需要的部分中引用。在 templates\home\路径下创建 search_box.html 作为通用搜索区域，具体代码如下：

（代码位置：资源包\TM\sl\25\Travel\app\templates\home\search_box.html）

图 25.15　推荐地区

```
01  <form action="/search/" class="form1" method="GET">
02    <div class="row">
03      <!-- 按城市查询 -->
```

```
04          <div class="col-sm-4 col-md-2">
05           <div class="select1_wrapper">
06             <label>按城市查询:</label>
07             <div class="select1_inner">
08               <select name="area_id" class="select2 select" style="width: 100%">
09                 {% for v in area %}
10                   <option value="{{ v.id }}" {% if v.id== area_id %} selected {% endif %} >
11                         {{v.name}}
12                   </option>
13                 {% endfor %}
14               </select>
15             </div>
16           </div>
17          </div>
18          <!-- 按星级查询 -->
19          <div class="col-sm-4 col-md-2">
20           <div class="select1_wrapper">
21             <label>按星级查询:</label>
22             <div class="select1_inner">
23               <select name="star" class="select2 select" style="width: 100%">
24                 {% for i in   range(1,6) %}
25                   <option value="{{i}}"
26                     {% if i == star %} selected {% endif %}
27                   >{{i}}  星</option>
28                 {% endfor %}
29               </select>
30             </div>
31           </div>
32          </div>
33          <div class="col-sm-4 col-md-2">
34           <div class="button1_wrapper">
35             <button type="submit" class="btn-default btn-form1-submit">Search</button>
36           </div>
37          </div>
38        </div>
39      </form>
```

上述代码中包含一个 form 表单。表单中包含两个栏位，即地区和星级。其中，地区数据是 area 表中的全部数据，而星级数据则使用 for 标签设定为 1～5 颗星。运行效果如图 25.16 所示。

图 25.16　首页搜索景区

当单击 SEARCH 按钮时，使用 GET 方式提交表单到/search/路由，然后执行搜索景区的逻辑，关键代码如下：

（代码位置：资源包\TM\sl\25\Travel\app\Home\views.py）

```
01  @home.route("/search/")
02  def search():
03      """
04      搜索功能
05      """
06      page = request.args.get('page', 1, type=int)                              # 获取 page 参数值
07      area = Area.query.all()                                                   # 获取所有城市
08      area_id = request.args.get('area_id',type=int)                           # 地区
09      star = request.args.get('star',type=int)                                 # 星级
10
11      if area_id or star :                                                     # 根据星级搜索景区
12          filters = and_(Scenic.area_id==area_id,Scenic.star==star)
13          page_data = Scenic.query.filter(filters).paginate(page=page, per_page=6)
14      else :                                                                   # 搜索全部景区
15          page_data = Scenic.query.paginate(page=page, per_page=6)
16
17      return render_template('home/search.html',page_data=page_data,area=area,
18                              area_id=area_id,star=star)
```

上述代码中，使用 request.args.get()函数接收 URL 链接中的参数。area_id 表示地区 ID，star 表示星级。由于景区数量较多，为更好地展示页面效果，需要使用分页功能，因此设置 page 参数，作为当前页码。如果 page 的值不存在，则默认认为 1，即显示第 1 页。例如，一个 URL 为 127.0.0.1:5000/search/?area_id= 1&star=5&page=2，则表示查找地区 ID 为 1，星级为 5 星，并且当前页码为第 2 页的数据。

接下来，判断 area_id 或者 star 是否存在。如果都不存在，则查找全部景区，否则根据筛选条件查找满足条件的景区。由于景区和星级是并列关系，因此使用 and_()函数同时查找。最后使用 SQLAlchemy 的 paginate()函数实现分页功能。paginate()函数的第一个参数 page 表示当前页码，第二个参数 per_page 表示每页显示的数量。

根据特定条件查找景区的运行效果如图 25.17 所示，查找全部景区的运行效果如图 25.18 所示。

图 25.17　根据条件查找景区

图 25.18　查找全部景区

25.6　景区模块设计

景区模块主要包括查看景区、查看游记和收藏景区等功能。由于景区搜索功能与查找景区功能相同，本节不再赘述，本节重点讲解查看景区、查看游记、收藏景区和查看收藏景区的功能。

25.6.1　查看景区功能实现

在前台首页或者全部景区页面，当单击"查看"按钮时，页面会跳转至景区的详情介绍页面。页面 URL 地址为 http://127.0.0.1:5000/info/<int:id>，其中<id>是该景区的 ID。关键代码如下：

（代码位置：资源包\TM\sl\25\Travel\app\Home\views.py）

```
01   @home.route("/info/<int:id>/")
02   def info(id=None):                              # id 为景区 ID
03       """
04       详情页
05       """
06       scenic = Scenic.query.get_or_404(int(id))   # 根据景区 ID 获取景区数据，如果不存在，则返回 404
07       user_id = session.get('user_id',None)       # 获取用户 ID，判断用户是否登录
08       if user_id :                                # 如果用户已经登录
09           count = Collect.query.filter_by(        # 根据用户 ID 和景区 ID 判断用户是否已经收藏了该景区
10               user_id =int(user_id),
11               scenic_id=int(id)
```

```
12          ).count()
13      else :                                    # 用户未登录状态
14          user_id = 0
15          count = 0
16  # 渲染模板并传递变量
17  return render_template('home/info.html',scenic=scenic,user_id=user_id,count=count)
```

上述代码中，首先使用 get_or_404()方法根据 ID 判断景区是否存在。如果景区不存在，则直接跳转到 404 页面；如果景区存在，则使用 session.get()函数获取用户 ID。然后根据用户 ID 和景区 ID 判断用户是否已经收藏了该景区。

接下来查看模板文件。关键代码如下：

（代码位置：资源包\TM\sl\25\Travel\app\templates\home\info.html）

```
01  <!--景区内容-->
02  <div id="team1">
03    <div class="container">
04      <h2 class="animated">{{scenic.title}}
05        {% if count %}
06          <button class="collect-button">已收藏</button>
07        {% else %}
08          <button class="collect-button">收藏</button>
09        {% endif %}
10      </h2>
11      <div class="title1">{{scenic.content|safe}}</div>
12    </div>
13  </div>
14  <!--游记列表-->
15  <div class="container" style="padding-bottom: 100px">
16    <h2 class="animated">{{scenic.title}}游记</h2>
17      <div class="row">
18      {% if not scenic.travels %}
19        <div class="title1">暂无游记</div>
20      {% else %}
21      <div class="col-sm-12 animated undefined visible">
22        <ul class="ul2" style="padding-left: 150px">
23        {% for v in scenic.travels %}
24        <li class="form-groupe">
25          <a   href="{{url_for('home.travels',id=v.id)}}">{{ v.title }}</a>
26        </li>
27        {% endfor %}
28        </ul>
29      </div>
30      {% endif %}
31    </div>
32  </div>
```

模板文件代码相对简单，在页面中主要显示两部分内容，即景区详情和景区游记。景区详情包括标题、是否收藏和景区内容。使用 if-else 标签判断是否收藏，并显示相应文字。在获取景区内容时，使用"|safe"过滤器将 HTML 代码标签标记为安全，可以正常显示，如图 25.19 所示。如果没有使用"|safe"过滤器，运行结果如图 25.20 所示。景区游记主要是使用 SQLAlchemy 关联 travels 表，然后获取景区游记标题和 ID，并设置<a>标签链接。

图 25.19　使用过滤器效果　　　　　　　　　　图 25.20　未使用过滤器效果

25.6.2　查看游记功能实现

在景区页面底部有一个"景区游记"列表区域，单击相应选项即可查看景区游记。景区游记 URL 地址是 127.0.0.1:5000/travels/<int:id>/，其中 id 为游记 ID，具体代码如下：

（代码位置：资源包\TM\sl\25\Travel\app\Home\views.py）

```
01    @home.route("/travels/<int:id>/")
02    def travels(id=None):
03        """
04        详情页
05        """
06        travels = Travels.query.get_or_404(int(id))
07        return render_template('home/travels.html',travels=travels)
```

在上述代码中，首先根据景区 ID 获取景区数据，如果指定的景区 ID 不存在，则直接跳转至 404 页面，否则显示获取到的景区数据。然后渲染模板并传递变量。在游记模板中，关键代码如下：

（代码位置：资源包\TM\sl\25\Travel\app\templates\home\travels.html）

```
01    <div id="team1">
02        <div class="container">
03            <h2 class="animated">{{travels.title}}</h2>
04            <div class="title1">作者：{{ travels.author }}    {{ travels.addtime }}</div>
05            <div class="content">{{travels.content|safe}}</div>
06        </div>
07    </div>
```

查看游记与查看景区模板页面类似，这里不再赘述。运行效果如图 25.21 所示。

图 25.21　显示游记效果

25.6.3　收藏景区功能实现

景区详情页面可以实现景区收藏功能。单击标题右侧的"收藏"按钮，首先判断用户是否登录。如果没有登录，则提示用户"请先登录"；如果已经登录，则通过 Ajax 异步提交方式执行收藏景区的业务逻辑。

1．权限判断

在查看景区功能中，使用 session.get('user_id',None)函数来获取用户 ID，并且将 user_id 传递至 info.html 模板中。因此，在 info.html 模板中可以通过 user_id 来判断用户是否登录，如果 user_id 不存在，则使用 layer.js 弹出错误提示。关键代码如下：

（代码位置：资源包\TM\sl\25\Travel\app\templates\home\info.html）

```
01    <script src="{{ url_for('static',filename='layer/layer.js') }}"></script>
02    <script>
03        $(document).ready(function () {
04            $(".collect-button").click(function () {        # 触发单击事件
05                user_id = {{ user_id }};                     # 获取用户 ID
06                if(!user_id){                                # 如果用户 ID 不存在，则表示用户未登录
07                    layer.msg("请先登录",{icon:2,time:2000}); # 弹出错误信息
08                    return false;                            # 终止执行
09                }
10                // 省略部分代码
11            });
12        });
13    </script>
```

上述代码中，首先引入 layer 弹出插件，然后在"收藏"按钮中绑定单击事件，接着使用 layer.msg() 方法弹出错误信息。运行结果如图 25.22 所示。

图 25.22　判断是否登录的效果

2．Ajax 异步提交

如果用户已经登录，单击"收藏"按钮，将使用 Ajax 在页面无跳转的情况下，将景区 ID 提交至 URL 地址 127.0.0.1:5000/collect_add 中，执行收藏景区的逻辑，接着将执行后的信息返回给当前页面。

（代码位置：资源包\TM\sl\25\Travel\app\templates\home\info.html）

```
01    <script src="{{ url_for('static',filename='layer/layer.js') }}"></script>
02    <script>
03        $(document).ready(function () {
04            $(".collect-button").click(function () {              # 触发单击事件
05                // 省略部分代码
06                var scenic_id = {{ scenic.id }};                   # 获取景区 ID
07                $.ajax({                                          # 使用 Ajax 异步提交
08                    url: "{{ url_for('home.collect_add') }}",      # 指定提交的 URL 地址
09                    type: "GET",                                  # 提交方式为 GET
10                    data:{scenic_id: scenic_id},                  # 传递参数
11                    dataType: "json",                             # 数据类型为 json
12                    success: function (res) {                     # 操作成功后执行
13                        if (res.ok == 1) {
14                            layer.msg("收藏成功！",{icon:1,time:2000});   # 显示弹出层信息
15                            $(".collect-button").empty();           # 清空按钮区文字
16                            $(".collect-button").append("已收藏");   # 填充文字
17                        } else {
18                            layer.msg("您已收藏",{icon:2,time:2000});      # 提示已收藏
19                        }
20                    }
21                })
22            });
23        });
24    </script>
```

上述代码中，使用了 Ajax 的 GET 方式将 scenic_id 提交至 URL 地址 127.0.0.1:5000/collect_add 中，该 URL 地址对应的方法代码如下：

（代码位置：资源包\TM\sl\25\Travel\app\Home\views.py）

```
01    @home.route("/collect_add/")
02    @user_login
03    def collect_add():
04        """
05        收藏景区
06        """
```

```
07        scenic_id = request.args.get("scenic_id", "")        // 接收传递的参数 scenic_id
08        user_id     = session['user_id']                     // 获取当前用户的 ID
09        collect = Collect.query.filter_by(                   // 根据用户 ID 和景区 ID 判断是否该收藏
10            user_id =int(user_id),
11            scenic_id=int(scenic_id)
12        ).count()
13        // 已收藏
14        if collect == 1:
15            data = dict(ok=0)
16        // 未收藏进行收藏
17        if collect == 0:
18            // 属性赋值
19            collect = Collect(
20                user_id =int(user_id),
21                scenic_id=int(scenic_id)
22            )
23            db.session.add(collect)                           // 添加数据
24            db.session.commit()                               // 提交数据
25            data = dict(ok=1)
26        import json                                           // 导入 json 模块
27        return json.dumps(data)                              // 返回 json 数据
```

上述代码中，首先在路由文件中使用@user_login 装饰器判断用户是否登录。如果用户在没有登录的情况下访问 URL 地址 127.0.0.1/collect_add/，则页面会跳转到登录页，提示用户登录。user_login()函数代码如下：

（代码位置：资源包\TM\sl\25\Travel\app\Home\views.py）

```
01    def user_login(f):
02        """
03        登录装饰器
04        """
05        @wraps(f)
06        def decorated_function(*args, **kwargs):
07            if "user_id" not in session:
08                return redirect(url_for("home.login"))
09            return f(*args, **kwargs)
10
11        return decorated_function
```

如果用户已经登录，则继续判断用户是否已经收藏了该景区。如果已经收藏，则直接设置 ok 等于 0；如果尚未收藏，则将 user_id 和 scenic_id 写入 collect 表中，并且设置 ok 等于 1。最后，导入 json 模块，返回 json 格式数据。

返回 index.html 模板 Ajax 的 success()函数中。如果 res.ok 等于 1，则提示"收藏成功"，然后将 info.html 页面"收藏"按钮中的文字更改为"已收藏"；如果 res.ok 等于 0，则提示"您已收藏"。首次收藏运行效果如图 25.23 所示。再次收藏的运行效果如图 25.24 所示。

图 25.23　首次收藏的运行效果

图 25.24　再次收藏的运行效果

25.6.4　查看收藏景区功能实现

1．查看收藏景区

用户收藏完景区后，可以单击顶部导航"我的收藏"链接查看所有收藏的景区。"我的收藏"页面 URL 地址为 127.0.0.1:5000/collect_list/，该页面也需要访问权限，因此需要在路由文件中添加@user_login 装饰器。具体代码如下：

（代码位置：资源包\TM\sl\25\Travel\app\Home\views.py）

```
01  @home.route("/collect_list/")
02  @user_login
03  def collect_list():
04      page = request.args.get('page', 1, type=int)                        # 获取 page 参数值
05      # 根据 user_id 删选 Collect 表数据
06      page_data = Collect.query.filter_by(user_id = session['user_id']).order_by(
07          Collect.addtime.desc()
08      ).paginate(page=page, per_page=3)                                    # 使用分页方法
09      return render_template('home/collect_list.html',page_data=page_data) # 渲染模板
```

上述代码中，由于要查看当前用户的收藏景区情况，因此需要设置筛选条件为 user_id = session['user_id']。然后使用 order_by()方法根据添加时间降序排列，最后使用 paginate()函数生成分页。

模板文件关键代码如下：

（代码位置：资源包\TM\sl\25\Travel\app\templates\collect_list\info.html）

```
01  <div class="row">
02    <div class="col-sm-12">
03      {% if not page_data.items %}
04        <div class="txt1" style="padding: 20px">暂时没有收藏景区！</div>
05      {% else %}
06      <div class="row">
07        {% for v in page_data.items %}
08        <div class="col-sm-4">
09          <div class="thumb4">
10            <div class="thumbnail clearfix">
11              <figure>
12                <a href="{{url_for('home.info',id=v.scenic.id)}}">
13                  <img src="{{url_for('static',filename='uploads/'+ v.scenic.logo)}}" >
14                </a>
15              </figure>
16              <div class="caption">
17                <div class="txt1">{{ v.scenic.title }}</div>
18                <div class="txt3 clearfix">
19                  <div class="left_side">
20                    <div class="nums">{{ v.scenic.address }}</div>
```

```
21              </div>
22              <div class="right_side">
23                  <a href="javascript:;" value={{v.id}}>取消收藏</a></div>
24              </div>
25          </div>
26          </div>
27          </div>
28      </div>
29      {% endfor %}
30      </div>
31      {% endif %}
32      </div>
33  </div>
34      {% if page_data.items %}
35      <div class="page" style="text-align: center;">
36          {{ pg.page(page_data,'home.collect_list') }}
37      </div>
38      {% endif %}
```

上述代码中，首先判断是否有收藏的数据。如果不存在，则提示"暂时没有收藏景区！"；如果存在，则通过 SQLAlchemy 管理 scenic 表，使用"v.scenic."属性的方式获取相应的景区数据。接下来，显示分页，如果没有景区数据，则不显示分页。运行效果如图 25.25 所示。

图 25.25　查看收藏景区效果

2. 取消收藏景区

取消收藏景区功能与收藏景区类似，也使用 Ajax 异步提交方式完成。当用户单击"取消收藏"按钮时，获取该景区 ID，然后提交到 URL 地址 127.0.0.1:5000/collect_cancel/中，执行取消收藏景区的逻辑。具体代码如下：

（代码位置：资源包\TM\sl\25\Travel\app\templates\collect_list\info.html）

```
01  <script src="{{ url_for('static',filename='layer/layer.js') }}"></script>
02  <script>
03      $(document).ready(function () {
04          $(".collect-cancle").click(function () {                    # 触发单击事件
05              var id = $(this).attr("value");                          # 获取景区 ID
06              $.ajax({
07                  url: "{{ url_for('home.collect_cancel') }}",         # 提交 URL
08                  type: "GET",                                         # 提交方式为 GET
09                  data:{id: id},                                       # 传递参数
```

```
10                    dataType: "json",                                    # 设置数据类型为 json
11                    success: function (res) {                            # 操作成功后执行
12                        if (res.ok == 1) {
13                            layer.msg("取消收藏！",{icon:1,time:1000},function(){   # 弹出提示信息
14                                window.location.reload();                # 重新加载页面
15                            });
16                        } else {
17                            layer.msg("取消收藏失败！",{icon:2,time:2000});   # 弹出提示信息
18                        }
19                    }
20                })
21            });
22        });
23    </script>
```

以上 JavaScript 代码与收藏景区类似,这里不再赘述,重点看 URL 地址 127.0.0.1:5000/collect_cancel/
中的方法。

（代码位置：资源包\TM\sl\25\Travel\app\Home\views.py）

```
01    @home.route("/collect_cancel/")
02    @user_login
03    def collect_cancel():
04        """
05        收藏景区
06        """
07        id = request.args.get("id", "")                          # 获取景区 ID
08        user_id = session["user_id"]                             # 获取当前用户 ID
09        # 查找 collect 表，判断收藏记录是否存在
10        collect = Collect.query.filter_by(id=id,user_id=user_id).first()
11        if collect :                                             # 如果存在
12            db.session.delete(collect)                           # 删除数据
13            db.session.commit()                                  # 提交数据
14            data = dict(ok=1)                                    # 将数据写入字典中
15        else :
16            data = dict(ok=-1)                                   # 将数据写入字典中
17        import json                                              # 导入 json 模块
18        return json.dumps(data)                                 # 返回 json 数据
```

上述代码中，首先接收 Ajax 传递过来的景区 ID，然后使用 session.get()函数获取当前用户的 ID，
再根据条件查找 collect 表数据，接着删除数据，最后返回 json 数据。

运行结果如图 25.26 所示。

图 25.26　取消收藏效果

25.7　关于我们模块设计

关于我们模块主要包括"关于我们"和"联系我们"两个页面。"关于我们"页面主要用于对公司的相关介绍，以静态页面为主；"联系我们"页面主要用于通过表单提交用户填写的意见和建议。我们重点介绍"联系我们"页面。

"联系我们"的 URL 地址为 127.0.0.1:5000/contact/，关键代码如下：

（代码位置：资源包\TM\sl\25\Travel\app\Home\views.py）

```
01  @home.route("/contact/",methods=["GET", "POST"])
02  def contact():
03      """
04      联系我们
05      """
06      form = SuggetionForm()                                      # 实例化 SuggestionForm 表单
07      if form.validate_on_submit():                               # 判断用户是否提交表单
08          data = form.data                                        # 接收用户提交的数据
09          # 为属性赋值
10          suggestion = Suggestion(
11              name = data["name"],
12              email=data["email"],
13              content = data["content"],
14          )
15          db.session.add(suggestion)                              # 添加数据
16          db.session.commit()                                     # 提交数据
17          flash("发送成功！", "ok")                                # 用 flask 存储发送成功消息
18      return render_template('home/contact.html',form=form)       # 渲染模板，并传递表单数据
```

上述代码中，设置 GET 和 POST 两种方式访问 URL 地址。这与登录和注册的功能类似。当以 GET 方式访问时，只执行渲染模板。模板页面关键代码如下：

（代码位置：资源包\TM\sl\25\Travel\app\templates\collect_list\contact.html）

```
01  <div class="col-sm-6">
02      <h3>意见建议</h3>
03      <div id="note"></div>
04      <div id="fields">
05      {% for msg in get_flashed_messages(category_filter=["ok"]) %}
06          <div class="alert alert-success alert-dismissible">
07              <h4><i class="icon fa fa-check"></i> 操作成功</h4>
08              {{ msg }}
09          </div>
10      {% endfor %}
11      <form id="ajax-contact-form" class="form-horizontal" action="" method="post" novalidate>
12          <div class="form-group">
13              <label>{{ form.name.lable}}</label>
14              {{ form.name }}
15              {% for err in form.name.errors %}
16                  <div class="notification_error">{{ err }}</div>
17              {% endfor %}
18          </div>
19
20          <div class="form-group">
21              <label >{{ form.email.label }}</label>
22              {{ form.email }}
23              {% for err in form.email.errors %}
```

```
24                <div class="notification_error">{{ err }}</div>
25              {% endfor %}
26          </div>
27          <div class="row">
28            <div class="col-sm-12">
29              <div class="form-group">
30                <label >{{ form.content.label }}</label>
31                {{ form.content }}
32                {% for err in form.content.errors %}
33                <div class="notification_error">{{ err }}</div>
34              {% endfor %}
35              </div>
36            </div>
37          </div>
38              {{ form.csrf_token }}
39              {{ form.submit }}
40        </form>
41      </div>
42  </div>
```

需要注意的是，上述代码中使用 form.csrf_token 生成一个隐藏字段，即 CSRF 令牌。运行结果如图 25.27 所示。

图 25.27　意见建议运行效果

当用户单击"发送消息"按钮提交表单时，将以 POST 方式访问 URL 地址，执行 if 语句中的代码。提交表单时，首先要检测表单，在 SuggetionForm 类中已经设置了表单数据的验证规则。关键代码如下：（代码位置：资源包\TM\sl\25\Travel\app\Home\forms.py）

```
01  class SuggetionForm(FlaskForm):
02      """
03      意见建议
04      """
05      name = StringField(
06          label="姓名",
07          validators=[
08              DataRequired("姓名不能为空！")
09          ],
```

```
10              description="姓名",
11              render_kw={
12                  "placeholder": "请输入姓名！",
13                  "class" : "form-control"
14              }
15          )
16      email = StringField(
17          label="邮箱",
18          validators=[
19              DataRequired("邮箱不能为空！")
20          ],
21          description="邮箱",
22          render_kw={
23              "type"          : "email",
24              "placeholder": "请输入邮箱！",
25              "class" : "form-control"
26          }
27      )
28      content = TextAreaField(
29          label="意见建议",
30          validators=[
31              DataRequired("内容不能为空！")
32          ],
33          description="意见建议",
34          render_kw={
35              "class": "form-control",
36              "placeholder": "请输入内容！",
37              "rows" : 7
38          }
39      )
40      submit = SubmitField(
41          '发送消息',
42          render_kw={
43              "class": "btn-default btn-cf-submit",
44          }
45      )
```

当直接提交表单时，提示错误的验证信息，运行结果如图 25.28 所示。当填写的信息被通过验证时，运行效果如图 25.29 所示。

图 25.28　表单验证效果

CONTACT INFO　　　　　　　意见建议

公司地址
吉林省长春市宽城区北湖科技园
电子邮件：mingrisoft@mingrisoft.com

✓ 操作成功
发送成功！

企业在线培训服务
联系电话：0431-84978981
电子邮件：mingrisoft-company@mingrisoft.com

andy

andy@mrsoft.com

客户服务
联系电话：0431-84978981
电子邮件：mingrisoft-custom@mingrisoft.com

e起去旅游网站不错哦，可以交换资讯，分享旅行。帮助这里的这里朋友，或者是获得帮助。也可以交流攻略、美食、音乐、摄影日记，以及与旅行有关的零零种种。

发送消息

图 25.29　建议提交成功效果

25.8　后台模块设计

对于动态网站而言，网站后台起着至关重要的作用，因为我们需要在后台对数据实现增、删、改、查等操作，以便管理所有前台显示的动态数据。e 起去旅行网站后台使用了 BootStrap 主题模板 AdminLTE，其页面美观大方，布局合理，可扩展性强。

后台模块包括管理员管理、会员管理、地区管理、景区管理、游记管理和日志管理等。由于篇幅有限，我们重点对景区管理做详细介绍，对于其他管理模块只做简单介绍和效果展示。

25.8.1　管理员登录功能实现

在后台登录页面中填写管理员账户和密码，单击"登录"按钮，即可实现管理员登录。当没有输入账户和密码时，单击"登录"按钮，页面运行效果如图 25.30 所示；当输入一个不存在的账号时，单击"登录"按钮，页面运行效果如图 25.31 所示；当输入正确的账号和密码时，即可进入后台控制面板页面，运行效果如图 25.32 所示。

在后台控制面板左侧显示了所有功能菜单，访问每个链接都需要有管理员权限。需要判断管理员是否登录，可以定义一个 admin_login() 作为装饰器来判断是否登录。关键代码如下：

（代码位置：资源包\TM\sl\25\Travel\app\Admin\views.py）

```
01  def admin_login(f):
02      """
03      登录装饰器
04      """
05      @wraps(f)
06      def decorated_function(*args, **kwargs):
07          if "admin" not in session:
08              return redirect(url_for("admin.login"))
09          return f(*args, **kwargs)
10
11      return decorated_function
```

图 25.30　验证是否为空

图 25.31　验证账号是否存在

图 25.32　后台控制面板页面效果

上述代码中，判断 session 中是否有 admin 值。如果有，则表示管理员已经登录，否则表示管理员未登录，页面跳转至登录页。

25.8.2　景区管理功能实现

景区管理功能作为 e 起去旅行网站的核心模块，包括添加景区、景区列表、编辑景区、删除景区等功能。下面分别介绍这 4 个功能。

1. 添加景区

添加景区页面主要显示景区表单，表单包括的内容及满足条件如下。

☑ 景区名称：输入框，不能为空。

☑ 所属地区：下拉列表，从 area 表中筛选数据。

☑ 景区地址：输入框，不能为空。

☑ 星级：下拉列表，1～5 级。

☑ 是否推荐：单选按钮，如果设置推荐，将在前台首页推荐景区中显示。

☑ 是否热门：单选按钮，如果设置热门，将在前台首页推荐地区中显示。

☑ 封面：文件域，上传图片格式为.jpg 或.png。

☑ 景区简介：文本域，不能为空。

☑ 景区内容：文本编辑器，不能为空。

由于上述字段的验证规则较多，可以使用 WTForms 扩展方便地实现表单的验证，在后台 form.py 文件中设置验证规则，关键代码如下：

（代码位置：资源包\TM\sl\25\Travel\app\Admin\forms.py）

```
01    from flask_wtf import FlaskForm
02    from flask_wtf.file import   FileAllowed
03    from wtforms import StringField, PasswordField, SubmitField, FileField, TextAreaField,
04                        RadioField,SelectField
```

```
05      from wtforms.validators import DataRequired, ValidationError
06      from app.models import Admin
07      class ScenicForm(FlaskForm):
08          title = StringField(
09              label="景区名称",
10              validators=[
11                  DataRequired("景区名称不能为空！")
12              ],
13              description="景区名称",
14              render_kw={
15                  "class": "form-control",
16                  "placeholder": "请输入景区名称！"
17              }
18          )
19          address = StringField(
20              label="景区地址",
21              validators=[
22                  DataRequired("景区地址不能为空！")
23              ],
24              description="景区地址",
25              render_kw={
26                  "class": "form-control",
27                  "placeholder": "请输入景区地址！"
28              }
29          )
30          star = SelectField(
31              label="星级",
32              validators=[
33                  DataRequired("请选择星级！")
34              ],
35              coerce=int,
36              choices=[(1, "1 星"), (2, "2 星"), (3, "3 星"), (4, "4 星"), (5, "5 星")], default=5,
37              description="星级",
38              render_kw={
39                  "class": "form-control",
40              }
41          )
42
43          logo = FileField(
44              label="封面",
45              validators=[
46                  DataRequired("请上传封面！"),
47                  FileAllowed(['jpg', 'png'], '请上传 jpg 或 png 格式图片!')
48              ],
49              description="封面",
50          )
51
52          is_hot = RadioField(
53              label = '是否热门',
54              description="是否热门",
55              coerce = int,
56              choices=[(0, '否'), (1,'是')], default=0,
57          )
58          is_recommended = RadioField(
59              label = '是否推荐',
60              description="是否推荐",
61              coerce = int,
62              choices=[(0, '否'), (1,'是')], default=0,
63          )
64          introduction = TextAreaField(
65              label="景区简介",
```

```
66              validators=[
67                  DataRequired("简介不能为空！")
68              ],
69              description="简介",
70              render_kw={
71                  "class": "form-control",
72                  "rows": 5
73              }
74          )
75      content = TextAreaField(
76          label="景区内容",
77          validators=[
78              DataRequired("景区内容不能为空！")
79          ],
80          description="景区内容",
81          render_kw={
82              "class": "form-control ckeditor",
83              "rows": 10
84          }
85      )
86      area_id = SelectField(
87          label="所属地区",
88          validators=[
89              DataRequired("请选择标签！")
90          ],
91          coerce=int,
92          description="所属地区",
93          render_kw={
94              "class": "form-control",
95          }
96      )
97      submit = SubmitField(
98          '添加',
99          render_kw={
100             "class": "btn btn-primary",
101         }
102     )
```

上述代码中，title 和 address 字符串输入框的验证与前台登录注册模块相同。start 下拉列表需要设置 SelectField() 的 choices 属性，将下拉列表 value 值和文本写入字典中，此外还可以使用 default 设置默认值。例如，"choices=[(1, "1 星"), (2, "2 星"), (3, "3 星"), (4, "4 星"), (5, "5 星")], default=5,"。

由于设置下拉列表的 value 值为整型，如 "1" 表示 1 星，因此还要设置一个属性，即 coerce=int。运行效果如图 25.33 所示。

Logo 文件上传框需要设置 FileField() 的 FileAllowed() 方法，设置允许上传的文件类型。

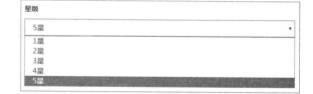

图 25.33　下拉列表运行效果

is_hot 和 is_recommended 单选按钮的设置与 SelectField 下拉列表相同。此外，值得注意的是，area_id 也是一个下拉列表，但是由于地区数据需要从 area 表中筛选，ScenicForm 类中没有设置该属性，后面实例化 ScenicForm 类后会动态设置。

下面来看路由文件，添加景区方法的关键代码如下：

（代码位置：资源包\TM\sl\25\Travel\app\Admin\views.py）

```
01  @admin.route("/scenic/add/", methods=["GET", "POST"])
02  @admin_login
```

```
03      def scenic_add():
04          """
05          添加景区页面
06          """
07          form = ScenicForm()                                                          # 实例化 ScenicForm 类
08          form.area_id.choices = [(v.id, v.name) for v in Area.query.all()]            # 为 area_id 添加属性
09          if form.validate_on_submit():
10              data = form.data
11              # 判断景区是否存在
12              scenic_count = Scenic.query.filter_by(title=data["title"]).count()
13              # 判断是否有重复数据
14              if scenic_count == 1 :
15                  flash("景点已经存在！ ", "err")
16                  return redirect(url_for('admin.scenic_add'))
17
18              file_logo = secure_filename(form.logo.data.filename)                     # 确保文件名安全
19              if not os.path.exists(current_app.config["UP_DIR"]):                     # 如果目录不存在
20                  os.makedirs(current_app.config["UP_DIR"])                            # 创建目录
21                  os.chmod(current_app.config["UP_DIR"], "rw")                         # 设置权限
22              logo = change_filename(file_logo)                                        # 更改名称
23              form.logo.data.save(current_app.config["UP_DIR"] + logo)                 # 保存文件
24              # 为 Scenic 类属性赋值
25              scenic = Scenic(
26                  title=data["title"],
27                  logo=logo,
28                  star=int(data["star"]),
29                  address = data["address"],
30                  is_hot = int(data["is_hot"]),
31                  is_recommended = int(data["is_recommended"]),
32                  area_id = data["area_id"],
33                  introduction=data["introduction"],
34                  content=data["content"],
35              )
36              db.session.add(scenic)                                                   # 添加数据
37              db.session.commit()                                                      # 提交数据
38              addOplog("添加景区"+data["title"])                                        # 添加日志
39              flash("添加景区成功！ ", "ok")                                             # 使用 flash 保存添加成功信息
40              return redirect(url_for('admin.scenic_add'))                             # 页面跳转
41          return render_template("admin/scenic_add.html", form=form)                   # 渲染模板
```

上述代码中，首先实例化 ScenicForm 类，然后设置 form.area_id.choices 的属性值。这里从 area 表中获取包含 id 和 name 的全部数据，并以列表格式赋值。接下来，判断是否提交表单。如果没有提交表单，则只渲染添加景区模板；如果提交表单，则先验证表单数据是否满足条件，验证通过后再执行添加景区的业务逻辑。

添加景区时，首先需要根据标题查找 scenic 表，判断标题是否已经存在，防止重复添加，然后单独处理文件上传内容。主要步骤如下。

（1）判断文件存储目录是否存在，不存在则创建该目录。

（2）调用 change_filename() 自定义方法创建一个唯一的文件名。

（3）使用 save() 方法存储表单。

添加景区模板关键代码如下：

（代码位置：资源包\TM\sl\25\Travel\app\Templates\admin\scenic_add.html）

```
01      <form role="form" method="post" enctype="multipart/form-data">
02          <div class="box-body">
```

```
03          {% for msg in get_flashed_messages(category_filter=["err"]) %}
04              <div class="alert alert-danger alert-dismissible">
05                  <button type="button" class="close"
06                          data-dismiss="alert" aria-hidden="true">×
07                  </button>
08                  <h4><i class="icon fa fa-ban"></i> 操作失败</h4>
09                  {{ msg }}
10              </div>
11          {% endfor %}
12          {% for msg in get_flashed_messages(category_filter=["ok"]) %}
13              <div class="alert alert-success alert-dismissible">
14                  <button type="button" class="close"
15                          data-dismiss="alert" aria-hidden="true">×
16                  </button>
17                  <h4><i class="icon fa fa-check"></i> 操作成功</h4>
18                  {{ msg }}
19              </div>
20          {% endfor %}
21          <!-- 景区名称 -->
22          <div class="form-group">
23              <label for="input_title">{{ form.title.label }}</label>
24              {{ form.title }}
25              {% for err in form.title.errors %}
26                  <div class="col-md-12">
27                      <p style="color: red">{{ err }}</p>
28                  </div>
29              {% endfor %}
30          </div>
31          <!-- 所属地区 -->
32          <div class="form-group">
33              <label for="input_area_id">{{ form.area_id.label }}</label>
34              {{ form.area_id }}
35              {% for err in form.area_id.errors %}
36                  <div class="col-md-12">
37                      <p style="color: red">{{ err }}</p>
38                  </div>
39              {% endfor %}
40          </div>
41          <!-- 景区地址 -->
42          <div class="form-group">
43              <label for="input_title">{{ form.address.label }}</label>
44              {{ form.address }}
45              {% for err in form.address.errors %}
46                  <div class="col-md-12">
47                      <p style="color: red">{{ err }}</p>
48                  </div>
49              {% endfor %}
50          </div>
51          <!-- 星级 -->
52          <div class="form-group">
53              <label for="input_star">{{ form.star.label }}</label>
54              {{ form.star }}
55              {% for err in form.star.errors %}
56                  <div class="col-md-12">
57                      <p style="color: red">{{ err }}</p>
58                  </div>
59              {% endfor %}
60          </div>
61          <!-- 是否推荐 -->
62          <div class="form-group">
63              <label for="input_is_recommended">
```

```
64              {{ form.is_recommended.label}}</label>
65              <div class="radio">
66                  {{ form.is_recommended }}
67              </div>
68          </div>
69          <!-- 是否热门 -->
70          <div class="form-group">
71              <label for="input_is_hot">
72              {{ form.is_hot.label}}</label>
73              <div class="radio">
74                  {{ form.is_hot }}
75              </div>
76          </div>
77          <!-- 封面 -->
78          <div class="form-group">
79              <label for="input_logo">{{ form.logo.label }}</label>
80              {{ form.logo }}
81              {% for err in form.logo.errors %}
82                  <div class="col-md-12">
83                      <p style="color: red">{{ err }}</p>
84                  </div>
85              {% endfor %}
86          </div>
87          <!-- 景区简介 -->
88          <div class="form-group">
89              <label for="input_introduction">{{ form.introduction.label }}</label>
90              {{ form.introduction }}
91              {% for err in form.introduction.errors %}
92                  <div class="col-md-12">
93                      <p style="color: red">{{ err }}</p>
94                  </div>
95              {% endfor %}
96          </div>
97          <!-- 景区内容 -->
98          <div class="form-group">
99              <label for="input_content">{{ form.content.label }}</label>
100             {{ form.content }}
101             {% for err in form.content.errors %}
102                 <div class="col-md-12">
103                     <p style="color: red">{{ err }}</p>
104                 </div>
105             {% endfor %}
106         </div>
107     </div>
108     <div class="box-footer">
109         {{ form.csrf_token }}
110         {{ form.submit }}
111     </div>
112 </form>
113 {% block js %}
114     <script src="{{ url_for('static',filename='ckeditor/ckeditor.js') }}"></script>
115     <script>
116     $(document).ready(function(){
117         $("#g-4").addClass("active");
118         $("#g-4-1").addClass("active");
119     });
120     // 使用 CKEditor 文本编辑器
121     CKEDITOR.replace('content', {
122         filebrowserUploadUrl: '/admin/ckupload/',  // 设置文件上传路径
```

459

```
123          });
124
125          </script>
126   {% endblock %}
```

上述代码中，使用了 CKEditor 文本编辑器替换原来的文本框。首先引入 ckeditor.js 文件，然后使用 CKEDITOR.replace()方法设置替换的区域以及 CKEditor 文件上传的路径。运行结果如图 25.34 所示。

图 25.34 添加景区

2. 景区列表

添加完景区后，可以在景区列表页中查看添加结果。景区列表 URL 地址为 127.0.0.1:5000/admin/scenic/list/，关键代码如下：

（代码位置：资源包\TM\sl\25\Travel\app\Admin\views.py）

```
01    @admin.route("/scenic/list/", methods=["GET"])
02    @admin_login
03    def scenic_list():
04        """
05        景区列表页面
06        """
07        title = request.args.get('title',",type=str)          # 获取查询标题
08        page = request.args.get('page', 1, type=int)           # 获取 page 参数值
09        if title :                                             # 根据标题搜索景区
10            page_data = Scenic.query.filter_by(title=title).order_by(
11                Scenic.addtime.desc()                          # 根据添加时间降序
12            ).paginate(page=page, per_page=5)                  # 分页
13        else :                                                 # 显示全部景区
14            page_data = Scenic.query.order_by(
15                Scenic.addtime.desc()                          # 根据添加时间降序
16            ).paginate(page=page, per_page=5)                  # 分页
17        return render_template("admin/scenic_list.html", page_data=page_data)   # 渲染模板
```

运行结果如图 25.35 所示。

图 25.35　景区列表效果

3. 编辑景区

添加完景区后，如果发现填写错误，可以通过编辑景区功能来更改景区信息。编辑景区的 URL 地址为 127.0.0.1:5000/admin/scenic/edit/<int:id>/，关键代码如下：

（代码位置：资源包\TM\sl\25\Travel\app\Admin\views.py）

```
01  @admin.route("/scenic/edit/<int:id>/", methods=["GET", "POST"])
02  @admin_login
03  def scenic_edit(id=None):
04      """
05      编辑景区页面
06      """
07      form = ScenicForm()                                                  # 实例化 ScenicForm 类
08      form.area_id.choices = [(v.id, v.name) for v in Area.query.all()]    # 为 area_id 添加属性
09      form.submit.label.text = "修改"                                      # 修改提交按钮的文字
10      form.logo.validators = []                                            # 初始化为空
11      scenic = Scenic.query.get_or_404(int(id))                            # 根据 ID 查找景区是否存在
12      if request.method == "GET":                                          # 如果以 GET 方式提交，获取所有景区信息
13          form.is_recommended.data = scenic.is_recommended
14          form.is_hot.data = scenic.is_hot
15          form.area_id.data = scenic.area_id
16          form.star.data = scenic.star
17          form.content.data = scenic.content
18          form.introduction.data = scenic.introduction
19      if form.validate_on_submit():                                        # 如果提交表单
20          data = form.data                                                 # 获取表单数据
21          scenic_count = Scenic.query.filter_by(title=data["title"]).count()  # 判断标题是否重复
22          # 判断是否有重复数据
23          if scenic_count == 1:
24              flash("景点已经存在！", "err")
25              return redirect(url_for('admin.scenic_edit', id=id))
26          if not os.path.exists(current_app.config["UP_DIR"]):             # 判断目录是否存在
27              os.makedirs(current_app.config["UP_DIR"])                    # 创建目录
28              os.chmod(current_app.config["UP_DIR"], "rw")                 # 设置读写权限
29          # 上传图片
30          if form.logo.data.filename != "":
31              file_logo = secure_filename(form.logo.data.filename)         # 确保文件名安全
32              scenic.logo = change_filename(file_logo)                     # 更改文件名
33              form.logo.data.save(current_app.config["UP_DIR"] + scenic.logo)  # 保存文件
34          # 属性赋值
35          scenic.title = data["title"]
36          scenic.address = data["address"]
37          scenic.area_id = data["area_id"]
38          scenic.star = int(data["star"])
39          scenic.is_hot = int(data["is_hot"])
40          scenic.is_recommended = int(data["is_recommended"])
41          scenic.introduction = data["introduction"]
42          scenic.content = data["content"]
43
44          db.session.add(scenic)                                           # 添加数据
45          db.session.commit()                                             # 提交数据
46          flash("修改景区成功！", "ok")
47          return redirect(url_for('admin.scenic_edit', id=id))             # 跳转到编辑页面
48      return render_template("admin/scenic_edit.html", form=form, scenic=scenic)  # 渲染模板
```

上述代码与新增景区的代码基本相似，这是在渲染模板时要传递当前 ID 的景区数据。运行结果如图 25.36 所示。

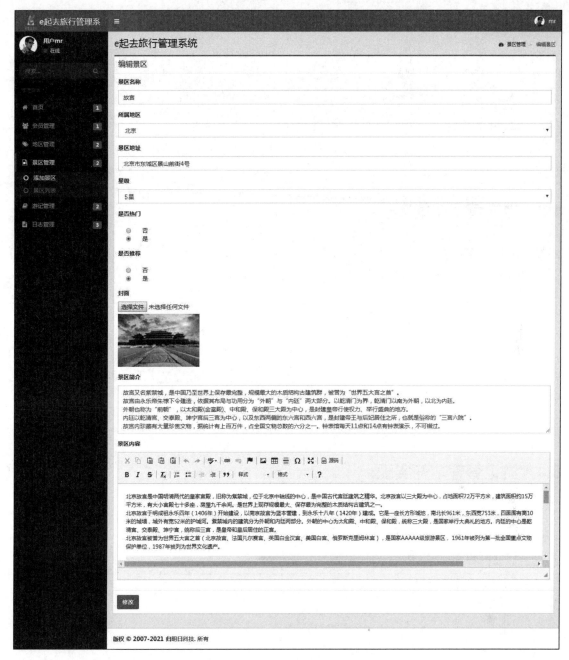

图 25.36　编辑景区页面效果

4．删除景区

当不再需要一个景区时，可以使用删除景区功能。删除景区的 URL 地址为 127.0.0.1:5000/admin/ scenic/edit/<int:id>/，关键代码如下：

```
01  @admin.route("/scenic/del/<int:id>/", methods=["GET"])
02  @admin_login
03  def scenic_del(id=None):
```

```
04          """
05          删除景区
06          """
07          scenic = Scenic.query.get_or_404(id)              # 根据景区 ID 查找数据
08          db.session.delete(scenic)                         # 删除数据
09          db.session.commit()                               # 提交数据
10          flash("删除景区成功", "ok")                          # 使用 flash 存储成功信息
11          addOplog("删除景区"+scenic.title)                   # 添加操作日志
12          return redirect(url_for('admin.scenic_list', page=1))    # 渲染模板
```

上述代码中，首先查找景区是否存在，如果存在，则使用 delete()方法删除景区。然后使用 commit()
方法提交数据。最后，使用 addOplog()自定义方法添加操作日志，记录删除的数据。

25.8.3　地区管理功能实现

添加景区时，需要选择所在地区，因此需要在"地区管理"菜单中添加地区。地区管理也包括添
加地区、编辑地区、地区列表和删除地区等功能。地区列表运行效果如图 25.37 所示。

图 25.37　地区列表效果

25.8.4　游记管理功能实现

添加完景区后，可以为景区添加多个游记，这就需要使用游记管理功能。游记管理功能包括添加
游记、编辑游记、游记列表和删除游记等。添加游记时，需要选择所属景区，运行效果如图 25.38 所示。
游记列表运行效果如图 25.39 所示。

图 25.38　添加游记效果

图 25.39　游记列表效果

25.8.5　会员管理功能实现

作为后台管理员，需要知道前台哪些用户注册了网站，这就需要会员管理功能。会员管理功能包括会员列表、会员详细信息和意见建议等功能。会员列表信息如图 25.40 所示。

图 25.40　会员列表效果

如果会员信息较多，在列表中无法全部展示，则可以单击"查看"按钮，查看会员的详细信息，运行效果如图 25.41 所示。

图 25.41　查看详情

25.8.6　日志管理功能实现

日志管理主要记录与操作日志相关的内容。日志管理包含的功能和作用如下。

☑ 操作日志：主要记录管理员新增和删除地区、景区、游记的操作。

☑ 管理员登录日志：主要记录管理员登录后台的信息，包括登录时间和登录 IP 等。

☑ 会员登录日志：主要记录前台会员登录的信息。

操作日志列表运行效果如图 25.42 所示。

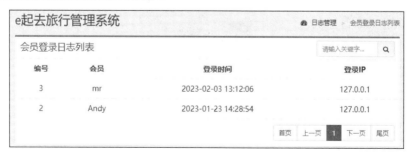

图 25.42　操作日志运行效果

管理员登录日志运行效果如图 25.43 所示。

图 25.43　管理员登录日志运行效果

会员登录日志运行效果如图 25.44 所示。

图 25.44　会员登录日志运行效果

Python 自动化办公

  办公自动化是 Python 应用的一个重要开发方向，使用 Python，人们可以很轻松地对 Word、Excel、PPT、电子邮件等办公软件进行高效操作。

  本子篇将以办公中比较常见的文件处理作为实例进行讲解，剖析如何使用 Python 操作 Word 文件、Excel 文件、PPT 文件、电子邮件。通过本子篇，读者不仅可以轻松入门 Python 自动化办公，还可以将所学的知识真正地应用到实际工作中，提升工作效率，同时职场中的"老人"也可以拥有一项面向未来的办公技能。

第 26 章

Python 自动化办公

　　自动化办公是指利用现代化设备与技术，代替办公人员的手动或重复性工作，从而更加高效地处理办公事物，提高工作效率。近年来，Python 凭借其强大的扩展性和丰富的第三方模块在自动化办公领域大展拳脚，许多白领纷纷加入学习 Python 的行列中。本章将详细讲解如何使用 Python 来实现 Excel、Word 以及 PowerPoint 等工具的自动化办公操作。

　　本章知识架构及重难点如下。

26.1　使用 Python 操作 Word

　　Word 全名为 Microsoft OfficeWord 是微软公司的一款文字处理软件。Word 文件不仅在我们的日常生活中必不可少，而且在我们的工作和学习中也是必不可少的。Word 可以帮助我们节省文字处理的时间，并可以得到优雅美观的结果。本节将介绍如何使用 Python 来操作 Word 文件。

26.1.1　将 Word 文件转换为 PDF 文件

　　【例 26.1】实现将 Word 文件转换为 PDF 文件。（**实例位置：资源包\TM\sl\26\01**）

　　要实现批量把 Word 文件转换为 PDF 文件，需要使用第三方模块 win32com。具体实现步骤如下。

　　（1）在 CMD 命令行窗口中，安装 win32com 模块，对应的命令如下：

```
pip install pywin32
```

说明

　　win32com 模块在应用 pip 安装时，需要执行 "pip install pywin32" 命令进行安装，而在程序中，导入的模块名是 win32com。

（2）创建 Python 文件。在该文件中导入 win32com 模块及其他辅助模块，代码如下：

```
01   import os                                           # 导入系统功能模块
02   from win32com.client import Dispatch, DispatchEx    # 导入 win32com 模块的 client 包下的函数
03   from win32com.client import constants               # 导入 win32com 模块的 client 包下的保存 COM 常量的类
04   from win32com.client import gencache                # 导入 win32com 模块的 client 包下的 gencache()函数
05   import re                                           # 导入正则表达式模块
```

（3）编写批量将 Word 文档转换为 PDF 的函数 wordtopdf()。该函数包括两个参数：第一个参数表示要转换的文件路径列表，第二个参数表示转换后的文件保存的路径。在该函数中：首先调用 win32com 模块的 Dispatch()函数获取 Word 应用程序对象；然后通过遍历文件列表中的 Word 文件名称，并且生成对应名称的 PDF 文件名；再通过 Word 应用程序对象的文档对象的 open()方法打开 Word 文档并进行转换，最后退出 Word 应用程序对象。代码如下：

```
01   def wordtopdf(filelist,targetpath):
02       valueList = []
03       try:
04           gencache.EnsureModule('{00020905-0000-0000-C000-000000000046}', 0, 8, 4)
05           # 开始转换
06           w = Dispatch("Word.Application")
07           for fullfilename in filelist:
08               # 分割文件路径和文件名，其中，filepath 表示文件路径；filename 表示文件名
09               (filepath,filename) = os.path.split(fullfilename)
10               softfilename = os.path.splitext(filename)      # 分割文件名和扩展名
11               os.chdir(filepath)
12               doc = os.path.abspath(filename)
13               os.chdir(targetpath)
14               pdfname = softfilename[0] + ".pdf"
15               output = os.path.abspath(pdfname)
16               pdf_name = output
17               # 文档路径需要为绝对路径，因为 Word 启动后的当前路径不是调用脚本时的当前路径
18               try:                                           # 捕捉异常
19                   doc = w.Documents.Open(doc, ReadOnly=1)
20                   doc.ExportAsFixedFormat(output, constants.wdExportFormatPDF,
21                   Item=constants.wdExportDocumentWithMarkup,
22                   CreateBookmarks=constants.wdExportCreateHeadingBookmarks)
23               except Exception as e:                         # 处理异常
24                   print(e)
25               if os.path.isfile(pdf_name):                   # 判断文件是否存在
26                   valueList.append(pdf_name)                 # 将文件添加到文件列表中
27               else:
28                   print('转换失败！')
29                   return False
30           w.Quit(constants.wdDoNotSaveChanges)               # 退出 Word 应用程序
31           return valueList                                   # 返回生成的 PDF 文件列表
32       except TypeError as e:
33           print('出错了！')
34           print(e)
35           return False
```

（4）由于要转换多个 Word 文档，因此需要实现获取指定路径下的全部 Word 文件路径的功能。这里编写一个自定义函数 getfilenames()，用于获取指定路径下的指定扩展名的文件路径（包括子目录下的文件）。getfilenames()函数将根据传递的路径遍历出该路径下的指定扩展名的文件，如果是 Word 文档，则该函数需要同时遍历出.doc 和.docx 文件。getfilenames()函数的具体代码如下：

```
01   '''获取指定目录下的文件
02   filepath：要遍历的目录
```

```
03        filelist_out：输出文件列表
04        file_ext：文件的扩展名，默认为任何类型的文件
05        "
06    def getfilenames(filepath='',filelist_out=[],file_ext='all'):
07        # 遍历 filepath 下的所有文件，包括子目录下的文件
08        for fpath, dirs, fs in os.walk(filepath):
09            for f in fs:
10                fi_d = os.path.join(fpath, f)
11                if file_ext == '.doc':                              # 遍历 Word 文档文件
12                    if os.path.splitext(fi_d)[1] in ['.doc','.docx']:   # 判断是否为 Word 文件
13                        filelist_out.append(re.sub(r'\\','/',fi_d))     # 将文件添加到路径列表中
14                else:
15                    if file_ext == 'all':                          # 要获取所有文件的情况
16                        filelist_out.append(fi_d)                  # 将文件路径添加到路径列表中
17                    elif os.path.splitext(fi_d)[1] == file_ext:    # 要获取除 Word 文件以外的文件
18                        filelist_out.append(fi_d)                  # 将文件路径添加到路径列表中
19                    else:
20                        pass
21        filelist_out.sort()                                        # 对路径进行排序
22        return filelist_out                                        # 返回文件完整路径列表
```

（5）创建程序入口，并调用上面步骤中编写的函数来实现将 Word 文档批量转换为 PDF 文件。这里首先调用 getfilenames() 函数来获取要转换的 Word 文件路径列表，然后调用 wordtopdf() 函数进行批量转换，最后根据返回结果输出不同的提示。代码如下：

```
01    if __name__ == '__main__':
02        sourcepath = r"E:/learn/test/doc/temp"         # 指定源路径（Word 文档所在路径）
03        targetpath = r"E:/learn/test/doc/pdf/"          # 指定目标路径（PDF 文件保存路径）
04        filelist = getfilenames(sourcepath,[],'.doc')   # 获取 Word 文件路径
05        valueList = wordtopdf(filelist,targetpath)       # 实现将 Word 文档批量转换为 PDF 文件
06        if valueList:
07            print("转换成功！")
08        else:
09            print("没有要转换的 Word 文档或者转换失败！")
```

运行程序，如果选择如图 26.1 所示的目录，则执行完成后将得到如图 26.2 所示的 PDF 文件。

图 26.1　要转换的 Word 文件

图 26.2　转换后的 PDF 文件

26.1.2　将多个 Word 文件合并为一个 PDF 文件

【例 26.2】实现将多个 Word 文件合并为一个 PDF 文件。（**实例位置：资源包\TM\sl\26\02**）

已经学习了将多个 Word 文件转换为多个 PDF 文件。但是在实际应用中，可能会遇到将多个 PDF 再合并为一个 PDF 文件，并且自动编排页码的情况。对于该问题，我们可以在前面所学的基础上对代

码进行修改，即直接添加将多个 PDF 文件合并为一个 PDF 文件的代码。具体实现步骤如下。

（1）导入需要使用的模块，这里除了需要使用第三方模块 win32com，还需要添加第三方模块 PyPDF2 和 Python 的标准模块 os、sys、re 和 codecs。其中，re 和 os 模块在问题 01 中已经导入，这里不再需要导入，具体代码如下：

```
01    '''
02    合并 PDF 文件，输出的 PDF 文件按输入的 PDF 文件名生成书签
03    '''
04    def mergefiles(path, output_filename, import_bookmarks=False):
05        '''
06        遍历目录下的所有 PDF，并将其合并输出到一个 PDF 文件中，输出的 PDF 文件默认带书签，
07        书签名为之前的文件名。默认情况下，原始文件的书签不会被导入，使用 import_bookmarks=True 可以
08        将原文件所带的书签导入输出的 PDF 文件中
09        '''
10        merger = PdfFileMerger()                              # 创建 PDF 合并对象
11        # 获取要合并的 PDF 文件
12        filelist = common.getfilenames(filepath=path,filelist_out=[], file_ext='.pdf')
13        if len(filelist) == 0:                                # 判断是否存在要合并的文件
14            print("当前目录及子目录下不存在 PDF 文件")
15            sys.exit()                                        # 退出文件系统
16        for filename in filelist:                            # 遍历文件列表
17            # 使用 codecs 的 open()方法打开文件时，会自动转换为内部 Unicode 编码
18            f = codecs.open(filename,'rb')
19            file_rd = PdfFileReader(f)
20            # 获取文件名称（不包括文件路径）
21            short_filename = os.path.basename(os.path.splitext(filename)[0])
22            if file_rd.isEncrypted == True:
23                print('不支持的加密文件：%s'%(filename))
24                continue
25            merger.append(file_rd, bookmark=short_filename, import_bookmarks=import_bookmarks)
26            f.close()                                        # 关闭文件对象
27        # 将文件名和路径连接为一个完整路径
28        out_filename=os.path.join(os.path.abspath(path), output_filename)
29        merger.write(out_filename)                           # 写入内容
30        merger.close()                                       # 关闭 PDF 合并对象
```

（2）在程序入口中，将原来的"print(" 转换成功！")"语句替换为将多个 PDF 文件合并为一个 PDF 文件的代码。修改后的代码如下：

```
01    if __name__ == '__main__':
02        sourcepath = r"E:/learn/test/doc/temp"              # 指定源路径（Word 文件所在路径）
03        targetpath = r"E:/learn/test/doc/pdf/"              # 指定目标路径（PDF 文件保存路径）
04        filelist = getfilenames(sourcepath,[],'.doc')       # 获取 Word 文件路径
05        valueList = wordtopdf(filelist,targetpath)          # 实现将 Word 文件批量转换为 PDF 文件
06        if valueList:
07            # 将多个 PDF 文件合并为一个 PDF 文件
08            mergefiles(targetpath, 'merged.pdf', True)
09            temp = [os.path.join(targetpath , 'merged.pdf')]  # 组合 PDF 文件路径
10            for file in valueList:                          # 遍历临时生成的 PDF 文件列表
11                os.remove(file)                             # 删除 PDF 文件
12            print("合并完成！")
13        else:
14            print("没有要转换的 Word 文档或者转换失败！")
```

运行程序，这里仍然选择 26.1.1 节中所选择的文件夹，将把转换后的 4 个 PDF 文件合并为一个名称为 merged.pdf 的文件，并且删除 4 个要合并的 PDF 文件，效果如图 26.3 所示。打开该文件，将看到如图 26.4 所示的 PDF 文件内容，左侧将显示书签。

图 26.3　合并后的一个 PDF 文件

图 26.4　打开合并后的 PDF 文件

26.1.3　提取 Word 文档目录

【例 26.3】对多个 Word 文档目录进行提取的功能。（**实例位置：资源包\TM\sl\26\03**）

在 Python 中，并不能直接获取 Word 文档的目录，但是可以获取 PDF 文档的大纲（即目录）。这里，我们先将 Word 文档合并为一个 PDF 文档，再提取该文档的大纲，最后删除生成的 PDF 文件，实现对多个 Word 文档目录进行提取的功能。具体步骤如下。

> **说明**
>
> 由于将 Word 文件合并为一个 PDF 文件，在前面已经介绍过，因此这里主要是在该问题的基础上进行修改。

（1）复制例 26.2 的 Python 文件，重命名为 getlist.py。在该文件中，编写自定义 getOutline()函数，用于递归获取 PDF 文档的大纲，代码如下：

```
01    '''
02    功能：递归获取 PDF 文档的大纲
03    obj：Word 文档的大纲对象
04    isPage：是否包含页码
05    '''
06    def getOutline(obj, isPage):                        # 递归获取大纲
07        global returnlist
08        for o in obj:
09            if type(o).__name__ == 'Destination':
10                if isPage:                              # 包括页码
11                    returnlist.append( o.get('/Title') + "\t\t" + str(o.get('/Page') + 1) + "\n")
12                else:                                   # 不包括页码
13                    returnlist.append(o.get('/Title') + "\n")
14            elif type(o).__name__ == 'list':
15                getOutline(o,isPage)                    # 递归调用获取大纲
16        return returnlist                               # 返回提取后大纲
```

（2）编写自定义 getPdfOutlines()函数，实现调用 getOutline()函数获取 PDF 文档的大纲，并且将其保存在新的 Word 文档中。getPdfOutlines()函数的代码如下：

```
01    '''
02    功能：提取目录并保存到新的 Word 文档中
03    pdfpath：合并后的 PDF 文件绝对路径，包括文件名
04    listpath：目标路径
05    isPage：是否包含页码
06    '''
07    def getPdfOutlines(pdfpath,listpath,isPage):
08        with open(pdfpath, "rb") as file:
09            doc = PdfFileReader(file)
10            outlines = doc.getOutlines()              # 获取大纲
11            global returnlist                          # 全局变量，保存大纲的列表
12            returnlist = []                            # 创建一个空列表
13            mylist = getOutline(outlines,isPage)       # 递归获取大纲
14            w = DispatchEx("Word.Application")         # 创建 Word 文档应用程序对象
15            w.Visible = 1
16            w.DisplayAlerts = 0
17            doc1 = w.Documents.Add()                   # 添加一个 Word 文档对象
18            range1 = doc1.Range(0,0)
19            for item in mylist:                        # 通过循环将获取的目录列表插入 Word 文档对象中
20                range1.InsertAfter(item)
21            outpath = os.path.join(listpath,'list.docx')   # 连接 Word 文档路径
22            doc1.SaveAs(outpath)                       # 保存文件
23            doc1.Close()                               # 关闭 Word 文档对象
24            w.Quit()                                   # 退出 Word 文档的应用程序对象
25        return outpath
```

（3）在程序入口中，将原来的"输出合并完成"的代码：

```
print("合并完成！")
```

修改为以下代码，用于提取目录并且删除合并后的 PDF 文件：

```
01    # 提取目录
02    resultvalue = getPdfOutlines(
03        temp[0], targetpath, True)
04    # 删除合并后的 PDF 文件
05    os.remove(temp[0])
06    print("提取完成！文件保存在：",targetpath )
```

运行程序，将自动提取指定目录下的全部 Word 文档的目录。提取后的目录保存在指定目录下的 list.docx 文件中，打开该文件可以看到如图 26.5 所示的目录。

图 26.5　自动提取的目录

26.1.4　替换 Word 文档中的内容

【例 26.4】实现替换 Word 文档中的指定内容。（**实例位置：资源包\TM\sl\26\04**）

想要实现替换 Word 文档中的指定文本，可以使用 win32com 模块实现。其基本思路是，首先打开要操作的 Word 文档，然后执行替换操作，再将替换后的文档保存或者另存为新的 Word 文档，最后关闭 Word 文档及 Word 应用程序。具体步骤如下。

（1）创建 Python 文件。在该文件中导入 win32com 模块及其他辅助模块，代码如下：

```
01    from win32com.client import Dispatch          # 导入 win32com 模块的 client 包下的函数
02    from win32com.client import constants         # 导入 win32com 模块的 client 包下的保存 COM 常量的类
03    from win32com.client import gencache          # 导入 win32com 模块的 client 包下的 gencache()函数
04    import pythoncom                               # 导入封装了 OLE 自动化 API 的模块，该模块为 win32com 的子模块
05    import os                                      # 导入系统功能模块
```

（2）编写批量替换 Word 文档中的指定文字（包括页眉中的文字）的函数，名称为 replaceall()，
该函数包括 4 个参数：第一个参数表示要替换的文件路径列表；第二个参数表示替换后的文件保存的
路径；第 3 个参数表示要替换的文字；第 4 个参数表示替换后的文字。在该函数中：首先调用 win32com
模块的 Dispatch()函数获取 Word 应用程序对象；然后遍历文件列表中的 Word 文件名称，并且生成对
应名称的 PDF 文件名；再通过 Word 应用程序对象的、文档对象的 open()方法，打开 Word 文档并进行
替换（页眉需要单独替换）；最后退出 Word 应用程序对象。代码如下：

```
01    from win32com.client import Dispatch          # 导入 win32com 模块的 client 包下的函数
02    from win32com.client import constants         # 导入 win32com 模块的 client 包下的保存 COM 常量的类
03    from win32com.client import gencache          # 导入 win32com 模块的 client 包下的 gencache()函数
04    import pythoncom                               # 导入封装了 OLE 自动化 API 的模块，该模块为 win32com 的子模块
05    import os                                      # 导入系统功能模块
06    # 批量替换 Word 文档中的指定文字，包括页眉中的文字
07    def replaceall(filelist, targetpath, strold, strnew):
08        errmark = False                           # 标记是否报错，False 表示没有报错，True 表示报错
09        try:
10            # 调用线程初始化 COM 库，解决调用 Word 2007 时出现"尚未调用 CoInitialize"错误的问题
11            pythoncom.CoInitialize()
12            gencache.EnsureModule('{00020905-0000-0000-C000-000000000046}', 0, 8, 4)
13            w = Dispatch("Word.Application")      # 创建 Word 应用程序
14            w.DisplayAlerts = 0                   # 后台运行不显示、不警告
15            for fullfilename in filelist:
16                # 文档路径需要是绝对路径，因为 Word 启动后的当前路径不是调用脚本时的当前路径
17                try:
18                    doc = w.Documents.Open(fullfilename)        # 打开 Word 文档
19                    # 从绝对路径中分割路径和完整文件名
20                    filepath, fullname = os.path.split(fullfilename)
21                    fname, ext = os.path.splitext(fullname)     # 从完整文件名中分割文件名和扩展名
22                    # 组合目标文件绝对路径
23                    targetFile = os.path.abspath(targetpath+"\\" + fname + ".docx")
24                    # 替换正文中的内容
25                    doc.Content.Find.Execute(FindText=strold, ReplaceWith=strnew, Replace=2)
26                    """
27                    替换页眉
28                    """
29                    w.ActiveDocument.Sections(1).Headers(
30                        constants.wdHeaderFooterPrimary).Range.Find.ClearFormatting()
31                    w.ActiveDocument.Sections(1).Headers(
32                        constants.wdHeaderFooterPrimary).Range.Find.Replacement.ClearFormatting()
33                    w.ActiveDocument.Sections(1).Headers(
34                        constants.wdHeaderFooterPrimary).Range.Find.Execute(
35                        FindText=strold, MatchCase=False,
36                        MatchWholeWord=False, MatchWildcards=False,
37                        MatchSoundsLike=False, MatchAllWordForms=False, Forward=False, Wrap=1,
38                        Format=False, ReplaceWith=strnew, Replace=2, MatchKashida=False,
39                        MatchDiacritics=False, MatchAlefHamza=False, MatchControl=False
40                    )
41                    # 需要保存才可以保留替换结果，如果想在原文件上进行修改，可以使用 doc.Save()方法
42                    doc.SaveAs(targetFile)
43                    doc.Close(False)              # 关闭文件
44                except Exception as e:
```

```
45                    errmark = True                              # 标记是否出错的变量
46                    print(e)
47                w.Quit(constants.wdDoNotSaveChanges)            # 关闭 Word 应用程序
48                if not errmark:                                 # 不出错时
49                    print("替换完毕！文件路径：", targetpath)
50        except TypeError as e:
51            print('出错了！')
52            print(e)
```

（3）创建程序入口，实现调用上面步骤中编写的函数来实现替换 Word 文档中的指定内容。这里需要指定要替换的 Word 文档路径列表、目标路径和替换的字符串，然后调用 replaceall()函数实现批量替换并保存。代码如下：

```
01    if __name__ == '__main__':
02        filelist =[os.path.abspath("test\\demo.docx"),os.path.abspath("test\\demo1.docx")]
03        targetpath = os.path.abspath("new")                    # 指定目标路径为当前项目根目录下的 new 目录
04        strold = u"python"                                      # 要替换的字符串
05        strnew = u"Python"                                      # 替换的目标字符串
06        replaceall(filelist,targetpath,strold,strnew)          # 替换 Word 文档中的指定内容
```

运行程序，即可将当前项目所在目录下的 test 目录中的 demo.docx 和 demo1.docx 中的 python 替换为 Python，如图 26.6 所示。

图 26.6　替换结果

26.1.5　统计并汇总 Word 文档中的页码

【例 26.5】 实现统计并汇总 Word 文档中的页码。（**实例位置：资源包\TM\sl\26\05**）

在 Python 中，并不能直接获取 Word 文档的页码，但是可以获取 PDF 文档的页码。在 26.1.1 节中，我们已经学习了将 Word 文件批量转换为 PDF 文件的方法。这里，我们首先将 Word 文件转换为 PDF 文件，再统计 PDF 文件的页码，最后删除生成的 PDF 文件，实现批量统计 Word 文档的页码功能。具体步骤如下。

（1）创建一个名称为 totalwordpages.py 的 Python 文件，然后在该文件中导入需要用到的所有模块。代码如下：

```
01   # -*- coding:utf-8 -*-
02   import os                                          # 导入系统功能模块
03   from win32com.client import Dispatch, DispatchEx   # 导入 pywin32 模块的 client 包下的函数
04   from win32com.client import constants              # 导入 pywin32 模块的 client 包下的保存 COM 常量的类
05   from win32com.client import gencache               # 导入 pywin32 模块的 client 包下的 gencache 函数
06   from PyPDF2 import   PdfFileReader                 # 导入 PdfFileReader 类，用于获取文档页码
07   import re                                          # 导入正则表达式模块
08
09   import pythoncom                                   # 导入封装了 OLE 自动化 API 的模块，该模块为 pywin32 的子模块
```

（2）复制例 26.1 中的 getfilenames()函数对应的代码，用于获取指定目录下的文件。

（3）复制例 26.1 中的 wordtopdf()函数对应的代码，然后找到 wordtopdf()函数的下面这行代码：

```
valueList.append(pdf_name)                             # 将文件添加到文件列表中
```

替换为以下代码，实现调用自定义函数获取 Word 文档页码，并且统计总页码：

```
01   pages = getPdfPageNum(pdf_name)                   # 获取页码
02   valueList.append([fullfilename,str(pages)])
03   totalPages += pages                               # 累加页码
04   os.remove(pdf_name)                               # 删除生成的 PDF 文件
```

（4）编写自定义 getPdfPageNum()函数，实现打开 PDF 文件，获取其页码，并且返回获取到的页码。getPdfPageNum()函数的代码如下：

```
01   '''
02   功能：统计文档页码
03   path：文件绝对路径
04   '''
05   def getPdfPageNum(path):
06       with open(path, "rb") as file:
07           doc = PdfFileReader(file)
08           pagecount = doc.getNumPages()
09       return pagecount
```

（5）创建程序入口，获取统计的页数结果，再通过 for 循环输出页数。代码如下：

```
01   if __name__ == '__main__':
02       sourcepath = r"E:/learn/test/doc/temp"        # 指定源路径（Word 文件所在路径）
03       targetpath = r"E:/learn/test/doc/pdf/"        # 指定目标路径（PDF 保存路径）
04       filelist = getfilenames(sourcepath,[],'.doc') # 获取 Word 文件路径
05       valueList = wordtopdf(filelist,targetpath)    # 实现将 Word 文件批量转换为 PDF 文件
06       resultList = valueList[1]                     # 获取统计结果
07       if valueList:
08           for i in resultList:
09               print(i[0],i[1])
10           totalPages = str(valueList[0])            # 总页数
11           print("合计页数：",totalPages)
12       else:
13           print("没有要统计的文件或者统计失败！")
```

运行程序，将自动统计指定目录下的全部 Word 文档的页码及总页码。例如，在指定目录及子目录下包含 4 个 Word 文档，将得到如图 26.7 所示的统计结果。

```
E:/learn/test/doc/temp/第10章   文件.docx 8
E:/learn/test/doc/temp/第1章   初识Python.docx 8
E:/learn/test/doc/temp/第2章   Python语言基础.docx 8
E:/learn/test/doc/temp/pdf/list.docx 1
合计页数： 25
```

图 26.7　输出统计的 Word 文档的页码及总页码

26.2　使用 Python 操作 Excel

Excel 全名为 Microsoft Office Excel，它同样是微软公司推出的一款电子表格软件。该软件是由一系列和行组成的，形成一个个网格，一个网格就是一个单元格，单元格可以存储文本、数字、公式等元素。Excel 电子表格具备直观的界面、出色的计算功能和图表工具，因此 Excel 成为最流行的个人计算机数据处理软件。本节将介绍如何使用 Python 操作 Excel 文件。

26.2.1　爬取数据并将其导出到 Excel 中

【例 26.6】爬取网易云课堂数据并将其写入 Excel 表格中。（实例位置：资源包\TM\sl\26\06）

Python 语言的流行间接地推动了在线教育的发展，国内知名在线教育机构纷纷推出大量 Python 课程来占领市场。以网易云课堂为例，搜索关键字"Python"，会查询到所有与 Python 相关的 900 多门课程。我们如果要在网易云上发布一门 Python 课程，那么就要对竞品进行分析。而要对竞品分析，首先需要获取竞品数据，那么使用爬虫技术再合适不过了。

本节我们就使用 Python 爬虫技术爬取网易云课堂的全部 Python 课程数据，并将爬取到的课程信息数据写入 Excel 表格中。具体实现步骤如下。

（1）分析网易云课堂 Python 课程页面。输入网址 study.163.com 访问网易云课堂首页，在首页搜索栏中输入 Python 关键字，进入 Python 课程页面，然后单击"全部"选项，显示全部 Python 课程，如图 26.8 所示。

（2）打开谷歌浏览器，使用"检查"功能分析页面。

图 26.8　搜索 Python 课程

我们发现课程信息没有直接显示页面中，而是保存在 studycourse.json 文件中，如图 26.9 所示。

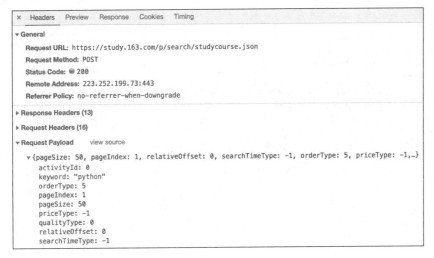

图 26.9　请求数据

通过以上分析，下面我们就可以使用 requests 模块来获取课程数据信息，使用 xlsxwriter 模块将课程信息写入 Excel 表格中。具体步骤如下。

（1）由于使用了第三方模块 requests 和 xlsxwriter，因此需要先安装该模块。使用 pip 命令如下：

```
01    pip  install  requests
02    pip  install  xlsxwriter
```

（2）导入程序中需要使用的模块，具体代码如下：

```
01    import requests
02    import xlsxwriter
```

（3）实现游戏逻辑。首先使用 requests 模块发送 POST 请求，获取到当前页数的课程信息，然后使用 json()方法获取到 json 数据，接下来使用 xlsxwriter 模块将获取到的当前页数的信息写入 Excel 中。最后依次遍历每一页的课程信息。代码如下：

```
01    import requests
02    import xlsxwriter
03
04    def get_json(index):
05        """
06        爬取课程的 json 数据
07        :param index: 当前索引，从 0 开始
08        :return: json 数据
09        """
10        url = "https://study.163.com/p/search/studycourse.json"
11        # payload 信息
12        payload = {
13            "activityId": 0,
14            "keyword": "python",
15            "orderType": 5,
16            "pageIndex": index+1,
17            "pageSize": 50,
18            "priceType": -1,
19            "qualityType": 0,
20            "relativeOffset": 0,
21            "searchTimeType": -1,
22        }
23        # headers 信息
24        headers = {
25            "accept": "application/json",
26            "host": "study.163.com",
27            "content-type": "application/json",
28            "origin": "https://study.163.com",
29            "user-agent": "Mozilla/5.0 (Macintosh; Intel Mac OS X 10_14_5) AppleWebKit/537.36 (KHTML, like"
                    "Gecko)Chrome/76.0.3809.132 Safari/537.36"
30        }
31        try:
32            response = requests.post(url,json=payload,headers=headers)      # 发送 post 请求
33            content_json = response.json()                                  # 获取 json 数据
34            if content_json and content_json["code"] == 0:                  # 判读数据是否存在
35                return content_json
36            return None
37        except Exception as e:
38            print('出错了')
39            print(e)
40            return None
41
```

478

```
42    def get_content(content_json):
43        """
44        获取课程信息列表
45        :param content_json: 获取的 json 数据
46        :return: 课程数据
47        """
48        if "result" in content_json:
49            return content_json["result"]["list"]                          # 返回课程数据列表
50
51    def save_excel(content,index):
52        """
53        存储到 Excel 中
54        :param content: 课程内容
55        :param index: 索引值，从 0 开始
56        :return: None
57        """
58        for num,item in enumerate(content):
59            row = 50*index + (num+1)
60            # 行内容
61            worksheet.write(row, 0, item['productId'])
62            worksheet.write(row, 1, item['courseId'])
63            worksheet.write(row, 2, item['productName'])
64            worksheet.write(row, 3, item['productType'])
65            worksheet.write(row, 4, item['provider'])
66            worksheet.write(row, 5, item['score'])
67            worksheet.write(row, 6, item['scoreLevel'])
68            worksheet.write(row, 7, item['learnerCount'])
69            worksheet.write(row, 8, item['lessonCount'])
70            worksheet.write(row, 9, item['lectorName'])
71            worksheet.write(row, 10,item['originalPrice'])
72            worksheet.write(row, 11,item['discountPrice'])
73            worksheet.write(row, 12,item['discountRate'])
74            worksheet.write(row, 13,item['imgUrl'])
75            worksheet.write(row, 14,item['bigImgUrl'])
76            worksheet.write(row, 15,item['description'])
77
78    def main(index):
79        """
80        程序运行函数
81        :param index: 索引值，从 0 开始
82        :return:
83        """
84        content_json = get_json(index)
85        content = get_content(content_json)
86        save_excel(content,index)
87
88    if __name__ == '__main__':
89        print('开始执行')
90        workbook = xlsxwriter.Workbook("网易云课堂 Python 课程数据.xlsx")    # 创建 Excel 表格
91        worksheet = workbook.add_worksheet("first_sheet")                # 创建 first_sheet 页
92        # 行首标题
93        worksheet.write(0, 0, '商品 ID')
94        worksheet.write(0, 1, '课程 ID')
95        worksheet.write(0, 2, '商品名称')
96        worksheet.write(0, 3, '商品类型')
97        worksheet.write(0, 4, '机构名称')
98        worksheet.write(0, 5, '评分')
99        worksheet.write(0, 6, '评分等级')
100       worksheet.write(0, 7, '学习人数')
101       worksheet.write(0, 8, '课程节数')
102       worksheet.write(0, 9, '讲师名称')
```

```
103    worksheet.write(0, 10, '原价')
104    worksheet.write(0, 11, '折扣价')
105    worksheet.write(0, 12, '折扣率')
106    worksheet.write(0, 13, '课程小图 URL')
107    worksheet.write(0, 14, '课程大图 URL')
108    worksheet.write(0, 15, '课程描述')
109    totlePageCount = get_json(1)['result']["query"]["totlePageCount"]    # 获取总页数
110    # 遍历每一页
111    for index in range(totlePageCount):
112        main(index)
113    workbook.close()                                                     # 关闭 Excel
114    print('执行结束')
```

运行程序会生成一个 Excel 表格，如图 26.10 所示。

图 26.10　将课程信息存储到 Excel 表格中

26.2.2　批量复制 Excel 中的 Sheet 页

【例 26.7】实现批量复制 Excel 中的 Sheet 页。（实例位置：资源包\TM\sl\26\07）

在整理 Excel 表格中的数据时，会遇到将多个 Excel 文件中的 Sheet 页，复制到一个统一的 Excel 文件的不同 Sheet 页中，本节将通过 Python 编写一段脚本，自动实现这一功能。具体步骤如下。

（1）执行 pip 命令安装 win32com 模块，具体代码如下：

```
pip install pywin32
```

（2）导入 win32com 模块，由于需要获取指定路径下的文件，因此还需要导入内置模块 os，代码如下：

```
01    from win32com.client import Dispatch      # 导入 win32com 模块
02    import os                                 # 导入操作系统模块 os
```

（3）创建复制 Sheet 页到另一个 Excel 文件的函数，名称为 copysheet()。在该函数中，首先应用

win32com 模块的 Dispatch()函数获取 Excel 应用程序对象，然后应用该对象创建一个 Excel 文件，再遍历 Excel 文件列表，并且把每个列表中的 Sheet 页复制到新的 Excel 文件中，最后保存新的 Excel 文件，并且关闭 Excel 应用程序对象。具体代码如下：

```
01    '''
02    复制 Sheet 页到另一个 Excel 文件中
03        filepath：要遍历的目录
04        filelist：要复制的 Excel 文件列表
05        targetfilename：新生成的 Excel 文件的名称
06    '''
07    def copysheet(filepath, filelist,targetfilename):
08        excelapp = Dispatch('Excel.Application')              # 创建 Excel 应用对象
09        excelapp.visible = 1                                   # Excel 表格默认为不可见状态，使用此行将其设置为可见状态
10        targetfile = excelapp.Workbooks.Add()                 # 新建 Excel 文件
11        targetws_list = targetfile.Worksheets
12        for filename in filelist:                              # 遍历 Excel 文件列表
13            filesplit = filename.split('.')
14            if filesplit[-1] == 'xlsx' or filesplit[-1] == 'xls':  # 判断是否为 Excel 文件
15                excelfile = excelapp.Workbooks.Open(filepath + '\\' + filename)    # 打开一个 Sheet 页
16                ws = excelfile.Worksheets
17                ws.Copy(None,targetws_list(1))                # 跨表复制，插入第一个 Sheet 页之后
18                excelfile.Close(SaveChanges=1)
19            else:
20                pass                                           # 占位符，不执行操作
21        targetws_list[0].Delete()                             # 删除默认创建的 Sheet1
22        targetfile.SaveAs(filepath + targetfilename)          # 保存 Sheet 页到新的 Excel 文件中
23        targetfile.Close(SaveChanges=1)                       # 关闭 Excel 文件
24        excelapp.quit()                                        # 退出 Excel 应用对象
```

（4）创建一个获取指定目录下的全部 Excel 文件的 getfilenames()方法。在该方法中，将通过 for 循环遍历指定目录下的 Excel 文件，并且将文件名添加到路径列表中，然后对列表进行排序，最后返回文件完整路径的列表。具体代码如下：

```
01    '''获取指定目录下的文件
02        filepath：要遍历的目录
03        filelist_out：输出文件列表
04        file_ext：文件的扩展名，默认为任何类型的文件
05    '''
06    def getfilenames(filepath='',filelist_out=[],file_ext='all'):
07        # 遍历 filepath 下的文件
08        for filename in os.listdir(filepath):
09            if file_ext == '.xlsx':                            # 遍历 Word 文档文件
10                if os.path.splitext(filename)[1] in ['.xlsx','.xls']:
11                    filelist_out.append(filename)             # 添加到路径列表中
12            else:
13                if  file_ext == 'all':                         # 遍历全部文件
14                    filelist_out.append(filename)             # 添加到路径列表中
15                elif os.path.splitext(filename)[1] == file_ext:
16                    filelist_out.append(filename)             # 添加到路径列表中
17                else:
18                    pass
19        filelist_out.sort(reverse=True)                       # 对列表进行排序
20        return filelist_out                                    # 返回文件完整路径列表
```

（5）以主程序形式运行时，调用 copysheet()函数执行复制操作，这里需要传递文件路径、Excel 文件列表和目标 Excel 文件名称，其中，Excel 文件列表可以通过调用步骤（4）中创建的 getfilenames() 函数来获取。具体代码如下：

```
01  if __name__ == '__main__':
02      # Excel 文件保存的路径
03      filepath = r"G:\周工作总结\2022\04"
04      copysheet(filepath, getfilenames(filepath, [], '.xlsx'), r'\周工作总结.xlsx')    # 合并多个 Sheet 页
```

执行该 Python 文件，即可实现将多个 Excel 文件中的 Sheet 页复制到一个 Excel 文件中，效果如图 26.11 所示。

图 26.11　新生成的 Excel 文件

26.3　使用 Python 操作 PPT

【例 26.8】实现使用 Python 自动制作 PPT。（实例位置：资源包\TM\sl\26\08）

某大学 19 级 8 班要举办跨年音乐会，现在需要制作一个 PowerPoint 演示文稿，将表演的曲目名称和表演者展示出来。如果手动制作每一页幻灯片，则比较麻烦，因此本节将通过 Python 自动制作一个表演曲目名称和表演者的 PPT 演示稿，具体步骤如下。

（1）使用 PowerPoint 创建一个只包含片头幻灯片的 PowerPoint 演示文稿，命名为 titles.pptx，效果如图 26.12 所示。

图 26.12　只包含一个片头幻灯片的 PowerPoint 演示文稿

482

（2）使用 PowerPoint 再创建一个演示文稿。该演示文稿中，只包括一个展示曲目名称和表演者的内页幻灯片，并且在该幻灯片中，需要包括两个文本框：一个用于显示曲目名称；另一个用于显示表演者。这两个文本框的位置和样式都需要调整，如图 26.13 所示。

图 26.13　内页幻灯片模版效果

（3）创建 Python 文件，由于在实现本例时，需要使用第三方模块 win32com，因此也需要先安装该模块，并导入该模块。另外，还需要导入内置的系统功能模块 os，代码如下：

```
01    from win32com.client import Dispatch                          # 导入 win32com 模块的 client 包下的函数
02    import os                                                     # 导入系统功能模块 os
```

（4）编写自定义函数 PowerPoint()，实现批量生成 PowerPoint 演示文稿中的幻灯片。在该函数中：首先调用 win32com 模块的 Dispatch()函数获取 PowerPoint 应用程序对象，并打开片头模板文件；然后复制和内容列表元素个数相同的幻灯片；再循环修改每页幻灯片中的曲目名称和表演者为列表中指定的内容，并将该幻灯片另存为新的 PowerPoint 演示文稿；最后退出 PowerPoint 应用程序对象。代码如下：

```
01    '''批量生成 PowerPoint 演示文稿中的幻灯片'''
02    def PowerPoint():
03        ppt = os.path.join(os.getcwd(), "titles.pptx")            # 片头模板文件
04        App = Dispatch("PowerPoint.Application")                  # 创建 PowerPoint 应用程序
05        App.Visible = True                                        # 显示 PowerPoint 窗口
06        Presentation = App.Presentations.Open(ppt)                # 打开模板文件
07        # 要显示的内容列表
08        itemlist = [("《半壶纱》", "宋佳琦"), ("《洞庭新歌》", "Aurora"), ("《知否、知否》", "无语")]
09        itemlen = len(itemlist)                                   # 节目的个数
10        offset = 2  # 设置新添加幻灯片的起始页，值为：模板的片头幻灯片个数+1
11        # 复制和曲目相同个数的幻灯片（由于要保留格式，因此此处只能通过合并 PPT 的方式实现）
12        for n in range(offset, itemlen + offset):
13            # 将当前目录下的 page.pptx 中的幻灯片插入当前 PPT 文件中
14            Presentation.Slides.InsertFromFile(os.path.join(os.getcwd(), "page.pptx"), Presentation.Slides.Count, 1, 1)
15        for i in range(offset, itemlen + offset):                 # 循环修改每页幻灯片中的曲目名称和表演者
16            item = itemlist[i - 2]
17            # 修改第一个文本框的内容
18            Presentation.Slides(i).Shapes(1).TextFrame.TextRange.Text = item[0]
19            # 修改第二个文本框的内容
20            Presentation.Slides(i).Shapes(2).TextFrame.TextRange.Text = "表演者: " + item[1]
```

21	outfile = os.path.join(os.getcwd(), "音乐会 PPT.pptx")	# 目标文件
22	Presentation.SaveAs(outfile)	# 另存为新的 PowerPoint 演示文稿
23	App.Quit()	# 退出 PowerPoint
24	print("PPT 文件已生成！文件位置为：",outfile)	

（5）调用上面步骤中编写的自定义函数 PowerPoint()，代码如下：

```
PowerPoint()                                    # 调用函数开始生成
```

运行程序，将生成名称为"音乐会 PPT.pptx"的文件，在该文件中，自动创建 3 张展示曲目名称和表演者的幻灯片，效果如图 26.14 所示。

图 26.14　生成的 PowerPoint 演示文稿

26.4　使用 Python 操作电子邮件

对于办公邮件，每个公司通常会制定公司内部的标准格式，如主题格式、邮件正文格式、上传附件内容等。按照特定的格式编写电子邮件，显然会浪费很多时间和精力。为了解决这种情况，我们可以用 Python 编写程序来实现办公自动化。

26.4.1　发送 HTML 格式电子邮件

【例 26.9】实现使用 Python 发送 HTML 格式的电子邮件。（**实例位置：资源包\TM\sl\26\09**）

实现使用 Python 发送 HTML 格式的电子邮件，具体步骤如下。

（1）导入相关模块。我们发送 HTML 格式的电子邮件，需要导入 smtplib 和 email 模块，导入模

块的代码如下:

```
01    import smtplib
02    from email.mime.text import MIMEText
03    from email.header import Header
```

（2）配置邮箱服务器信息。本实例中，我们使用的是 QQ 邮箱服务器，因此需要配置服务器主机名、用户名和密码等相关信息。读者可根据自身需求，自行选择邮箱服务器，并根据邮箱服务器要求填写配置信息。代码如下：

```
01    # 配置邮箱服务器信息
02    mail_host = "smtp.qq.com"                                      # 设置服务器
03    mail_user = "694798056"                                        # 用户名
04    mail_pass = "**********"                                       # 口令
05
06    # 配置发件人、收件人信息
07    sender = '694798056@qq.com'                                    # 发件人邮箱
08    receivers = ['694798056@qq.com']                              # 接收邮件，可设置为多个邮箱
```

（3）配置邮件信息，并发送邮件。代码如下：

```
01    mail_msg = """
02    <h2>欢迎来到明日学院</h2>
03    <p><a href="http://www.mingrisoft.com">明日学院官方网址</a></p>
04    <a><img src="https://www.mingrisoft.com/Public/images/logo.png"></a>
05    """
06    message = MIMEText(mail_msg, 'html', 'utf-8')
07    message['From'] = Header("明日学院", 'utf-8')
08    message['To'] = Header("明日学员", 'utf-8')
09    subject = 'Python SMTP 邮件测试'
10    message['Subject'] = Header(subject, 'utf-8')
11    try:
12        smtpObj = smtplib.SMTP(mail_host)                         # 实例化 SMTP
13        smtpObj.login(mail_user, mail_pass)                       # 登录服务器
14        smtpObj.sendmail(sender, receivers, message.as_string()) # 发送邮件
15        print("邮件发送成功")
16    except smtplib.SMTPException:
17        print("Error: 无法发送邮件")
```

输出结果如下。

```
邮件发送成功
```

26.4.2　发送带附件的电子邮件

【例 26.10】实现使用 Python 发送带附件的电子邮件。(**实例位置：资源包\TM\sl\26\10**)

使用 Python 除了可以实现自动发送 HTML 格式的电子邮件，还可以发送带有 Excel 附件的邮件。具体实现步骤如下。

（1）导入相关模块。我们发送带有 Excel 附件的电子邮件，需要导入 smtplib 和 email 模块，导入模块的代码如下：

```
01    import smtplib
02    from email.mime.multipart import MIMEMultipart
03    from email.header import Header
04    from email.mime.text import MIMEText
05    from email.mime.application import MIMEApplication
06    import os
```

（2）配置邮箱服务器信息。本实例中，我们使用的是 QQ 邮箱服务器，因此需要配置服务器主机名、用户名和密码等相关信息。读者可根据自身需求，自行选择邮箱服务器，并根据邮箱服务器要求填写配置信息。代码如下：

```
01  # 配置邮箱服务器信息
02  mail_host = "smtp.qq.com"                                          # 设置服务器
03  mail_user = "694798056"                                            # 用户名
04  mail_pass = "*********"                                            # 口令
05
06  # 配置发件人、收件人信息
07  sender = '694798056@qq.com'                                        # 发件人邮箱
08  receivers = ['694798056@qq.com']                                   # 接收邮件，可设置为多个邮箱
```

（3）配置邮件信息，并发送邮件。在 message_config()函数中设置发件人、收件人、主题以及附件信息，在 send_email()函数中，登录邮箱服务器并发送邮件。代码如下：

```
01  def message_config():
02      """
03      配置邮件信息
04      :return: 消息对象
05      """
06      # 第三方 SMTP 服务
07      content = MIMEText('Python 课程数据,注意查收')
08      message = MIMEMultipart()                                      # 多个 MIME 对象
09      message.attach(content)                                        # 添加内容
10      message['From'] = Header("Andy", 'utf-8')                      # 发件人
11      message['To']   = Header("老冯", 'utf-8')                      # 收件人
12      message['Subject'] = Header('Python 课程数据', 'utf-8')        # 主题
13      # 添加 Excel 类型附件
14      file_name = 'Python 课程数据 2019-12-31.xlsx'                  # 文件名
15      file_path = os.path.join(file_name)                            # 文件路径
16      xlsx = MIMEApplication(open(file_path, 'rb').read())           # 打开 Excel，读取 Excel 文件
17      xlsx["Content-Type"] = 'application/octet-stream'              # 设置内容类型
18      xlsx.add_header('Content-Disposition', 'attachment', filename=file_name)  # 将内容添加到 header 信息中
19      message.attach(xlsx)
20      return message
21
22  def send_mail(message):
23      """
24      发送邮件
25      :param message: 消息对象
26      :return: None
27      """
28      try:
29          smtpObj = smtplib.SMTP_SSL(mail_host)                      # 使用 SSL 连接邮箱服务器
30          smtpObj.login(mail_user, mail_pass)                        # 登录服务器
31          smtpObj.sendmail(sender, receivers, message.as_string())   # 发送邮件
32          print("邮件发送成功")
33      except Exception as e:
34          print(e)
35
36  if __name__ == "__main__":
37      print("开始执行")
38      message = message_config()                                     # 调用配置方法
39      send_mail(message)                                             # 发送邮件
40      print("执行结束")
```

输出结果如下所示。

```
开始执行
邮件发送成功
执行结束
```

Python 人工智能初探

近年来，"人工智能"已成为当下最火热的产业之一，从苹果 Siri 到谷歌的 AlphaGo，再到最近大火的 ChatGPT 等，AI 的大规模运用，给当下的社会生产力带来爆炸式的提升，我们曾经憧憬的未来世界，都在人工智能的撬动下，已悄然掀开了序幕。机器可以通过智能算法的训练与学习，实现城市大脑、自动驾驶、机器翻译、对话机器人等各种高端的智能应用产品。

Python 被称为人工智能语言，是因为 Python 具备了强大的 AI 支持库，同时还具有优良的可扩展性和平台可移植性。Python 可以轻松地使用各种语言开发的模块，进而很方便地开发和部署各种 AI 应用。

本子篇将以 AI 图像识别作为主要内容进行讲解，通过 Python 实现银行卡、植物、动物等的图像识别。通过本子篇，读者可以轻松入门 Python 的 AI 图像识别，了解图像识别的基本原理，为将来学习更加深入的人工智能技术做好铺垫。

第 27 章

AI 图像识别工具

随着深度学习算法的兴起和普及，人工智域取得了令人瞩目的成绩。如今 AI 图像识别更是发展迅速。AI 图像识别可以将以前只能由人工完成的任务转换为由计算机自动完成。例如，只要扫一扫身份证、银行卡或驾驶证就可以自动提取其中的信息。本章将编写一个 AI 图像识别工具，实现自动识别这些信息。

本章知识架构及重难点如下。

27.1 需 求 分 析

如果获取一张图片中的相关信息是一件很麻烦的事情，那么本章将通过 Python 与 PyQt5+百度 AI 开放平台的开放接口来实现简单的识别图片上的信息项目——AI 图像识别工具。本项目可以识别银行卡图片、动物图片、植物图片、通用票据图片、营业执照图片、身份证图片、车牌号图片、驾驶证图片、行驶证图片、车型、Logo 图片等相关信息。

27.2 系统设计流程

AI 图像识别工具的设计流程如图 27.1 所示。

图 27.1　设计流程

27.3　系统开发必备

27.3.1　系统开发环境

本系统的软件开发及运行环境具体如下。

☑　操作系统：Windows 10 及以上。

☑　虚拟环境：virtualenv。

☑　开发工具：PyCharm/Sublime Text 3 等。

☑　第三方模块：urllib、urllib.request、Base64、json、PyQt5。

☑　API 接口：百度 API 接口。

27.3.2　文件夹组织结构

AI 图像识别工具的文件夹结构比较简单，只包括一个程序编码文件、界面 UI 文件和初始化文件，具体的文件夹组织结构如图 27.2 所示。

图 27.2　文件夹组织结构

27.4　开发前的准备工作

在开发 AI 图像识别工具项目时，首先使用 PyQt5 搭建界面，然后使用 Base64、urllib、urllib.request

3 种模块来实现获取百度 API 接口信息，最后使用 json 模块解析返回的 json 类型数据。

27.4.1　申请百度 AI 接口

图像识别主要使用百度 AI 开放平台申请的接口，申请地址为 http://ai.baidu.com/。访问该申请地址后，单击菜单栏中的"控制台"，然后单击"图像识别"，如图 27.3 所示。

图 27.3　单击"图像识别"

单击"图像识别"后，系统会提示进入登录页面，如图 27.4 所示。

图 27.4　登录页面

登录成功后，进入控制台，依次单击"产品服务"→"全部产品"→"图像识别"，如图 27.5 所示。

进入"图像识别"页面后，选择"创建应用"，添加应用名称，然后根据项目需求可以选中多个接口权限（默认仅有图像识别权限），最后单击"立即创建"按钮，完成应用的创建，并进入"应用列表"页面。在该页面中，查看项目中需要使用的 API Key、Secret Key 的值，如图 27.6 所示。

图 27.5　图像识别

图 27.6　查询应用 API Key、Secret Key

误区警示

申请百度 AI 接口的 Key 后，不要删除创建的应用，如果它被删除，那么再使用已经申请到的 Key 将抛出异常。

27.4.2　urllib、urllib.request 模块

urllib 是 Python 内置的 HTTP 请求库，可以用来抓取远程的数据。urllib.request 为请求块。

导入 urllib 库，然后使用 urllib.request 请求，代码如下：

```
01    import urllib.request
02    # client_id 为官网获取的 AK，client_secret 为官网获取的 SK
03    host = 'https://aip.baidubce.com/oauth/2.0/token?grant_type=client_credentials&client_id=' + API_KEY + '&client_secret=' + SECRET_KEY
04    # 发送请求
05    request = urllib.request.Request(host)
06    # 添加请求头
07    request.add_header('Content-Type', 'application/json; charset=UTF-8')
08    # 获取返回内容
09    response = urllib.request.urlopen(request)
10    # 读取返回内容
11    content = response.read()
```

说明

以上网络请求的目标地址为百度 AI 图像识别工具的接口，详细信息可以参考官网中的 API 文档。

27.4.3　json 模块

JSON（JavaScript object notation）是一种轻量级的数据交换格式。Python 3.x 可以使用 json 模块来对 JSON 数据进行编解码。

1. json 模块的常用方法

☑　json.dump()：将 Python 数据对象以 JSON 格式数据流的形式写入文件中。

☑　json.load()：将包含 JSON 数据的文件解析为 Python 对象。

☑　json.dumps()：将 Python 数据对象转换为 JSON 格式的字符串。

☑　json.loads()：将包含 JSON 格式的字符串、字节以及字节数组解析为 Python 对象。

2. json 的使用

导入 json 库，然后使用 json 解析 JSON 格式数据，代码如下：

```
01    import json
02    # Python 字典类型转换为 JSON 对象
03    data1 = {
04        'no' : 1,
05        'name' : 'Runoob',
06        'url' : 'http://www.runoob.com'
07    }
08    json_str = json.dumps(data1)
09    print ("Python 原始数据: ", repr(data1))
10    print ("JSON 对象: ", json_str)
11    # 将 JSON 对象转换为 Python 字典
12    data2 = json.loads(json_str)
13    print ("data2['name']: ", data2['name'])
14    int ("data2['url']: ", data2['url'])
```

执行以上代码，输出结果如下：

```
Python 原始数据:  {'name': 'Runoob', 'no': 1, 'url': 'http://www.runoob.com'}
JSON 对象:  {"name": "Runoob", "no": 1, "url": "http://www.runoob.com"}
data2['name']:  Runoob
data2['url']:  http://www.runoob.com
```

27.5　AI 图像识别工具的开发

27.5.1　根据项目设计制作窗体

在设计 AI 图像识别工具的主窗体时，首先需要创建主窗体外层，然后依次添加分类选择部分、图片选择部分、选择的图片显示部分、显示识别结果部分、复制识别结果部分。AI 图像识别工具的主窗体如图 27.7 所示。

图 27.7 AI 图像识别工具的主窗体

27.5.2 添加分类

根据原型分析，控件的分类有银行卡、植物、动物、通用票据、营业执照、身份证、车牌号、驾驶证、行驶证、车型、Logo 等。接下来，需要将这些分类添加到控件 QComoBox 中，代码如下：

```
01  # 设置下拉控件选项内容
02  self.comboBox.setItemText(0, _translate("Form", "银行卡"))
03  self.comboBox.setItemText(1, _translate("Form", "植物"))
04  self.comboBox.setItemText(2, _translate("Form", "动物"))
05  self.comboBox.setItemText(3, _translate("Form", "通用票据"))
06  self.comboBox.setItemText(4, _translate("Form", "营业执照"))
07  self.comboBox.setItemText(5, _translate("Form", "身份证"))
08  self.comboBox.setItemText(6, _translate("Form", "车牌号"))
09  self.comboBox.setItemText(7, _translate("Form", "驾驶证"))
10  self.comboBox.setItemText(8, _translate("Form", "行驶证"))
11  self.comboBox.setItemText(9, _translate("Form", "车型"))
12  self.comboBox.setItemText(10, _translate("Form", "Logo"))
```

添加分类运行效果如图 27.8 所示。

27.5.3 选择识别的图片

选择识别图片的功能是指在主窗体中，单击"选择"按钮后，弹出选择框来选择图片，选择图片后显示图片路径以及图片预览效果。同时，AI 图像识别工具可以根据所选择的分类进行图像的识别。实现步骤如下。

图 27.8 添加分类

（1）为按钮添加单击事件，代码如下：

```
01  # 为按钮添加单击事件
02  self.pushButton.clicked.connect(self.openfile)
```

（2）实现新建 openfile 按钮单击事件方法，在该方法中打开文件选择对话框以查找图片，返回选择的图片并做相应的处理，包括显示图片、设置显示图片路径、调用创建的 typeTp()方法根据选择的类型进行图片识别，代码如下：

```
01   # 打开文件选择对话框方法
02   def openfile(self):
03       # 启动选择文件对话框，查找.jpg 和.png 图片
04       self.download_path = QFileDialog.getOpenFileName(self.widget1, "选择要识别的图片", "/", "Image Files(*.jpg *.png)")
05       # 判断是否选择图片
06       if not self.download_path[0].strip():
07           # 没有选择图片
08           pass
09       else:
10           # 选择图片并执行以下内容
11           # 设置图片路径
12           self.lineEdit.setText(self.download_path[0])
13           # pixmap 解析图片
14           pixmap = QPixmap(self.download_path[0])
15           # 等比例缩放图片
16           scaredPixmap = pixmap.scaled(QSize(311, 301), aspectRatioMode=Qt.KeepAspectRatio)
17           # 设置图片
18           self.image.setPixmap(scaredPixmap)
19           # 根据选择的类型做相应的图片处理
20           self.image.show()
21           # 判断选择的类型
22           self.typeTp()
23           pass
```

（3）实现分类方法 typeTp()，用于根据所选择的类型进行图片识别，代码如下：

```
01   # 根据选择的类型做相应的图片处理
02   def typeTp(self):
03       # 银行卡识别
04       if self.comboBox.currentIndex() == 0:
05           self.get_bankcard(self.get_token())
06           pass
07       # 植物识别
08       elif self.comboBox.currentIndex() == 1:
09           self.get_plant(self.get_token())
10           pass
11       # 动物识别
12       elif self.comboBox.currentIndex() == 2:
13           self.get_animal(self.get_token())
14           pass
15       # 通用票据识别
16       elif self.comboBox.currentIndex() == 3:
17           self.get_vat_invoice(self.get_token())
18           pass
19       # 营业执照识别
20       elif self.comboBox.currentIndex() == 4:
21           self.get_business_licensev(self.get_token())
22           pass
23       # 身份证识别
24       elif self.comboBox.currentIndex() == 5:
25           self.get_idcard(self.get_token())
26           pass
27       # 车牌号识别
28       elif self.comboBox.currentIndex() == 6:
29           self.get_license_plate(self.get_token())
30           pass
31       # 驾驶证识别
32       elif self.comboBox.currentIndex() == 7:
33           self.get_driving_license(self.get_token())
```

```
34          pass
35      # 行驶证识别
36      elif self.comboBox.currentIndex() == 8:
37          self.get_vehicle_license(self.get_token())
38          pass
39      # 车型识别
40      elif self.comboBox.currentIndex() == 9:
41          self.get_car(self.get_token())
42          pass
43      # Logo 识别
44      elif self.comboBox.currentIndex() == 10:
45          self.get_logo(self.get_token())
46          pass
47      pass
```

运行程序，选择要识别的图片的效果如图 27.9 所示。

图 27.9　选择要识别的图片

27.5.4　银行卡图像识别

本节将以银行卡图像识别为例，介绍如何使用百度 AI 接口进行图像识别，首先访问百度接口，然后返回相应的数据，并使用 json 处理返回的结果，最后显示识别结果，代码如下：

```
01  # 银行卡图像识别
02  def get_bankcard(self, access_token):
03      request_url = "https://aip.baidubce.com/rest/2.0/ocr/v1/bankcard"
04      # 以二进制方式打开图片文件
05      f = self.get_file_content(self.download_path[0])
06      img = base64.b64encode(f)
07      params = {"image": img}
08      params = urllib.parse.urlencode(params).encode('utf-8')
09      request_url = request_url + "?access_token=" + access_token
10      request = urllib.request.Request(url=request_url, data=params)
11      request.add_header('Content-Type', 'application/x-www-form-urlencoded')
12      response = urllib.request.urlopen(request)
13      content = response.read()
14      if content:
15          # 解析返回数据
16          bankcards = json.loads(content)
17          # 输出返回结果
```

```
18          strover = '识别结果：\n'
19          # 捕捉异常，用于判断是否返回正确的信息
20          try:
21              # 判断银行卡类型
22              if bankcards['result']['bank_card_type']==0:
23                  bank_card_type='不能识别'
24              elif bankcards['result']['bank_card_type']==1:
25                  bank_card_type = '借记卡'
26              elif bankcards['result']['bank_card_type'] == 2:
27                  bank_card_type = '信用卡'
28              strover += ' 卡号：{} \n 银行：{} \n 类型：{} \n'.format(bankcards['result']['bank_card_number'], bankcards
    ['result']['bank_name'],bank_card_type)
29          # 提示错误原因
30          except BaseException:
31              error_msg = bankcards ['error_msg']
32              strover += '  错误：\n {} \n '.format(error_msg)
33          # 显示识别结果
34      self.label_3.setText(strover)
```

运行程序，银行卡图像识别的效果如图 27.10 所示。

图 27.10　银行卡图像识别

27.5.5　植物图像识别

上面有了银行卡识别的基础，接下来实现植物图片识别，代码如下：

```
01  # 植物识别
02  def get_plant(self, access_token):
03      request_url = "https://aip.baidubce.com/rest/2.0/image-classify/v1/plant"
04      # 以二进制方式打开图片文件
05      f = self.get_file_content(self.download_path[0])
06      # 转换图片
07      img = base64.b64encode(f)
08      # 拼接图片参数
09      params = {"image": img}
10      params = urllib.parse.urlencode(params).encode('utf-8')
11      # 请求地址
12      request_url = request_url + "?access_token=" + access_token
13      # 发送请求传递图片参数
14      request = urllib.request.Request(url=request_url, data=params)
```

```
15        # 添加访问头部
16        request.add_header('Content-Type', 'application/x-www-form-urlencoded')
17        # 接收返回内容
18        response = urllib.request.urlopen(request)
19        # 读取返回内容
20        content = response.read()
21        # 内容判断
22        if content:
23            plants = json.loads(content)
24            strover = '识别结果：\n'
25            try:
26                i = 1
27                for plant in plants['result']:
28                    strover += '{} 植物名称：{} \n'.format(i, plant['name'])
29                    i += 1
30            except BaseException:
31                error_msg = plants['error_msg']
32                strover += '   错误：\n {} \n '.format(error_msg)
33            self.label_3.setText(strover)
```

运行程序，植物图像识别的效果如图 27.11 所示。

图 27.11　植物图像识别

27.5.6　复制识别结果到剪贴板中

通过前述步骤我们获取到图像的识别结果，接下来实现将识别结果复制到剪贴板中，该功能在 Python 中很好实现。

（1）为按钮添加单击事件，代码如下：

```
01    # 为按钮添加单击事件
02    self.pushButton_2.clicked.connect (self.copyText)
```

（2）定义 copyText()方法，该方法可以实现将识别结果复制到剪贴板中，代码如下：

```
01    # 定义 copyText()方法，以实现复制文字到剪贴板中
02    def copyText(self):
03        # 复制文字到剪贴板中
04        clipboard = QApplication.clipboard()
05        # 设置复制的内容
06        clipboard.setText(self.label_3.text())
```

附录 A

PyCharm 开发工具的使用

使用 Python 开发程序时，为了提升开发效率，建议选择一款 Python 开发工具作为自己主要的开发工具，现在市场上流行的 Python 开发工具主要有 IDLE、PyCharm、Visual Studio 等，其中，PyCharm 是由 JetBrains 公司开发的一款 Python 开发工具，可用于 Windows、Mac OS 和 Linux 操作系统。PyCharm 具有语法高亮显示、Project（项目）管理代码跳转、智能提示、自动完成、调试、单元测试和版本控制等功能。这里将对 PyCharm 开发工具的下载与安装进行详细讲解。

1. 下载 PyCharm

PyCharm 的下载非常简单，可以直接到 Jetbrains 公司官网下载，在浏览器中打开 PyCharm 开发工具的官方下载页面 https://www.jetbrains.com/pycharm/download/，单击页面右侧 Community 下的 Download 按钮，下载 PyCharm 开发工具的免费社区版，如图 A.1 所示。

图 A.1　PyCharm 官方下载页面

下载完成后的 PyCharm 安装文件如图 A.2 所示。

图 A.2　下载完成的 PyCharm 安装文件

说明

（1）PyCharm 有两个版本：一个是社区版（免费并且提供源程序），另一个是专业版（免费试用，正式使用需要收费）。建议读者下载免费的社区版本进行使用。

（2）笔者在下载 PyCharm 开发工具时，最新版本是 2022.3.2 版本，该版本随时更新，读者在下载时，不用担心版本，只要下载官方提供的最新版本，即可正常使用。

2．安装 PyCharm

安装 PyCharm 的步骤如下。

（1）双击 PyCharm 安装包进行安装，在欢迎界面单击 Next 按钮进入软件安装路径设置界面。

（2）在软件安装路径设置界面中，设置合理的安装路径。PyCharm 默认的安装路径为操作系统所在的路径，建议读者对路径进行更改，因为如果把软件安装到操作系统所在的路径中，当出现操作系统崩溃等特殊情况而必须重做系统时，PyCharm 程序路径下的程序将被破坏。另外，安装路径中建议不要使用中文和空格，如图 A.3 所示，单击 Next 按钮，进入创建快捷方式界面。

（3）在创建桌面快捷方式界面（Create Desktop Shortcut）中设置 PyCharm 程序的快捷方式。如果计算机操作系统是 32 位，则选择 32-bit launcher，否则选择 64-bit launcher。这里的计算机操作系统是 64 位系统，因此选择 64-bit launcher；接下来设置关联文件（Create Associations），选中.py 复选框，这样以后再打开.py（.py 文件是 Python 脚本文件，接下来我们编写的很多程序都是.py 文件）文件时，会默认调用 PyCharm 来打开，如图 A.4 所示。

图 A.3　设置 PyCharm 安装路径

图 A.4　设置快捷方式和关联

（4）单击 Next 按钮，进入选择开始菜单文件夹界面，该界面不用设置，采用默认即可，单击 Install 按钮（安装大概 5 min 左右，请耐心等待），如图 A.5 所示。

（5）安装完成后，单击 Finish 按钮，完成 PyCharm 开发工具的安装，如图 A.6 所示。

图 A.5　选择开始菜单文件夹界面

图 A.6　完成 PyCharm 的安装

3. 启动并配置 PyCharm

启动并配置 PyCharm 开发工具的步骤如下。

（1）PyCharm 安装完成后，会在开始菜单中建立一个快捷菜单，如图 A.7 所示，单击 PyCharm Community Edition 2022.3.2，即可启动 PyCharm 程序。

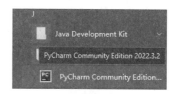

图 A.7　PyCharm 菜单

另外，还会在桌面创建一个 PyCharm Community Edition 2022.3.2 快捷方式，如图 A.8 所示，通过双击该图标，同样可以启动 PyCharm。

（2）启动 PyCharm 程序后，进入阅读协议页，选中 I confirm that I have read and accept the terms of this User Agreement 复选框，单击 Continue 按钮，如图 A.9 所示。

图 A.8　PyCharm 桌面快捷方式

（3）进入数据共享设置页面，在该页面中单击 Don't Send 按钮，如图 A.10 所示。

图 A.9　接受 PyCharm 协议

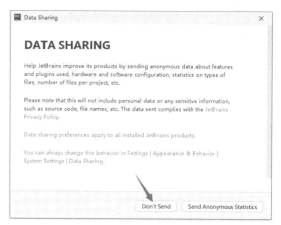

图 A.10　数据共享设置页面

（4）这时即可打开 PyCharm 的欢迎页面，如图 A.11 所示。

（5）PyCharm 默认为暗色主题，为了使读者更加清晰地看清楚代码，这里将 PyCharm 主题更改为浅色，单击欢迎界面左侧的 Customize 选项，然后在右侧的 Color theme 下方的下拉框中选择前两项中的任意一项即可，如图 A.12 所示。

（6）设置完主题后，单击左侧 Projects 选项，返回 PyCharm 欢迎页，单击 New Project 按钮，创建一个 Python 项目，如图 A.13 所示。

（7）第一次创建 Python 项目时，需要设置项目的存放位置以及虚拟环境路径，这里需要注意的是，设置的虚拟环境的 Base

图 A.11　PyCharm 欢迎界面

interpreter 解释器应该是 python.exe 文件的地址（注意：系统会自动获取，如果没有自动获取，手动单击后面的文件夹按钮进行选择），设置过程如图 A.14 所示。

图 A.12　设置 PyCharm 的主题

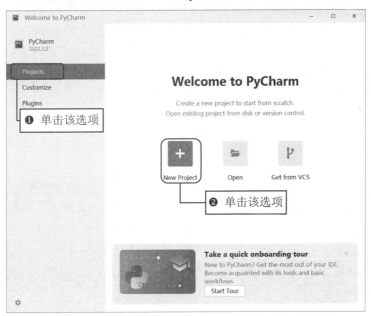

图 A.13　单击 New Project 按钮

说明

创建工程文件前，必须保证已经安装了 Python，否则创建 PyCharm 项目时会出现"Interpreter field is empty."的提示，并且 Create 按钮不可用；另外，创建工程文件时，路径中建议不要有中文。

（8）设置完成后，单击图 A.14 中的 Create 按钮，即可进入 PyCharm 开发工具的主窗口，效果如图 A.15 所示，默认会显示一个每日一贴对话框，选中 Don't show tips on startup 复选框，并单击 Close 按钮，这样再次打开 PyCharm 时，就不会再显示每日一贴对话框。

图 A.14　设置项目路径及虚拟环境路径

图 A.15　PyCharm 开发工具的主窗口